普通高等教育"十一五"国家级规划教材

网络空间安全系列教材

计算机网络安全与防护

（第 3 版）

闫宏生　王雪莉　江 飞　编著

电子工业出版社

Publishing House of Electronics Industry

北京·BEIJING

内 容 简 介

本书是普通高等教育"十一五"国家级规划教材，主要介绍计算机网络安全基础知识、网络安全体系结构、网络攻击，以及密码技术、信息认证技术、访问控制技术、恶意代码防范技术、防火墙技术、入侵检测技术、虚拟专用网技术、网络安全扫描技术、网络隔离技术、信息隐藏技术、无线局域网安全技术、蜜罐技术等，同时介绍网络安全管理的概念、内容、方法。全书内容广泛，注重理论联系实际，设计了 10 个实验，为任课教师免费提供电子课件。

本书适合普通高等院校计算机、网络空间安全、通信工程、信息与计算科学、信息管理与信息系统等专业本科生和硕士研究生使用。

图书在版编目（CIP）数据

计算机网络安全与防护/闫宏生，王雪莉，江飞编著. —3 版. —北京：电子工业出版社，2018.7
ISBN　978-7-121-34445-9

Ⅰ. ① 计… Ⅱ. ① 闫… ② 王… ③ 江… Ⅲ. ① 计算机网络－安全技术－高等学校－教材
Ⅳ. ①TP393.08

中国版本图书馆 CIP 数据核字（2018）第 119819 号

策划编辑：章海涛
责任编辑：章海涛
印　　刷：北京七彩京通数码快印有限公司
装　　订：北京七彩京通数码快印有限公司
出版发行：电子工业出版社
　　　　　北京市海淀区万寿路 173 信箱　邮编　100036
开　　本：787×1 092　1/16　　　印张：17.5　　字数：440 千字
版　　次：2007 年 8 月第 1 版
　　　　　2018 年 7 月第 3 版
印　　次：2023 年 6 月第 9 次印刷
定　　价：52.00 元

凡所购买电子工业出版社图书有缺损问题，请向购买书店调换。若书店售缺，请与本社发行部联系，联系及邮购电话：（010）88254888，88258888。
质量投诉请发邮件至 zlts@phei.com.cn，盗版侵权举报请发邮件至 dbqq@phei.com.cn。
本书咨询联系方式：192910558（QQ 群）。

前　言

2014 年 2 月，在中央网络安全和信息化领导小组第一次会议上，习近平总书记以"没有网络安全就没有国家安全，没有信息化就没有现代化"的重要论断，提出了建设网络强国的战略目标。在其后一系列国际国内相关会议上，习近平总书记的网络安全观逐渐清晰。习近平总书记的网络安全观包括主权观、国家观、发展观、法治观、人才观、人民观、国际观、辩证观等方面，为建设网络强国，深化细化网络安全工作指明了方向。

2015 年，教育部将网络空间安全列为一级学科，学科建设迫切需要尽快形成成熟的课程教学体系，建设一批配套的精品教材，以适应网络安全人才培养与网络空间快速发展的需求。2016 年 4 月 19 日，习总书记在"网络安全和信息化工作座谈会"上指出，网络空间的竞争归根结底是人才竞争，建设网络强国，要聚天下英才而用之，为网信事业发展提供有力人才支撑。2016 年 11 月 7 日，全国人大正式通过了《中华人民共和国网络安全法》，将网络安全人才培养纳入其中。

2007 年 8 月，本书第 1 版出版，后来被教育部评为普通高等教育"十一五"国家级规划教材；2008 年 11 月，"信息网络安全防护"课程被原总参通信部评为首批精品课程，本书则是该课程的教学成果的凝结；2009 年 3 月，教材获湖北省第六次高等教育优秀研究成果教材类二等奖。2010 年在第 1 版基础上进行了修订。出版以来，教材得到了许多高等院校同仁和学生的支持、鼓励和厚爱，许多读者给我们写来热情洋溢的信件，提出了许多宝贵意见和建议，使我们深受感动和鼓舞，在此谨向他们表示衷心的敬意和感谢。

网络安全威胁不断出现新的变化，技术发展十分迅速，教材建设也要与时俱进，才能适应形势发展。我们组织人员对教材内容进行了梳理论证，提出了修订意见。第 3 版对第 2 版教材内容进行了适当调整，使之更具时代特色，更便于学生理解，更具实际操作性。全书内容广泛，注重理论联系实际，设计了适量习题和 10 个实验，并提供电子课件。任课老师可通过华信教育资源网（http://www.hxedu.com.cn），注册后免费下载课件。

本书由国防科技大学信息通信学院信息通信管理系网络安全技术与管理教研室组织编写，闫宏生教授担任主编，王雪莉、江飞、蔡均平、何俊、陈刚、李云凡、杨军、郭连城、瞿志强、代威等同志参与了修订工作。

本书在修订和出版过程中，得到了电子工业出版社的大力支持和指导；学院张旭院长、王梦麟副院长、教务处张炎明处长以及信息通信管理系沈建军主任等都对教材修订工作非常关注，提出了许多好的建议，在此一并表示衷心感谢。

作　者

目　　录

第1章 绪 论

伴随信息技术的飞速发展，计算机网络已经成为信息传播的新渠道、生产生活的新空间、经济发展的新引擎、文化繁荣的新载体、社会治理的新平台、交流合作的新纽带、国家主权的新疆域，全面改变着人们的生产生活方式，深刻影响着人类社会历史发展进程。据中国互联网信息中心的最新调查报告，2017 年年底我国网民规模已达到 7.72 亿人，普及率达 55.8%，中国互联网呈现出前所未有的发展与繁荣。快速发展的计算机网络在给人们带来极大便利的同时，其安全问题更加凸显，如不及时采取积极有效的应对措施，必将影响我国信息化的深入持续发展，对经济社会的健康发展带来不利影响。2014 年 2 月，在中央网络安全和信息化领导小组第一次会议上，习近平总书记指出，"没有网络安全就没有国家安全，没有信息化就没有现代化"，把网络安全上升到国家安全战略地位来看待，提出了建设网络强国的战略目标。进一步加强网络安全工作，创建一个健康、和谐的网络环境，需要我们不断深入研究，坚持积极防御、综合防范的原则，建立稳固的网络安全保障体系。

1.1 计算机网络安全的本质

计算机网络是指地理上分散布置的多台独立计算机通过通信线路互相连接所构成的网络，进一步说，还包括由大量计算机、数据库和通信线路构成的、提供各种信息服务的大型信息网络，包括多个相同或不同类型网络组成的网络系统。为叙述方便，本书中所称网络均特指计算机网络。根据 2017 年颁布的《中华人民共和国网络安全法》，网络安全是指通过采取必要措施，防范对网络的攻击、侵入、干扰、破坏和非法使用以及意外事故，使网络处于稳定可靠运行的状态，以及保障网络数据的完整性、保密性、可用性的能力。网络安全防护的根本目的是防止网络存储、处理、传输的信息被非法使用、破坏和窜改。网络安全的内容应包括两方面，即硬安全（物理安全）和软安全（逻辑安全）。

1. 硬安全

硬安全指系统设备及相关设施受到物理保护，免于破坏、丢失等，也称为系统安全。保障硬安全的目的是，保护计算机系统、网络服务器、打印机等硬件实体和通信链路免受自然灾害、人为破坏和搭线攻击；验证用户的身份和使用权限，防止用户越权操作；确保计算机系统有一个良好的电磁兼容工作环境；建立完备的安全管理制度，防止非法进入计算机控制室和各种偷窃、破坏活动的发生。

硬安全主要包括环境安全、设备安全和媒体安全三方面。环境安全是指对系统所在环境的安全保护，如区域保护和灾难保护。设备安全主要包括设备的防盗、防毁、防电磁信息辐射泄漏、防止线路截获、抗电磁干扰及电源保护等。媒体安全包括媒体数据的安全及媒体本身的安全。为了保证计算机系统的硬安全，除网络规划和场地、环境等要求外，还要防止系统信息在空间的扩散。

2. 软安全

软安全包括信息完整性、保密性、可用性、可控性和抗抵赖性，也称为信息安全。软安全的范围要比硬安全更广泛，包括信息系统中从信息的产生直至信息的应用这一全过程。如果非法用户获取系统的访问控制权，从存储介质或设备上得到机密数据或专利软件，或者为了某种目的修改了原始数据，那么网络信息的保密性、完整性、可用性、可控性和真实性将遭到严重破坏。如果信息在通信传输过程中受到不同程度的非法窃取，或者被虚假的信息和计算机病毒以冒充等手段充斥最终的信息系统，使得系统无法正常运行，造成真正信息的丢失和泄露，会给使用者带来经济或政治上的巨大损失。

综上所述，保护网络的信息安全是最终目的。从某种程度上说，网络安全的本质就是信息安全。随着信息技术的发展与应用，信息安全的内涵也在不断延伸，从最初的信息保密性发展到信息完整性、可用性、可控性和抗抵赖性，进而发展为"攻（攻击）、防（防范）、测（检测）、控（控制）、管（管理）、评（评估）"多方面的基础理论和实施技术。

1.2 计算机网络安全面临的挑战

自互联网问世以来，资源共享和信息安全一直作为一对矛盾体存在着，计算机网络资源共享的进一步加强所伴随的信息安全问题也日益突出，各种计算机病毒和网上黑客对互联网的攻击越来越猛烈，网络遭受破坏的事例不胜枚举。

1991年，美国国会总审计署宣布，在海湾战争期间，几名荷兰少年黑客侵入美国国防部的计算机，修改或复制了一些与战争相关的敏感情报，包括军事人员、运往海湾的军事装备和重要武器装备开发情况等。

1994年，格里菲斯空军基地和美国航空航天局的计算机网络受到两名黑客的攻击。同年，一名黑客用一个很容易破解的密码发现了英国女王、梅杰首相和其他几位军情五处高官的电话号码，并把这些号码公布在互联网上。美国一名14岁少年通过互联网闯入我国中科院网络中心和清华大学的主机，并向系统管理员提出警告。

1998年，国内各大网络几乎都不同程度地遭到黑客攻击，8月，印尼事件激起中国黑客集体入侵印尼网点，造成印尼多个网站瘫痪。与此同时，国内部分站点遭到印尼黑客的报复。同年，美国国防部宣称黑客向五角大楼网站发动了"有史以来最大规模、最系统性的攻击行动"，侵入了政府许多非保密性敏感计算机网络，查询并修改了工资报表和人员数据。

2000年2月，在3天时间里，黑客使美国数家顶级互联网站雅虎、亚马逊、电子港湾、CNN陷入瘫痪。同年2月8日至9日，我国门户网站新浪网遭到黑客长达18小时的袭击，其电子邮箱系统完全陷入瘫痪。

2001年，从4月30日晚开始，由中美撞机事件引发的中美网络黑客大战的战火愈烧愈烈。短短数天时间，国内有逾千家网站被黑，其中近半数为政府（.gov）、教育（.edu）及科研（.ac）网站。11月1日，国内网站新浪网被一家美国黄色网站攻破，以致沾染"黄污"。

2007年1月初，一个名为"熊猫烧香"的病毒肆虐网络，可以使中毒计算机出现蓝屏、频繁重启以及系统硬盘中数据文件被破坏等现象，造成国家直接和间接经济损失达到76亿元人民币。

2009年5月19日，由于暴风影音网站的域名解析系统受到网络攻击出现故障，导致电信运营商的服务器收到大量异常请求而引发拥塞，我国江苏、安徽、广西、海南、甘肃、浙江等省份出现罕见断网故障。6 月 25 日，搜狗发动了有史以来最大黑客攻击，导致腾讯所有的服务器全部瘫痪，所有腾讯产品均无法使用。7 月 7 日，韩国总统府、国防部、外交通商部等政府部门和主要银行、媒体网站同时遭分布式拒绝服务（DDoS）攻击，瘫痪时间长达 4 小时，据统计共有 12000 台韩国境内的计算机和 8000 台韩国境外的计算机被病毒攻击，2 万台计算机沦为"肉鸡"。

2010 年 1 月 12 日，全球用户访问百度公司网站（baidu.com）出现异常，网站无法登录。

最近几年，全球网络安全威胁呈现出一些新的变化，新型网络威胁正呈现全球蔓延的态势，APT（Advanced Persistent Threat，高级持续性威胁）攻击者长期持续地对特定目标进行精准的打击，各领域的计算机犯罪和网络侵权等，无论数量、手段，还是性质、规模，都已经到了令人咋舌的地步。

2016 年 7 月，美国三大政府网站 congress.gov、美国国会图书馆网站、美国版权局均遭到 DDoS 攻击；10 月，美国主要 DNS 服务器提供商 Dyn Inc.的服务器遭遇大规模 DDoS 攻击，导致美国东海岸地区包括 Twitter、CNN、华尔街日报在内的上百家网站无法访问，媒体将此次事件成为"史上最严重 DDoS 攻击"。

2016 年发生了数十起数据泄露事件，2.7 亿 Gmail、Yahoo 和 Hotmail 账号遭泄露；超过 3200 万 Twitter 账户密码泄露；超过 3.6 亿 MySpace 账户密码泄露。在大数据时代，数据泄露使得每个网民如同"透明人"毫无隐私可言。

2017 年年初，国际上连续爆出多家知名企业用户信息泄露事件，其中包括全球四大会计师事务所之一的 Deloitte（德勤）、加拿大电信巨头贝尔公司、知名教育平台 Edmodo、知名云服务商 Cloudflare 等。泄露的信息主要为用户的隐私信息、私人账户信息、企业内部敏感文件与公司内往来邮件内容等，总计影响全球超 2 亿用户。

2017 年 3 月，美国中央情报局数千份"最高机密"文档泄露，不仅暴露了全球窃听计划，还泄露了一个可入侵全球网络节点和智能设备的庞大黑客工具库。

2017 年 5 月，一款名为"WannaCry"的蠕虫勒索软件袭击全球网络，通过加密计算机文档向用户勒索比特币。这被认为是迄今为止最大的勒索病毒事件，至少 150 个国家、30 万用户中招，造成损失达 80 亿美元。中国部分 Windows 操作系统用户遭受感染，某些大型企业的应用系统和数据库文件被加密勒索，影响巨大。

2017 年 10 月，用于保护 Wi-Fi 网络安全的 WPA2 安全加密协议被不法黑客破解。这意味着用户连接的绝大多数 Wi-Fi 处于易受攻击的状态，信用卡、密码、聊天记录、照片、电子邮件等重要信息随时有可能被不法黑客窃取。涉及平台包括 Android 系统、iOS 系统以及 Windows 操作系统。

截至 2017 年 12 月底，针对中国境内目标发动攻击的境内外 APT 组织有 38 个，全年发动的攻击行动至少影响了超过万台计算机，攻击范围遍布国内 31 个省级行政区。

网络安全形势日益严峻，国家政治、经济、文化、社会、国防安全及公民在网络上的合法权益面临严峻风险与挑战。

网络渗透危害政治安全。政治稳定是国家发展、人民幸福的基本前提。利用网络干涉他国内政、攻击他国政治制度、煽动社会动乱、颠覆他国政权，以及大规模网络监控、网络窃密等活动严重危害国家政治安全和用户信息安全。

网络攻击威胁经济安全。网络和信息系统已经成为关键基础设施乃至整个经济社会的神经中枢，遭受攻击破坏、发生重大安全事件，将导致能源、交通、通信、金融等基础设施瘫痪，造成灾难性后果，严重危害国家经济安全和公共利益。

网络有害信息侵蚀文化安全。网络上各种思想文化相互激荡、交锋，优秀传统文化和主流价值观面临冲击。网络谣言、颓废文化和淫秽、暴力、迷信等违背社会主义核心价值观的有害信息侵蚀青少年身心健康，败坏社会风气，误导价值取向，危害文化安全。网上道德失范、诚信缺失现象频发，网络文明程度亟待提高。

网络恐怖和违法犯罪破坏社会安全。恐怖主义、分裂主义、极端主义等势力利用网络煽动、策划、组织和实施暴力恐怖活动，直接威胁人民生命财产安全、社会秩序。计算机病毒、木马等在网络空间传播蔓延，网络欺诈、黑客攻击、侵犯知识产权、滥用个人信息等不法行为大量存在，一些组织肆意窃取用户信息、交易数据、位置信息以及企业商业秘密，严重损害国家、企业和个人利益，影响社会和谐稳定。

由于我国大部分网民缺乏网络安全防范意识，且各种操作系统及应用程序的漏洞不断出现，我国已经成为最大的网络攻击受害国。加之 CPU 芯片、操作系统、数据库和网关软件等大多依赖进口，支持互联网世界域名分配和解析的 13 台互联网域名根服务器全部设在以美国为代表的西方国家手里，这些因素使我国网络的安全性能大大降低，网络处于被窃听、干扰、监视和欺诈等安全威胁中，网络安全极度脆弱，互联网安全形势非常严峻。

1.3 威胁计算机网络安全的主要因素

从技术角度上看，Internet 拥有很多不安全因素，一方面，它是面向所有用户的，所有资源通过网络共享；另一方面，它的技术是开放和标准化的。因此，Internet 的技术基础仍是不安全的。从威胁对象讲，计算机网络安全所面临的威胁主要分为两大类：一是对网络中信息的威胁，二是对网络中设备的威胁。从威胁形式上讲，自然灾害、意外事故、计算机犯罪、人为行为、"黑客"行为、内部泄露、外部泄密、信息丢失、电子谍报、信息战、网络协议中的缺陷等，都是威胁网络安全的重要因素。从人的因素考虑，影响网络安全的因素还存在着人为和非人为两种情况。

1. 人为情况包括无意失误和恶意攻击

① 人为的无意失误。操作员使用不当，安全配置不规范造成的安全漏洞，用户安全意识不强，选择用户口令不慎，将自己的账号随意转告他人或与别人共享等情况，都会对网络安全构成威胁。

② 人为的恶意攻击，可以分为两种。一种是主动攻击，其目的在于窜改系统中所含信息，或者改变系统的状态和操作，以各种方式有选择地破坏信息的有效性、完整性和真实性。主动攻击较容易被检测到，但难于防范。因为正常传输的信息被窜改或被伪造，接收方根据经验和规律能容易地觉察出来。除采用加密技术外，还要采用鉴别技术和其他保护机制和措施，才能有效地防止主动攻击。另一种是被动攻击，在不影响网络正常工作的情况下，进行信息的截获和窃取，分析信息流量，并通过信息的破译获得重要机密信息，不会导致系统中信息的任何改动，而且系统的操作和状态也不被改变，因此被动攻击主要威胁信息的保密性。被动攻击不容易被检测到，因为它没有影响信息的正常传输，发送和接收双方均不容易觉察。但被动攻击容易防止，只要采用加密技术将传输的信息加密，即使该信息被窃取，非法接收者也不能识别信息的内容。这两种攻击均可对网络安全造成极大的危害，并导致机密数据的泄露。

2．非人为因素主要指网络软件的"漏洞"和"后门"

网络软件不可能是百分之百的无缺陷和无漏洞的，如 TCP/IP 协议的安全问题。然而这些漏洞和缺陷恰恰是黑客进行攻击的首选目标，导致黑客频频攻入网络内部的主要原因就是相应系统和应用软件本身的脆弱性和安全措施的不完善。另外，软件的"后门"都是软件设计编程人员为了自便而设置的，一般不为外人所知。但是一旦"后门"洞开，将使黑客对网络系统资源的非法使用成为可能。

虽然人为因素和非人为因素都可能对网络安全构成威胁，但是相对物理实体和硬件系统及自然灾害而言，精心设计的人为攻击威胁最大。因为人的因素最为复杂，人的思想最活跃，不可能完全用静止的方法和法律、法规来防护，这是计算机网络安全面临的最大威胁。

要保证信息安全就必须设法在一定程度上消除以上种种威胁，学会识别这些破坏手段，以便采取技术、管理和法律手段，确保网络的安全。需要指出的是，无论采取何种防范措施都不可能保证网络的绝对安全，网络安全是整体的而不是割裂的，是动态的而不是静态的，是开放的而不是封闭的，是相对的而不是绝对的。

1.4　计算机网络安全策略

安全策略是指在一个特定的环境里，为保证提供一定级别的安全保护所必须遵守的规则。通常，计算机网络安全策略模型包括建立安全环境的三个重要组成部分。

1．严格的法规

安全的基石是社会法律、法规与手段，这部分用于建立一套安全管理标准和方法，即通过建立与信息安全相关的法律、法规，使非法分子慑于法律，不敢轻举妄动。

2．先进的技术

先进的安全技术是信息安全的根本保障，用户对自身面临的威胁进行风险评估，决定其需要的安全服务种类，选择相应的安全机制，再集成先进的安全技术，形成全方位的安全系统。

3．有效的管理

各网络使用机构、企事业单位应建立相应的信息安全管理办法，加强内部管理，建立审计和跟踪体系，提高整体信息安全意识。

网络安全策略是指在一个网络中对安全问题采取的原则，包括对安全使用的要求，以及如何保护网络的安全运行。制定网络安全策略首先要确定网络安全要保护什么，在这一问题上一般有两种截然不同的描述原则：一种是"一切没有明确表述为允许的都被认为是禁止的"；另一种是"一切没有明确表述为禁止的都被认为是允许的"。对于网络安全策略，一般采用第一种原则来加强对网络安全的限制。对于少数公开的试验性网络可能会采用第二种较宽松的原则，在这种情况下，一般不把安全问题作为网络的一个重要问题来处理。

在确定了描述原则后，网络安全策略所要做的是确定网络资源的职责划分。网络安全策略要根据网络资源的职责确定哪些人允许使用某一设备，对每台网络设备要确定哪些人能够修改它的配置；更进一步要明确，授权给某人使用某网络设备和某资源的目的是什么，他可以在什么范围内使用，并确定对每个设备或资源，谁拥有管理权，即可以为其他人授权，使其他人能够正常使用该设备或资源，并制定授权程序。

关于用户的权利与责任，在网络安全策略里中需要指明用户必须明确了解他们所用的计算机网络的使用规则。其中包括：是否允许用户将账号转借给他人，用户应当将他们自己的口令保密到什么程度；用户应在多长时间内更改他们的口令，对其选择有什么限制；希望由用户自身提供备份还是由网络服务提供者提供备份。在关于用户的权利与责任中还会涉及电子邮件的保密性和有关讨论组的限制。在电子邮件组织（Electronic Mail Association）发表的白皮书中指出，Internet 中每个计算机网络都要有策略来保护职员与用户的隐私。事实上，网络安全策略中能达到的一定只是用户希望达到绝对隐私与网络管理人员为诊断、处理问题而收集用户信息的折中。安全策略中必须明确在什么情况下网络管理员可以读用户的文件，在什么情况下网络管理员有权检查网络上传送的信息。

另外，网络安全策略还应说明网络使用的类型限制。定义可接受的网络应用和不可接受的网络应用，要考虑对不同级别的人员给予不同级别的限制，但一般的网络安全策略都会声明每个用户都要对他们在网络上的言行负责。所有违反安全策略、破坏系统安全的行为都是被禁止的。在大型网络的安全管理中，还要确定是否要为特殊情况制定安全策略，如是否允许某些组织（如 CERT 安全组）来试图寻找系统的安全弱点。对于此问题，对来自网络本身之外的请求，一般的回答是否定的。

在网络安全策略中，在确定对每个资源管理授权者的同时，还要确定他们可以对用户授予什么级别的权限。如果没有资源管理授权者的信息，就无法掌握哪些人在使用网络。对于主干网络中的关键通信资源，对其可授权范围应尽可能小，范围越小就越容易管理，相对就越安全。同时，要制定对用户授权过程的设计，以防止对授权职责的滥用。网络安全策略中可以明确每个资源的系统级管理员，但在网络的使用中难免会遇到用户需要特殊权限的时候。一种好的处理办法是尽量只分配给用户能够完成任务所需的最小权限。另外，网络安全策略中还要包含对特殊权限进行监测统计的部分，如果对授予用户的特殊权限不可统计，就难以保证整个网络不被破坏。

在明确网络用户、系统管理员的安全责任，正确利用网络资源要求的同时，还要准备检测到安全问题或系统遭受破坏时所采取的策略。对于发生在本网络内部的安全问题，要从主干网向地区网逐级过滤、隔离。地区网要与主干网形成配合，防止破坏蔓延。对于来自整个网络以外的安全干扰，除了必要的隔离与保护外，还要与对方所在网络进行联系，以进一步确定消除安全隐患。每个网络安全问题都要有文档记录，包括对它的处理过程，并将其送至全网各有关部门，以便预防和留作今后进一步完善网络安全策略的资料。

网络安全策略还要包括本网络对其他相连网络的职责，如出现某个网络告知有威胁来自我方网络。在这种情况下，一般不会给予对方权利，让其到我方网络中进行调查，而是在验证对方身份的同时，自己对本方网络进行调查、监控，做好相互配合。最后，网络安全策略一定要送到每个网络使用者手中。对付安全问题最有效的手段是教育，提高每个使用者的安全意识，从而提高整体网络的安全免疫力。网络安全策略作为向所有使用者发放的手册，应注明其解释权归属何方，以免出现不必要的争端。

1.5　计算机网络安全的主要技术措施

不同环境和应用中的计算机网络安全有不同的含义和侧重，相应的技术措施也各不相同。例如：

① 运行系统的安全主要是保证信息处理和传输系统的安全，侧重保证系统正常运行，避免因为系统的崩溃和损坏而对系统存储、处理和传输的信息造成破坏和损失，避免因电磁泄漏而产生信息泄露，干扰他人或受他人干扰。

② 系统信息的安全包括用户口令鉴别、用户存取权限控制、数据存取权限、方式控制、安全审计、安全问题跟踪、计算机病毒防治和数据加密等措施。

③ 信息传播的安全是信息传播后果的安全，通过信息过滤等措施，侧重防止和控制非法、有害信息的传播，避免公用网络上大量自由传输的信息失控。

④ 信息内容的安全，侧重保护信息的保密性、完整性和抗抵赖性，避免攻击者利用系统的安全漏洞进行窃听、冒充、诈骗等有损于合法用户的行为，本质是保护用户的利益和隐私。

实际上，网络安全技术措施及相对应的控制技术种类繁多并相互交叉。虽然没有完整统一的理论基础，但是在不同场合下，为了不同的目的，这些技术确实能够发挥出色的功效。目前普遍采用的措施有：利用操作系统、数据库、电子邮件、应用系统本身的安全性，对用户进行权限控制；在局域网的桌面工作站上部署防病毒软件；在 Intranet 与 Internet 连接处部署防火墙和入侵检测系统；某些行业的关键业务在广域网上采用较少位数的加密传输，而其他行业在广域网上采用明文传输等。

近年来，随着大数据、云计算、移动互联网、物联网、区块链、人工智能技术的融合发展，给网络安全也带来了更大挑战，涌现了可信计算技术、大数据安全技术、无线局域网安全技术、云计算安全技术、物联网安全技术等。以某军事信息网络为例，信息系统中常用的网络安全技术措施，如图 1-1 所示，具体将在后续章节中详细分析。

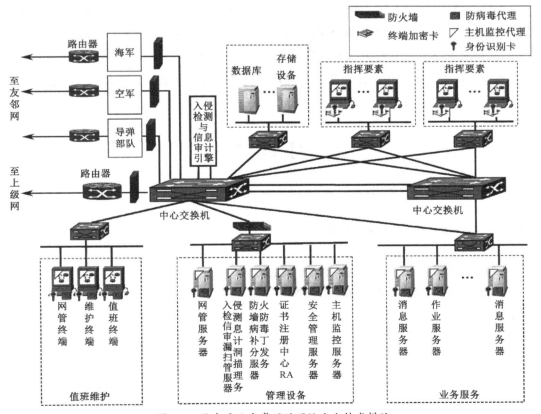

图 1-1　信息系统中常用的网络安全技术措施

本章小结

本章首先介绍了计算机网络安全的内涵，分析了计算机网络安全面临的挑战和主要威胁，然后概要介绍了计算机网络安全的管理策略和主要技术措施，使读者对计算机网络安全建立整体认识，主要包括以下内容。

1．计算机网络安全的本质

计算机网络安全是指通过采取必要措施，防范对网络的攻击、侵入、干扰、破坏和非法使用以及意外事故，使网络处于稳定可靠运行的状态，以及保障网络数据的完整性、保密性、可用性的能力。计算机网络安全包括两方面：网络的系统安全，网络的信息安全。而保护网络的信息安全是最终目的。

2．威胁计算机网络安全的主要因素

根据面临的威胁对象，计算机网络安全主要可分为两大类：对网络中信息的威胁，对网络中设备的威胁。从形式上讲，自然灾害、意外事故、计算机犯罪、人为行为、"黑客"行为、内部泄露、外部泄密、信息丢失、电子谍报、信息战、网络协议中的缺陷等，都是威胁网络安全的重要因素。

3．计算机网络安全策略

网络安全策略是指在一个网络中对安全问题采取的原则，包括：对安全使用的要求，如何保护网络的安全运行。这里着重讨论制定网络安全策略需要重点关注的问题。

4．计算机网络安全的主要技术措施

网络安全技术措施及相对应的控制技术种类繁多并相互交叉，本章通过一个实例建立了初步认识。

习 题 1

1.1 简述计算机网络安全的内涵。

1.2 威胁计算机网络安全的主要因素有哪些？

1.3 计算机网络安全包括哪两个方面？

1.4 什么是计算机网络安全策略？

1.5 制定计算机网络安全策略需要注意哪些问题？

1.6 计算机网络安全的主要技术措施有哪些？

第2章　计算机网络安全体系结构

　　研究计算机网络安全体系结构的目的，就是将普遍性安全体系原理与网络自身的实际相结合，形成满足网络安全需求的安全体系结构。网络安全体系结构的形成主要是根据所要保护的网络资源，对资源攻击者的假设及其攻击的目的、技术手段及造成的后果来分析所受到的已知的、可能的和该网络有关的威胁，并且考虑到构成网络各部件的缺陷和隐患共同形成的风险，然后建立网络的安全需求。网络安全体系结构的目的，则是从管理和技术上保证安全策略得以完整准确地实现，安全需求全面准确地得以满足，包括确定必需的安全服务、安全机制和技术管理，以及它们在网络上的合理部署和关系配置。

2.1　网络安全体系结构的概念

2.1.1　网络体系结构

　　所谓体系结构（Architecture），对于不同的对象，含义不尽相同。这里讨论的是网络体系结构。在网络中，计算机与计算机之间的通信是机器与机器之间的通信，不同于人与人之间通信，其最大特点是必须对所传递信息的符号格式、传送速率、差错控制、含义理解等，预先作出明确严格的统一规定或约定，成为共同承认和遵守的规则，才能保证信息传递的可靠和有效，并在传递完成后得到相应的正确处理。这些为进行网络中信息交换而建立的共同规则、标准或约定，称为网络协议（Protocol）。在网络的实际应用中，计算机系统与计算机系统之间的互连、互通、互操作过程，一般都不能只依靠一种协议，而需要执行许多种协议才能完成。全部网络协议以层次化的结构形式所构成的集合，就称为网络体系结构。

　　目前，网络体系结构大致可以分为三类。第一类是国际标准化组织（ISO）制定的开放系统互连/参考模型（Open System Interconnection/Reference Model，OSI/RM）。该体系结构虽然尚缺乏成熟的产品，未真正走向实用，但具有重要的指导作用，受到广泛的重视。第二类是有关行业成为既成事实的标准，已得到相当普遍的接受，典型代表如著名的TCP/IP协议体系结构。第三类就是各生产厂商自己制定的协议标准。

　　下面以开放系统互连/参考模型（OSI/RM）为例进行分析。

　　OSI/RM是一种7层结构，如图2-1所示。它把网络通信功能划分为7个层次，每层实现一种相对独立的功能。完成这些功能的硬件或软件模块都被称为该层的功能实体，简称实体。每层完成的功能就是为其上一层提供的服务。上下相邻层的实体之间，为了保证正常工作而做的约定被称为接口。同一层的实体之间，为了相互配合完成本层次功能而做的约定就是网络协议。

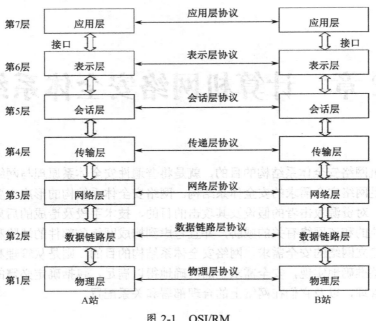

图 2-1　OSI/RM

2.1.2　网络安全需求

第 1 章阐述了网络安全面临的威胁，针对这些威胁，网络安全的需求通常为如下 5 方面。

① 保密性，是指确保非授权用户不能获得网络信息资源的性能。为此要求网络具有良好的密码体制、密钥管理、传输加密保护、存储加密保护、防电磁泄漏等功能。

② 完整性，是指确保网络信息不被非法修改、删除或添加，以保证信息正确、一致的性能。为此要求网络的软件、存储介质，以及信息传递与交换过程中都具有相应的功能。

③ 可用性，是指确保网络合法用户能够按所获授权访问网络资源，同时防止对网络非授权访问的性能。为此要求网络具有身份识别、访问控制，以及对访问活动过程进行审计的功能。

④ 可控性，是指确保合法机构按所获授权能够对网络及其中的信息流动与行为进行监控的性能。为此要求网络具有相应的多方面功能。

⑤ 抗抵赖性，又称为不可否认性，是指确保接收到的信息和发信方身份不是假冒的，而发信方无法否认所发信息、收信方无法否认所收信息的性能。为此要求网络具有数字取证、证据保全等功能。

随着网络安全领域斗争的发展，关于网络安全需求的概念和表述也在发展之中，已经陆续出现若干新的提法，这里不再讨论。

2.1.3　建立网络安全体系结构的必要性

为了有效地确保网络安全需求得到满足，建立网络安全体系结构十分必要。

从网络构成的角度看，对于今天的网络以及网络系统而言，要解决网络安全问题，仅从一个个计算机或计算机系统着眼，甚至仅从一个个局部的网络着眼，都不可能达到目的，必须从网络或网络系统的整体着眼，经过全面系统地研究、设计来解决。

从网络全寿命管理的角度看，网络安全是从网络的初期规划、设计、建设，直到其运行、维护、改造等一切阶段都必须认真对待的课题，特别需要从一开始就统观全程、统筹解决。

从网络功能的角度看，网络安全功能的实现在许多层次上都与网络其他功能的实现密切关联、相互渗透。在许多情况下，网络安全的要求往往与使用方便的要求相互矛盾。因此，必须从一开始就将网络安全问题纳入网络建设总体的顶层设计进行全面规划，使网络安全功能作为网络整体功能不可分割的组成部分，在网络研制、建设、维护、改造等阶段，都能同步、协调地解决。要对网络的通信协议与网络的安全保密协议进行一体化设计，实现网络的通信管理与网络的安全保密管理一体化设计，以及网络的通信设备与网络的安全保密设备一体化设计。由此达到网络整体功能（包括安全功能）的全面最佳实现。

综上可知，只有建立科学的网络安全体系结构，并把它作为网络体系结构的一个组成部分，以指导网络的顶层设计，才能从网络的建设开始，直到其运行、维护、改造等一切阶段，在保证网络整体建设和运行效果最佳的同时，确保网络安全要求得到充分的落实。

2.1.4 网络安全体系结构的任务

基于上述对网络安全体系结构的需求，作为一般手段的网络安全体系结构，其任务并不是为任何具体的网络提供具体的网络安全方案，而是提供有关形成网络安全方案的方法和若干必须遵循的思路、原则和标准，给出关于网络安全服务和网络安全机制的一般描述方式，以及各种安全服务与网络体系结构层次的对应关系。

网络安全服务是指为实现网络的安全功能所需提供的各种服务，如数据保密、访问控制等。安全功能是指为达到安全策略目标所必须具备的功能，如前面讲述网络安全需求时所提到的各种功能。网络安全机制是指为提供网络安全服务所需的各种技术措施，如加密、数字签名等。

由于网络安全体系结构是网络体系结构的一个组成部分，而网络体系结构的结构形式是层次化的，因此给定的安全服务应该按规定配置在网络体系结构的某一层或某几层，由相应层的相应安全机制来实现；而对于网络体系结构中某一给定的层，应配置有相应的网络安全服务和网络安全机制。

当运用网络体系结构的方法对给定的网络进行顶层设计时，要依据对网络所受威胁的充分分析、最高决策者确定的安全策略及对风险的科学评估，形成针对给定网络的网络安全体系结构，对给定网络必须具备的网络安全服务和网络安全机制予以明确描述，指明必须在网络的哪些部位配置哪些安全服务和安全机制，并规定如何进行安全管理。

2.2 网络安全体系结构的内容

世界上现有的网络体系结构种类很多。实际上，重要的网络安全体系结构也不止一种，它们的任务、作用和基本思路大致相同，但具体内容有若干差异。下面介绍三种重要的网络安全体系结构。

2.2.1 OSI 安全体系结构

前面已经介绍过国际标准化组织（ISO）制定的 OSI/RM。该网络体系结构于 1983 年形成正式文件，即 ISO7498 国际标准。OSI/RM 的突出特点在于它的开放性，而开放性要求往往是对安全性不利的。为此，ISO 有关机构拟制了相应的网络安全体系结构建议草案。1989年，ISO 正式颁布了采纳该建议内容的 ISO7498-2 国际标准，作为 ISO7498 国际标准的一个补充文件。ISO 7498-2 就是开放系统互连安全体系结构，简称 OSI 安全体系结构，以 OSI/RM 的 7 层结构为基础，是制定最早、影响广泛、具有重要指导意义的网络安全体系结构。

OSI 安全体系结构的核心内容是：以实现完备的网络安全功能为目标，描述了 6 类安全服务，以及提供这些服务的 8 类安全机制和相应的 OSI 安全管理，并且尽可能地将上述安全服务配置于 OSI/RM 的 7 层结构的相应层。由此形成的 OSI 安全体系结构的三维空间表示，如图 2-2 所示，空间的三维分别代表安全机制、安全服务、OSI 协议层。

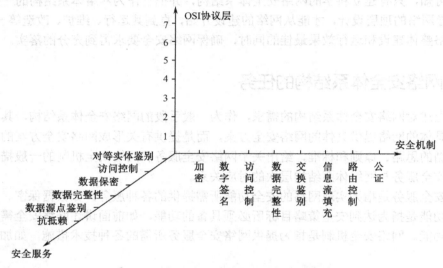

图 2-2　OSI 安全体系结构的三维空间表示

1．OSI 安全体系结构的安全服务

OSI 安全体系结构描述的 6 类安全服务及其作用如表 2-1 所示。

表 2-1　OSI 安全体系结构描述的 6 类安全服务及其作用

序号	安全服务	作　用
1	对等实体鉴别	确保网络同一层次连接两端的对等实体身份真实、合法
2	访问控制	防止未经许可的用户访问 OSI 网络的资源
3	数据保密	防止未经许可暴露网络中数据的内容
4	数据完整性	确保接收端收到的信息与发送端发出的信息完全一致，防止在网络中传输的数据因网络服务质量不良而造成错误或丢失，并防止其受到非法实体进行的窃改、删除、插入等攻击
5	数据源点鉴别	由 OSI 体系结构的第 N 层向其上一层即第 $N+1$ 层提供关于数据来源为一对等 $N+1$ 层实体的鉴别
6	抗抵赖，又称为不容否认	防止数据的发送者否认曾经发送过该数据或数据中的内容，防止数据的接收者否认曾经收到过该数据或数据中的内容

以上所述的 6 类安全服务是配置在 OSI/RM 7 层结构的相应层中来实现的。

表 2-2 列举了 OSI 安全体系结构中安全服务按网络层次的配置。表中的 "√" 处表示在该层能提供该项服务。

表 2-2　OSI 安全体系结构中安全服务按网络层次的配置

安全服务	网络层次						
	物理层	数据链路层	网络层	传输层	会话层	表示层	应用层
对等实体鉴别			√	√		√	
访问控制			√	√		√	√
数据保密	√	√	√	√		√	√
数据完整性			√	√		√	
数据源点鉴别			√	√		√	√
抗抵赖						√	

2. OSI 安全体系结构的安全机制

按照 OSI 安全体系结构，为了提供上述 6 类安全服务，采用下列 8 类安全机制来实现：

① 加密：利用加密密钥将"可懂"的明文信息变换为"不可懂"的密文，只有掌握解密密钥的合法接收者才能将密文重新变换为明文。在 OSI 网络 7 层结构的不同层次进行加密，效果有所不同。

② 数据签名：一种利用密码技术防止网络数据在交换过程中被窜改、伪造或事后否认等情况发生的机制。

③ 访问控制：用于防止网络实体未经授权访问网络资源的机制。

④ 数据完整性：用于确保数据在传输过程中不被修改，防止数据的丢失、重复或假冒。

⑤ 交换鉴别：一种用信息交换方式确认实体身份的机制，可以综合使用多种技术和方法来完成。

⑥ 信息流填充：用于在网络中连续发送随机序列码流，使网络不论忙时或闲时信息流变化都不大，从而防止网络窃听者通过对网络中信息流流量与流向的分析获取敏感信息。

⑦ 路由控制：为网络中数据传输提供选择安全路由能力的机制。

⑧ 公证：用于防止网络中信息发送者与接收者任一方事后抵赖，以及当数据在传输过程中丢失、迟延、被窜改时，用于判明责任和进行仲裁。

安全机制是用来实现和提供安全服务的，但给定一种安全服务，往往需要多种安全机制联合发挥作用，而某一种安全机制，往往又为提供多种安全服务所必需。表 2-3 指明了 OSI 安全体系结构中安全机制与安全服务的对应关系。表中的"√"处表示该安全机制支持该安全服务。

表 2-3　OSI 安全体系结构中安全机制与安全服务的对应关系

安全服务	安全机制							
	数据加密	数据签名	访问控制	数据完整性	交换鉴别	信息流填充	路由控制	公证
对等实体鉴别	√	√			√			
访问控制			√					
数据保密	√					√	√	
数据完整性	√	√		√				
数据源点鉴别	√	√						
抗抵赖		√		√				√

2.2.2　基于 TCP/IP 的网络安全体系结构

TCP/IP（Transmission Control Protocol/Internet Protocol）即传输控制协议/网际协议。经过

多年的演变发展，今天 TCP/IP 体系结构已经成为 Internet 采用的网络协议，成为全世界应用最广泛的网络体系结构。TCP/IP 体系结构虽然不同于 OSI 体系结构，不是 ISO 制定的标准，但已被全世界公认为一种具有很大影响的事实上的标准。所以，研究它的安全体系结构具有重要的现实意义。

TCP/IP 体系结构也是一种分层结构，其中的每层都对应 OSI 体系结构的某一层或某几层，如表 2-4 所示。

表 2-4　TCP/IP 体系结构与 OSI 体系结构的对应关系

TCP/IP 体系结构		OSI 体系结构
应用层	FTP（文件传输协议）	应用层（AL）
	Telnet（远程登录协议）	表示层（PL）
	SMTP（简单邮件传输协议）	会话层（SL）
传送层	TCP（传输控制协议）、UDP（用户数据报文协议）	传输层（TL）
互联网层	路由协议、IP（国际协议）、ICMP（网络互联控制报文协议）ARP（地址解析协议）、RARP（反向地址解析协议）	网络层（NL）
网络接口层	不指定	数据链路层（DLL）
		物理层（PHL）

既然 TCP/IP 体系结构与 OSI 体系结构之间存在如上对应关系，因此可以将 ISO7498-2 即 OSI 安全体系结构中配置于各层的各种安全服务和安全机制，逐一映射到 TCP/IP 体系结构的相应层次，从而得到基于 TCP/IP 的网络安全体系结构。在该安全体系结构中，安全服务按网络层次的配置情况如表 2-5 所示。表中的"√"处表示在该层能提供该项服务。

表 2-5　基于 TCP/IP 的网络安全体系结构中安全服务按网络层次的配置

安全服务	TCP/IP 体系结构层次			
	网络接口层	互联网层	传输层	应用层
对等实体鉴别		√	√	√
访问控制		√	√	√
数据保密	√	√	√	√
数据完整性		√	√	√
数据源点鉴别		√	√	√
抗抵赖				√

对于上述基于 TCP/IP 的网络安全体系结构，近年来国外一些研究机构还根据实际的需要，进行了扩展和增强。

2.2.3　美国国防部目标安全体系结构与国防信息系统安全计划

美国国防部为了使其所有信息系统的安全配置具有充分的一致性、有效性和互操作性，国防信息系统局（DISA）和国家安全局（NSA）合作，开发了国防部目标安全体系结构（DGSA），并载入了 1996 年国防信息系统局发布的、为国防信息基础设施（DII）提供详细发展蓝图的信息管理技术体系结构框架（TAFIM）3.0 版，为其中的第 6 卷。DGSA 从发展角度提供了安全结构的全貌，是一个通用的体系框架，用于开发特定任务网络或信息系统包含各项安全业务在内的安全体系结构。DGSA 没有提供技术规范，但详细规定了安全原则和目标安全能力，充分考虑了信息的互通性、实现方法和技术应用的渐进性、积木结构的灵活性，同时充分考虑了安全、保密、抗毁、全球定位/定时、敌我识别等军事需求及有关的基本设计准则。其目的在于指导网络安全的开发工作，期望使美国防部所有的网络，不论新旧，不论是战略或战术层次的网络，不论是语音、数据或视频图像业务的网络，在安全策略、配置和结构上，经过 30 年的磨合、趋同，最终统一到全军统一的、具有多级安全目标的安全体系结构上来。以此为背景，美国国防部早在 1992 年就制定了"21 世纪构想——国防信息系统安全计划"（DISSP）。这个庞大的计划包括 5 个目的和 8 项任务，是一个为达到上述目标，实现向目标安全体系结构（DGSA）过渡的计划。

1．DISSP 的 5 个目的

❖ 保证国防部对 DISSP 的利用和管理。
❖ 将所有的网络和信息系统高度自动化，以便使用。
❖ 确保网络和信息系统的有效性、安全性、可互操作性。
❖ 促进国防信息系统的协调、综合开发。
❖ 建立能使各国防机构、各军种，以及北约和美国的盟国的所有网络和信息系统，彼此之间具有良好互操作性的安全结构。

2．DISSP 的 8 项任务

❖ 确定一个统一、协调的网络安全策略。
❖ 开发全美国防网络和信息系统安全结构。
❖ 开发基于上述安全结构的网络安全标准和协议。
❖ 确定统一的网络安全认证标准。
❖ 开发先进的网络安全技术。
❖ 建立网络和信息系统的开发者、实现者与使用者之间的有效协调。
❖ 制定达成预定目的的过渡计划。
❖ 将有关信息及时通报供应商。

3．DISSP 提供的安全体系结构及其特点

DISSP 提供的安全体系结构框架可用如图 2-3 所示的三维空间模型来表示，三维分别代表网络安全特性与部分操作特性、网络与信息系统的组成部分、OSI 网络结构层及其扩展层。

与 OSI 安全体系结构（ISO7498-2）相比，DISSP 安全体系结构具有如下特点：

① 从最高层着眼，统筹解决全部国防网络与信息系统的安全问题，不允许任何下属层次各自为政并分别建立自己的安全体系。

② 把网络与信息系统的组成简化归结为 4 部分，即端系统、网络、接口和安全管理。这样便于网络与信息系统的管理人员与安全体系设计人员之间的协商与协作，便于安全策略的落实和安全功能的完善。这是该安全体系结构的一大创新。

③ 在网络安全特性中增列了"物理、规程和人员安全"特性，第一次将有关安全的法律、法令、规程及人事管理等工作都纳入安全体系结构，使安全问题能够更有效地全面统筹解决。

④ 把在网络安全体系受到局部破坏或功能降低情况下，仍能继续工作且受敌危害最小的特性，列为要求的安全特性。

⑤ 从多个角度，特别强调了在确保网络安全性的同时，保证网络具有足够的互操作性。

与 OSI 安全体系结构（ISO7498-2）相比，DISSP 提供的安全体系结构的内容有许多重大的扩充和改进，它的进一步发展和具体化，值得认真关注。

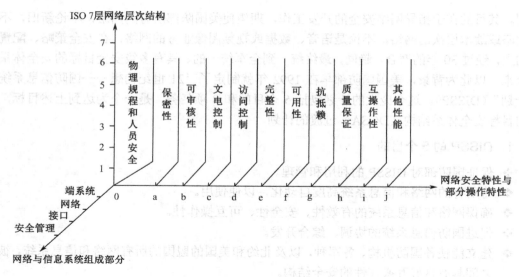

图 2-3　DISSP 的安全体系结构框架

2.3　网络安全体系模型和架构

网络安全体系是一项复杂的系统工程，需要把安全组织体系、安全技术体系和安全管理体系等手段进行有机融合，构建一体化的整体安全屏障。针对网络安全防护，曾提出了多个网络安全体系模型和架构，包括 PDRR 模型、P2DR 模型、IATF 框架和黄金标准框架。

2.3.1　PDRR 模型

PDRR 模型由美国国防部（DoD）提出，是防护（Protection）、检测（Detection）、恢复（Recovery）、响应（Response）的缩写。PDRR 改进了传统的只注重防护的单一安全防御思想，强调网络安全的 PDRR 四个重要环节。图 2-4 为 PDRR 模型的主要内容。

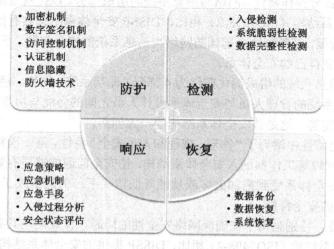

图 2-4　PDRR 模型

2.3.2 P2DR 模型

20 世纪 90 年代末，美国国际互联网安全系统公司（ISS）提出了基于时间的安全模型，即自适应网络安全模型（Adaptive Network Security Model，ANSM），也被称为 P2DR（Policy Protection Detection Response）模型。该模型可量化，也可进行数学证明，是基于时间的安全模型，可以表示为：

安全=风险分析+执行策略+系统实施+漏洞监测+实时响应

如图 2-5 所示，P2DR 模型是在整体安全策略的控制和指导下，在综合运用防护工具（如防火墙、操作系统身份认证、加密等手段）的同时，利用检测工具（如漏洞评估、入侵检测等系统）评估系统的安全状态，使系统保持在最低风险的状态。安全策略（Policy）、防护（Protection）、检测（Detection）和响应（Response）组成了一个完整动态的循环，在安全策略的指导下保证信息系统的安全。P2DR 模型提出了全新的安全概念，即安全不能依靠单纯的静态防护，也不能依靠单纯的技术手段来实现。

图 2-5 P2DR 模型

P2DR 模型以基于时间的安全理论（Time Based Security）这一数学模型作为论述基础。该理论的基本原理是：信息安全相关的所有活动，无论是攻击行为、防护行为、检测行为和响应行为等都要消耗时间，因此可以用时间来衡量一个体系的安全性和安全能力。

2.3.3 IATF 框架

信息保障技术框架（Information Assurance Technical Framework，IATF）是由美国国家安全局（NSA）制定并发布的，其前身是网络安全框架（Network Security Framework，NSF）。自 1998 年起，NSA 就开始着眼于美国信息化现状和信息保障的需求，建立了 NSF。1999 年，NSA 将 NSF 更名为 IATF，并发布 IATF 2.0。直到现在，随着美国信息技术的进步和对信息安全认识的逐步加深，IATF 仍在不断完善和修订。

IATF 是一系列保证信息和信息设施安全的指南，为建设信息保障系统及其软硬件组件定义了一个过程，依据所谓的纵深防御策略，提供一个多层次的、纵深的安全措施来保障用户信息及信息系统的安全。

IATF 将信息系统的信息保障技术层面划分成了 4 个技术框架焦点域：局域计算环境（Local Computing Environment）、区域边界（Enclave Boundaries）、网络和基础设施（Networks & Infrastructures）、支撑性基础设施（Supporting Infrastructures），如图 2-6 所示。在每个焦点域内，IATF 都描述了其特有的安全需求和相应的可控选择的技术措施。IATF 提出这 4 个焦点域的目的是让人们理解网络安全的不同方面，以全面分析信息系统的安全需求，考虑恰当的安全防御机制。

局域计算环境包括服务器、客户端及其上所安装的应用程序、操作系统等。区域边界是指通过局域网相互连接、采用单一安全策略且不考虑物理位置的本地计算设备的集合。网络

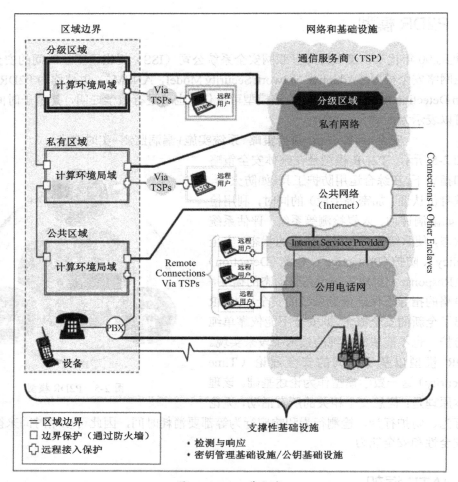

图 2-6　IATF 焦点域

和基础设施提供区域互连，包括操作域网（OAN）、城域网（MAN）、校园域网（CAN）和局域网（LAN），涉及广泛的社会团体和本地用户。支撑性基础设施为网络、区域和计算环境的信息保障机制提供支持基础。

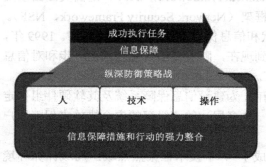

图 2-7　IATF 的纵深防御战略

　　IATF 信息保障的核心思想是纵深防御战略，该战略为信息保障体系提供了全方位、多层次的指导思想，通过采用多层次、在各技术框架区域中实施保障机制，以最大限度降低风险、防止攻击，保障用户信息及其信息系统的安全。IATF 的纵深防御战略如图 2-7 所示，其中人（People）、技术（Technology）和操作（Operation）是主要核心因素，是保障信息及系统安全必不可少的要素。

2.3.4　黄金标准框架

　　基于美国国家安全系统信息保障的最佳实践，NSA 于 2014 年 6 月发布《美国国家安全体系黄金标准》(Community Gold Standard v2.0,CGS 2.0)。

CGS 2.0 标准框架强调了网络安全四大总体性功能:治理(Govern)、保护(Protect)、检测(Detect)和响应与恢复(Respond & Recover),如图 2-8 所示。其中,治理功能为各机构全面了解整个组织的使命与环境、管理档案与资源、建立跨组织的弹性机制等行为提供指南;保护功能为机构保护物理和逻辑环境、资产和数据提供指南;检测功能为识别和防御机构的物理及逻辑事务上的漏洞、异常和攻击提供指南;响应与恢复功能则为建立针对威胁和漏洞的有效响应机制提供指南。

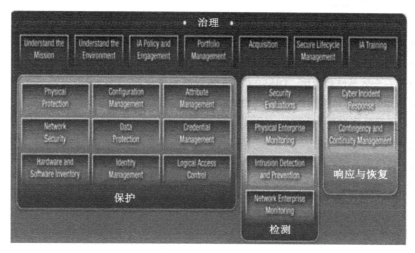

图 2-8 CGS 2.0 框架

CGS 框架的设计使得组织机构能够应对各种不同的挑战,没有像开处方那样给出单独的一种方法来选择和实施安全措施,而是按照逻辑,将基础设施的系统性理解和管理能力以及通过协同工作来保护组织安全的保护和检测能力整合在了一起。

随着信息化的快速发展,网络安全已经成为影响社会各层面的战略性国家问题,保障网络安全直接关系国计民生、经济运行和国家安全。构建网络安全体系是进行网络安全防护的基础,能够将各种网络安全防护单元进行有机集成,形成网络安全防护的顶层设计。

本章小结

本章讨论了建立计算机网络安全体系结构的必要性,介绍了开放系统互连安全体系结构、美国国防部目标安全体系结构和基于 TCP/IP 的网络安全体系结构三种网络安全体系结构的主要内容,分析了几种网络安全体系模型和架构。

1. 网络安全体系结构的概念

从介绍网络体系结构入手,分析了网络安全需求,建立计算机网络安全体系结构的必要性,网络安全体系结构的任务。

2. 网络安全体系结构的内容

通过对比分析,介绍了开放系统互连安全体系结构、美国国防部目标安全体系结构和基于 TCP/IP 的网络安全体系结构三种网络安全体系结构的主要内容和各自的特点。

3. 网络安全体系模型和架构

主要介绍了经典的 PDRR 模型、P2DR 模型、IATF 框架和黄金标准框架。

习题 2

2.1　解释网络安全体系结构的含义。

2.2　网络安全有哪些需求？

2.3　网络安全体系结构的任务是什么？

2.4　开放系统互连安全体系结构提供了哪几类安全服务？

2.5　说明开放系统互连安全体系结构的安全机制。

2.6　与 OSI 安全体系结构相比，DISSP 提供的安全体系结构具有哪些特点？

2.7　分析 TCP/IP 安全体系结构各层提供的安全服务。

2.8　PDRR 模型包括哪几个环节？

2.9　简述 P2DR 模型的理念。

2.10　IATF 将信息系统的信息保障技术层面划分成了哪些技术框架焦点域？

2.11　CGS 2.0 标准框架强调了网络安全哪些总体性功能？

第 3 章　网络攻击与防范

网络攻击，也称为网络入侵（network intrusion），是指网络系统内部发生的任何违反安全策略的事件。这些事件可能来自系统外部，也可能来自系统内部；可能是故意的，也可能是无意偶发的。目前，网络攻击技术已经随着计算机和网络技术的发展逐步成为一门完整的科学，囊括了攻击目标系统信息收集、弱点信息挖掘分析、目标使用权限获取、攻击行为隐蔽、攻击实施、开辟后门以及攻击痕迹清除等各项技术。围绕计算机网络和系统安全问题进行的网络攻击和防范也受到了人们的广泛重视。

3.1　网络攻击的步骤和手段

网络攻击的攻击对象是攻击者还无法控制的计算机，或者说，网络攻击是指专门攻击除攻击者自己计算机以外的计算机，无论被攻击的计算机与攻击者是处于同一子网还是千里之遥。攻击者的目标各不相同，有的是政府和军队，有的是银行，有的是企业的信息中心，但他们攻击的过程及攻击的手段有着一定的共同性。

3.1.1　网络攻击的一般步骤

进行网络攻击是一件步骤性很强的工作，也是很耗费时间的事情。有些攻击者为了攻破某个目标，会连续几十小时甚至上百小时对其进行攻击。不要以为黑客轻轻松松就把一个网站的主页给换掉了，其实在这之前和这个过程中有许多事情要做。

1．准备攻击

（1）确定攻击目的

在进行一次完整的攻击之前，首先要确定攻击要达到什么样的目的，即给对方造成什么样的后果。常见的攻击目的有破坏型和入侵型两种。

破坏型攻击指的只是破坏攻击目标，使其不能正常工作，而不能随意控制目标系统的运行。破坏型攻击的主要的手段是 DOS（Denial Of Service，拒绝服务）攻击。DOS 攻击有很多实现方法，一般是利用操作系统、应用软件或网络协议存在的漏洞，导致其不能正常工作。但有的 DOS 攻击不利用任何系统漏洞，只是发出超大量的服务请求，使攻击目标忙于应付，无法再接受正常的服务请求。

另一类常见的攻击目的是入侵型攻击，要获得一定的权限来达到控制攻击目标的目的。应该说，这种攻击比破坏型攻击更普遍，威胁性也更大。因为黑客一旦获得攻击目标的管理员权限就可以对此目标主机做任意动作，包括进行破坏性质的攻击。入侵型攻击一般利用目标主机操作系统、应用软件或网络协议存在的漏洞进行。当然，还有另一种造成此种攻击的原因就是密码泄露，攻击者靠猜测或不停地试验来得到目标主机的密码，然后用和真正的管理员一样的方式对目标主机进行访问。

（2）收集信息

除了确定攻击目的外，攻击前的最主要工作是收集尽量多的关于攻击目标的信息。这些信息主要包括目标的操作系统类型及版本、目标提供哪些服务、各服务器程序的类型与版本及相关的社会信息。

要攻击一台机器，首先要确定它正在运行的操作系统是什么，因为对于不同类型的操作系统，其系统漏洞有很大区别，攻击的方法也完全不同，甚至同一操作系统的不同版本的系统漏洞也是不同的。要确定一台机器的操作系统一般靠经验，有些机器的某些服务显示信息会泄露其操作系统的类型和版本。

例如，通过使用软件 GetOS 可以获得这类信息，如图 3-1 所示。那么，根据经验可以确定这个机器上运行的操作系统为 Windows Server 2003，但这样确定操作系统类型是不准确的，因为有些网站管理员为了迷惑攻击者会故意更改显示信息，造成假象。

图 3-1　利用软件 GetOS 获取操作系统信息

还有一种不是很有效的方法，诸如查询 DNS 的主机信息（不是很可靠）来看登记域名时的申请机器类型和操作系统类型，或者使用社会工程学的方法来获得，或者利用某些主机开放的 SNMP 公共组来查询。

另一种相对比较准确的方法是利用网络操作系统里的 TCP/IP 堆栈作为特殊的"指纹"来确定系统的真正身份。因为不同的操作系统在网络底层协议的各种实现细节上略有不同，可以通过远程向目标发送特殊的信息包，然后通过返回的信息包来确定操作系统类型。还有就是检查返回包里包含的窗口长度，这项技术根据各个操作系统的不同的初始化窗口大小来唯一确定它们。利用这种技术进行信息收集的工具很多，比较著名的有 Nmap、X-Scan 等。

获知目标提供哪些服务及各服务程序的类型、版本同样非常重要，因为已知的漏洞一般都是针对某一服务的，这里所说的提供服务是指通常提到的端口。例如，一般 TELNET 在 23 端口、FTP 在 21 端口、WWW 在 80 端口，这只是一般情况，网站管理员完全可以按自己的意愿修改服务所监听的端口号。

另外，需要获得的信息是一些与计算机本身没有关系的社会信息，如该网站所属公司的名称、规模，网络管理员的生活习惯、电话号码等。这些信息看起来与攻击一个网站没有关系，实际上很多黑客都是利用了这类信息攻破网站的。

进行信息收集可以用手工进行，也可以利用工具来完成，完成信息收集的工具叫做扫描器。用扫描器收集信息的优点是速度快，可以一次对多个目标进行扫描。

这里介绍一款由著名的网络安全组织"安全焦点"（http://www.xfocus.net）出品的扫描工具 X-Scan，目前其最高版本为 3.3，采用多线程方式对指定 IP 地址段（或单机）进行安全漏洞检测，支持插件功能。扫描内容包括远程服务类型、操作系统类型及版本、各种弱口令漏洞、后门、应用服务漏洞、网络设备漏洞、拒绝服务漏洞等 20 多个大类，如图 3-2 所示。

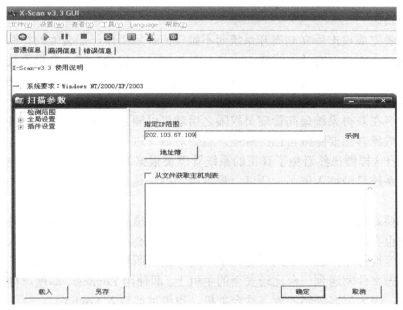

图 3-2　X-Scan 的操作界面

2. 实施攻击

（1）获得权限

当收集到足够的信息之后，攻击者就开始实施攻击。破坏型攻击，只需利用工具发动攻击即可。而入侵型攻击往往要利用收集到的信息，找到其系统漏洞，然后利用该漏洞获取一定的权限。有时获得了一般用户的权限就足以达到修改主页等目的了，但作为一次完整的攻击必须获得系统最高权限。

能够被攻击者所利用的漏洞不仅包括系统软件设计上的安全漏洞，也包括由于管理员配置不当而造成的漏洞。大多数攻击成功的范例还利用了系统软件本身的漏洞。造成软件漏洞的主要原因在于编制该软件的程序员缺乏安全意识。当攻击者对软件进行非正常的调用请求时，会造成缓冲区溢出或对文件的非法访问。其中，利用缓冲区溢出进行的攻击最普遍，据统计，80%以上成功的攻击都是利用了缓冲区溢出漏洞来获得非法权限的。

无论作为一个黑客还是一个网络管理员，都需要掌握尽量多的系统漏洞。黑客需要用它来完成攻击，而管理员需要根据不同的漏洞来实施不同的防御措施。最多、最新的漏洞信息可以在一些知名的黑客站点和网络安全站点中找到。

（2）扩大权限

系统漏洞分为远程漏洞和本地漏洞两种，远程漏洞是指黑客可以在别的机器上直接利用该漏洞进行攻击并获取一定的权限。这种漏洞的威胁性相当大，黑客的攻击一般是从远程漏洞开始的。但是利用远程漏洞获取的不一定是最高权限，往往只是一个普通用户的权限，也就没有办法达到攻击目的。这时需要配合本地漏洞来扩大获得的权限，常常是扩大到系统管理员的权限。

只有获得了最高的管理员权限后，才可以做诸如网络监听、消除痕迹之类的事情。要完成权限的扩大，不但可以利用已获得的权限在系统上执行利用本地漏洞的程序来得到，而且可以放一些木马之类的欺骗程序来获取管理员密码。

3. 善后工作

（1）修改日志

如果攻击者完成攻击后立刻离开系统而不做任何善后工作，那么他的行踪很快被细心的系统管理员发现，因为所有的网络操作系统一般提供日志记录功能，会把系统上发生的动作记录下来。所以为了自身的隐蔽性，黑客一般会把自己在日志中留下的痕迹抹掉。

要想了解黑客抹掉痕迹的方法，首先要了解常见的操作系统的日志结构、工作方式及存放位置。攻击者在获得系统最高管理员权限之后就可以随意修改系统上的文件了，包括日志文件，所以一般黑客想要隐藏自己的踪迹，就会对日志进行修改。最简单的方法当然是删除日志文件了，但这样做虽然避免了真正的系统管理员根据 IP 追踪到自己，但也明确无误地告诉了管理员，系统已经被入侵了。所以，最常用的办法是只对日志文件中有关自己的那一部分进行修改。

管理员想要避免日志系统被修改，应该采取一定的措施，如用打印机实时记录网络日志信息。这样做也有弊端，黑客一旦了解到你的做法，就会不停地向日志里写入无用的信息，使得打印机不停地打印日志，直到所有的纸用光为止。所以，比较好的避免日志被修改的方法是把所有日志文件发送到一台比较安全的主机上，即使用 Loghost。即使这样也不能完全避免日志被修改，因为黑客既然能攻入这台主机，也很可能攻入 Loghost。

只修改日志是不够的，因为百密必有一疏，即使自认为修改了所有的日志，仍然可能留下一些蛛丝马迹。例如，安装了某些后门程序，运行后也可能被管理员发现。所以黑客高手可以通过替换一些系统程序的方法来进一步隐藏踪迹。

（2）留下后门

一般黑客都会在攻入系统后为了下次再进入系统时方便而留下一个后门。后门程序一般是指那些绕过安全性控制而获取对程序或系统访问权的程序方法。在软件开发阶段，程序员常常会在软件内创建后门程序以便可以修改程序设计中的缺陷。但是，如果这些后门被其他人知道，或是在发布软件之前没有删除后门程序，那么它就成了安全风险，容易被黑客当成漏洞进行攻击。这里，后门是指攻击者入侵之后为了以后能方便地进入该计算机而安装的一类软件，强调的是隐蔽性。

3.1.2　网络攻击的主要手段

网络攻击的主要手段也随着计算机及网络技术的发展而不断发展，主要有缓冲区溢出、口令破解、网络侦听、拒绝服务攻击、欺骗攻击、APT 等。

1. 缓冲区溢出攻击

缓冲区溢出（Buffer Overflow）是一个非常普遍和严重的程序设计错误或漏洞（Bug），存在于各种操作系统、协议软件和应用软件中。缓冲区溢出攻击是指一种系统攻击的手段，通过向程序的缓冲区写超出其长度的内容，造成缓冲区的溢出，从而破坏程序的堆栈，使程序转而执行其他指令，以达到攻击的目的。

缓冲区是内存中存放数据的地方。在程序试图将数据放到计算机内存中的某一位置，但没有足够空间时会发生缓冲区溢出。缓冲区是程序运行时计算机内存中的一个连续的块，保存了给定类型的数据。问题随着动态分配变量而出现，为了不用太多的内存，一个有动态分配变量的程序在程序运行时才决定给变量分配多少内存。如果程序在动态分配缓冲区放入太多的数据就会发生缓冲区溢出。缓冲区溢出应用程序使用这个溢出的数据将汇编语言代码放到计算机的内存中，通常是产生 System 权限的地方。单单的缓冲区溢出并不会产生安全问题，只有将溢出送到能够以 System 权限运行命令的区域才行。这样，缓冲区溢出利用程序将能运行的指令放在了有 System 权限的内存中，从而一旦运行这些指令，就是以 System 权限控制了计算机。

缓冲区溢出攻击最常见的方法是通过使某个特殊程序的缓冲区溢出转而执行一个 Shell，通过 Shell 的权限可以执行高级的命令。如果这个特殊程序具有 System 权限，攻击成功者就能获得一个具有 System 权限的 Shell，就可以对系统为所欲为了。图 3-3 为使用溢出程序后，得到的远程主机的一个 Shell。

图 3-3　溢出得到的远程主机的 Shell

缓冲区溢出攻击的最终目的是为了获得系统的最高权限。

2．口令破解

口令破解又称为口令攻击，是指运用各种软件工具和安全漏洞，破解网络合法用户的口令或避开系统口令验证过程，然后冒充合法用户潜入网络系统，夺取系统的控制权。

口令破解是网络攻击的重要手段之一，口令是网络安全防护的第一道防线，绝大部分网络入侵事实上都要突破这一关。黑客攻击目标时常常把破译普通用户的口令作为攻击的开始。由于网络上的用户习惯于采用一些英语单词或自己的姓名作为口令，攻击者首先设法找到主机上的用户账号，然后采用字典穷举法来破解密码。这种方法的原理是，通过一些程序自动地从计算机字典中取出一个单词，作为用户的口令输入给远端的主机，尝试进入系统。如果口令错误，则按顺序取出下一个单词进行下一次尝试，并且一直循环执行下去，直到找到正确的口令，或者字典的全部单词试完为止。因为整个过程由计算机程序来自动完成，在较短的时间内就可以把字典内的所有单词都试一遍。例如，LetMeIn 是这类程序的典型代表，还有一些综合扫描工具也具备这个功能。

如果上述方法不能奏效，攻击者就会仔细寻找目标的薄弱环节和漏洞，伺机夺取目标中存放口令的文件，一旦取得了口令文件，黑客就会用专门破解加密算法的程序来破解口令。这类程序的典型代表是由@Stake 公司出品的 LC5。其运行后的界面如图 3-4 所示。

此外，攻击者可以针对口令的传输进行攻击。在网络环境中，往往需要远程对用户进行身份认证，此时需要被验证方提供用户名和口令等认证信息，在验证程序将用户的输入通过网络传输给远程服务器的过程中，攻击者可能通过网络截获到相应数据，从而获取目标系统

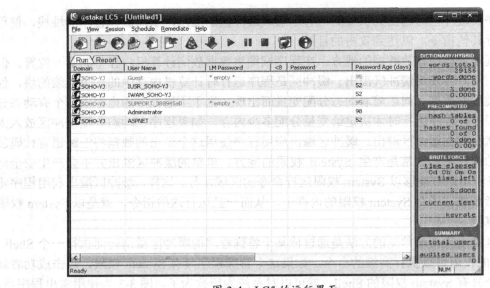

图 3-4　LC5 的运行界面

的账号和口令。此类攻击的典型代表主要有"网络钓鱼"攻击、嗅探攻击、键盘记录攻击、重放攻击等。

3. 网络侦听

网络侦听是指在计算机网络接口处截获网上计算机之间通信的数据，常能轻易地获得用其他方法很难获得的信息，如用户口令、金融账号（信用卡号、账号、身份证号等）、敏感数据、低级协议信息（IP 地址、路由信息、TCP 套接字号）等。

网络侦听一般采用 Sniffer 这种工具来进行，可以监视网络的状态、数据流动情况及网络上传输的信息。当信息以明文形式在网络上传输时，就可以使用网络监听方式来进行攻击了。将网络接口设置在监听模式，便可以将网上传输的源源不断的信息截获。黑客们常常用它来截获用户的口令。

由于数据在网络上是以帧为单位传输的，帧通过特定的称为网络驱动程序的软件进行成型，然后通过网卡发送到网线上，在网络上的所有计算机都可以通过网卡捕获到这些帧，一般情况下，如果不是属于自己的数据就放弃，如果是，则存储并通知系统已经接收到数据。Sniffer 就是根据这个原理来进行侦听的，它把网卡的属性设置为混杂（Promiscuous）模式，这时可以接收在网络上传输的每个信息包。基于 Sniffer 这样的模式，可以分析各种信息包并描述网络的结构和使用的机器，由于它接收任何一个在同一网段上传输的数据包，因此存在着捕获密码、秘密文档等一些没有加密的各种信息的可能性。因此，当一个黑客成功地攻陷了一台主机并拿到系统权限后，往往会在这台机器上安装 Sniffer 软件，对以太网设备上传输的数据包进行侦听，从而发现感兴趣的数据包。如果发现符合条件的包，就把它存到 Log 文件中。通常，设置的条件是包含字"username"或"password"的包，这样的包中常有黑客感兴趣的东西。

4. 拒绝服务攻击

拒绝服务攻击是一种简单的破坏型攻击，通常是利用 TCP/IP 协议的某个弱点，或者是系统及应用软件存在的某些漏洞，通过一系列动作，使目标主机（服务器）不能提供正常的网络服务，即阻止系统合法用户及时得到应得的服务或系统资源。因此，拒绝服务攻击又被称为服务阻断攻击。拒绝服务攻击可降低网络系统服务和资源的可用性，已成为一种常用的主动式攻击方法。其攻击的对象是各种网络服务器，攻击的结果是使服务器降低或失去服务能力，严重时会使系统死机或网络瘫痪。但是，拒绝服务攻击并不会破坏目标网络系统数据的完整性或获得未经授权的访问权限，其目的只是干扰而非入侵和破坏系统。常用的拒绝服务攻击手段主要有服务端口攻击、电子邮件轰炸和分布式拒绝服务攻击等。

服务端口攻击属于服务请求过载攻击，是指不断地向目标主机的 TCP/IP 服务端口发出连接请求，使该端口来不及响应新的连接请求，从而不能提供正常的网络服务而崩溃。它相当于不停地打某人的电话，使其线路始终处于忙状态，以致连正常的电话也打不进去。

电子邮件轰炸实质上就是自动地、不停地向目标电子邮件信箱发送地址不详、信息量庞大、充满了乱码或根本没有意义的恶意电子邮件，使目标电子邮件信箱挤爆，同时消耗目标电子邮件服务器大量的处理器时间，占用大量的网络带宽，导致网络阻塞，严重时甚至造成目标电子邮件服务器死机。

分布式拒绝服务攻击是目前破坏型网络攻击的主要表现形式之一，一般采用三层客户—服务器（C/S）结构，这种结构常被称为僵尸网络（BotNet）。与其他分布式概念类似，在分布式拒绝服务攻击中，攻击者利用成千上万个被"控制"节点，向受害节点发动大规模的协同式拒绝服务攻击，同时用一股拒绝服务洪流冲击受害节点，使其因过载而崩溃。

5．欺骗攻击

欺骗包括社会工程学的欺骗和技术欺骗，社会工程学利用受害者的心理弱点、本能反应、好奇心、信任、贪婪等进行欺骗和攻击，令人防不胜防。美国著名黑客凯文·米特尼克写了一本如何利用社会工程学进行网络攻击的书——《欺骗的艺术》，社会工程学并不等同于一般的欺骗，可以说即使是最警惕、最小心的人也难免遭受高明的社会工程学手段的伤害。

这里主要介绍技术上的欺骗。欺骗攻击是将一台计算机假冒为另一台被信任的计算机进行信息欺骗。欺骗可发生在 TCP/IP 网络的所有层上，几乎所有的欺骗都破坏网络中计算机之间的信任关系。欺骗作为一种主动攻击，不是进攻的结果，而是进攻的手段，进攻的结果实际上是信任关系的破坏。通过欺骗建立虚假的信任关系后，可破坏通信连接中正常的数据流，或者插入假数据，或者骗取对方的敏感数据。欺骗攻击的方法主要有 IP 欺骗、DNS 欺骗和Web 欺骗三种。

（1）IP 欺骗

IP 欺骗是利用主机之间基于 IP 地址的信任关系来进行的，一个合法的 TCP 连接还需要有一个 C/S 双方共享的唯一序列号作为标识和鉴别。初始序列号一般由随机数发生器产生，但问题出在很多操作系统在实现 TCP 连接初始序列号的方法中，产生的序列号并不是真正随机的，而是一个具有一定规律、可猜测或计算的数字。

这里简要介绍它的过程。先假定已经找到攻击目标主机及被其信任的主机。攻击者为了进行 IP 欺骗，要做以下工作：使得被信任主机丧失工作能力（如通过拒绝服务攻击），同时采样目标主机发出的 TCP 序列号，猜测出它的数据序列号。然后伪装成被信任主机，同时建立起与目标主机基于地址验证的应用连接。如果成功，攻击者就可以放置一个系统后门，以后就可以按正常的方法再次登录该主机。

（2）DNS 欺骗

相对 IP 欺骗而言，DNS 欺骗要简单一些。DNS（Domain Name Server）即域名服务器，网络中提供的各种服务都是基于 TCP/IP 的，要进行通信必须获得对方的 IP 地址，而这是通过 DNS 来实现的。可以说，DNS 是互联网上其他服务的基础。DNS 欺骗是这样的过程：假定用户 user1 想要访问域名为 sacrifice.com 的网站，他会向 DNS 请求解析 sacrifice.com，就是向 sacrifice.com 的 DNS 询问 sacrifice.com 的 IP 地址。如果黑客冒充 sacrifice.com 的 DNS 给 user1 一个虚假的 IP 地址，那么 user1 就连接不上 sacrifice.com。因为 sacrifice.com 遭到了 DNS 欺骗攻击，所以用户根本连接不上它的域名。

（3）Web 欺骗

Web 欺骗是一种电子信息欺骗，攻击者在其中创造了整个 Web 世界的一个令人信服但完全是假的副本。假的 Web 看起来十分逼真，拥有相同的网页和链接。然而，攻击者控制着假的 Web 站点，这样受攻击者浏览器和 Web 之间的所有网络信息完全被攻击者所截获，其工作原理就好像是一个过滤器。攻击者可以观察或修改任何从受攻击者到 Web 服务器的信息，同样控制着从 Web 服务器至受攻击者的返回数据，攻击者能够监视受攻击者的网络信息，记录他们访问的网页和内容。当受攻击者填写完一个表单并发送后，这些数据将被传送到 Web 服务器，Web 服务器将返回必要的信息，但攻击者完全可以截获并加以使用。这意味着攻击者可以获得用户的账户和密码。在得到必要的数据后，攻击者可以通过修改被攻击者和 Web 服务器之间任何一个方向上的数据，来进行某些破坏活动。

6. APT

APT（Advanced Persistent Threat）最初源自美国空军的信息安全报告，泛指有计划且针对性的网络间谍活动。美国 Mandiant 公司发布了炒作中国网络威胁论的《APT1》报告后，APT 逐渐成为了一个流行词汇，得到了各国的广泛关注和高度重视，也形成了趋于一致的认识。APT 是指随着信息产业的高速发展，由具备专业技术手段，甚至有组织和国家背景支持的黑客组织或团体，针对重要的政府、能源、电力、金融、国防等关系到国计民生或者是国家核心利益的网络基础设施发起的攻击手段，或称之为"高级持续性渗透攻击"。

相比较传统的网络攻击方式而言，APT 攻击具有以下五个显著特点。

一是组织性。相对传统网络攻击而言，APT 攻击组织性更强。其不仅体现在攻击者往往是组织严密的黑客团体甚至国家级专业团队，还体现在情报搜集准备、攻击手段研发、行动筹划设计、攻击组织实施以及技术、资金、人力和装备保障等方面，而且各阶段、各项行动相互关联、环环相扣。这一点是传统的个别黑客、小团体等难以具备的。

二是针对性。APT 攻击有明确的客体对象及目标，包括攻击范围、目标资产、攻击时限、破坏程度、终止条件等，需要针对目标网络及信息系统的类型、防御机制以及部署的安全设备对攻击方式方法进行系统设计。在攻击进行时，通过采集到的信息、状态数据等动态适时调整攻击策略，以实现最优的攻击效果。

三是持续性。一方面，APT 攻击的相关企事业单位普遍重视网络信息安全、安防意识较强、安防手段完备，而且大多目标涉及专业领域知识、专用系统软件、专用网络协议，因此组织实施攻击之前必须进行大量广泛的情报搜集整编，同时根据目标体系脆弱性，有针对性地研制开发相应攻击手段，构建模拟目标网络环境，测试攻击手段及方法，以确保实现预期攻击效果。另一方面，无论是为了获取更多更有价值的情报信息，还是长期潜伏以备后用或因势而动，APT 攻击者在进入目标网络后都将尽可能维系和保护这种存在。少则几个月甚至一年，多则三到五年甚至十年也有可能。

四是综合性。在 APT 攻击过程中，攻击者往往会综合运用多种技战术方法手段，相互配合、互为补充，以达成既定攻击目的，既包括病毒攻击、木马植入等传统入侵手段，也包括

SQL 注入、漏洞及后门利用、社会工程学攻击等，甚至电话窃听、卫星监测、人力渗透等线下攻击手段。可以说，为了能达成既定目的，只要在可承受攻击代价内，各种虚拟的或现实的渗透入侵攻击手段无所不用。甚至为了攻击一个目标而先攻陷与之相关的几个目标，再以已攻陷的目标为平台或跳板攻击既定目标的情况都已成为重要攻击方式。

五是隐蔽性。APT 攻击的隐蔽性表现在攻击者对目标系统的探测、入侵及信息窃取都尽可能以不被监测、察觉的方式进行。在访问到重要资产后，攻击者通过受控的分布式客户端，将伪装成目标系统正常应用程序所使用的端口、协议和信息加密方式等进行信息交互，同时会及时清除各种非法登录、操作痕迹，最大限度地规避安全审计和异常检测机制，最大程度保证存活性。

3.2 网络攻击的防范

网络技术在不断发展，网络攻击和防范正如矛与盾，两者的较量也许永远不会结束。防范网络攻击不但要在技术层面上做好工作，而且要在管理层面上采取相应的措施。

3.2.1 防范网络攻击的管理措施

1. 使用系统最高的安全级别

在选择网络操作系统时，要求其提供最高安全等级。第 2 章介绍过"橘皮书"的有关内容，"橘皮书"使计算机系统的安全性评估有了一个标准。美国国家计算机安全中心于 1987 年出版了《可信网络指南》，从网络安全的角度出发，解释了准则中的观点，使得该书与《可信计算机系统的评价准则》一起成为网络安全等级标准的重要文献。

网络操作系统的安全等级是网络安全的根基，如根基不好，则网络安全先天不足，在此之上的很多努力将无从谈起。例如，有的网络采用的 UNIX 系统安全级别太低，只有 C1 级，而网络系统安全起码要求 C2 级。

因此，高安全等级的系统是防范网络攻击的首选。

2. 加强内部管理

为了对付内部产生的黑客行为，要在安全管理方面采取措施。

① 必须慎重选择网络系统管理人员，对新职员的背景进行调查，网络管理要害岗位人员调动时要采取相应的防护措施（如及时更换系统口令）。

② 确保每个职员都了解安全管理制度，如掌握正确设置较复杂口令的要求，分清各岗位的职责，有关岗位之间要能互相制约。

③ 企业与员工签订著作权转让合同，使有关文件资料、软件著作权和其他附属资产权归企业所有，以避免日后无法用法律保护企业利益不受内部员工非法侵害。

④ 将部门内电子邮件资料及 Internet 网址划分保密等级。

⑤ 定期改变口令，使自己遭受黑客攻击的风险降低。一旦发现自己的口令不能进入计算机系统，应立即向系统管理员报告，由管理员来检查原因。系统管理员应定期运行一些破译口令的工具来尝试，若有用户的口令密码被破译出来，说明这些用户的密码过于简单或有规律可循，应尽快通知他们及时更正密码。

⑥ 加强技术管理，可以通过加强用户登录的安全性、使用用户自定义的桌面配置和实施

用户安全策略来实现。

3．修补系统漏洞

必须认识到任何系统都是有漏洞存在的，网络管理员应当及时堵上已知的漏洞并及时发现未知的漏洞。

首先，必须认真设置网络操作系统，并定期检查以防被黑客钻了空子。例如：

① 为系统管理员和备份操作员建立特殊账户，使黑客难以猜出系统管理员和备份操作员的账户。

② 关闭系统管理员远程访问能力，只允许系统管理员直接访问控制台。

③ 未经许可不得重装系统，因为重装系统会覆盖原来的系统设置，获取系统级特权。

④ 避免系统在注册对话框中显示最近一次注册用户名。

⑤ 注意设置好默认值，系统管理特权绝不使用默认，对关键目录，应将其默认值权限设为"只读"。

⑥ 合理配置FTP（文件传输协议），确保必须验证所有的FTP申请。

其次，使用检测工具发现漏洞。采取攻击型的安全检测手段，可以作为网络系统的最后一道安全防线。可以采用一些网络安全检测工具，以攻击方式而不是防卫方式对网络进行测试性侵入，找出现行网络中的弱点，提醒管理员如何堵住这些漏洞。此外，系统管理员要经常访问黑客站点和网络安全站点，以获取最新的漏洞信息。

3.2.2　防范网络攻击的技术措施

防范网络攻击的技术措施根据不同的分类方法有很多，其中最关键的技术是防火墙、数据加密和入侵检测技术。

1．防火墙技术

防火墙被用来保护计算机网络免受非授权人员的骚扰与黑客的入侵。这些防火墙尤如一道护栏，隔在被保护的内部网与不安全的非信任网络之间，如图3-5所示。

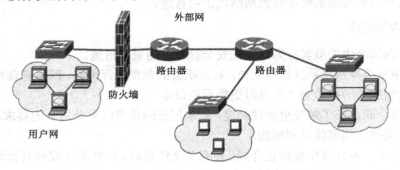

图 3-5　防火墙的结构

防火墙可以是非常简单的过滤器，也可能是精心配置的网关，但原理是一样的，都是监测并过滤所有内部网和外部网之间的信息交换。防火墙保护着内部网络敏感的数据不被偷窃和破坏，并记录内外通信的有关状态信息日志，如通信发生的时间和进行的操作等。新一代的防火墙甚至可以阻止内部人员将敏感数据向外传输。防火墙通常是运行在一台单独计算机之上的一个特别的服务软件，可以识别并屏蔽非法的请求。例如，使用者的Web访问请求都间接地由 WWW 代理（Proxy）服务器进行处理，这台服务器会验证请求发出者的身份、请求的目的地和请求内容。如果一切符合要求，这个请求会被送到目标 WWW 服务器上。目标 WWW 服务器处理完这个请求后，并不会直接把结果发送给请求者，它会把结果送到代理服务器，代理服务器会按照规定检查这个结果是否违反了安全规则。当这一切检查都通过后，结果才会真正地送到请求者的手里。

总之，防火墙是增加计算机网络安全的手段之一，只要网络应用存在，防火墙就有其存在的价值。

2．数据加密技术

数据在网络上传输时很容易被黑客以各种方法截获，这样容易造成一些机密信息泄露，给整个网络的安全造成隐患。因此，数据加密作为一项基本技术已经成为所有通信安全的基石，数据在加密以后即使被黑客截获也不会造成机密泄露的问题。要实现数据加密技术，可以在通信的三个层次上实现：链路加密、节点加密和端到端加密。

数据加密是以各种各样的加密算法来具体实现的，以很小的代价提供很强的安全保护。在多数情况下，数据加密是保证信息机密性的唯一方法。据不完全统计，目前已经公开发表的各种加密算法有几百种。通常把用来加密数据的另一类数据叫做密钥，如果按照收发双方密钥是否相同来分类，加密算法可以分为常规密码算法和公钥密码算法。

在常规密码体制中，收发双方采用相同的密钥，加密密钥和解密密钥是相同或等价的。这种密码体制的优点是有很强的保密强度，加密算法简便、高效，密钥简短，破译极其困难，能经受住时间的检验和攻击，但其密钥必须通过安全的途径传送。密钥的管理成为系统安全的最重要的因素。比较著名的常规密码算法有美国的 DES 密码及其变形、欧洲的 IDEA 密码、以代换密码和转轮密码为代表的古典密码等。在常规密码中影响最大的是 DES 密码。

公钥密码体制的收信方和发信方使用不同的密钥，而且几乎不可能从加密密钥推导出解密密钥。其优点是可以适应网络的开放性要求，且密钥的管理问题也比较简单，尤其是可以方便地实现数字签名和验证。不足之处是其算法复杂，加密数据的速率较慢。常用的公钥密码算法有 RSA、背包密码、McEliece 密码、Diffe-Hellman、零知识证明的算法、椭圆曲线、ElGamal 算法等。

在实际应用中，人们通常将常规密码和公钥密码结合起来使用，如用 DES 或 IDEA 来加密信息，而用 RSA 来传递会话密钥。

加密技术是网络攻击防范的最有效的技术之一，加密网络不但可以防止非授权用户的搭线窃听和入网，而且是对付恶意软件的有效方法之一。

3．入侵检测技术

目前的黑客资料和入侵工具充斥网络，攻击成功的案例越来越多，仅仅是被动地进行防御已难以保证网络的安全。入侵检测是一种防范网络攻击的重要技术手段，能够对潜在的入侵动作做出记录，并且能够预测攻击的后果。入侵检测的功能是用实践性的方法扫描分析网络系统，检查报告系统存在的弱点和漏洞，建议采取补救措施和安全策略。

入侵检测系统（Intrusion Detection System，IDS）是能对潜在的入侵行为做出记录和预测的智能化、自动化的软件或硬件系统。按照检测功能的不同，入侵检测系统分为网络入侵检测系统（NIDS）、系统完整性校验系统（SIV）、日志文件分析系统（LFM）、欺骗系统（DS）等。

网络入侵检测系统通过对网络中传输的数据包进行分析，从而发现可能的恶意攻击企图。典型的例子是在不同的端口检查大量的 TCP 连接请求，以此来发现 TCP 端口扫描的攻击企图。网络入侵检测系统既可以运行在仅仅监视自己端口的主机上，也可以运行在监视整个网络状态的处于混杂模式的 Sniffer 主机上。

系统完整性校验系统用来校验系统文件，查看系统是否已经被黑客攻破且更改了系统原文件并留下了后门。系统完整性校验系统不仅可以校验文件的完整性，还可以对其他组件（如 Windows 注册表）进行校验。为了能够更好地找到潜在的入侵迹象，这类软件往往需要使用者有系统的最高权限。不足之处是，这类软件一般没有实时报警功能，因此无法保证检测的可靠性。

日志文件分析系统通过分析网络服务产生的日志文件来获得潜在的恶意攻击企图。和网络入侵检测系统类似，这类软件寻找日志中的暗示攻击企图的模式来发现攻击行为。一般是通过分析 HTTP 服务器日志文件寻找黑客扫描 CGI 漏洞的行为。

欺骗系统通过模拟一些著名漏洞并提供虚假服务来欺骗入侵者以达到追踪入侵者的目的，一般称为蜜罐（Honey Pot）。如果对付经验不是特别丰富的黑客，可以完全不使用任何软件就可以达到欺骗目的。例如，重命名 Windows 上的 Administrator 账号，然后设立一个没有任何权限的虚假账号让黑客来攻击，一旦中计，攻击者的行为就会被记录下来。

尽管入侵检测系统在防范网络攻击中起着无法替代的作用，然而它不能完全冻结黑客的入侵。随着科技的进步，黑客进行攻击的手段越来越多，也越来越巧妙，因此入侵检测系统必须不断地"学习"和完善更新。

本章小结

本章主要介绍了网络攻击的步骤和手段及如何防范网络攻击两方面的内容。首先介绍了网络攻击的一般步骤与网络攻击的主要手段。网络攻击的防范主要介绍了管理和技术两个层面的措施。只有充分了解攻击的过程与手段，才能更好地进行防范。

1．网络攻击的一般步骤

（1）准备攻击：主要工作包括确定攻击目的、收集信息。

（2）实施攻击：首先获得权限，然后配合本地漏洞来扩大获得的权限，常常是扩大至系统管理员的权限。

（3）善后工作：通过修改日志、留下后门等手段隐藏踪迹并为后续攻击提供方便。

2．网络攻击的主要手段

主要介绍了缓冲区溢出攻击、口令破解、网络侦听、拒绝服务攻击、欺骗攻击、APT 攻击等攻击手段。

3．防范网络攻击的管理措施

包括：使用系统最高的安全级别，加强内部管理，修补系统漏洞。

4．防范网络攻击的主要技术措施

简要介绍了防火墙技术、数据加密技术、入侵检测技术等防范网络攻击的主要技术措施。

实 验 3

实验 3.1 综合扫描

1．实验目的

通过使用综合扫描工具，扫描系统的漏洞并给出安全评估报告，加深对网络系统漏洞的理解；同时，利用系统漏洞进行入侵练习，从而增强读者的网络安全防护意识。

2．实验原理

综合扫描工具是一种自动检测系统和网络安全弱点的程序。其工作原理是，首先获得主机系统网络服务、版本信息、Web 应用等方面的相关信息，然后采用模拟攻击的方法，对目标主机系统进行攻击性的安全漏洞扫描，如测试弱口令等，如果模拟攻击成功，则视为漏洞存在。此外，可以根据系统事先定义的系统安全漏洞库，对系统可能存在的、已知的安全漏洞逐项进行扫描和检查，按照规则匹配的原则，将扫描结果与安全漏洞库进行对比，如满足匹配条件，则视为漏洞存在。

3．实验环境

两台预装 Windows Server 2003/Windows 7 的计算机，它们通过网络连接，并安装 X-Scan 3.3 软件。

4．实验内容

（1）扫描主机漏洞。
（2）扫描弱口令和开放端口。

5．实验提示

X-Scan 3.3 的运行界面如图 3-6 所示，参数设置如图 3-7 所示。

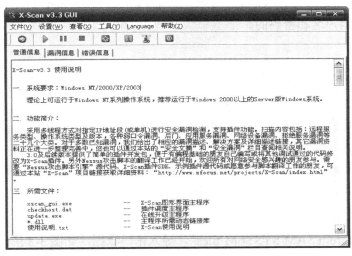

图 3-6　X-Scan 3.3 运行界面

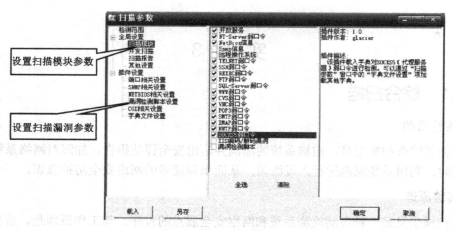

图 3-7 参数设置

实验 3.2 账号口令破解

1．实验目的

通过密码破解工具（LC7）的使用，了解账号口令的安全性，掌握安全口令的设置原理，以提高账号口令的安全性。

2．实验原理

系统用户账号、密码、口令的破解主要是基于密码匹配的破解方法，最基本的方法有两个：穷举法和字典法。穷举法将字符和数字按照穷举的规则生成口令字符串，进行遍历尝试。字典法则用口令字典中事先定义的常用字符去尝试匹配口令。口令字典可以自己编辑或由字典工具生成，里面包含了单词或数字的组合。

在 Windows 操作系统中，用户账户的安全管理使用了安全账号管理器（Security Account Manager，SAM）机制，用户和口令经过加密 Hash 变换后，以 Hash 列表形式存放在 %SystemRoot%\System32 下的 SAM 文件中。使用 LC7（L0phtCrack 7.0）就是通过破解这个 SAM 文件来获得用户名和密码的。

3．实验环境

两台预装 Windows Server 2003/Windows 7 的计算机，通过网络连接，安装 LC7 软件。

4．实验内容

（1）事先在主机内建立用户 test，密码分别设为空密码、123456、security、security123，使用 LC7 进行破解测试。

（2）各自设置 test 密码为较为复杂的密码（字符与数字组合，不超过 7 位），通过网络连接获取对方 SAM 文件，使用 LC7 进行破解测试。

5．实验提示

选择"Import from SAM/SYSTEM files"，导入密码数据，如图 3-8 所示，即可进行账号密码破解。

图 3-8 导入（Import）密码数据

实验 3.3 IPSec 策略配置

1. 实验目的

通过实验，了解 Windows 系统安全机制，学会 IPSec 策略的配置方法，了解如何通过指派 IPSec 策略来加强系统的安全性，防范远程攻击。

2. 实验原理

当把计算机归组到组织单位时，可以将 IPSec 策略只指派给需要 IPSec 的计算机。它还允许指派适当的安全级，以免过度的安全性。在这种情况下，Active Directory 存储所有计算机的 IPSec 策略。

客户和域管理员之间的高度安全性没有必要，客户和域管理员之间的与 Kerberos 有关的交换已被加密，并且从 Active Directory 到成员计算机的 IPSec 策略传输受 Windows LDAP 安全性保护。

IPSec 应在这里与访问控制安全性结合。用户权限仍然是使用安全性来保护对任何"最高安全性"的"高度安全服务器"所提供的共享文件的必要部分。IPSec 保护网络级的通信，使攻击者不能破解或修改数据。

在网络层上执行的 IPSec 保护 TCP/IP 协议簇中所有 IP 和更高层的协议，如 TCP、UDP、ICMP、Raw（协议 255），甚至保护在 IP 层上发送通信的自定义协议。保护此层信息的主要好处是所有使用 IP 传输数据的应用程序和服务均可使用 IPSec 保护，而不必修改这些应用程序和服务。

3．实验环境

两台预装 Windows 7 的计算机，通过网络连接。

4．实验内容

（1）配置"ping 策略"，内容为不允许任何计算机 ping 本机，在命令行下进行测试，比较指派策略和不指派策略的结果。

（2）配置"端口策略"，内容为阻止通过 139 和 445 端口，互相访问对方的默认共享，比较指派策略和不指派策略的结果。

5．实验提示

在"管理工具"中打开"本地安全策略"对话框，如图 3-9 所示。

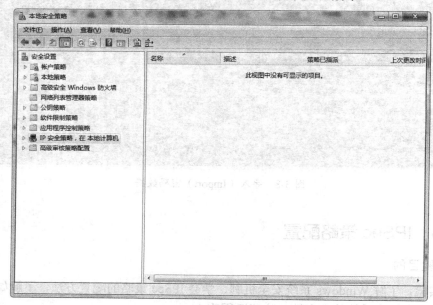

图 3-9　本地安全设置

在"操作"菜单中选择"创建 IP 安全策略"，根据向导提示，按照实验内容创建并配置 IP 安全策略规则，如图 3-10 所示。

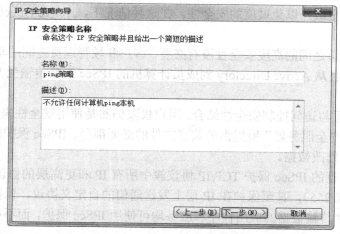

图 3-10　创建 IP 安全策略向导

使用向导，进行 IP 安全策略配置时，重点是 IP 筛选列表的配置。以配置"ping 策略"为例，"IP 流量源"选择"任何 IP 地址"，"IP 流量目标"选择"我的 IP 地址"，"IP 协议类型"选择"ICMP"。IP 筛选列表配置完成后，再配置完成 IP 筛选器操作即可完成 IP 规则配置。使用另一台主机尝试 Ping 连接，比较指派策略和不指派策略后的结果。

习 题 3

3.1 网络攻击通常的步骤是什么？

3.2 列举常用服务端口号，如 Web 服务、FTP 服务、TELNET 服务、终端服务、DNS 服务等。

3.3 缓冲区溢出攻击的原理是什么？

3.4 本地权限提升是如何进行的？

3.5 按照实现技术分类，防火墙分为哪几类？各有什么特点？

3.6 试配置瑞星防火墙安全规则：允许某个网段的某特定 IP 地址的机器访问，禁止此网段的其他机器访问。

第 4 章　密码技术

密码技术是一门古老的技术，自人类社会出现战争便产生了密码。密码技术通过对信息的变换或编码，将机密的敏感信息变换成对方难以读懂的乱码型信息，以此达到两个目的：一是使对方无法从截获的乱码中得到任何有意义的信息；二是使对方无法伪造任何乱码型信息。密码技术包括密码设计、密码分析、密钥管理和验证技术等内容，不仅可以解决网络信息的保密性，还可以解决信息的完整性、可用性、可控性及抗抵赖性。因此，密码技术是保护网络信息安全的最有效手段，是网络安全技术的核心和基石。

4.1　密码技术的基本概念

4.1.1　密码系统的基本组成

典型密码系统的组成如图 4-1 所示。

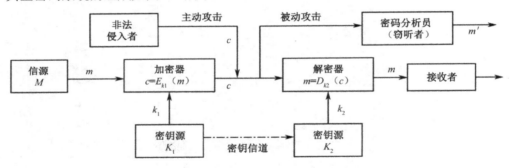

图 4-1　典型密码系统的组成

由图 4-1 可见，一个典型的密码系统可以用数学符号描述如下：

$$S = \{M, C, K, E, D\}$$

式中，M 是明文空间，表示全体明文的集合。明文是指加密前的原始信息，即需要隐藏的信息，也可用 P（Plaintext）表示。给定的明文一般用小写 m 表示。

C 是密文空间，表示全体密文的集合。密文是指明文被加密后的信息，一般是毫无识别意义的字符序列。给定的密文一般用小写 c 表示。

K 是密钥或密钥空间。密钥是指控制加密算法和解密算法得以实现的关键信息，可分为加密密钥和解密密钥，两者既可相同也可不同，一般由通信双方掌握。若加、解密钥相同，该密钥必须通过安全信道传送或在接收端用密钥发生器产生与发送端相同的密钥。

E 是加密算法，D 是解密算法，又称加密变换和解密变换。密码算法是指明文和密文之间的变换法则，其形式一般是计算某些量值或某个反复出现的数学问题的求解公式，或者是相应的程序。解密算法是加密算法的逆运算（或称逆变换），并且其对应关系应是唯一的。从数学角度看，可将算法视为常量，可以公开；而将密钥视为变量，应予以保密。

现代密码学的一个基本原则是：一切秘密寓于密钥之中。在设计密码系统时，总是假定密码算法是公开的，真正需要保护的是密钥，所以在分发密钥时，必须特别小心，只对数据加密，而通过不安全通道传送密钥不会起到保密的作用。

一个密码系统的主角有发送方、接收方和破译者。其加密过程如下。

① 在发送方，首先将给定明文 m，利用加密器 E 及加密密钥 k_1，将明文加密成密文

$$c=E_{k_1}(m) \tag{4.1}$$

② 然后将 c 利用公开信道送给接收方。

③ 接收方在收到密文后，利用解密器 D 及解密密钥 k_2，将 c 解密成明文

$$m=D_{k_2}(c)=D_{k_2}(E_{k_1}(m)) \tag{4.2}$$

在密码系统中假设有破译者在公开信道中，破译者并不知道解密密钥 k_2，但欲利用各种方法得知明文 m，或者假冒发送方发送一条伪造信息让接收者误以为真。

通常破译者会选定一个变换函数 h，对截获的密文 c 进行变换，得到的明文是明文空间的某一个元素 m'（一般 $m' \neq m$）：

$$m' = h(c) \tag{4.3}$$

因此，为了保护信息的保密性，抗击密码分析，密码系统应满足下述要求：

① 系统即使达不到理论上不可破，即 $p_r\{m'=m\}=0$，也应该是实际上不可破译的，即从截获的密文或某些已知明文、密文对要确定密钥或任意明文在计算上是不可行的。

② 加密算法和解密算法适用于所有密钥空间的元素。

③ 系统便于实现和使用方便。

④ 系统的保密性不依赖于对加密体制或算法的保密，而依赖于密钥，即著名的 Kerckhoff 原则。

4.1.2 密码体制分类

密码体制一般是指密钥空间和相应的加/解密运算的结构，同时包含明文信源与密文的结构特征，这些结构特征是构造加密运算和密钥空间的决定性因素。密码体制从原理上可分为两类，即单钥密码体制和双钥密码体制。

1. 单钥密码体制

单钥密码体制的加密密钥和解密密钥相同，或者虽然不相同但是由其中的任意一个可以容易推导出另一个，也称为对称密码体制或秘密密钥密码体制。单钥密码系统如图 4-2 所示。

图 4-2　单钥密码系统

对于单钥密码体制，密钥的产生、分配、存储、销毁等问题是影响系统安全的重要因素，即使密码算法很好，若密钥管理问题处理不好，也很难保证系统的安全保密。

单钥密码体制对明文加密有两种方式：一是明文按字符（如二元数字）逐位加密，称为流密码（或序列密码）；另一种是将明文分组（含有多个字符），逐组加密，称为分组密码。

（1）序列密码体制

序列密码体制是军事、外交及商业场合使用的主要密码体制，其主要原理是：以明文的位为加密单位，用某一个伪随机序列作为加密密钥，与明文进行"模 2 加"运算，获得相应的密文序列。这样即使对于一段全"0"或全"1"的明文序列，经过序列密码加密后也会变成类似于随机噪声的乱数据流。在接收端，用相同的随机序列与密文序列进行"模 2 加"运算后便可恢复明文序列，序列密码体制的加密、解密过程如图 4-3 所示。

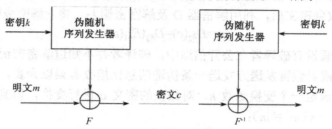

图 4-3　序列密码的加密、解密过程

这种密码的优点是加密、解密可以完全采用相同的算法实现，每位数据的加密都与消息的其余部分无关，如果某一码元发生错误，不影响其他码元，即错误扩散小。此外，它还具有速度快、实时性好、利于同步、安全程度高等优点。

由于序列密码算法的安全强度完全决定于所产生的伪随机序列的好坏，因此设计序列密码的关键问题是伪随机序列发生器的设计，当移位寄存器的阶数大于 100 阶时，才能保证系统必要的安全。

（2）分组密码

分组密码是在密钥的控制下一次变换一个明文分组的密码体制。它把一个明文分组空间映射到一个密文分组空间，当密钥不变时，对相同的明文加密就得到了相同的密文。

在进行加密时，先将明文序列以固定长度进行分组，具体每组的长度由算法设计者确定，每组明文用相同的密钥和加密函数进行运算。设其中一组 m 位的明文数据为 $X=(x_0, x_1, \cdots, x_{m-1})$，密钥为 $K=(k_0, k_1, \cdots, k_{L-1})$，在密钥 K 的控制下变换成一组 n 位的密文数据 $Y=(y_0, y_1, \cdots, y_{n-1})$。分组密码的加密、解密过程如图 4-4 所示。

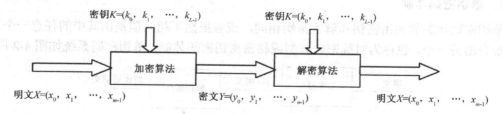

图 4-4　分组密码的加密、解密过程

通常分组密码都取 $n=m$。若 $n>m$，则为数据扩展的分组密码。若 $n<m$，则为数据压缩的分组密码。在二元情况下，X 和 Y 均为二元数字序列。为了使加密过程可进行逆向操作，每一种操作都必须产生一个唯一的密文分组，明文和密文之间是一对一的可逆操作。

与序列密码相比，分组密码在设计上的自由度比较小，但容易检测出对信息的窜改，且不需要密钥同步，具有很强的适应性，特别适用于数据库加密。

单钥密码体制具有加解密算法简便高效、加解密速度快、安全性高的优点，其应用较为广泛。但该体制也存在一些问题，而且无法靠自身解决：一是密钥分配困难；二是需要的密钥量大，在网络通信中，为了使 n 个用户之间相互进行保密通信，将需要 $n(n-1)/2$ 个密钥，n 越大，所需代价越大；三是无法实现不可否认服务。

2. 双钥密码体制

采用双钥密码体制的每个用户都有一对选定的密钥：一个是可以公开的，可以像电话号码一样注册公布，用 k_1 表示；另一个则是秘密的，由用户自己秘密保存，用 k_2 表示。这两个密钥之间存在着某种算法联系，但由加密密钥无法或很难推导出解密密钥。因此，双钥密码体制又被称为公钥密码体制或非对称密码体制。

双钥密码体制的主要特点是将加密和解密能力分开，因而可以实现多个用户加密的明文只能由一个用户解读，或者只由一个用户加密明文而使多个用户可以解读。前者可用于公共网络（如 Internet）中实现保密通信，而后者可用于认证系统中对信息进行数字签名。

（1）加密、解密过程

公钥密码体制的加密、解密过程如图 4-5 所示。

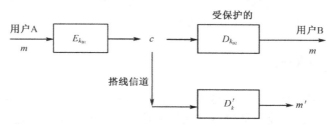

图 4-5　公钥密码体制的加密、解密过程

图 4-5 中假定用户 A 要向用户 B 发送机密信息 m。若用户 A 在公钥本上查到用户 B 的公钥 k_{B1}，就可用它对明文 m 进行加密得到密文 $c = E_{k_{B1}}(m)$，而后送给用户 B。用户 B 收到后用自己的秘密钥 k_{B2} 对 c 进行解密变换得到原来的明文 m。

$$m = D_{k_{B2}}(c) = D_{k_{B2}}(E_{k_{B1}}(m)) \tag{4.4}$$

整个系统的安全性在于从对方的公开密钥 k_{B1} 和密文中要推出明文或解密密钥 k_{B2} 在计算上是不是可行的。但由于任一用户（一定范围的参与者）都可用用户 B 的公钥进行加密并向他发送机密信息，因而密文不具备认证性，即无法确定发送者是谁。

但在信息网络中，时时刻刻都在进行着各种各样的信息交换。从安全的角度考虑，必须保证这个交换过程的有效性与合法性，认证就是证实信息交换过程合法有效的一种手段。

（2）认证过程

为了使用户 A 发给用户 B 的信息具有认证性，可以将公钥体制的公开密钥和私有密钥反过来使用，双钥密码认证过程如图 4-6 所示。用户 A 以自己的秘密钥 k_{A2} 对明文 m 进行专用变换 $D_{k_{A2}}$，将得到的密文 c 送给用户 B，B 收到后可用 A 的公开钥 k_{A1} 对 c 进行公开变换，就可得到原明文 m。

$$m = E_{k_{A1}}(c) = E_{k_{A1}}(D_{k_{A2}}(m)) \tag{4.5}$$

由于 k_{A2} 是保密的，只有 A 才能发送这个密文 c，其他人无法伪造这个密文，在利用 A 的公钥进行解密后才能得到有意义的明文 m。因此，可以验证明文 m 确实来自于用户 A，从而实现了对 A 所发信息的认证。

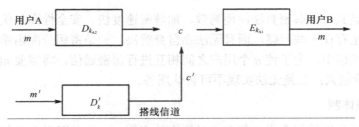

图 4-6　双钥密码认证过程

认证可以防窜改，但不能防窃听。因为任何一个观察者都可用发送方的公开密钥解密密文，以验证签字。这就说明，认证和保密是信息安全中两个不同的方面。保密是为了防止明文信息的泄露，认证是为了防止黑客对系统的主动攻击。

为了同时实现保密性和确认性，要采用双重加/解密。具体过程是，发信者用自己的私钥对信息签名，再用接收方的公钥对信息加密后发出；收信者用自己的私钥与发送方的公钥一起对信息进行解密，即先用自己的私钥进行解密，再用发送方的公钥对签名进行验证。

与单钥密码体制相比，双钥密码体制有效解决了密钥分配困难问题，可以减少密钥量，对于多用户的商用密码系统及网络安全具有十分重要的意义。此外，双钥密码便于实现数字签名，可以圆满地解决对收、发双方的证实问题，为其在商业上的广泛应用创造了有利条件。

4.1.3　古典密码体制

古典密码是密码学的渊源，这些密码大多比较简单，可用手工或机械操作实现加密、解密，现在已经很少采用。但是，研究这些密码的原理，对于理解、构造和分析现代密码是十分有益的。

1. 代换密码

代换密码是将明文的字母用其他字母或符号来代替，各字母的相对位置不变。按代换所使用的密文字母表的个数，代换密码分为单表代换密码、多字母代换密码和多表代换密码。

（1）单表代换密码

单表代换密码就是只使用一个密文字母表，并且用密文字母表中的一个字母来代替明文字母表中的一个字母。比较经典的单表代换密码是凯撒密码。

凯撒密码是把字母表中的每个字母用该字母后面第三个字母代替。例如，将字母 a，b，c，d，…，w，x，y，z 的自然顺序保持不变，但使之与 D，E，F，G，…，Z，A，B，C 分别对应（即相差三个字符）。例如，

明文：meet me after the toga party

密文：PHHW PH DIWHU WKH WRJD SDUWB

该替代具有以下特点：加密和解密算法是已知的，均为 $C = E(p) = (p + 3) \bmod 26$；需要尝试的密钥只有 25 个；明文和密文均按顺序排列，替代非常有规律，明文的语言是已知的且很容易识别。由这些特征可以看出，这种代替密码的保密性不强，可以采用强行攻击法和统计分析法进行破译。

（2）多字母代换密码

多字母代换密码就是每次对明文的多个字母进行代换。其优点是容易将字母的自然频度隐蔽或均匀化，从而有利于抗击统计分析。下面介绍两种多字母代换密码。

① Playfair 密码：最著名的多字母密码，是将明文中的每两个字母作为一个单元，并将这些单元转换为密文双字母组合，这样可以掩盖明文双字母在密文中的结构。

Playfair 算法使用 5×5 字母矩阵，该矩阵用一个关键词（密钥）构造，在这里，关键词是 monarchy。Playfair 算法的用法如图 4-7 所示。

该矩阵的具体构造是：从左到右，从上到下填入该关键词的字母（去除重复字母），再按字母表顺序将余下的字母依次填入矩阵剩余空间。字母 I 和 J 被算作一个字母。

M	O	N	A	R
C	H	Y	B	D
E	F	G	I/J	K
L	P	Q	S	T
U	V	W	X	Z

图 4-7　Playfair 算法的用法

Playfair 算法根据以下规则一次对明文的两个字母加密：

① 对明文进行分组，每两个字母为一对。如果属于相同对中的重复的明文字母，将用一个填充字母 x 进行分隔，如单词 balloon 被分隔为 ba lx lo on。

② 属于该矩阵相同行的明文字母将由同行其右边的字母代替，而行的最后一个字母则由该行的第一个字母代替，如 ar 被加密成 RM。

③ 属于相同列的明文字母将由同一列其下面的字母代替，而列的最后一个字母则由该列第一个字母代替，如 mu 被加密成 CM。

④ 既不属于同行又不属于同列的明文字母，将由与该字母同行、另一个字母同列的字母代替，如 hs 加密成 BP，ea 加密成 IM（或 JM）。

利用以上规则，对词 balloon 进行加密，加密结果是 IBSUPMNA。

与单表代换密码相比，Playfair 密码具有以下优点：一是在明文中相邻的两字母，在密文中不再相邻，使频率分析比较困难；二是虽然仅有 26 个字母，但有 26×26=676 种双字母组合，因此识别各种双字母组合要困难得多。

② Hill 密码：由数学家 Hill 于 1929 年研制的。该密码是将 m 个连续的字母看成一组，并将其加密成 m 个密文字母。这种替代是由 m 个线性方程决定的，其中每个字母被分配一个数值（$a=0$，$b=1$，$c=2$，…，$z=25$）。若 $m=3$，该系统可以描述如下：

$$C_1=(k_{11}p_1+k_{12}p_2+k_{13}p_3) \bmod 26$$
$$C_2=(k_{21}p_1+k_{22}p_2+k_{23}p_3) \bmod 26$$
$$C_3=(k_{31}p_1+k_{32}p_2+k_{33}p_3) \bmod 26 \tag{4.6}$$

该线性方程可以用列向量或矩阵表示：

$$\begin{pmatrix} C_1 \\ C_2 \\ C_3 \end{pmatrix} = \begin{pmatrix} k_{11} k_{12} k_{13} \\ k_{21} k_{22} k_{23} \\ k_{31} k_{32} k_{33} \end{pmatrix} \begin{pmatrix} p_1 \\ p_2 \\ p_3 \end{pmatrix}$$

或
$$C=KP \tag{4.7}$$

式中，C 和 P 是长度为 3 的列向量，分别表示密文和明文；K 是一个 3×3 矩阵，表示加密密钥，操作要执行"模 26"运算。

【例 4.1】 若有一明文为"paymoremoney"，使用的加密密钥为

$$K=\begin{bmatrix} 17 & 17 & 5 \\ 21 & 18 & 21 \\ 2 & 2 & 19 \end{bmatrix}$$

该明文的前 3 个字母 pay 被表示成向量(15 0 24)，利用密钥 K 对该明文进行加密后的密文为 K(15 0 24)＝(375 819 486) mod 26=(11 13 18)=LNS。以这种方式继续运算，上述明文的

密文为 LNSHDLEWMTRW。

解密时，必须求出 K 的逆 K^{-1}，使 $KK^{-1}=I$，并将 K^{-1} 作用于密文，即可恢复出明文。

因此，Hill 密码系统可以用下式表示：

$$C=E_K(P)=KP$$

$$P=D_K(C)=K^{-1}C=K^{-1}KP=P \tag{4.8}$$

与 Playfair 密码相比，该密码的强度在于利用较大的矩阵不仅完全隐藏了单字母的频率，也隐藏了双字母的频率信息。

（3）多表代换密码

多表代换密码是以一系列（两个以上）代换表依次对明文字母进行代换的加密方法。该技术是使用多个不同的单字母代换来加密明文信息，具有以下特征：一是使用一系列相关的单字母代换规则；二是由一个密钥来选取特定的单字母代换。

最著名也是最简单的一种多表代换密码是 Vigenere 密码。该密码由 26 个单表代换密码组成，其位移从 0 到 25。每个密码由一个密钥字母表示，该密钥字母是代替明文字母 a 的密文字母。在使用该密码进行加/解密时，通常需要构造一个 Vigenere 表格，见表 4-1。26 个密文表的每一个都是水平排列的（行），每个密文的左侧为其密钥字母。对应明文的一个字母表从顶部向下排列。

表 4-1　Vigenere 表格

	明文字母
	a b c d e f g h i j k l m n o p q r s t u v w x y z
a	A B C D E F G H I J K L M N O P Q R S T U V W X Y Z
b	B C D E F G H I J K L M N O P Q R S T U V W X Y Z A
c	C D E F G H I J K L M N O P Q R S T U V W X Y Z A B
d	D E F G H I J K L M N O P Q R S T U V W X Y Z A B C
e	E F G H I J K L M N O P Q R S T U V W X Y Z A B C D
f	F G H I J K L M N O P Q R S T U V W X Y Z A B C D E
g	G H I J K L M N O P Q R S T U V W X Y Z A B C D E F
h	H I J K L M N O P Q R S T U V W X Y Z A B C D E F G
i	I J K L M N O P Q R S T U V W X Y Z A B C D E F G H
j	J K L M N O P Q R S T U V W X Y Z A B C D E F G H I
k	K L M N O P Q R S T U V W X Y Z A B C D E F G H I J
l	L M N O P Q R S T U V W X Y Z A B C D E F G H I J K
m	M N O P Q R S T U V W X Y Z A B C D E F G H I J K L
n	N O P Q R S T U V W X Y Z A B C D E F G H I J K L M
o	O P Q R S T U V W X Y Z A B C D E F G H I J K L M N
p	P Q R S T U V W X Y Z A B C D E F G H I J K L M N O
q	Q R S T U V W X Y Z A B C D E F G H I J K L M N O P
r	R S T U V W X Y Z A B C D E F G H I J K L M N O P Q
s	S T U V W X Y Z A B C D E F G H I J K L M N O P Q R
t	T U V W X Y Z A B C D E F G H I J K L M N O P Q R S
u	U V W X Y Z A B C D E F G H I J K L M N O P Q R S T
v	V W X Y Z A B C D E F G H I J K L M N O P Q R S T U
w	W X Y Z A B C D E F G H I J K L M N O P Q R S T U V
x	X Y Z A B C D E F G H I J K L M N O P Q R S T U V W
y	Y Z A B C D E F G H I J K L M N O P Q R S T U V W X
z	Z A B C D E F G H I J K L M N O P Q R S T U V W X Y

其加密过程是：给定一个密钥字母 x 和一个明文字母 y，则密文字母位于 x 行和 y 列的交叉点上，此时密文为 V。

当具体加密一个明文时，需要一个与明文同样长的密钥。通常，该密钥为一个重复关键词。例如，如果某关键词是 deceptive，明文是"we are discovered save yourself"，那么

   密钥：deceptivedeceptivedeceptive
   明文：wearediscoveredsaveyourself
   密文：ZICVTWQNGRZGVTWAVZHCQYGLMGJ

解密也同样简单，密文字母所在的行的位置决定列，该明文字母位于该列的顶部。

该密码的强度在于每个明文字母由多个密文字母对应，从而改变了单表代换中明文对应密文的唯一性，增加了破解的难度。

2．置换密码

置换密码就是明文字母本身不变，根据某种规则改变明文字母在原文中的相应位置，使之成为密文的一种方法，又称为换位密码。换位一般以字节（一个字母）为单位，有时也以位为单位。

一种应用广泛的置换密码是将明文信息按行的顺序写入，排列成一个 *m×n* 矩阵，空缺的位用字符"j"填充。再逐列读出该信息，并以行的顺序排列。列的读出顺序为该密码的密钥。例如：

   密钥： 4 3 1 2 5 6 7
   明文： a t t a c k p
       o s t p o n e
       d u n t i l t
       w o a m j j j
   密文： TTNAAPTMTSUOAODWCOIJKNLJPETJ

一次置换密码容易识别，因为它具有与原明文相同的字母频率，必须进行多次置换，置换过程与第一次相同，经过多次置换后，该密码的安全强度具有较大改善。

以上各种加密方法单独使用比较简单，但容易被攻破。在实际加密中，通常将其中的两个或两个以上的方法结合起来，形成综合加密方法，经过综合加密的密文具有较强的抗分析能力。

4.1.4　初等密码分析

在信息传输和处理过程中，除了正常的接收者外，还有非授权者，他们通过各种办法（如电磁侦听、声音窃听、搭线窃听等）来窃取机密信息，并通过各种信息推出密钥和加密算法，从而读懂密文，这种操作叫做破译，也称为密码分析。

密码破译是利用硬件和软件工具，从截获的密文中推断出原来明文的一系列行动的总称，又称为密码攻击。密码攻击可分为被动攻击和主动攻击两类。仅对截获的密文进行分析而不对系统进行任何窜改的行为，称为被动攻击，如窃听；当密码破译后，采用删除、更改、添加、重放、伪造等方法向密文中加入假信息的过程，称为主动攻击。被动攻击的隐蔽性更好，难以发现，但主动攻击的破坏性很大。

通常，密码分析是敌方为了窃取机密信息所实施的攻击，但这也是密码体制设计者的工

作，设计者的目的是根据目前敌方的分析能力，找出密码体制存在的弱点并加以改进，以提高密码体制的安全性。例如，IDEA 密码算法就是根据敌方较强的差分密码分析，对原始的 IDEA 进行了修改，使其不易受到差分密码的攻击。

1. 密码分析方法

密码破译中有一个假设，即假定密码破译者拥有所有使用算法的全部知识，密码体制的安全性仅依赖于对密钥的保护。也就是说，除不知道密钥外，密码破译者有可能了解整个密码系统。密码攻击方法主要有穷举法和分析法两类。

（1）穷举法

穷举法，又称为强力法或完全试凑法，对截收的密文依次用各种可能的密钥试译，直到得到有意义的明文；或者在不变密钥下，对所有可能的明文加密直到得到的密文与截获的密文相同为止。只要有足够多的计算时间和存储容量，原则上穷举法总是可以成功的。但任何一种能保障安全要求的实用密码都会设计得使这一方法在实际上是不可行的，如破译成本太高或时间太长。

为了减小搜索计算量，可以采用较有效的改进试凑法。它将密钥空间划分成几个（如 q 个）等可能的子集，对密钥可能落入哪个子集进行判断，至多需进行 q 次试验。在确定了正确密钥所在的子集后，就对该子集再进行类似的划分并检验正确密钥所在的集。以此类推，最终判断出所用的正确密钥。该方法的关键在于如何实现密钥空间的等概率子集的划分。

（2）分析破译法

分析破译法有确定性和统计性两类。

确定性分析法利用一个或几个已知量（如已知密文或明密文对）用数学关系式表示出所求未知量（如密钥等）。已知量和未知量的关系视加密和解密算法而定，寻求这种关系是确定性分析法的关键步骤。

统计性分析法是利用明文的已知统计规律进行破译的方法。密码破译者对截获的密文进行统计分析，总结出其间的统计规律，并与明文的统计规律进行对照比，从中提取出明文和密文之间的对应或变换信息。密码分析之所以能够破译密码，最根本的是依赖于明文中的冗余度。

理论上，除一文一密的密码体制，没有绝对安全的密码体制。所以，称一个密码体制是安全的，一般是指密码体制在计算上是安全的，即密码分析者为了破译密码，穷尽其时间、存储资源仍不可得，或者破译所耗费的费用已超出了因破译密码而获得的收益。

2. 密码分析等级

根据密码分析者对明、密文掌握的程度，密码攻击主要分为以下 4 个等级。

① 唯密文攻击：密码分析者仅根据截获的密文进行的密码攻击。

② 已知明文攻击：密码分析者已经掌握了一些相应的明、密文对，据此对加密系统进行的攻击。

③ 选择明文攻击：密码分析者可以选择一些明文，并可取得相应的密文，这意味着攻击者已经掌握了装有加密密钥的加密装置（但无法获得解密装置里的密钥），并且可使用任意的密文做解密试验，这对密码分析者而言是很理想的。例如，在公钥密码体制中，分析者可以用公开密钥加密其他任意选择的明文。

④ 选择密文攻击：密码分析者可以选择一定的密文，并获得对应的明文。例如，在公钥

密码体制中，分析者可选择所需的密文，并利用公开密钥对所有可能的明文加密，再与明文对照，最后解密选定的密文。

这 4 类攻击的强度依次增大。密码分析的成功除了靠上述的数学演绎和归纳法外，还要进行大胆的猜测和对一些特殊或异常情况的敏感性。

4.2 分组密码体制

在许多单钥密码系统中，分组密码是系统安全的一个重要组成部分。本节主要介绍一些具有实际意义的算法，如美国数据加密标准（DES）和国际数据加密算法（IDEA）等。

4.2.1 数据加密标准（DES）

DES（Data Encryption Standard）是在 1970 年由美国 IBM 公司研制的，主要用于保护该公司内部的机密信息，被美国国家标准局于 1977 年 1 月 5 日正式确定为美国的统一数据加密标准，并设计推出了 DES 芯片。自此，DES 开始在政府、银行、金融界广泛应用。

1．DES 的工作原理

DES 是一种对二进制数据(0, 1)进行加密的算法，数据分组长度为 64 位，密文分组长度也为 64 位，没有数据扩展。密钥长度为 64 位，其中有 8 位奇偶校验位，有效密钥长度为 56 位。DES 的整个体制是公开的，系统的安全性完全依赖于对密钥的保护。DES 加密部分主要包括初始置换 IP、16 轮迭代的乘积变换、逆初始置换 IP^{-1} 及 16 个子密钥产生器。

其加密过程如图 4-8 所示。将明文信息按 64 位分组，每次输入的是 64 位明文，先经过初始置换 IP 进行移位变换，再进行 16 次复杂的代替和换位加密，最后经过逆初始置换形成 64 位的密文。密文的每一位都是由明文的每一位和密钥的每一位共同确定的。

（1）初始置换 IP

初始置换 IP 如图 4-9 所示，首先将输入的 64 位明文，按"初始排列 IP"进行移位变换，改变该 64 位明文的排列顺序，然后分成两个长度分别为 32 位的数据块，左边的 32 位构成 L_0，右边的 32 位构成 R_0。

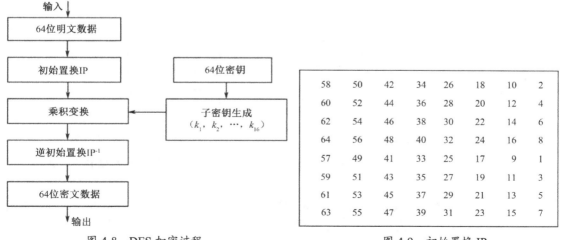

58	50	42	34	26	18	10	2
60	52	44	36	28	20	12	4
62	54	46	38	30	22	14	6
64	56	48	40	32	24	16	8
57	49	41	33	25	17	9	1
59	51	43	35	27	19	11	3
61	53	45	37	29	21	13	5
63	55	47	39	31	23	15	7

图 4-8　DES 加密过程　　　　　图 4-9　初始置换 IP

图 4-9 中的数值表示输入"位"被置换后的新"位"位置。例如，输入的第 58 位，在输出时被置换到了第 1 位的位置。

（2）乘积变换

图 4-10 给出了乘积变换的框图，它是 DES 算法的核心部分。经过 IP 置换后的数据分成 32 位的左、右两组，在迭代过程中彼此左、右交换位置。每次迭代时，只对右边的 32 位进行一系列的加密变换，在此轮迭代即将结束时，把左边的 32 位与右边得到的 32 位"按位模 2 加"，作为下一轮迭代时右边的段，并将原来右边未经变换的段直接送到左边的寄存器中作为下一轮迭代时左边的段。在每轮迭代时，右边的段要经过选择扩展运算 E、密钥加密运算、选择压缩运算 S、置换运算 P 及左右"异或"运算。

① 选择扩展运算 E。将输入的 32 位扩展成 48 位的输出，如图 4-11 所示。具体扩展方法如下：令 s 表示 E 输入数据位的原下标，则 E 的输出是将原下标为 $s\equiv0$ 或 $1\pmod4$ 的各位重复一次得到的，即对 32，1，4，5，8，9，12，13，16，17，20，21，24，25，28，29 各位重复一次，实现数据扩展。表中数据按行读出即得到 48 位输出。

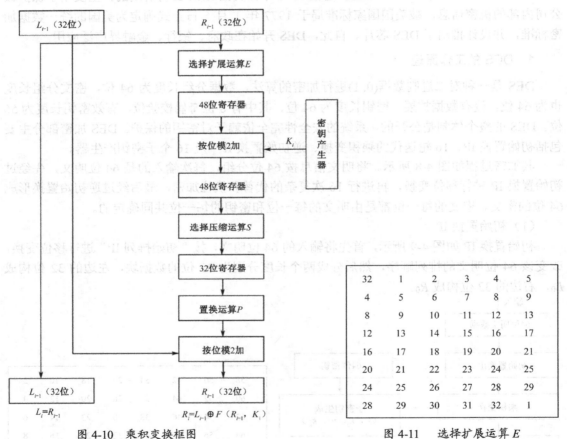

32	1	2	3	4	5
4	5	6	7	8	9
8	9	10	11	12	13
12	13	14	15	16	17
16	17	18	19	20	21
20	21	22	23	24	25
24	25	26	27	28	29
28	29	30	31	32	1

图 4-10　乘积变换框图　　　　图 4-11　选择扩展运算 E

② 密钥加密运算。将子密钥产生器输出的 48 位子密钥与扩展运算 E 输出的 48 位"按位模 2 相加"。

③ 选择压缩运算 S。将前面送来的 48 位数据自左向右分成 8 组，每组 6 位。而后并行送入 8 个 S 盒，每个 S 盒为一非线性代换网络，有 6 位输入，产生 4 位输出。其中，盒 S_1 至 S_8 的选择关系见表 4-2。

表 4-2　盒 S_1 至 S_8 的选择关系

S_1	14	4	13	1	2	15	11	8	3	10	6	12	5	9	0	7
	0	15	7	4	14	2	13	1	10	6	12	11	9	5	3	8
	4	1	14	8	13	6	2	11	15	12	9	7	3	10	5	0
	15	12	8	2	4	9	1	7	5	11	3	14	10	0	6	13
S_2	15	1	8	14	6	11	3	4	9	7	2	13	12	0	5	10
	3	13	4	7	15	2	8	14	12	0	1	10	6	9	11	5
	0	14	7	11	10	4	13	1	5	8	12	6	9	3	2	15
	13	8	10	1	3	15	4	2	11	6	7	12	0	5	14	9
S_3	10	0	9	14	6	3	15	5	1	13	12	7	11	4	2	8
	13	7	0	9	3	4	6	10	2	8	5	14	12	11	15	1
	13	6	4	9	8	15	3	0	11	1	2	12	5	10	14	7
	1	10	13	0	6	9	8	7	4	15	14	3	11	5	2	12
S_4	7	13	14	3	0	6	9	10	1	2	8	5	11	12	4	15
	13	8	11	5	6	15	0	3	4	7	2	12	1	10	14	9
	10	6	9	0	12	11	7	13	15	1	3	14	5	2	8	4
	3	15	0	6	10	1	13	8	9	4	5	11	12	7	2	14
S_5	2	12	4	1	7	10	11	6	8	5	3	15	13	0	14	9
	14	11	2	12	4	7	13	1	5	0	15	10	3	9	8	6
	4	2	1	11	10	13	7	8	15	9	12	5	6	3	0	14
	11	8	12	7	1	14	2	13	6	15	0	9	10	4	5	3
S_6	12	1	10	15	9	2	6	8	0	13	3	4	14	7	5	11
	10	15	4	2	7	12	9	5	6	1	13	14	0	11	3	8
	9	14	15	5	2	8	12	3	7	0	4	10	1	13	11	6
	4	3	2	12	9	5	15	10	11	14	1	7	6	0	8	13
S_7	4	11	2	14	15	0	8	13	3	12	9	7	5	10	6	1
	13	0	11	7	4	9	1	10	14	3	5	12	2	15	8	6
	1	4	11	13	12	3	7	14	10	15	6	8	0	5	9	2
	6	11	13	8	1	4	10	7	9	5	0	15	14	2	3	12
S_8	13	2	8	4	6	15	11	1	10	9	3	14	5	0	12	7
	1	15	13	8	10	3	7	4	12	5	6	11	0	14	9	2
	7	11	4	1	9	12	14	2	0	6	10	13	15	3	5	8
	2	1	14	7	4	10	8	13	15	12	9	0	3	5	6	11

表 4-2 的使用方法是：每个 S 盒输入的第一位和最后一位构成一个二进制数，转换成十进制数，用来选择相应盒子的行（0，1，2，3）；中间的 4 位对应的十进制数则选出一列。由上述行和列所选单元的十进制数所对应的二进制数就表示该盒的输出。例如，S_1 盒，输入为 011001，行为 01（第 1 行），列是 1100（第 12 列），第 1 行第 12 列对应的数为 9，因此，S_1 盒的输出就是 1001。

④ 置换选择 P。对 S_1 至 S_8 盒输出的 32 位进行置换。置换后的输出与左边的 32 位"按位模 2 相加"，所得到的 32 位作为下一轮的输入。置换选择 P 如图 4-12 所示。

（3）逆初始置换 $\mathbf{IP^{-1}}$

经过 16 次的加密变换之后，将 L_{16}、R_{16} 合成 64 位数据，再按逆初始置换 $\mathbf{IP^{-1}}$（如图 4-13 所示）进行逆变换，从而得到 64 位的密文输出。可以证明 $\mathbf{IP^{-1}(IP}(M)) = M$。

（4）子密钥的产生

将 64 位初始密钥经过置换选择 PC_1、循环左移（见表 4-3）、置换选择 PC_2，给出每次迭代加密用的子密钥 K_i，子密钥的生成过程如图 4-14 所示。下面以 K_1 为例说明各子密钥的生成过程。

16	7	20	21
29	12	28	17
1	15	23	26
5	18	31	10
2	8	24	14
32	27	3	9
19	13	30	6
28	11	4	25

图 4-12 置换选择 P

40	8	48	16	56	24	64	32
39	7	47	15	55	23	63	31
38	6	46	14	54	22	62	30
37	5	45	13	53	21	61	29
36	4	44	12	52	20	60	28
35	3	43	11	51	19	59	27
34	2	42	10	50	18	58	26
33	1	41	9	49	17	57	25

图 4-13 逆初始置换 $\mathbf{IP}^{-1}$

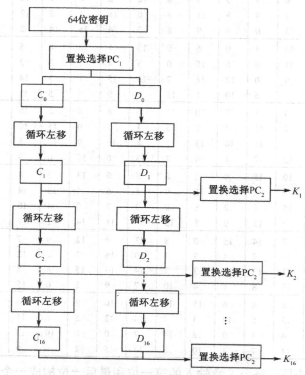

图 4-14 子密钥的生成过程

表 4-3 循环左移位数表

迭代次数	1	2	3	4	5	6	7	8	9	10	11	12	13	14	15	16
循环左移位数	1	1	2	2	2	2	2	2	1	2	2	2	2	2	2	1

在 64 位初始密钥中包含 8 位奇偶校验位，并不参与密钥计算，所以实际密钥长度为 56 位。将 56 位密钥首先经过一个置换 PC_1，将 56 位分成 C_0 和 D_0 左右两组，分别送入两个寄存器中进行相应的左移位，移位后的值分两路，一路进入置换 PC_2 中，进行压缩变换，得到 48 位的密钥 K_1；另一路作为下一次循环的输入，产生子密钥 K_2。以上过程重复 16 次，分别产生 16 个子密钥，用于控制加密过程。

置换 PC_1 如图 4-15 所示。64 位的密钥分为 8 字节，每字节的前 7 位是真正的密钥位，而第 8 位是奇偶校验位。置换 PC_1 有两个作用：一是从 64 位密钥中去掉 8 个奇偶校验位；二是把其余 56 位密钥位打乱重排，且将前 28 位作为 C_0，后 28 位作为 D_0。

置换 PC$_2$ 从 C_i 和 D_i（56 位）中选择一个 48 位的子密钥，如图 4-16 所示。并规定：子密钥 K_i 中的各位依次是子密钥 C_i 和 D_i 中的 14，17，…，5，3，…，29，32 位。

57	49	41	33	25	17	9
1	58	50	42	34	26	18
10	2	59	51	43	35	27
19	11	3	60	52	44	36
63	55	47	39	31	23	15
7	62	54	46	38	30	22
14	6	61	53	45	37	29
21	13	5	28	20	12	4

图 4-15　置换 PC$_1$

14	17	11	24	1	5
3	28	15	6	21	10
23	19	12	4	26	8
16	7	27	20	13	2
41	52	31	37	47	55
30	40	51	45	33	48
44	49	39	56	34	53
46	42	50	36	29	32

图 4-16　置换 PC$_2$

（5）解密

由于 DES 的加密和解密使用同一算法，因此在解密时，只需把子密钥的顺序颠倒过来，即把 $K_1 \sim K_{16}$ 换为 $K_{16} \sim K_1$，再输入密文，就可还原为明文。

【例 4.2】 若取十六进制明文 m 为 0123456789ABCDEF，密钥 k 为 133457799BBCDFF1，去掉奇偶校验位以二进制形式表示的密钥是 0001，0010，0110，1001，0101，1011，1100，1001，1011，0111，1011，0111，1111，1000。

应用 IP，得到　　　　L_0=11001100000000001100110011111111

　　　　　　　　L_1=R_0=11110000101010101111000010101010

然后进行 16 轮加密。最后对 L_{16}，R_{16} 使用 IP^{-1} 得到密文 c 为 85E813540F0AB405。

2．DES 安全性分析

从密码系统抵抗现有解密手段的能力来评价，通常从三方面来分析 DES 的安全性。

（1）密钥的使用

DES 算法采用 56 位密钥，共有 2^{56} 种可能的密钥，即大约 7.2×10^{16} 种密钥。因其密钥长度短，影响了其保密强度。但如果使用过长的密钥会使成本提高，运行速度降低。此外，在 DES 算法的子密钥生成过程中，会产生一些弱密钥。

弱密钥是指在所有可能的密钥中有几个特别的密钥，会降低 DES 的安全性，所以使用者一定要避免使用这几个弱密钥。弱密钥产生的原因是由子密钥产生过程的设计不当所导致的。

（2）迭代次数

DES 为什么采用 16 轮迭代，而不是更多或较少呢？通过测试，经过 5 轮迭代后，密文的每一位基本上是所有明文和密钥位的函数，经过 8 轮迭代后，密文基本上是所有明文和密钥的随机函数。由于目前多种低轮数的 DES 算法均被破译，而只有当算法恰好是 16 轮时，必须采用穷举攻击法才有效。

（3）S 盒设计

S 盒是整个 DES 加密系统安全性的保证，但它的设计原则与过程一直因为种种原因而未公布。有些人甚至大胆猜测，设计者是否故意在 S 盒的设计上留下一些陷门，以便他们能轻易地破解别人的密文。当然，以上猜测是否属实，到目前为止仍无法得知，但可以确定 S 盒的设计是相当神秘的。

1977 年，美国国家安全局曾对此议题在第 2 次 DES 研讨会上提出了下列 3 个设计 S 盒的原则：

① 对任意一个 S 盒而言，没有任何线性方程式能等价于 S 盒的输入/输出关系，即 S 盒是非线性函数。

② 改变 S 盒的任意一位输入，至少有两个以上的输出位发生变化。

③ 当固定某一位的输入时，希望 S 盒的 4 个输出位之间，其"0"和"1"的个数相差越小越好。

以上 3 点只是消极地规范了 S 盒应具备的特性，至于如何找出真正的 S 盒，至今仍无文献进行完整的探讨。

3. DES 算法的改进

虽然 DES 算法存在一些潜在的弱点，但至今从未真正地被攻克过。人们针对 DES 的不足对 DES 算法做了不少改进。

（1）采用 3DES 加密

3DES 加密是采用 3 个密钥或 2 个密钥执行 3 次常规的 DES 加密，图 4-17 给出了两密钥 3DES 的加/解密过程。

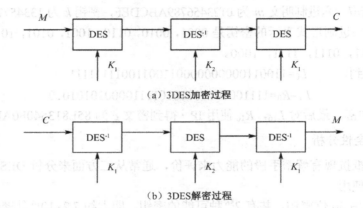

（a）3DES加密过程

（b）3DES解密过程

图 4-17　两密钥 3DES 加/解密过程

3DES 具有三个显著优点。一是可以采用 3 个密钥或 2 个密钥。对于 3 个密钥的 3DES，总密钥长度达 168 位，完全能够抵抗穷举攻击。二是其底层加密算法与 DES 相同，该加密算法比任何其他加密算法受到分析的时间都要长，没有发现比穷举攻击更有效的攻击方法，因此相当安全。三是许多现有的 DES 软件、硬件产品都能方便地实现 3DES，使用方便。

（2）具有独立子密钥的 DES。

每轮都使用不同的子密钥，而不是由单个的 56 位密钥来产生。因为 16 轮迭代的每轮都需要 48 位密钥，意味着这种变形的密钥长度为 768 位。这种变形将极大地增加穷举攻击算法的难度，攻击算法的复杂性将达到 2^{768}。但这种变形对差分分析很敏感，通常可以用 2^{61} 个选择明文便可破译这个 DES 变形。这表明对密钥编排的改动并不能使 DES 变得更加安全。

（3）更换 S 盒的 DES

通过优化 S 盒设计，甚至 S 盒本身的顺序，可以抵抗差分密码分析，达到进一步增强 DES 算法的加密强度的目的。

通过对 DES 算法的不断改进，其保密强度和抗分析破译能力不断提高。目前，该算法仍广泛应用于美国、西欧、日本和我国的金融、商业、政府和军事等领域。

4.2.2 国际数据加密算法（IDEA）

国际数据加密算法（International Data Encryption Algorithm，IDEA）是由中国学者来学嘉博士与著名密码学家 James Massey 于 1990 年提出的，最初的设计无法承受差分攻击，1992 年进行了改进，强化了抗差分攻击的能力。这是近年来提出的各种分组密码中最成功的一个密码算法。

1. IDEA 加密过程

IDEA 是利用 128 位的密钥对 64 位的明文分组，经过连续加密（8 次）产生 64 位密文分组的对称密码体制。它针对 DES 的 64 位短密钥，使用 128 位密钥，每次加密 64 位的明文块。通过增加密钥长度，提高了 IDEA 抵御强力穷举密钥的攻击。

IDEA 加密过程如图 4-18 所示，这里的加密函数有两个输入：待加密明文和密钥，其中明文长度是 64

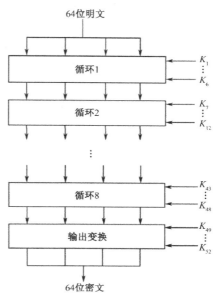

图 4-18　IDEA 加密过程

位，密钥长度为 128 位。一个 IDEA 算法由 8 次循环和一个最后的变换函数组成。该算法将输入分为 4 个 16 位的子分组。最后的变换也产生 4 个子分组，这些子分组串接起来形成 64 位密文。每个循环也使用 6 个 16 位的子密钥，最后的变换使用 4 个子密钥，因此共有 52 个子密钥。单循环的加密过程如图 4-19 所示。每个单循环又分为两部分。

（1）变换运算

首先，利用加法及乘法运算将 4 个 16 位的明文和 4 个 16 位的子密钥混合，产生 4 个 16 位的输出；其次，这 4 个输出又两两配对，以"异或"运算将数据混合，产生两个 16 位的输出；最后，这两个 16 位的输出又连同另外两个子密钥作为第二部分（MA）的输入。

（2）MA 运算

MA（Multiplication/Addition）运算先生成两个 16 位输出，这两个输出再与变换运算的输出以"异或"作用生成 4 个 16 位的输出。这 4 个输出将作为下一轮的输入。注意：这 4 个输出中的第 2、3 个输出（即 W_{12} 和 W_{13}）是经过位置交换得到的，目的是对抗差分攻击。

以上过程重复 8 次，在经过 8 次变换后，仍需要最后一次的输出变换才能形成真正的密文。最后的输出变换运算与每轮的变换运算大致相同。唯一不同之处是，第 2、3 个输入在进行最后交换之前要经过互换位置，实际上是把第 8 轮所做的最后交换抵消掉。增加这个的目的是使解密具有和加密相同的结构，简化了设计和使用上的复杂性。另外，在最后一步的交换中仅需要 4 个子密钥。

（3）子密钥的产生

56 个 16 位的子密钥从 128 位的密钥中生成。其中，前 8 个子密钥直接从密钥中取出；然后对密钥进行一个 25 位的循环左移操作，接下来的 8 个子密钥就从中提取出来。重复这个过程，直到 52 个子密钥都产生出来。

2. 解密过程

使用与加密算法同样的结构，可以将密文分组当作输入而逐步恢复明文分组。所不同的是子密钥的生成方法。

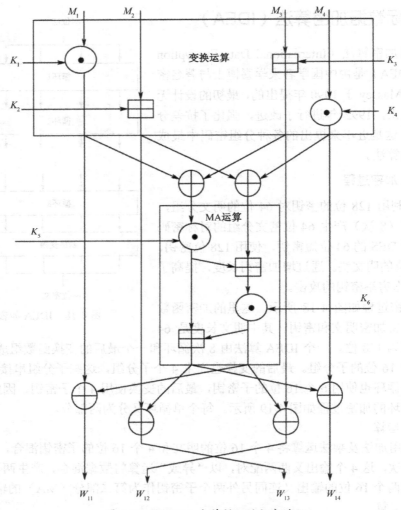

图 4-19　IDEA 一个单循环的加密过程

3. IDEA 算法的安全性分析

由于 IDEA 使用的密钥为 128 位，基本上是 DES 的 2 倍，穷举攻击要试探 2^{128} 个密钥，若用每秒 100 万次的加密速度进行试探，大约需要 10^{13} 年。此外，在 IDEA 的设计过程中，设计者根据差分分析法做了相应改进，它能够有效抵抗差分攻击。该算法是目前非常安全的分组密码算法之一，已经成功应用于 Internet 的 E-mail 加密系统 PGP（Pretty Good Privacy）中。当然，在今后的时间里 IDEA 仍会遭受到许多新的挑战。

4.2.3　其他分组密码算法

1. AES 候选算法

1997 年 4 月 15 日美国国家标准技术研究所（NIST）发起征集 AES（Advanced Encryption Standards）算法的活动，并专门成立了 AES 工作组。目的是确定一个非保密的、可以公开技术细节、全球免费使用的分组密码算法，用于保护政府的敏感信息，也希望能够成为秘密和公开部门的数据加密标准（DES）。经过评审和讨论之后，NIST 在 2000 年 10 月 2 日正式宣布选择 Rijndael 作为 AES 的算法，Rijndael 汇聚了安全、性能好、效率高、易用和灵活等优点，使用非线性结构的 S 盒，表现出足够的安全性；无论使用反馈模式还是无反馈模式，它在广泛的计算环境中的硬件和软件实现性能都表现出始终如一的优秀。DES 的密钥建立时间极短，且灵敏性良好；极低的内存需求非常适合在存储器受限的环境中使用，并且表现出了极好的性能；操作简单，并可抵御时间和强力攻击，无须显著地降低性能就可以提供对抗这些攻击的防护。另外，在分组长度和密钥长度的设计上也很灵活，DES 算法可根据分组长度和密钥长度的不同组合提供不同的迭代次数，虽然这些特征还需更深入地研究，短期内不可能被利用，但最终 Rijndael 内在的迭代结构会显示出良好的防御入侵行为的潜能。

2．LOKI 算法

LOKI 算法作为 DES 的一种潜在替代算法，1990 年在密码学界首次亮相。与 DES 一样，LOKI 也使用 64 位密钥（无奇偶校验位）对 64 位数据块进行加密和解密。

LOKI 算法机制同 DES 相似。首先，数据块同密钥进行"异或"操作。其次，数据块被对半分成左、右两块，进入 16 轮循环。在每轮循环中，右边的一半先与密钥"异或"。再次通过一个扩展变换、一个 S 盒替换和一个置换。有 4 个 S 盒，每个 S 盒输入为 12 位，输出 8 位。最后，这个变换后的右边半部分同左边半部分"异或"成为下一轮的左半部分，原来的左半部分成为下一轮的右半部分。经过 16 轮循环，数据块同密钥"异或"产生密文。

LOKI 密码的安全性分析：用差分密码分析破译低于 11 轮循环的 LOKI 比穷举攻击快。为抵御差分密码分析，对子密钥的产生和 S 盒进行了改进，更新的版本称为 LOKI91。目前，LOKI91 又有了新版本 LOKI97，它已被作为 AES 的候选密码算法。

3．Khufu 和 Khafre 算法

Khufu 和 Khafre 算法是由默克尔（Merhie）于 1990 年设计的，具有较长的密钥，适合软件实现，比较安全可靠。Khufu 算法的总体设计与 DES 相同，明、密文组位长度为 64 位，但拥有 512 位的密钥，用于不能预先计算的场合。由于 Khufu 算法具有可变的 S 盒，可以抵抗差分密码分析的攻击，因此目前尚无以该算法为目标的其他密码分析成果。

4.3 公开密钥密码体制

公开密钥密码体制根据其所依据的数学难题一般分为三类：大整数分解问题类、离散对数问题类和椭圆曲线类。有时也把椭圆曲线类归为离散对数类。公开密钥密码体制的出现是现代密码学的一个重大突破，给网络安全带来了新的活力，为解决网络安全提供了新的理论和技术基础。

4.3.1 RSA 公开密钥密码体制

RSA 公开密钥密码体制是 1978 年由美国麻省理工学院三位教授 Rivest、Shamir 和 Adleman 提出的基于数论的双钥密码体制，既可用于加密，又可用于数字签名，易懂、易实现，是目前仍然安全且被广泛应用的一种密码体制。国际上一些标准化组织如 ISO、ITU 及 SWIFT 等均已接受 RSA 体制作为标准。Internet 中采用的 PGP 中也将 RSA 作为传送会话密钥和数字签名的标准算法。

1．RSA 体制的基本原理

RSA 体制基于"大数分解和素数检测"著名数论难题，将两个大素数相乘十分容易，但将该乘积分解为两个大素数因子却极端困难。素数检测是判定一个给定的正整数是否为素数。

在 RSA 中，公开密钥和私人密钥是一对大素数（100～200 位十进制数或更大）的函数。从一个公开密钥和密文中恢复出明文的难度等价于分解两个大素数之积。在使用 RSA 公钥体制之前，每个参与者必须产生一对密钥。

（1）RSA 密码体制的密钥产生

① 随机选取两个互异的大素数 p、q，计算乘积 $n=pq$。

② 计算其欧拉函数值 $\Phi(n)=(p-1)(q-1)$。

③ 随机选取加密密钥 e，使 e 和 $(p-1)(q-1)$ 互素，因而在模 $\Phi(n)$ 下，e 有逆元。

④ 利用欧几里得扩展算法计算 e 的逆元，即解密密钥 d，以满足 $ed\equiv 1 \bmod (p-1)(q-1)$，则 $d\equiv e^{-1} \bmod \{(p-1)(q-1)\}$。

注意：d 和 n 也互素。e 和 n 是公开密钥，d 是私人密钥。当不再需要两个素数 p 和 q 时，应该将其舍弃，但绝不可泄密。

（2）RSA 体制的加/解密

在对明文 m 进行加密时，首先将它分成比 n 小的数据分组，当 p 和 q 为 100 位的素数时，n 将有 200 位，每个明文分组 m_i 应小于 200 位长。加密后的密文 c，将由相同长度的分组 c_i 组成。

对 m_i 的加密过程是：

$$c_i = m_i^e \bmod n \tag{4.9}$$

对 c_i 的解密过程是：

$$m_i = c_i^d \bmod n \tag{4.10}$$

【例 4.3】 如果 $p=47$，$q=71$，则 $n=pq=3337$，$\Phi(n)=46\times70=3220$。选取 $e=79$，计算 $d\equiv e^{-1} \bmod 3220=1019$。公开 e 和 n，将 d 保密，销毁 p 和 q。

若加密明文 $m=688\ 232\ 687\ 966\ 668\ 3$，分组得 $m_1=688$，$m_2=232$，$m_3=687$，$m_4=966$，$m_5=668$，$m_6=003$。m_1 的加密为 $688^{79}(\bmod 3337)=1570=c_1$。

类似地，可计算出其他各组密文，得到密文 $c=1570\ 2756\ 2091\ 2276\ 2423\ 158$。

第一组密文的解密为 $1570^{1019} \bmod 3337=688=m_1$。

其他各组密文可用同样的方法恢复出来。

2．RSA 算法的特点

（1）保密强度高

其理论基础是基于数论中大素数因数分解的难度问题，若想攻破 RSA 系统，必须能从整数 n 分解出大素数 p 和 q。当 n 大于 2048 位时，目前的破译算法无法在有效时间内破译 RSA。

（2）密钥分配及管理简便

在 RSA 体制中，加密密钥和解密密钥互异、分离。加密密钥可以通过非保密信道向他人公开，按特定要求选择的解密密钥则由用户秘密保存，秘密保存的密钥量减少，这就使得密钥分配更加方便，便于密钥管理，可以满足互不相识的人进行私人谈话时的保密性要求，特别适合 Internet 等网络的应用环境。

（3）数字签名易实现

在 RSA 体制中，只有接收方利用自己的解密密钥对明文进行签名，其他任何人可利用公开密钥对签名文进行验证，但无法伪造。因此，此签名文如同接收方亲手签名一样，具有法律效力，日后有争执时，第三者可以容易地做出正确的判断。数字签名可以确保信息的鉴别性、完整性和真实性。世界上许多地方均把 RSA 用作数字签名标准，并已研制出多种高速的 RSA 专用芯片。

RSA 体制不仅很好地解决了在单钥密码体制中利用公开信道传输分发秘密密钥的难题，还可完成对信息的数字签名以防止对签名的否认与抵赖，可以利用数字签名容易地发现攻击者对信息的非法窜改，以保护信息的完整性。随着网络技术的发展及对 RSA 研究的深入，RSA 已被实用化、商业化。在网络安全中，基于 RSA 的网络安全系统的设计已广泛使用。

但由于 RSA 特有的算法机制，使其自身在实现上存在一些局限性，具体如下：

① 产生密钥很麻烦，受到素数产生技术的限制，因而难以做到一次一密。

② 分组长度太大，为保证安全性，n 至少要 600 位以上，使运算代价很高，并且随着大数分解技术的发展，这个长度还在不断增加，不利于数据格式的标准化。

③ 解密运算复杂且速度缓慢。由于 RSA 进行的都是大数计算，运算量远大于单钥密码体制，因此其运算速度很慢，无法与对称密码体制相比，因而 RSA 不适宜加密大批量的数据，多用于密钥交换和认证。

虽然 RSA 算法存在一些缺陷，但 RSA 是被研究得最广泛的公钥算法，从提出到现在已近 40 年，其保密性能高，经受了各种攻击的考验，密钥管理简单，并且可以实现数字签名，因此是目前最优秀的公钥方案之一。

在实际应用时，通常将 RSA 与 DES 对称密码体制结合起来，以实现最佳性能，即将 DES 用于明文加密，而 RSA 用于 DES 密钥的加密。这样既利用了 DES 速度快的特点加密数据，又利用了 RSA 公开密钥的特点来解决密钥分配的难题。例如，美国保密增强邮件（PEM）就是 DES 与 RSA 相结合的产物，已成为 E-mail 保密通信的标准。

3. RSA 的安全性分析

从技术上讲，RSA 的安全性完全依赖于大整数分解问题，虽然从未在数学上加以证明。当然，可能会发现一种完全不同的方法对 RSA 进行分析，如果这种方法能让密码分析员推导出 d，它也可以作为分解大数的一种新方法。有些 RSA 变体已经被证明与因式分解同样困难。甚至从 RSA 加密的密文中恢复出某些特定的位也与解密整个明文同样困难。另外，对 RSA 的具体实现存在一些针对协议而不是针对基本算法的攻击方法。攻击者对 RSA 系统的攻击主要有强行攻击、数学攻击及定时攻击三种。

4.3.2 ElGamal 密码体制

ElGamal 密码是除了 RSA 密码之外最有代表性的公开密钥密码。RSA 密码建立在大整数因子分解的困难性之上，而 ElGamal 密码建立在离散对数的困难性之上。大整数的因子分解和离散对数问题是公认的较好的单向函数，因而 RSA 密码和 ElGamal 密码是公认的安全的公开密钥密码。

1. 离散对数问题

设 p 为素数，若存在一个正整数 a，使得 $a, a^2, a^3, \cdots, a^{p-1}$ 关于模 p 互不同余，则称 a 为模 p 的本原元。若 a 为模 p 的本原元，则对于 $i \in \{1, 2, 3, \cdots, p-1\}$，一定存在一个正整数 k，

使得 $i\equiv a^k \bmod p$。

设 p 为素数，a 为模 p 的本原元，a 的幂乘运算为

$$Y\equiv a^X \bmod p \quad (1\leqslant X\leqslant p-1) \tag{4.11}$$

则称 X 为以 a 为底的模 p 的对数。求解对数 X 的运算为

$$X\equiv\log_a Y \quad (1\leqslant X\leqslant p-1) \tag{4.12}$$

由于上述运算是定义在"模 p 有限域"上的，因此称为离散对数运算。

从 X 计算 Y 是容易的，至多需要 $2\log_2 p$ 次乘法运算。可是从 Y 计算 X 就困难得多，利用目前最好的算法，对于小心选择的 p 将至少需用 $p^{1/2}$ 次以上的运算，只要 p 足够大，求解离散对数问题是相当困难的，这便是著名的离散对数问题。可见，离散对数问题具有较好的单向性。

2. ElGamal 密码

ElGamal 改进了 Diffie 和 Hellman 的基于离散对数的密钥分配协议，提出了基于离散对数的公开密钥密码和数字签名体制。

随机地选择一个大素数 p，且要求 $p-1$ 有大素数因子。再选择一个模 p 的本原元 a，将 p 和 a 公开。

（1）密钥生成。用户随机地选择一个整数 d 作为自己的秘密解密钥，$1\leqslant d\leqslant p-2$，计算 $y\equiv a^d \bmod p$，取 y 为自己的公开加密钥。

由公开密钥 y 计算秘密钥 d，必须求解离散对数，而这是极困难的。

（2）加密。将明文 m（$0\leqslant m\leqslant p-1$）加密成密文的过程如下：

① 随机地选取一个整数 k，$1\leqslant k\leqslant p-2$。

② 计算

$$u=y^k \bmod p \tag{4.13}$$

$$c_1=a^k \bmod p \tag{4.14}$$

$$c_2=um \bmod p \tag{4.15}$$

③ 取 (c_1, c_2) 作为密文。

（3）解密

将密文 (c_1, c_2) 解密的过程如下：

① 计算

$$v=c_1^d \bmod p \tag{4.16}$$

② 计算

$$m=c_2 v^{-1} \bmod p \tag{4.17}$$

ElGamal 密码体制的特点是：密文由明文和所选随机数 k 来定，因而是非确定性加密，一般称为随机化加密。对同一明文，由于不同时刻的随机数 k 不同而给出不同的密文。这样做的代价是使数据扩展一倍。

【例 4.4】 设 $p=2579$，取 $a=2$，秘密钥 $d=765$，计算公开钥 $y=2^{765} \bmod 2579=949$。再取明文 $m=1299$，随机数 $k=853$，则 $c_1=2^{853} \bmod 2579=435$，$c_2=1299\times949^{853} \bmod 2579=2396$，所以密文为 $(c_1, c_2)=(435, 2396)$。解密时，计算 $m=2396\times(435^{765})^{-1} \bmod 2579=1299$，则还原出明文。

（4）安全性

由于 ElGamal 密码的安全性建立在有限域 GF(p) 离散对数的困难性之上，而目前尚无求解它的有效算法，因此当 p 足够大时，ElGamal 密码是安全的。为了安全，p 应为 150 位以上

的十进制数，而且 $p-1$ 应有大素因子。ElGamal 密码的安全性已得到世界公认，应用较为广泛。著名的美国数字签名标准 DSS 就采用了 ElGamal 密码的一种变形。

4.4 密钥管理

密钥管理处理密钥自产生到最终销毁的整个过程的有关问题，包括密钥的产生、存储、分配、备份、恢复、更换、销毁等一系列问题。密钥管理是安全管理中最困难、最薄弱的环节，历史经验表明，从密钥管理途径进行攻击要比单纯破译密码算法代价小得多。因此，引入密钥管理机制，并进行有效控制，对增加网络的安全性和抗攻击性非常重要。

由于传统密码体制与公开密钥密码体制是性质不同的两种密码体制，因此它们在密钥管理方面存在差异。下面分别讨论传统密码体制和公开密钥密码体制的密钥管理。

4.4.1 传统密码体制的密钥管理

传统密码体制只有一个密钥，加密密钥等于解密密钥，因此密钥的秘密性、真实性和完整性必须同时得到保护。对于大型网络系统，需要的密钥种类和数量很多，密钥管理尤其困难。为了使密钥管理方案能够适应网络应用，实现密钥管理的自动化，人们提出了建立密钥管理中心（Key Management Center，KMC）和密钥分配中心（Key Distribution Center，KDC）的概念。由 KMC 或 KDC 负责密钥的产生和分配。KMC 和 KDC 使密钥管理和密钥分配朝着自动化方向迈进了一步，但是由于 KMC 和 KDC 属于集中管理模式，当网络规模太大时，其本身也十分复杂，且工作将十分繁忙。同时，它们还将成为攻击的重点，一旦被攻破将造成极大损失，因此必须确保 KMC 和 KDC 的安全可信和高效。

1. 密钥等级

为了简化密钥管理工作，可采用密钥分级的策略，将密钥分为初级、二级和主密钥（最高级）三级。

（1）初级密钥

以加/解密数据的密钥为初级密钥，记为 K。其中，用于通信保密的初级密钥称为初级通信密钥，并记为 K_c；用于会话保密的初级密钥称为初级会话密钥（Session Key），记为 K_S；用于文件保密的初级密钥称为初级文件密钥（File Key），记为 K_F。初级密钥可由系统应实体请求通过硬件或软件方式自动产生，也可由用户自己提供。初级通信密钥和初级会话密钥原则上采用一个密钥只使用一次的"一次一密"方式，即初级通信密钥和初级会话密钥仅在两个应用实体交换数据时才存在，其生存周期很短。而初级文件密钥与其所保护的文件具有相同的生存周期。一般比初级通信和初级会话密钥的生存周期长，有时甚至很长。为安全起见，初级密钥必须受更高一级密钥的保护，直到它们的生存周期结束为止。

（2）二级密钥

二级密钥用于保护初级密钥，记为 K_N，这里 N 表示节点，源于它在网络中的地位。二级密钥用于保护初级通信密钥时称为二级通信密钥，记为 K_{NC}；二级密钥用于保护初级文件密钥时称为二级文件密钥，记为 K_{NF}。二级密钥可由系统应专职密钥安装人员的请求，由系统自动产生，也可由专职密钥安装人员提供。二级密钥的生存周期一般较长，并在较长时间内保持不变。二级密钥必须受更高级密钥的保护。

（3）主密钥

主密钥是密钥管理方案中的最高级密钥，记为 K_M。主密钥用于对二级密钥和初级密钥进行保护。主密钥由密钥专职人员随机产生，并妥善安装。主密钥的生存周期很长。

2．密钥产生

对密钥的一个基本要求是要具有良好的随机性，这主要包括长周期性、非线性、统计意义上的等概率性及不可预测性等。一个真正的随机序列是不可再现的，任何人都不能再次产生它。高效地产生高质量的真随机序列并不是一件容易的事。因此，应针对密钥的不同等级，采用不同的足够安全的方法来产生。

（1）主密钥的产生

主密钥是密码系统中的最高级密钥，应采用高质量的真随机序列。

真随机数的产生主要采用基于电子器件的热噪声的密钥产生技术。它利用电子方法对噪声器件（如 MOS 晶体管、稳压二极管、电阻等）的热噪声进行放大、滤波、采样、量化后产生出随机密钥。基于这种热噪声可以产生随机数，并制成随机数产生器芯片。

（2）二级密钥的产生

如果不能方便地利用真随机数产生器芯片来产生二级密钥，则可在主密钥产生后，借助于主密钥和一个强的密码算法来产生二级密钥。具体如下：

首先，用产生主密钥的方法产生两个真随机数 RN_1 和 RN_2，再采用随机数产生器芯片或随机数产生方法产生一个随机数 RN_3。其次，分别以它们为密钥对一个序数进行 4 层加密。最后，产生二级密钥 K_N：

$$K_N=E(E(E(E(i, RN_1), RN_2), RN_1), RN_3) \tag{4.18}$$

要想根据序数 i 预测出密钥 K_N，必须同时知道两个真随机数 RN_1、RN_2 和一个随机数 RN_3，这是极困难的。

（3）初级密钥的产生

初级密钥并不需要一定采用真随机序列，而采用足够随机的伪随机序列就够了。

为了安全和简便，通常总是把随机数直接视为受高级密钥（主密钥或二级密钥，通常是二级密钥）加密过的初级密钥。

$$RN=E(K_S, K_M) \quad 或 \quad RN=E(K_F, K_M) \tag{4.19}$$

$$RN=E(K_S, K_{NC}) \quad 或 \quad RN=E(K_F, K_{NF}) \tag{4.20}$$

这样，随机数 RN 一产生便成为密文形式，既安全，又省掉一次加密过程。在使用初级密钥时，用高级密钥将随机数 RN 解密即可。

$$K_S=D(RN, K_M) \quad 或 \quad K_F=D(RN，K_M) \tag{4.21}$$

$$K_S=D(RN, K_{NC}) \quad 或 \quad K_F=D(RN，K_{NF}) \tag{4.22}$$

此处随机数 RN 的产生可按下面介绍的随机数产生方法来产生。但因初级密钥按"一次一密"的方式工作，生命周期很短，其安全性要求比二级密钥稍低，产生速度却要求很高，因此其中的 n 值可取小些。

（4）随机数的产生

产生二级密钥和初级密钥时都要使用随机数，许多其他密码应用方案也都需要使用随机数，因此产生良好的随机数就成为一个十分重要的问题。随机数是指伪随机数，不是真随机数。具体方法如下：

① 基于电子器件热噪声产生随机数。基于 MOS 晶体管、稳压二极管、电阻等电子器件

的热噪声可以产生随机性很好的随机数。这种随机数产生器可以制作成芯片，产生的随机数质量高，产生效率高，使用方便。

② 产生基于强密码算法的随机数。一个强密码算法可以视作一个良好的随机数产生器，利用它可以方便地产生随机数，有多种具体产生方法。其中一种方法如下：

❖ 对系统时钟 TOD 随机地读取 n 次，得到 n 个随机的时间值：TOD_1，TOD_2，$\cdots$，TOD_n。

❖ 任意选择一个随机数 x_0。

❖ 用一个强密码算法（如 AES）对 TOD_1，TOD_2，$\cdots$，TOD_n 进行 n 次迭代加密：

$$x_1=AES(TOD_1, x_0)$$
$$x_2=AES(TOD_2, x_1)$$
$$\vdots$$
$$x_n=AES(TOD_n, x_{n-1}) \tag{4.23}$$

❖ 取 x_n 作为随机数 RN。

式（4.23）中的 n 值并不需要很大。如果时间值 TOD_i 的精度为微秒级，则一个时间值就有 2^{20} 种以上的取值。这样，只要 $n>6$，所产生的随机数 RN 的安全性就足够了。

③ ANSI X9.17 随机数产生算法。它是美国国家标准局为银行电子支付系统设计的随机数产生标准算法，也被 PGP 采用，并在 Internet 中应用。

ANSI X9.17 算法是基于 3DES 构成的，以 EDE 表示三重 DES 加密模式，其算法结构如图 4-20 所示。其中，输入 DT_i 表示 64 位的当前时钟值，V_i 表示初始向量或种子，可以是任意 64 位数据。输出 R_i 为初始的随机数，V_{i+1} 为新的初始向量或种子，用于初始下一个随机数使用。K_1 和 K_2 是两个 64 位密钥，在 K_1 和 K_2 的控制下进行 3DES 加/解密。

$$R_i=EDE(EDE(DT_i, K_1K_2) \oplus V_i, K_1K_2) \tag{4.24}$$
$$V_{i+1}=EDE(EDE(DT_i, K_1K_2) \oplus R_i, K_1K_2) \tag{4.25}$$

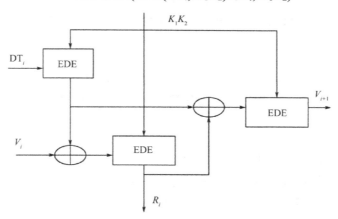

图 4-20　ANSI X9.17 算法结构

ANSI X9.17 算法的安全性建立在 3DES 的安全性之上，由于采用了 112 位密钥、9 个 DES 加密、初始值为两个 64 位矢量，使这一方案所生成的随机数的安全性很高，足以抗击各种攻击。即使 R_i 泄露，但由于由 R_i 产生的 V_{i+1} 又经过一次 EDE 加密而很难从 R_i 推出 V_{i+1}。

随着 DES 逐渐退出历史舞台，该算法的安全性和实用性有所下降。因此可以利用 AES 取代 3DES 来对 ANSI X9.17 算法进行改进，从而得到新的安全的随机数产生算法，如图 4-21 所示。

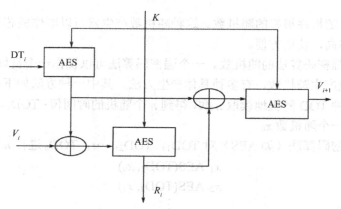

图 4-21　新的随机数产生算法

$$R_i = \mathrm{AES}(\mathrm{AES}(\mathrm{DT}_i, K) \oplus V_i, K)　\quad(4.26)$$
$$V_{i+1} = \mathrm{AES}(\mathrm{AES}(\mathrm{DT}_i, K) \oplus R_i, K)　\quad(4.27)$$

式中，输入 DT_i 表示 128 位的当前时钟值，V_i 表示初始向量或种子，可以是任意 128 位数据。输出 R_i 为初始的随机数，V_{i+1} 为新的初始向量或种子，用于初始下一个随机数使用。K 为 128 位的密钥，控制 AES 的加/解密。

3．密钥分配

密钥分配是密钥管理中重要而薄弱的环节，许多密码系统被攻破都是因为在密钥分配环节上出了问题。过去，密钥分配主要采用人工分配。随着信息技术的飞速发展，人工分配也不会完全废止，特别是对安全性要求高的部门，只要密钥分配人员忠诚可靠，实施方案严谨周密，人工分配密钥就是安全的。然而，人工分配密钥无法适应以信息网络为基础的各种新型应用信息系统的要求。因此，根据密钥管理中心和密钥分配中心的概念，利用信息网络实现密钥分配的自动化，无疑会加强密钥分配的安全，并提高信息网络、电子政务和电子商务系统的安全。

（1）主密钥的分配

主密钥是密钥管理方案中的最高级密钥，其安全性要求最高，而生存周期很长，所以需要采用最安全的分配方法。一般采用人工分配主密钥，由专职密钥分配人员负责分配，并由专职安装人员妥善安装。

（2）二级密钥的分配

为了适应信息网络环境的需求，二级密钥的分配方法是，在发送端直接利用已经分配安装的主密钥对二级密钥进行加密，将密文通过网络传给接收端，接收端用主密钥进行解密得到二级密钥，并妥善存储，其网络分配过程如图 4-22 所示。

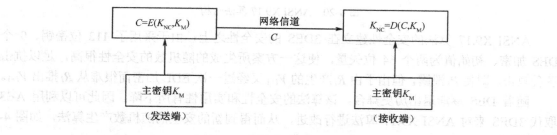

图 4-22　二级密钥的网络分配过程

（3）初级密钥的分配

由于初级密钥按"一次一密"的方式工作，生命周期很短，而对产生和分配的速度要求却很高，为此通常采用下述方法进行初级密钥的分配。把一个随机数直接视为受高级密钥（主密钥或二级密钥，通常是二级密钥）加密过的初级密钥，这样初级密钥一产生便成为密文形式。发送端直接把密文形式的初级密钥通过网络传给接收端，接收端用高级密钥解密便可获得初级密钥。初级密钥的网络分配如图 4-23 所示。

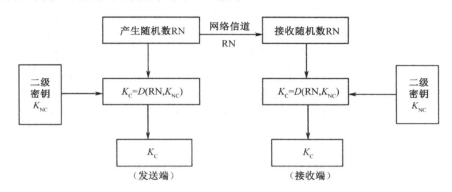

图 4-23　初级密钥的网络分配

（4）利用公开密钥密码体制分配传统密码的密钥

利用秘密密钥进行的加密，是基于共同保守秘密来实现的，加密双方必须采用相同的密钥，因此要保证密钥的传递安全可靠，同时还要设定防止密钥泄密和更改密钥的程序。经过多年的实践和研究发现，可利用公开密钥加密技术实现传统密钥的管理，使原来烦琐、危险的管理变得简单和安全，同时解决了传统密码体制中存在的可靠性问题和鉴别问题。

利用公开密钥密码分配传统密码的会话密钥，再利用传统密码对会话进行加密保护，将公开密钥密码的方便性和传统密码的快速性结合起来，是一种较好的密钥分配方法。该方法已得到国际标准化组织的采纳，并在许多国家得到使用。

利用公开密钥密码分配传统密码的会话密钥，在技术上有两种方法。一是用户要向密钥分配中心（KDC）申请产生会话密钥；二是由用户自己产生会话密钥。两种方法各有优缺点。在此，主要讨论由用户自己产生会话密钥的密钥分配方案。

设 Ep、Dp 为公开密钥密码的加解密算法，K_{eA} 和 K_{dA} 分别为用户 A 的公开加密钥和保密解密钥。

设 K_S 为会话密钥，一次会话通信采用一个新的会话密钥。

设用户 A 要与用户 B 利用传统密码进行保密的会话通信，其过程如下：

➢ 用户 A 向密钥管理机构查询到用户 B 的公钥证书，由此获得 B 的公钥 K_{eB}。
➢ 用户 A 随机地产生一个会话密钥 K_S，并用 B 的公钥 K_{eB} 加密后发给 B。
➢ 用户 B 解密获得会话密钥 K_S。
➢ 用户 A 和用户 B 利用 K_S 进行保密的会话通信。
➢ 会话结束后将 K_S 销毁。

4．密钥存储

密钥的安全存储是密钥管理中十分重要又比较困难的一个环节，要确保密钥在存储状态下的秘密性、真实性和完整性。要做到密钥的安全存储必须同时具备两个条件：一是安全可靠的存储介质，它是密钥安全存储的物质条件；二是安全严密的访问控制机制，它是密钥安全存储的管理条件。总之，密钥安全存储的原则是不允许密钥以明文形式出现在密钥管理设备之外。

主密钥是最高级密钥，主要用于对二级密钥和初级密钥的保护，具有安全性要求最高、生存周期长的特点，因此它只能以明文形态存储，否则不能工作。这就要求存储器必须是高度安全的，不但物理上安全，逻辑上也要安全。通常将其存储在专用密码装置中。

二级密钥可用明文形态存储，或以密文形态存储。如果以明文形态存储，则要与主密钥一样将其存储在专用密码装置中。如果以密文形态存储，则对存储器的要求降低。通常采用以高级密钥加密的形式存储二级密钥。这样可减少明文形态密钥的数量，便于管理。

由于初级密钥包括初级文件密钥和初级会话密钥两种性质不同的密钥，因此其存储方式也不同。初级文件密钥的生命周期与受保护文件的生命周期一样长，有时会很长，因此需要妥善存储。一般采用以二级密钥加密的形式存储。初级会话密钥是按"一次一密"的方式工作，使用时动态产生，使用完毕后即销毁，生命周期很短。因此，它的存储空间是工作存储器，应当确保工作存储器的安全。

5. 密钥的备份与恢复

密钥的备份是确保密钥和数据安全的一种有备无患的措施。可以有多种备份方式，除了用户自己备份外，也可交由可信任的第三方进行备份，或以密钥分量形态委托密钥托管机构备份。因为有备份，所以在需要时可以恢复密钥，避免损失。

通常密钥的备份应当遵循以下原则：

① 应当是异设备备份，甚至是异地备份，这样可以有效避免因场地被攻击而使存储和备份的密钥同归于尽的后果出现。如果是同设备备份，当密钥存储设备出现故障或遭受攻击时，备份的密钥也将毁坏，因此不能起到备份的作用。

② 与存储密钥一样，备份的密钥应当包括物理的安全保护和逻辑的安全保护。

③ 为了减少明文形态的密钥数量，一般采用高级密钥保护低级密钥的密文形态来备份。

④ 最高级密钥不能采用密文形态备份。为了进一步增强安全，可用多个密钥分量的形态进行备份（如密钥托管方式）。每个密钥分量应分别备份到不同的设备或不同的地点，并且分别指定专人负责。

⑤ 应当方便恢复，密钥的恢复应当经过授权，而且要遵循安全的规章制度。

⑥ 密钥的备份和恢复都要记录日志，并进行审计。

6. 密钥更新

密钥更新是密钥管理中非常麻烦的一个环节，必须周密计划、谨慎实施。当密钥的使用期限已到或怀疑密钥泄露时，密钥必须更新。密钥更新是密码技术的一个基本原则。密钥更新越频繁，系统就越安全，但越麻烦。

（1）主密钥的更新

主密钥是最高级密钥，保护着二级密钥和初级密钥。其生命周期很长，因此由于使用期限到期而更新主密钥的时间间隔是很长的。无论是因为使用期限已到或怀疑密钥泄露而更新主密钥，都必须重新产生并安装，其安全要求与其初次安装一样。注意，主密钥的更新将要求受其保护的二级密钥和初级密钥都要更新。因此，主密钥的更新是很麻烦的，应当尽量减少主密钥更新的次数。

（2）二级密钥的更新

当二级密钥使用期限到期或怀疑二级密钥泄露时要更新二级密钥。这就要求重新产生二级密钥，并妥善安装，其安全要求与其初次安装一样。同样，二级密钥的更新将要求受其保护的初级密钥也同步更新。在更新初级文件密钥时，必须将原来的密文文件解密并用新的初级文件密钥重新加密。

（3）初级密钥的更新

初级会话密钥采用"一次一密"的方式工作，更新非常容易。初级文件密钥更新时，必须将原来的密文文件解密并用新的初级文件密钥重新加密，因此初级文件密钥的更新要麻烦得多。

7. 密钥的终止和销毁

密钥的终止和销毁同样是密钥管理中的重要环节，但是由于种种原因，这一环节往往容易被忽视。

当密钥的使用期限到期时，必须终止使用该密钥，并更换新密钥。所终止使用的密钥一般并不要求立即销毁，需要再保留一段时间后销毁。这是为了确保受其保护的其他密钥和数据得到妥善处理。只要密钥尚未销毁，就必须对其进行保护，丝毫不能疏忽大意。

密钥销毁要彻底清除密钥的一切存储形态和相关信息，使得重复这一密钥成为不可能。这里既包括处于产生、分配、存储和工作状态的密钥及相关信息，也包括处于备份状态的密钥和相关信息。

4.4.2　公开密钥密码体制的密钥管理

与传统密码体制一样，公开密钥密码体制也存在密钥管理问题。但公开密钥密码体制的密钥管理与传统密码的密钥管理相比有相同之处，又有本质的不同。不同的原因主要是它们的密钥种类和性质不同。

① 传统密码体制只有一个密钥，且加密密钥等于解密密钥，因此密钥的秘密性、真实性和完整性都必须保护。

② 公开密钥密码体制有两个密钥，加密密钥与解密密钥不同，由加密密钥在计算上不能求出解密密钥。加密密钥可以公开，其秘密性不需要保护，但其完整性和真实性必须严格保护；解密密钥不能公开，其秘密性、真实性和完整性都必须严格保护。

1. 公开密钥密码体制的密钥产生

传统密码体制的密钥产生本质上是产生具有良好密码学特性的随机数或随机序列。高级密钥要求产生高质量的真随机数。二级密钥要求产生良好的真随机数或伪随机数。初级密钥要求产生良好的伪随机数。随机数的产生方法主要有基于物理随机特性的真随机数和基于强密码算法的伪随机数产生方法。

公开密钥密码体制本质上是一种单向陷门函数，都是建立在某一数学难题之上的。不同的公开密钥密码体制所依据的数学难题不同，因此其密钥产生的具体要求不同。但是，密钥的产生必须满足密码安全性和应用有效性的要求。

例如，对于 RSA 密码体制，其秘密钥为$<p, q, \Phi(n), d>$，公开钥为$<n, e>$，因此其密钥的产生主要是根据安全性和工作效率来合理地产生这些密钥参数。p 和 q 越大越安全，但工作效率就越低。反之，p 和 q 越小，则工作效率越高，但安全性越低。根据目前的因子分解能力，p 和 q 至少要有 512 位长，以使 n 至少有 1024 位长，p 和 q 要随机产生，p 和 q 的差要大，$(p-1)$ 和 $(q-1)$ 的最大公因子要小，e 和 d 都不能太小等。

2．公开密钥的分配

与传统密码一样，公开密钥密码体制在应用时也需要进行密钥分配。传统密码体制中只有一个密钥，因此在密钥分配中必须同时确保密钥的秘密性、真实性和完整性。公开密钥密码体制的加密密钥是公开的，因此在分配公开密钥时，不需要确保其秘密性，但必须确保公钥的真实性和完整性，绝对不允许攻击者替换或窜改用户的公开密钥。

如果公开密钥的真实性和完整性受到危害，则基于公开密钥的各种应用的安全性将受到危害。

分配公开密钥的技术方案有多种，几乎所有方案都可分为公开宣布、公开密钥目录、公开密钥管理机构及公开密钥证书 4 类。

（1）公开宣布

公钥密码体制的公开密钥是可以公开的，那么任何参与者都可以将其公开密钥发送给另外任何参与者，或者把这个密钥广播给相关人群。例如，许多 PGP 使用者的做法是，将他们的公开密钥附加在他们发送给公开论坛的报文中，这些论坛包括 USENET 新闻组和 Internet 邮件组。

该方法很方便，但缺点是：任何人只要能从公开宣布中获得某用户 A 的公钥，便可以冒充用户 A 伪造一个公开告示，宣布一个假密钥，从而可以阅读所有发给用户 A 的报文，直到用户 A 发觉了伪造并警告其他参与者。

（2）公开密钥目录

可以通过一个公开密钥动态目录来获取用户的公钥。为了保证公钥的安全性，对公开目录的维护和分配必须由一个受信任的系统或组织来负责。这种方案包含下列部分。

① 管理机构为每个参与者维护一个目录项{名字，公开密钥}。

② 每个参与者在目录管理机构登记一个公开密钥。登录必须面对面进行，或者通过某种安全的经过认证的通信方式进行。

③ 参与者可以随时用新的公钥更换原来的公钥。

④ 管理机构定期发表这个目录或对目录进行更新。例如，出版一个像电话号码簿的打印版本，或者在一份发行量很大的报纸上列出更新的内容。

⑤ 参与者也能以电子方式访问目录。为此，从管理机构到参与者的通信必须是安全的、经过鉴别的。

与第（1）种方案相比，该方案的安全性明显增强。但仍存在某些弱点，如果一个敌对方成功地得到或计算出目录管理机构的私有密钥，他就可以散发伪造的公开密钥，并随之假装成任何一个参与者并窃听发送给该参与者的报文。此外，敌对方还有可能窜改管理机构维护的记录。

（3）公开密钥管理机构

为了使公开密钥的分配更安全，可以采用更严密的方案来控制公开密钥从目录中分配出去的过程。假定一个中心管理机构维护一个所有参与者的公开密钥动态目录，并且每个参与者都可靠地知道管理机构的一个公开密钥，而只有管理机构才知道对应的私有密钥。公钥分配的步骤如下。

① 用户 A 给公开密钥管理机构发送一个带时间戳的报文，其中包含对用户 B 的当前公

开密钥的请求。

② 管理机构用一个使用它的私有密钥加密的报文进行响应，因而用户 A 能够使用管理机构的公开密钥解密报文。因此，用户 A 可以确信这个报文来自管理机构。该报文通常包括下列内容。

❖ 用户 B 的公开密钥。用户 A 可以使用它对要传输给用户 B 的报文进行加密。

❖ 原始请求。用户 A 可以将该响应与前边的相应请求匹配起来，并证实原来的请求在管理机构收到之前没有被窜改。

❖ 原来的时间戳。

③ 用户 A 存储用户 B 的公开密钥并使用它加密一个发给用户 B 的报文，该报文包含一个用户 A 的标识符 IDA 和一个现时 N1，这个现时用来唯一地标识这次交互。

④ 用户 B 可以采用与用户 A 同样的方式从管理机构得到用户 A 的密钥。

这时公开密钥已经安全地传递给了用户 A 和 B，他们可以开始秘密信息的交互。

（4）公开密钥证书

公开密钥机构可以较好地解决公开密钥分配问题，也存在某些缺点。公开密钥管理机构可能是系统中的一个"瓶颈"，因为一个用户对于他希望联系的其他用户都必须借助管理机构才能得到公开密钥，而管理机构维护的名字和公开密钥目录也可能被窜改。因此，可以采用公开密钥证书（Public Key Certificate，PKC）来解决该问题。

公开密钥证书是一个载体，用于存储公钥，可以通过不安全媒体安全地分配和传递公钥，使一个用户的公钥可被另一个用户证实而能放心地使用。

公开密钥证书是一种包含持证主体标识、持证主体公钥等信息，并由可信任的签证机构（Certification Authority，CA）签署的信息集合。公钥证书主要用于确保公钥及其与用户绑定关系的安全。公钥证书的持证主体可以是人、设备、组织机构或其他主体。公钥证书能以明文的形式存储和分配。任何一个用户只要知道签证机构的公钥，就能验证公钥的真伪，从而确保公钥的真实性，确保公钥与持证主体之间的严格绑定。

有了公钥证书系统后，如果某个用户需要任何其他已向签证机构 CA 注册的用户的公钥，可向持证人（或证书机构）直接索取其公钥证实，并用 CA 的公钥验证（CA）的签名，从而获得可信的公钥。由于公钥证书不需要保密，可以在 Internet 上分发，从而实现公钥的安全分配。由于公钥证书有 CA 的签名，攻击者不能伪造合法的公钥证书，因此只要 CA 是可信的，公钥证书就是可信的。其中，CA 公钥的获得也是通过证书方式进行的，为此 CA 也为自己颁发公钥证书。

使用公钥证书的主要好处是，用户只要获得 CA 的公钥，就可以安全地获得其他用户的公钥。因此公钥证书为公钥的分发奠定了基础，成为公开密钥密码在大型网络系统中应用的关键技术。这就是电子政务、电子商务等大型网络应用系统都采用公钥证书技术的原因。

本章小结

本章主要介绍了密码技术的基本概念、常用密码体制及密钥管理，主要包括以下内容。

1. 密码技术的基本概念

介绍了密码系统的基本组成、密码体制的分类、古典密码的加密过程及初等密码分析。

2．分组密码体制

重点介绍了 DES 和 IDEA 两种分组密码体制。详细介绍了 DES 数据加密的全过程、子密钥的产生过程、DES 的安全性分析及其改进措施；介绍了 IDEA 算法的提出、IDEA 算法的设计原理、加/解密过程、子密钥的产生过程和解密算法及该算法的保密强度。

3．公开密钥密码体制

介绍了公开密钥密码体制中最成熟的一种算法，即 RSA 数据加密算法；重点介绍了 RSA 算法的实现步骤、RSA 算法的安全性分析、RSA 算法的实现；介绍了 E1Gamal 公开密码算法的基本原理和安全性分析。

4．密钥管理

重点介绍了传统密码体制和公开密码体制的密钥管理。对每种体制，详细介绍了密钥的产生、分配、存储、备份、恢复、更新、销毁等一系列技术问题。

实 验 4

实验 4.1 古典密码算法

1．实验目的

通过编程实现代换密码算法和置换密码算法，加深对古典密码原理的理解。

2．实验原理

古典密码算法曾被广泛应用，大都比较简单，使用手工和机械操作来实现加密和解密。其主要应用对象是文字信息，利用密码算法实现文字信息的加密和解密。常见的古典密码算法有代换密码算法和置换密码算法两种，其原理本章已经阐述过。

3．实验环境

运行 Windows 操作系统的 PC，具有 Visual C++等语言编译环境。

4．实验内容

（1）根据教材对代换密码算法的介绍，自己创建明文信息，并选择一个密钥，编写代换密码算法的实现程序，实现加密和解密操作。

（2）根据教材对置换密码算法的介绍，自己创建明文信息，并选择一个密钥，编写置换密码算法的实现程序，实现加密和解密操作。

实验 4.2 RSA 密码体制

1．实验目的

通过实际编程了解 RSA 算法的加密和解密过程，加深对非对称密码算法的认识。

2．实验原理

RSA 密码体制是目前为止最成功的非对称密码算法，其安全性是建立在"大数分解和素性检测"这个数论难题的基础上的，即两个大素数相乘在计算上容易实现，而将该乘积分解为两个大素数因子的计算量相当大。

3．实验环境

运行 Windows 操作系统的 PC，具有 Visual C++等语言编译环境。

4．实验内容

（1）为了加深对 RSA 算法的了解，根据已知参数：$p=3$，$q=11$，$m=2$，手工计算公钥、私钥，并对明文进行加密，然后对密文进行解密。

（2）编写一个程序，随机选择 3 个较大的数 x、e、n，然后计算 $x^e \bmod n$。

习 题 4

4.1　密码分析可分为哪几类？它们的含义是什么？

4.2　已知明文为"wearediscovered"，加密密钥为

$$K = \begin{bmatrix} 17 & 17 & 5 \\ 21 & 18 & 21 \\ 2 & 2 & 19 \end{bmatrix}$$

请用 Hill 密码求解密文 c。

4.3　已知明文为"Columnar transposition cipher"，密钥 $k=7312546$，请用置换密码求解密文 c。

4.4　请用 Playfair 密码加密明文"He is a student"，密钥关键词为"new bike"。

4.5　在 DES 数据加密标准中：明文 m=0011　1000　1101　0101　1011　1000　0100　0010　1101　0101　0011　1001　1001　0101　1110　0111；密钥 k=1010　1011　0011　0100　1000　0110　1001　0100　1101　1001　0111　0011　1010　0010　1101　0011。试求 L_1 与 R_1。

4.6　简述公开密钥密码体制的特点。

4.7　说明 RSA 算法体制的设计原理，并对该体制进行安全性分析。当 $p=5$，$q=11$ 时，取 $e=3$，利用该体制对明文 08、09 两组信息进行加密。

4.8　在使用 RSA 的公钥系统中，如果截取了发送给其他用户的密文 $c=10$，若此用户的公钥为 $e=5$，$n=35$，请问明文的内容是什么？

4.9　公开密钥的管理有多种方案，你认为哪种方案最有效？为什么？

第 5 章　信息认证技术

在计算机网络中，时时刻刻都在进行着各种各样的信息交换。从安全的角度考虑，必须保证这个交换过程的有效性和合法性。信息认证就是证实信息交换过程合法有效的一种手段。

我们先从一个具体的事例入手。Alice 和 Bob 是一对恋人，他们要通过网络进行信息交流，如发送电子邮件，图 5-1 表示的是 Alice 和 Bob 通过网络进行通信过程。在信息的交互过程中，信息是否安全？信息在传输的过程中有没有被恶意的第三方窜改？等等。这些都是我们在信息交换的过程中需要考虑的问题。

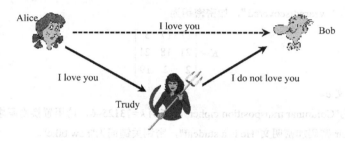

图 5-1　Alice 和 Bob 通过网络进行通信过程

根据这个示例，我们会提出两个问题：该报文是否的确源自 Alice；该报文在到达的途中是否被窜改。这涉及报文认证、身份鉴别、数字签名等信息认证技术，就是本章需要和大家一起探讨的问题。

5.1　报文认证

报文认证是指在两个通信者之间建立通信联系之后，每个通信者对收到的信息进行验证，以保证所收到的信息是真实的一个过程。这种验证过程必须确定报文是由确认的发送方产生的，报文内容没有被修改过且是按与发送时相同的顺序收到的。

报文认证有哪些要求呢？总的来说，可以总结为以下几点：① 接收者能够检验报文的合法性、真实性和完整性；② 报文的发送者和接收者不能抵赖；③ 除了合法的报文发送者外，其他人不能伪造合法的报文。

5.1.1　报文认证的方法

报文认证需要设计相关的认证函数，这些认证函数的具体实现就是认证协议。

认证函数主要包括：① 消息加密函数，用完整信息的密文作为对信息的认证；② 消息认证码，密钥和消息的公开函数，产生一个固定长度的值作为认证标识；③ 散列函数，一个公开的函数，将任意长的信息块映射为一个固定的信息，作为认证值，如 MD5。

1. 消息加密函数

消息加密函数就是对完整的报文进行加密，通信双方共享密钥，这样可保证交换报文的机密性、完整性等。

2. 消息认证码

在报文中加入一个"报尾"或"报头"，被称为"报文鉴别码"。这个鉴别码是通过对报文进行的某种运算得到的，也可以称其为"校验和"。它与报文内容密切相关，报文内容正确与否可以通过这个鉴别码来确定。

3. 散列函数

散列函数是根据发送的报文，将一个固定长度的散列值附加在报文中，与报文一起发送，接收方接收到报文后，使用同样的方法计算收到报文的散列值，通过二者的对比来检验报文的完整性。

散列函数的特点如下：① 容易计算，比密钥加密快。如给出 x，容易计算 $H(x)$。② 单向性，如给定 hash 值 h，不容易找到 x，使得 $H(x)=h$。③ 抗碰撞性（Collision-Resistance），不容易找到 x 和 y，使得 $H(x)=H(y)$。

5.1.2　报文认证的实现

那么，报文认证到底如何具体实现呢？

① Alice 生成报文 m 并计算散列 $H(m)$（如使用 SHA-1）。

② Alice 则将 $H(m)$ 附加到报文 m 上，生成一个扩展的报文 $(m, H(m))$。

③ Bob 收到一个扩展的报文 (m, h) 并计算 $H(m)$，若 $H(m)=h$，Bob 得到结论，一切正常。

但这种方式存在的缺陷就是容易遭受身份欺骗的攻击。如何解决呢？为了验证报文完整性，除了使用散列函数，Alice 和 Bob 将需要共享密钥 s，即鉴别密钥（authentication key）。这样通信就变成了如下过程：

① Alice 生成报文 m，用 s 级联 m，以生成 $m+s$，并计算散列 $H(m+s)$。$H(m+s)$ 被称为报文鉴别码（MAC）。

② Alice 则将 MAC 附加到报文 m 上，生成一个扩展的报文 $(m, H(m+s))$。

③ Bob 接收到一个扩展的报文 (m, h)，已知 s，则计算出报文鉴别码 $H(m+s)$。如果 $H(m+s)=h$，则 Bob 得到结论，一切正常。

但这种方式会遭到重放攻击。除了对报文的内容和源进行认证外，还需要对报文的时间性进行认证，这样才能防止重放攻击。

5.1.3　报文的时间性认证

如果时变量 T 是收方和发方预先约定的，那么只要在每份报文中加入 T，就可以建立起报文传送的顺序。

令 $T_1, T_2, \cdots, T_n$ 分别代表用于传送一组报文 $M_1, M_2, \cdots, M_n$ 的时变量，假定采用分组链接方式对报文进行加密，利用 $T_1, T_2, \cdots, T_n$ 作为加密的初始化向量，由于第 i 个初始化向量只能还原第 i 个加了密的报文，因此利用 T 的值能确定传送顺序。为了验证报文是否按正确的顺序被接收，只要使用适当的初始化向量对报文进行解密，并且验证它是否被正确还原就可以了。

另一种方法是采用预先约定的一次性通行字表 $T_1, T_2, \cdots, T_n$ 来实现的。这些通行字允许收方既用来验证发方的身份，又可以用来验证报文是否是按正确的次序接收的

还有一种方法。当 A 要给 B 发送报文时，A 先通知 B，B 就给 A 发送一个随机数 T，A 在发送给 B 的报文中加入 T，那么 B 可以通过验证在报文中返回的 T 值来确认报文是否是按正确的顺序接收的。

5.2　身份认证

身份认证也被称为身份鉴别。系统的安全性常常依赖于对终端用户身份的正确识别与检验，典型的例子是银行系统的自动提款机（Automatic Teller Machine，ATM），它为银行的正常账户提供现款，但必须对提款用户的身份进行验证，以防止非法用户的欺诈行为。对计算机系统的访问必须根据访问者的身份施加一定的限制，这些都是最基本的安全需要。

5.2.1　身份认证的定义

身份认证就是在信息交换过程中，一个实体向另一个实体证明其身份的过程。

身份认证一般涉及两方面的内容：识别和验证。识别是指要明确访问者是谁，即必须对系统中的每个合法用户都有识别能力。要保证识别的有效性，必须保证任意两个不同的用户都不能具有相同的识别符。验证是指在访问者声称自己的身份后（向系统输入他的识别符），系统必须对他所声称的身份进行验证，以防假冒。识别信息（识别符）一般是非秘密的，而验证信息必须是秘密的。

个人身份验证方法可以分成 4 种类型：① 验证他知道什么；② 验证他拥有什么；③ 验证他的生物特征；④ 验证他的下意识动作的结果。口令与通行证方法是前 2 种类型的例子，指纹是第③种类型的例子，访问者的签名是第④种类型的例子。这几种方法各有利弊，第①种方法最简单，系统开销最小，但其安全性最差；第②种方法比第①种方法安全性好一些，但整个验证系统相应比第①种方法复杂；第③、④种方法的安全性最高，几乎任意两个人的指纹都是不同的，并且几乎不能伪造，人的一种下意识的动作一般也是不能伪造的，所以这两种方法的安全性极高，相应的验证系统更复杂。

5.2.2　口令验证

口令验证是根据用户知道什么来进行的。口令验证方法已经广泛应用于社会生活的各方面，从阿里巴巴的开门咒语到军事领域的哨兵口令，以及目前用在计算机系统中的注册口令。在这种方法中，人们主要关注的是口令的生成和管理。

目前，口令生成主要有两种方法：一种是由口令拥有者自己选择口令，另一种是由机器自动生成随机的口令。前者的优点是用户容易记住，一般不会忘记，但缺点是容易被猜出来；后者的优点是随机性好，要想猜测它很困难，但用户记忆困难。美国贝尔实验室的研究人员发现，用户自己选择的口令大多是如下几种情况：倒过来拼写的有意义的字、用户的姓名、街道名、城市名、汽车号码、房间号码、社会保险号、电话号码等。所以，对于想要窃取他人口令的人来说，这些都是优先猜测的目标。

根据这一事实，如果让用户自己自由选择口令，就会增大口令泄露的机会。一种解决方

法是由系统为每个用户分配口令。可以设计一种口令生成器，使口令的生成是随机的，但会带来用户记忆困难的问题。即使这个字符串不长，要让人记住它也不是一件容易的事。研究表明，人类的记忆有一些特点，对于一些字符串，如果它们能够按正常发音规则发音，即使没有任何意义，人们记起来也比较容易。根据这一特点，口令生成器可以设计成这样：即使它产生的字符串没有任何意义，但是可以按照正常发音规则发音。

对口令的管理也至关重要，口令在系统中的保存就是一个问题。对于一个采用口令方法来认证用户身份的计算机系统来说，如果同时有许多用户在其中注册，那么相应地，每个用户都要有一个自己的口令，并且从原则上说，不同用户的口令是不同的，这个口令要严格保密，不能被其他用户得到（不管用什么方法）。系统要想对用户的身份进行认证，就必须保存用户的口令，但是口令显然不能以明文的形式存放在系统中，否则容易泄露。如果采用通常的加密方法对存放在系统中的口令进行加密（如 DES 算法），那么加密密钥的保存就成了一个严重的安全问题，一旦加密密钥泄露，可能把系统中所有的口令都泄露了。所以，口令在系统中的保存应该满足这样的要求：利用密文形式的口令恢复出明文形式的口令在计算机上是不可能的。口令一旦加密，就永远不会以明文的形式在任何地方出现。也就是说，要求对口令进行加密的算法是单向的，只能加密，解密是不可能的。系统利用这种方法对口令进行验证时，首先将用户输入的口令进行加密运算，将运算结果与系统中保存的该口令的密文形式进行比较，相等就认为是合法的，不等就认为是非法的。

口令管理的第二个问题是口令的传输问题。口令一定要以安全方式传送，否则可能泄露，使之失去意义。用加密的方法解决不了这个问题，因为即使采用加密方法，也必须对接收者的身份进行认证，如果对接收者的身份不进行认证，就无法保证口令会正确地传输给合法用户。对接收者的身份进行认证正是口令要解决的问题，所以在口令建立起来之前无法对接收者的身份进行认证，也就无法保证口令能够送给正确的用户，因此必须考虑其他方法。一种方法是采用寄信方式，银行就是利用这种方法向顾客分送个人识别号（Personal Identifying Number，PIN）。

当用户进入系统时，计算机终端屏幕上会出现这样的请求"请输入口令"，这时用户一般会不假思索地在键盘上输入口令，但这很可能是一个骗局。因为这时系统并没有向用户证明它是真实的、正确的系统，所以用户面对的可能是一个专门设计的用于窃取用户口令的冒充者。为了防止用户受骗，必须使对话的双方（这种对话有时是人对人、机对机的）进行彼此认证。这就引出了口令管理的第三个问题——口令交换。当对话双方为了进行彼此认证而进行口令交换时，一个突出的问题是，如果双方只是简单地直接进行口令交换，那么由哪一方先发出它的口令呢？有什么能够保证他是在与一个合法的对方进行通话，而不是一个冒充者呢？下面就来解决这个问题。

设有一对实体，假如是两个人 A 与 B，他们打算相互通信，在通信之前他们必须对对方的身份进行认证，为此他们都有各自的口令并且应当保存有对方的口令。设 A 的口令是 P，B 的口令是 Q。当 A 提出与 B 进行通信的要求时，B 必须对 A 的身份进行认证，那么 A 必须先向 B 发送他的认证信息，但 A 这时对 B 的身份也没有认证，所以他不能直接将他的口令发送给 B。问题的关键在于，相互进行身份认证的双方都不能直接将他的口令发给对方，但进行身份认证必须有相应的口令信息，所以我们利用一个单向函数 O。A 要对 B 的身份进行认证时，他首先向 B 发送一个随机选择的值 x_1，这个值是非保密的，B 在收到 x_1 后，利用单向函数 O 对 x_1 与 B 的口令 Q 进行如下运算：$y_1 = O(Q, x_1)$。

B 再将 y_1 发回 A。单向函数 O 保证了，即使知道了 x_1 和 y_1，也无法恢复出 Q，这样在 y_1 中既包括了 B 的口令，但任何人又无法恢复出 B 的口令。当 A 收到 B 返回的 y_1 后，就利用单向函数 O 对 x_1（A 选择的值）和 Q（A 保存的值）进行运算，然后将结果与收到的 y_1 进行比较，如相等，A 就认为 B 是合法的通信方，否则认为 B 是非法的。如果 A 是非法接收者，那么他无法从 y_1 中恢复出 B 的口令来。

同样，B 在与 A 进行真正的通信前，必须对 A 的身份进行认证，认证的方法如 A 对 B 的身份认证一样，B 向 A 发送一个选择值 x_2，A 收到 x_2 后，利用单向函数 O 对 x_2 与它的口令 P 进行如下运算：$y_2 = O(P, x_2)$。然后将 y_2 发给 B，B 收到后，可以对其进行相应的认证以确定对方是否是 A。

为了防止口令在传送过程中被搭线窃听，然后又被重放，可以采用可变口令的方法。可变口令是指每次传输的口令都与上一次不同，但它对应的是同一个实体。其方法是利用单向函数，只分配一个初始值，利用该初始值和单向函数，产生一系列不同的口令。设 $u = O(v)$，O 是一个单向函数，v 是选择的初始值，O^n 表示单向函数运算 n 次的结果，如 $O^3 = O(O(O(v)))$。

为了建立口令序列，设 A 选择一个随机变量 v，并形成一个值 u_0，发给 B，$u_0 = O^3(v)$。这个值不需要保密，因为从 u_0 中是无法恢复出 v 值。

对于第一个口令，A 可以向 B 发送 $u_1 = O^{n-1}(v)$，那么 B 可以容易地通过检验 $O(u_1)$ 是否等于 u_0 来确定对方是不是 A。第二次进行认证时，A 向 B 发送的是 $u_2 = O^{n-2}(v)$，口令序列可按这种方式继续下去，第 i 次口令是 $u_i = O^{n-i}(v)$。

每次校验都是通过本次口令与前一个口令的关系来进行的，所以接收方只要保存着上一次收到的口令，这种校验就能继续下去。可用口令的个数取决于选择的 n 值，第 n 次使用的口令就是 v，所以这个口令序列最多只能有 n 个口令。

在人机通信过程中，另一种根据用户知道什么来进行身份认证的方法是：当某用户第一次进入系统时，系统向他提出一系列问题，这些问题看起来与技术问题没什么联系，如他所在学校校长的名字、他父母的血型、他喜欢的作者名字及他喜欢的颜色等。不是所有的问题都必须回答，但是要回答足够多的问题，有些系统允许用户增加自定义的一些问题和答案。系统要记住用户的问题和相应的答案，以后当该用户再次访问系统时，系统向他提出这些问题，只要他能够正确地回答出足够多的问题，系统就认为该用户具有他所声称的合法身份。系统的安全性取决于所选择的问题多少以及难易程度。这些问题的选择原则是：对用户来说比较容易记忆，对非法者来说，要想获得足够多的正确答案却很困难。

这种方法的优点是对用户比较友好，用户可以选择非常熟悉而对其他人又不容易获得正确答案的问题，所以其安全性是有一定保障的。其缺点是，系统与用户间需要交换的认证信息比较多，有时会觉得不太方便或比较麻烦。另外，这种方法需要在系统中占据较大的存储空间来存储认证信息，相应地认证时间也长一些。它的安全性完全取决于对手对用户背景知道多少，所以在高度安全的系统中，这种方法是不适用的。

5.2.3 利用信物的身份认证

大多数人对利用授权用户所拥有的某种东西进行访问控制的方法并不陌生，我们经常使用这种方法。例如，在日常生活中几乎所有人都有钥匙，用于开房门、开抽屉、开车子等。对计算机系统的访问控制也可以利用这种方法。我们可以在计算机终端上加一把锁，使用该终端的第一步是用钥匙打开相应的锁，再进行相应的注册工作。但是对计算机系统来讲，这种方法的最大缺点是它的可复制性，正如我们所用的普通钥匙是可以任意复制的，并且很容易被人偷走。为此，人们想了许多办法，下面简单介绍一种。

磁卡是一个具有磁条的塑料卡，已经越来越多地用于身份识别，如 ATM、信用卡，以及对安全区域的访问控制等。ISO 推荐了一个标准，对卡的尺寸、磁条的大小等作出了具体规定，还制定了几个其他标准，对相应的数据记录格式也作出了规定。

磁卡中最重要的部分是磁条的磁道，这些磁道中不仅存储着数据，也存储着用户的身份信息。一般来讲，磁卡与个人识别号（PIN）一起使用。在脱机系统中，PIN 必须以加密的形式存储在磁卡中，识别设备首先读出该卡中的身份信息，然后将其中的 PIN 解密，并要求用户输入 PIN，识别设备将这两个 PIN 进行比较，以决定该卡的持有者是否合法。在联机系统中，PIN 可以不存在卡上而存在主机系统中，进行认证时，系统把用户输入的 PIN 与主机系统中的 PIN 进行比较，据此来判断该卡的持有者是否具有他所声称的身份。

正如前面对口令的讨论一样，用户必须经过一定的训练，使他们选择的 PIN 更安全，不容易被人猜测出来。有些用户为了不忘记 PIN，往往把 PIN 或用户名写在他们的磁卡上，这样做有很大风险，万一磁卡丢失，就可能被非法分子利用。即使不把 PIN 写在磁卡上，当磁卡丢失时，也可能产生很大的威胁，因为磁卡上往往写着用户的名字，非法分子偷到一张磁卡后，容易判断出该卡持有者的身份。如果是一个 ATM 卡，那么偷窃者就可以打电话给该卡拥有者，声称是发行该卡的银行，询问用户的 PIN，谎称要重新将 ATM 卡输入到银行系统中去，这时用户往往不假思索地告诉对方自己的 PIN，该用户就有可能遭受很大的损失。

理想的情况是：用户把 PIN 记在脑子里，不要怕忘了而把它写在记事本或其他什么地方。但是，有时这种要求又太过分，特别是有的用户不只拥有一张卡，各张卡的 PIN 各不相同。据说美国商人平均每人拥有 11 张信用卡，要想把这么多的不同的 PIN 完全记住很不容易。另外，当信用卡丢失时，不要轻易把口令泄露给身份不明的人，最好亲自到银行办理重入手续。普通磁卡容易复制。复制品几乎可以乱真，对大多数人而言，很难区分出真假。磁卡上的内容从一个卡转移到另一个卡上，也不需要昂贵的设备。因此，研制不可伪造的磁卡是很重要的，但是绝对的不可伪造是不可能的，人们只能想些办法增加伪造的困难度。目前，抗伪造的方法主要集中在如何阻止磁卡上的数据重新生成，人们为此已经发明了许多方法，以期提高磁性记录的安全性。

目前，人们常用的是灵巧卡（Smart Cards），与普通磁卡的区别是，它带有智能化的微处理器和存储器。今天，芯片技术已经得到飞速发展，芯片可以做得很小，也可以做得非常薄，已经能够满足苛刻的要求，新的封装和连线方法为它的使用提供了很大的灵活性。

5.2.4 利用人类特征进行身份认证

前面讨论了利用口令与信物进行身份认证的方法，由于口令可以不经意地泄露，而信物又可能丢失或被人伪造，因此在对安全性要求较高的情况下，这两种方法都不太适用。为此，人们把注意力集中到了利用人类特征进行认证的方法上。人类的特征可以分为两种：人的生物特征，人的下意识动作留下的特征。人的特征具有很高的个体性，世界上几乎没有任何两个人的特征是完全相同的，所以这种方法的安全性极高，几乎不能伪造，对于不经意的使用也没有什么副作用，但一般来讲，采用这种方法成本都很高。

利用人类的生物特征进行身份识别的历史已经很长了，特别是在侦破犯罪案件中。法国在 1870 年前的 40 多年中，一直使用 Bertillon 系统，通过测量人体各部分的尺寸来识别不同的罪犯，如前臂长度、各手指长度、身高、头的宽度、脚的长度等。今天，我们都知道利用人的指纹进行身份认证的方法。人的指纹是与生俱来的，并且一生都不会改变，世界上几乎没有任何两个人的指纹是一样的，所以利用人的指纹就能唯一地认证出每个不同的人。视网膜认证是一种比较可靠的认证方法，研究人员发现，人眼视网膜中的血管分布模式具有很高的个体性，可以利用这一性质对不同的人进行认证。语音认证是另一种人体生物特征认证的方法。我们知道，不同频率的声波会使我们感觉到不同的声音，人类的说话声是靠口腔内声带的振动发出的，正常人的声带是与生俱来的，不同人的声带、声带附近的肌肉组织等是不同的。所以不同人发出的声音的频率成分、各频率成分的多少及它们的持续时间都不同，根据这种差异就可以识别出不同的人。

人的下意识动作也会留下一定的特征，不同的人对同一个动作会留下不同的特征，这方面最常见的例子是手写签名。手写签名作为一种身份认证的方法已有很长历史了，商人之间签订合同、政府间签署协议、某组织下发文件等活动都需要有相应负责人的签字，以表明签字人对文件的认可。频繁进行签名的人对这一动作已经司空见惯，所以签名已经成了一种条件反射动作，是一种下意识的动作。这种动作的结果会留下许多特征，如书写时的用力程度、笔迹的特点等，根据这些特征就能够认证出签名人的身份。

5.2.5　网络通信中的身份认证

当经过网络进行身份鉴别时，通信各方很难依靠生物信息，如外表、指纹、声波、虹膜等进行身份鉴别。要通过网络实现身份认证，我们需要设计一种身份认证协议。

还是回到我们前面提到的情况，Alice 和 Bob 之间传递信息，如何给他们设计一种安全的身份认证协议？下面就一步一步实现这个协议。

1. 协议 ap1.0

身份鉴别协议 ap1.0 如图 5-2 所示。Alice 在发给 Bob 的数据中，直接告诉 Bob，"I am Alice"，这也是日常通信中常用的方法，如打电话时直接告诉对方你是谁。在日常生活中，我们可以通过对方的声音、说话的内容等信息判断出对方。但与你通话的是一个陌生人，他告诉你他是谁，并向你提出了一些要求，这时我们会对对方身份的真实性产生疑问。

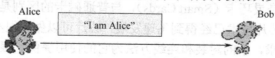

图 5-2　身份鉴别协议 ap1.0

2. 协议 ap2.0

为了解决刚才的问题，我们对身份鉴别协议 ap1.0 进行改进，得到如图 5-3 所示的身份鉴别协议 ap2.0。Alice 在包含其源 IP 地址的 IP 分组中发送"I am Alice"，这样数据包包含了发送者的源地址，相对"协议 ap1.0"来说，其安全性得到了提高。

但大家需要思考这种方式可能失效的场合。在网络通信中，源地址是可以伪造的，因此这种方式在通信过程容易受到地址欺骗攻击，如 Trudy 能够生成一个伪造 Alice 地址的哄骗地址分组。

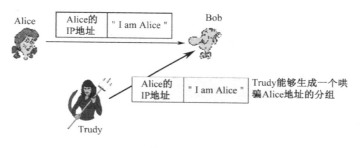

图 5-3　身份鉴别协议 ap2.0

3．协议 ap3.0

为了解决身份鉴别协议 ap2.0 存在的问题，我们需要对其改进，得到如图 5-4 所示的身份鉴别协议 ap3.0。Alice 在发送的数据中包含一个她和 Bob 共享的秘密口令，这样 Bob 就可以通过这个共享口令，判断收到的信息是否来自 Alice。因为除他之外，只有 Alice 知道这个秘密口令。

这种方式也存在问题，假如攻击者 Trudy 窃听到了 Alice 和 Bob 的通信，就可以轻而易举的获取这个共享口令，Trudy 可冒充 Alice 向 Bob 发送信息，这时 Bob 无法正确判断发送者是否是 Alice。

4．协议 ap3.1

为应对这一威胁，我们可以对口令进行加密。如图 5-5 所示的身份鉴别协议 ap3.1。Alice 在发送的数据中包含一个她和 Bob 共享的秘密口令，并对口令进行加密，这样在通信过程中，信息即使被攻击者窃听到，口令也不会泄露，攻击者就无法冒充 Alice 向 Bob 发送信息了。

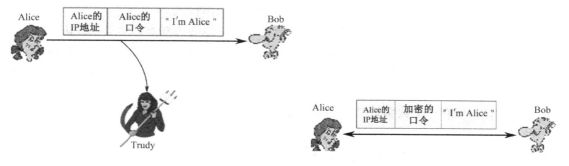

图 5-4　身份鉴别协议 ap3.0　　　　　　图 5-5　身份鉴别协议 ap3.1

但攻击者若记录通信内容，重放仍然有效！也就是说会面临重放攻击。

5．协议 ap4.0

为了避免重放攻击，我们还需对身份鉴别协议 ap3.1 进行改进，得到如图 5-6 所示的身份鉴别协议 ap4.0。在报文中加入一个不重数 R（Nonce），且在生存期中仅用一次。为了证实 Alice 是否"活跃"，Bob 向 Alice 发送不重数 R。Alice 必须返回 R，且用共享的秘密密钥加密。如果 Alice 是活跃的，仅有 Alice 知道加密不重数的密钥，因此这必定是 Alice！

至此，我们设计的鉴别协议的安全性极大提高了，可以对抗网络中出现的绝大多数攻击情况。下面讲的数字签名就是这种协议的基本实现，除了能满足身份鉴别，还会满足一些其他的安全需求。

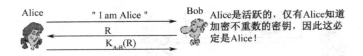

图 5-6　身份鉴别协议 ap4.0

5.3　数字签名

在某些场合下，可能存在通信双方自身的相互欺骗。假定 A 发送一个消息给 B，双方之间的争议可能有多种形式：① B 伪造一个不同的消息，但声称是从 A 收到的；② A 可以否认发过该消息，B 无法证明 A 确实发了该消息。具体发生场合如电子金融交易中窜改金额、股票交易亏损后的抵赖等。

在数字领域，人们通常需要指出一个文件的所有者或创作者，或表明某人认可一个文件的内容。数字签名（Digital Signature）就是在数字领域实现这些目标的一种密码技术。

数字签名是笔迹签名的模拟，其特征如下：① 必须能够验证作者及其签名的日期时间；② 必须能够认证签名时刻的内容；③ 签名必须能够由第三方验证，以解决争议。因此，数字签名包含了签名和认证两个功能

数字签名的主要形式有：仲裁数字签名、不可否认签名、盲签名、群签名、门限签名等。

如何能够设计一个满足应用需求的数字签名协议呢？

5.3.1　数字签名的设计需求

依赖性：签名必须是依赖于被签名信息的一个位字符串模式。

唯一性：签名必须使用某些对发送者是唯一的信息，以防止双方的伪造和否认。

可用性：生成该数字签名必须比较容易，识别和验证该数字签名也必须比较容易。

抗伪造性：伪造该数字签名在计算上是不可行的，既包括对一个已有的数字签名构造新的消息，也包括对一个给定消息伪造一个数字签名。

可复制性：保存一个数字签名副本是可行的。

5.3.2　数字签名的设计实现过程

下面还是以 Alice 和 Bob 之间的通信为例进行介绍。Alice 如何签署她的文档，确定他就是文档拥有者/创建者。消息认证技术能胜任这项任务吗？

消息认证是防止第三方攻击，使用的通信双方共享的知识对信息进行认证；数字签名主要防止通信双方产生的纠纷，必须使用签名者唯一掌握的知识对信息进行认证。所以，能够胜任该任务的只有公开密钥加密算法。图 5-7 是使用发送者私钥对整个报文进行签名的过程。

Bob 用他的私钥 K_B^- 对 m 签名，创建"签名过的"报文 $K_B^-(m)$。数字签名 $K_B^-(m)$ 是否可以满足可鉴别、不可伪造需求？Alice 可以论证仅有 Bob 能够签署 m 这个文档，基于以下理由：① 无论谁签署这个报文，必定在计算签名 $K_B^-(m)$ 过程中使用 K_B^- 私钥，即 $K_B^+(K_B^-(m))=m$；② 知道 K_B^- 这个私钥的唯一人只有 Bob。

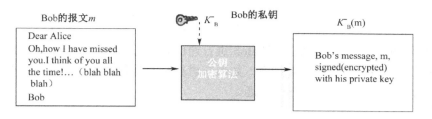

图 5-7　使用发送者私钥对整个报文进行签名过程

Alice 因此验证了：① Bob 签名了 m；② 不是其他人签名了 m；③ Bob 签名了 m 而非 m'；④ 不可否认，Alice 能够带着 m 和签名 $K_B^-(m)$ 到法庭并证明是 Bob 对 m 签了名。

但这种签名方式存在缺点：即使用公钥对整个报文进行加解密的计算代价过于昂贵。

我们可以对报文摘要进行签名。报文摘要是固定长度，容易计算数字"指纹"。应用散列函数 H 到 m，得到长报文的摘要 $H(m)$。

散列函数的性质如下：

❖ 多对 1。

❖ 产生固定长度的报文摘要（指纹）。

❖ 给定报文摘要 x，找到 m，使得 $x = H(m)$，在计算上不可行。

图 5-8 是对报文摘要进行数字签名的实现过程：① 发送者对要发送的报文进行散列计算，生成固定长度的散列值；② 发送者使用自己的私钥对固定长度的散列值进行加密；③ 将加密过的散列值附在要发送的报文中，与报文 m 一起发送。

图 5-9 是接收者对签名进行验证的过程：① 接收者从收到的报文中得到长报文 m 和加密的报文摘要；② 接收者使用与发送者相同的方式生成报文的散列函数 $H(m)$；③ 接收者使用发送者的公钥对加密的报文摘要进行解密，得到 $H'(m)$；④ 若 $H(m)=H'(m)$，就证明报文确实来自发送者，且在传输过程中未被窜改。

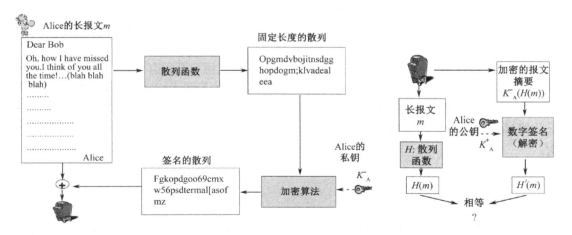

图 5-8　对报文摘要进行数字签名的实现过程　　　　图 5-9　接收者对签名进行验证的过程

5.4　认证中心

随着网络用户的不断增加，网络覆盖的业务范围越来越广泛，信息的认证也不仅限于几个固定用户之间，这就要求在网络中建立一个统一的信息认证中心，利用数字证书，在通信的用户之间建立相互信任。目前，数字证书及认证机构的重要性日益突出。

还是使用前面的例子，当 Alice 和 Bob 进行通信时，通信双方需要获取对方的公钥，那么，可以从什么渠道获取对方的公钥呢？如何知道获取的就是对方的公钥，而不是其他人或者攻击者的公钥呢？下面来分析这个问题。

5.4.1 公开发布

公开发布是指用户将自己的公钥发给每一其他用户，或向某一团体广播。如 PGP（Pretty Good Privacy，完美隐私）中采用了 RSA 算法，它的很多用户都是将自己的公钥附加到消息上，然后发送到公开（公共）区域，如因特网邮件列表。其缺点很明显，即任何人都可伪造这种公开发布。

如果某个用户假装是用户 A 并以 A 的名义向另一用户发送或广播自己的公开钥，则在 A 发现假冒者以前，这个假冒者可解读所有意欲发向 A 的加密消息，而且假冒者能用伪造的密钥获得认证。

5.4.2 公用目录表

公用目录表（Public Directory Table）是指一个公用的公钥动态目录表。公用目录表的建立、维护以及公钥的分布由某个可信的实体或组织承担，这个实体或组织被称为公用目录的管理员。公用目录表的组成如下：

① 管理员为每个用户都在目录表中建立一个目录，目录中有两个数据项：用户名和用户的公开钥。

② 每个用户都亲自或以某种安全的认证通信在管理者那里为自己的公开钥注册。

③ 用户可随时用新密钥替换现有的密钥。

④ 管理员定期公布或定期更新目录表。例如，像电话号码本一样公布目录表或在发行量很大的报纸上公布目录表的更新。

⑤ 用户可通过电子手段访问目录表，这时从管理员到用户必须有安全的认证通信。

公用目录表的安全性高于公开发布，但仍易受攻击。如果敌手成功地获取管理员的秘密钥（密码），就可伪造一个公钥目录表，既可假冒任一用户，又能监听发往任一用户的消息。

公用目录表还易受到敌手的窜扰（破坏）。用户需要登录到公钥目录表中自己查找收方的公钥。

5.4.3 公钥管理机构

为了防止用户自行对公钥目录表操作带来的安全威胁，假定有一个公钥管理机构来为各用户建立、维护动态的公钥目录。即由用户提出请求，公钥管理机构通过认证信道将用户所需要查找公钥传给用户。该认证信道主要基于公钥管理机构的签名。

图 5-10 是公钥管理机构分配公钥的过程。

① 用户 A 向公钥管理机构发送一个带时间戳的消息，消息中有获取用户 B 的当前公钥的请求。

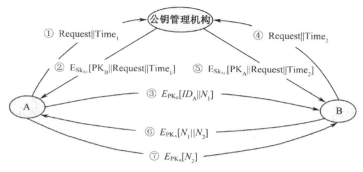

图 5-10 公钥管理机构分配公钥过程

② 管理机构对 A 的应答由一个消息表示，该消息由管理机构用自己的私钥 SK_{AU} 加密，因此 A 能用管理机构的公开钥解密，并使 A 相信这个消息的确是来源于管理机构。

应答的消息中有以下几项：

① B 的公钥 PK_B，A 可用之对将发往 B 的消息加密。

② A 的请求，用于 A 验证收到的应答的确是对相应请求的应答，还能验证自己最初发出的请求在被管理机构收到以前是否被窜改。最初的时间戳使 A 相信管理机构发来的消息不是一个旧消息，因此消息中的公开钥的确是 B 当前的公钥，抗重放。

③ A 用 PK_B 对一个消息加密后发往 B，包含两个数据项：A 的身份 ID_A，一次性随机数 N_1，用于唯一标识这次业务。

④和⑤分别是 B 以相同方式从管理机构获取 A 的公开钥。

这时，A 和 B 都已安全地得到了对方的公钥，可以进行保密通信。前 5 个消息用于安全的获取对方的公开钥。用户得到对方的公开钥后保存起来可供以后使用，这样不必再发送消息①、②、④、⑤了。

用户还可以通过以下两步进行相互认证：

⑥ B 用 PK_A 加密一次性随机数 N_1 和 B 产生的一次性随机数 N_2，发给 A，可使 A 相信通信的另一方的确是 B。

⑦ A 用 PK_B 对 N_2 加密后返回给 B，可使 B 相信通信另一方的确是 A。

公钥管理机构方式的优缺点如下：

❖ 每次密钥的获得由公钥管理机构查询并认证发送，用户不需要查表，提高了安全性。

❖ 但公钥管理机构必须一直在线，每个用户要想和他人联系都需求助于管理机构，所以管理机构有可能成为系统的瓶颈。

❖ 由管理机构维护的公钥目录表也容易被敌手通过一定方式窜扰。

5.4.4 公钥证书

用户通过公钥证书来互相交换自己的公钥，而无须与公钥管理机构联系。

公钥证书由证书管理机构 CA（Certificate Authority）为用户建立。CA 是一个权威机构，负责识别和发行证书合法化，具有以下作用：

❖ 证实一个实体（一个人、一台路由器）的真实身份。

❖ 一旦 CA 验证了某个实体的身份，就会生成一个把其身份和实体的公钥绑定的证书（Certificate）。这个证书包含了这个公钥和公钥所有者全局唯一的身份信息，并由 CA

对这个证书进行数字签名。

数字证书是网络通信中标志通信各方身份信息的一系列数据，其作用类似现实生活中的身份证。数字证书是由一个权威机构发行的，人们可以在交往中用它来识别对方的身份。数字证书的格式一般采用 X.509 国际标准。

使用数字证书，通过运用对称和非对称密码体制等密码技术建立起一套严密的身份认证系统，从而可以保证：信息除发送方和接收方外不被其他人窃取；信息在传输过程中不被篡改；发送方能够通过数字证书来确认接收方的身份；发送方对于自己发送的信息不能抵赖。

数字证书的特点如下：① 网络身份证；② 证书由 CA 颁发；③ 证书由 CA 或用户放在目录中，使得所用人均可查询数据。

数字证书的格式一般采用 X.509 国际标准。标准的 X.509 数字证书包含以下内容：① 证书的版本信息；② 证书的序列号，每个用户都有唯一的证书序列号；③ 证书使用的签名算法；④ 证书的发行机构名称，命名规则一般采用 X.400 格式；⑤ 证书的有效期，现在通用的证书一般采用 UTC 时间格式，它的计时范围为 1950～2049；⑥ 证书所有人的名称，命名规则一般采用 X.400 格式；⑦ 证书所有人的公开密钥（关于公开密钥的信息详见非对称密码算法的有关内容）；⑧ 证书发行者对证书的签名。

X.509 证书格式预留了扩展空间，用户可以根据自己的需要进行扩展。目前，比较典型的扩展有 Microsoft IE 扩展、Netscape 扩展和 SET（Secure Electronic Transaction）扩展等。

5.4.5　认证中心的功能

认证中心是一个可信任的、负责发布和管理数字证书的权威机构。对于一个大型的应用环境，认证中心往往采用一种多层次的分级结构，各级的认证中心类似各级行政机关，上级认证中心负责签发和管理下级认证中心的证书，最下一级的认证中心直接面向最终用户。处在最高层的是根认证中心（Root CA），是公认的权威。

1．证书的颁发

认证中心接收、验证用户（包括下级认证中心和最终用户）的数字证书的申请，将申请的内容备案，并根据申请的内容确定是否受理该数字证书申请。如果中心接受该申请，则进一步确定给用户颁发何种类型的证书。新证书用认证中心的私钥签名以后，发送到目录服务器供用户下载和查询。为保证消息的完整性，返回给用户的所有应答信息都要使用认证中心的签名。

2．证书的更新

认证中心可以定期更新所有用户的证书，或者根据用户的请求来更新用户的证书。

3．证书的查询

证书的查询分为两类：一是证书申请的查询，认证中心根据用户的查询请求返回当前用户证书申请的处理过程；二是用户证书的查询，由目录服务器来完成，根据用户的请求返回适当的证书。

4．证书的作废

当用户的私钥由于泄密等原因造成用户证书需要申请作废时，用户要向认证中心提出证书作废请求，认证中心根据用户的请求确定是否将该证书作废。另一种证书作废的情况是证书已经过了有效期，认证中心自动将该证书作废。认证中心通过维护证书作废列表（CRL）来完成上述功能。

5．证书的归档

证书具有一定的有效期，证书过了有效期之后就将作废，但是不能将作废的证书简单地丢弃，因为有时可能需要验证以前的某个交易过程中产生的数字签名，这时需要查询作废的证书。所以，认证中心还应具备管理作废证书和作废私钥的功能。

总之，基于认证中心的安全方案应该很好地解决了网上用户身份认证和信息安全传输的问题。一般地，一个完整的安全解决方案包括以下 3 方面：① 认证中心的建立，是实现整个网络安全解决方案的关键和基础；② 密码体制的选择，一般采用混合密码体制（即对称密码和非对称密码的结合）；③ 安全协议的选择，目前常用的安全协议有 SSL（Secure Socket Layer）、SHTTP（Secure HTTP）和 SET 等。

数字证书是实现网络安全的必备条件，是参与网上电子商务的通行证，它本身的可信任程度更加重要。数字证书是由认证中心发放和管理的，因此数字证书的可信任程度与发放证书、提供与证书相对应的整套服务的认证中心的可信任程度有直接的关系，认证中心的可信程度和可靠性与其必须具备的基本构成和组织密切相关。

5.4.6　认证中心的建立

数字证书的可信程度是建立在认证中心的可靠、安全和高质量服务基础上的，对于认证中心的这些要求则体现在认证中心的构成和具备的条件上。概括起来，认证中心必须由技术方案、基础设施和运作管理三个基本部分组成。

1．技术方案

认证中心采用的技术方案是建立认证中心的基础，优秀的技术方案可使数字证书可靠、易用，并易于被普遍接受。加密技术是数字证书的核心，采用的加密技术应考虑先进性、业界标准和普遍性。目前，流行 RSA 数据安全加密技术，它用 1024 位的加密算法。为保证加密体系和数字证书的互操作性，公钥加密系统和 X.509 是目前广泛采用的标准，以实现认证中心的统一体系。

数字证书的有效周期管理对于数字证书是必需的，包括数字证书的发布、更新、作废的整个管理过程。数字证书的管理必须跟上证书持有者（组织或个人）情况的变化，及时更新或作废，对数字证书进行全过程的管理。还有一些附加的对数字证书的管理，如证书目录查询、证书时间戳和证书管理情况定期报告等。

为了使数字证书在广泛的应用领域内实现互操作，数字证书需要与主要的网络安全协议兼容，以支持应用环境，成为安全协议中所嵌入的数字证书。这些协议有安全电子交易协议（SET）、安全多用途邮件扩展协议（S/MIME）和安全套接层协议（SSL）等。

2．基础设施

这里的基础设施专指认证中心的安全设施、信息处理和网络的可靠性措施，以及为用户服务的呼叫中心等。一个有长远规划的认证中心，无论是为公众还是为专用社团组织提供服务，都需要在基础设施方面进行周密的考虑和必要的投资。

安全设施用来保护认证中心的财富——计算机通信系统、证书签字单元，认证机构用于对每份证书进行数字签字的唯一私人密钥和用户信息。为使认证中心处于非常安全的环境，使消费者相信他们的数字信息处于最高水平的保护之下，安全设施应设有多个关卡，进入认证中心的人员必须通过这些关卡，且这些关卡应有警卫人员 24 小时值班。更重要的是，只有可信任的、经过审查的认证中心人员才能接触和操作认证中心的设施。

此外，应有视频监视器、防护围栏和具有双向进入控制的安全系统来加强认证中心的安全监控。认证中心技术装备应是高可用性的计算机系统，通信网络和呼叫中心必须是坚固的，使网络用户的需求随时得到满足。通信、数据处理和电源系统应通过多冗余备份系统来保证。网络安全应包括最新防火墙技术、通向最终用户的安全加密线路、IP 欺骗检测、可靠的安全协议和专家指挥系统。呼叫中心提供由专家支持的用户服务，并在任何时候都可以通过在线服务终端进行查询。

3. 运作管理

运作管理是认证中心发挥认证功能的核心。运作管理包括数字认证的有关政策、认证过程的控制、责任的承担和对认证中心本身的定期检查。

认证政策为数字认证过程建立行为准则，是认证中心的对外宣言，应包括在认证中心开始运作时对外公布的文件里。认证政策应在数字认证过程中，随着技术的进步和应用的发展适时进行调整。

认证过程控制是认证政策的实施。认证机构必须由公正的、经过深思熟虑的运作控制来管理数字认证过程。认证标准控制是重要的，是认证一致性的保障。对于认证中心的工作人员必须提出要求，即证书是由经过训练的专业人员签发的，这些专业人员必须经过安全部门的检查，从而给用户以信心。此外，认证机构应尽量使用数字证书的工业标准，如由 WWW 协会、国家技术标准局和国际工程任务组等国际标准组织推荐的标准。

承担责任是一种需要。如果因为某种原因，在认证机构保护下的用户密钥丢失了，认证机构需要处理，并承担责任。检查是一种重要手段，包括定期自我检查和接受第三方检查。

由于网络通信和各类应用业务的需求，基于私钥密码体制的对称密钥分配方案面临着密钥存储的 n2 问题，难以适应网络用户量迅速增长的要求。有关认证中心的协议正在由 IETF 的公钥信息基础结构（PKI）工作组进行研究，其主要核心以 X.509 公钥证书为基础。认证中心的主要职能是作为通信双方可信的第三方，为双方的身份鉴别提供依据，同时可以为通信双方分配密钥。目前，PKI 已支持的安全应用包括 PEM、IPSec、SSL、Internet 电子商务和安全浏览器。今后 PKI 的研究重点是保证认证中心的安全可信，为用户通信提供安全的密钥。这就需要在证书管理协议、证书系统的安全管理、新的公钥算法等方面继续研究。

本章小结

本章主要介绍了信息认证技术中报文认证、身份鉴别、数字签名和认证中心（CA）的相关概念，并介绍了一个安全身份认证协议的设计和改进过程，探讨了认证中密钥分配和共享的有关问题。

实验 5　CA 系统应用

1．实验目的

通过实验深入理解 CA 系统和 SSL 的工作原理，熟练掌握 Windows Server 2003 环境下 CA 系统和 SSL 连接的配置和使用方法。

2．实验原理

典型的 CA 系统包括安全服务器、登记中心 RA 服务器、CA 服务器、LDAP 目录数据库和数据库服务器，其主要功能是对证书进行管理，包括颁发证书、废除证书、更新证书、验证证书、管理密钥等。Windows Server 2003 中支持两种类型的 CA：企业 CA 和独立 CA。企业 CA 用于为一个组织内部并且属于同一个域的用户和计算机颁发证书，要求请求证书的用户在 Windows Server 2003 活动目录中有配置信息。如果给以 Windows Server 2003 域之外的用户颁发证书，一般安装独立 CA。

3．实验环境

一台预装 Windows 2003 Server 操作系统的计算机，一台预装 Windows 7 操作系统的计算机，它们通过网络连接。

4．实验内容

（1）Windows 环境下独立根 CA 的安装和使用。

（2）证书服务管理。

5．实验提示

（1）Windows 环境下独立根 CA 的安装和使用

① 独立根 CA 的安装

单击"开始"按钮，选择"设置"→"控制面板"→"添加或删除程序"，在弹出的窗口中选择"添加或删除 Windows 组件"，然后选择"证书服务"，如图 5-11 所示，单击"下一步"按钮，开始安装。

在弹出的配置窗口中选择"独立根 CA"，如图 5-12 所示，并单击"下一步"按钮。填入 CA 的标识信息，单击"下一步"按钮，在弹出的窗口中填入数据的存放位置。单击"下一步"按钮，这样会停止本机在 Internet 上运行的信息服务，即完成了证书安装。

图 5-11　选择安装的 Windows 组件

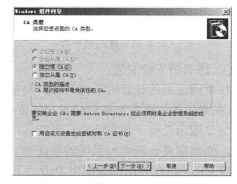

图 5-12　选择证书颁发机构类型

证书安装后，Internet 上运行的信息服务会自动启动。

② 通过 Web 页面申请证书

在 Windows 7 计算机中打开浏览器，在地址栏输入 "http://根 CA 的 IP/certsrv"，如图 5-13 所示，选中"申请一个证书"，向 CA 申请证书。在弹出的页面中选中"用户证书申请"中的"Web 浏览器证书"，如图 5-14 所示。在弹出的窗口中填写用户的身份信息，完成后单击"提交"按钮。在弹出的提示窗口中单击"是"按钮，出现证书申请挂起页面。

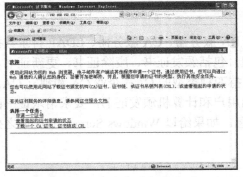

图 5-13　证书服务页面

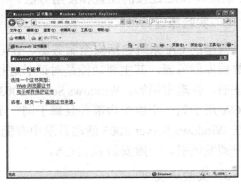

图 5-14　证书申请类型

证书申请完成，等待根 CA 发布该证书。

③ 证书发布

在根 CA 所在的计算机上，选择"开始"→"程序"→"管理工具"→"证书颁发机构"，在弹出的窗口左侧的菜单目录中选择"挂起的申请"，上一步中申请的证书出现在窗口右侧，如图 5-15 所示。右击该证书，然后选择"所有任务"→"颁发"，进行证书颁发，如图 5-16 所示。证书颁发后将从"挂起的申请"文件夹转入"颁发的证书"文件夹中，表示证书颁发完成。

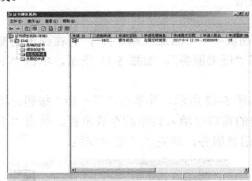

图 5-15　挂起的申请

图 5-16　证书颁发

④ 证书的下载安装

在申请证书的计算机上打开 IE 浏览器，进入证书申请页面，选择"查看挂起的证书申请"，在弹出的页面中选择已经提交的证书申请，单击"安装此证书"，系统提示如图 5-17 所示。这是因为没有下载安装 CA 系统的根证书，所以无法验证此 CA 系统颁发的证书是否可信任，为此需要安装 CA 系统的根证书。进入证书申请页面，选择"下载一个 CA 证书、证书链或 CRL"，在弹出的页面中单击"下载 CA 证书"超链接，如图 5-18 所示，在弹出的文件下载对话框中选择恰当的保存路径。

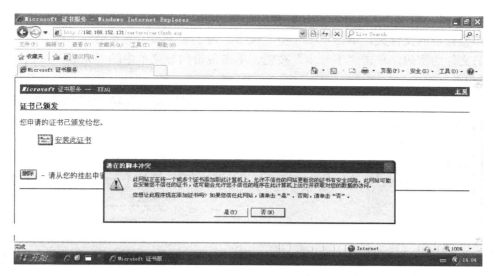

图 5-17　安装证书

图 5-18　下载 CA 的根证书

下载完毕后，在保存目录中双击此证书可查看证书信息。单击"安装证书"按钮，则进入证书导入向导，采用默认设置完成证书的导入，导入成功后，单击"确定"按钮即可。

（2）证书服务管理

① 停止/启动证书服务

打开"证书颁发机构"，右击"CA 公共名称节点"，然后在"所有任务"中选择"停止服务"，即可停止证书服务，CA 公共名称节点变成红叉。同样操作，单击"启动服务"，则可开启证书服务，如图 5-19 所示。

② CA 备份/还原

右击"CA 公共名称节点"，然后在"所有任务"中选择"备份 CA"，即进入"证书颁发机构备份向导"，单击"下一步"按钮，弹出如图 5-20 所示的备份项目对话框，选择要备份的项目和要备份的文件夹，单击"下一步"按钮。为了保护私钥的安全性，接着输入保护私钥和证书文件的密码，单击"下一步"按钮，单击备份向导菜单中的"完成"按钮，即完成 CA 的备份。

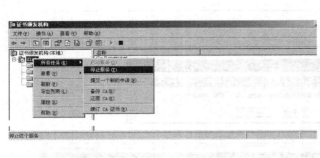
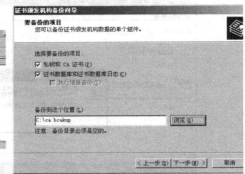

图 5-19　停止 CA 服务　　　　　　　　　　　　图 5-20　CA 备份项目

　　CA 的还原操作需要先停止 CA 服务。右击"CA 公共名称节点"，然后在所有任务中选择"还原 CA"，即进入"证书颁发机构还原向导"；单击"下一步"按钮，弹出如图 5-21 所示的选择还原项目对话框，选择要还原的项目和证书文件所在的文件夹，单击"下一步"按钮。输入备份时的保护密码，即完成 CA 的还原。

　　③ 证书废除

　　选择已颁发的证书，右击"颁发的证书"中需要废除的证书，然后选择"所有任务"中的"吊销证书"，如图 5-22 所示。在弹出的"证书吊销"对话框中选择吊销的理由后，单击"是"按钮，这个被废除的证书就转移到"吊销的证书"文件夹中了，证书被废除。

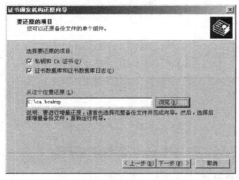

图 5-21　还原 CA　　　　　　　　　　　　　　图 5-22　吊销证书

　　④ 创建证书吊销列表

　　为了把吊销的证书对外发布，下面创建一个吊销证书列表，以供客户端下载查询。

　　右击"吊销的证书"文件夹，然后在所有任务中单击"发布"，如图 5-23 所示，单击"是"按钮，即可完成证书吊销列表的创建和发布。查看创建的证书吊销列表，右击"吊销的证书"文件夹，然后选择"属性"，弹出"吊销的证书属性"窗口；单击"查看 CRL"选项卡，选中"查看 CRL(V)"，弹出窗口的"常规"选项卡下显示了证书吊销列表颁布者的信息，如图 5-24 所示，在"吊销列表"选项卡下显示了吊销的证书信息。

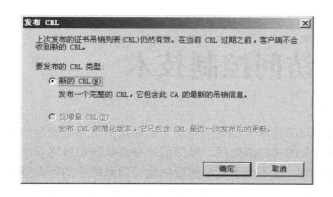

图 5-23　发布新的 CRL

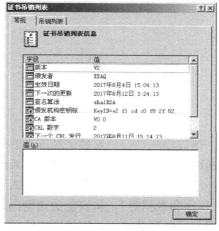

图 5-24　证书吊销列表

习 题 5

5.1　报文认证是指在两个通信者之间建立_____后，每个通信者对收到的信息进行_____，以保证所收到的信息是真实的过程。

5.2　身份认证一般涉及两方面的内容：一是_____，二是_____。

5.3　数字证书用于确认_____，以解决网络信息安全问题。

5.4　认证中心就是一个可信任的、负责_____的权威机构。

5.5　数字签名是用户把自己的_____绑定到电子文档中，其他任何人都可以用该用户的_____来验证其数字签名。

5.6　数字签名的作用是_____。

5.7　数字签名标准是指（　　）。

A. DSS　　　　　　B. RSA　　　　　　C. ECC　　　　　　D. ECDSA

5.8　确定用户身份称为（　　）。

A. 认证　　　　　　B. 加密　　　　　　C. 密码分析　　　　D. 数字签名

5.9　数字签名的签署和核验使用的是（　　）的公钥和私钥。

A. 始发者　　　　　B. 接收者　　　　　C. 密钥生成机构　　D. 密钥管理机构

5.10　数字证书的申请及签发机关是（　　）。

A. CA　　　　　　　B. PKI　　　　　　C. KGC　　　　　　D. Kerberos

5.11　公钥体制的密钥管理主要是针对（　　）的管理问题。

A. 公钥　　　　　　B. 私钥　　　　　　C. 公钥和私钥　　　D. 公钥或私钥

5.12　简述数字签名的基本原理。

5.13　简述身份认证的基本原理。

5.14　简述建立 X.509 标准的目的。

第6章 访问控制技术

访问控制是保护系统资源不被非法访问的技术。如果用户身份认证是网络系统安全的第一道防线，那么访问控制就是网络系统安全的第二道防线。虽然用户身份认证可以将非法用户拒于系统之外，但当合法用户进入系统后，也不能不受任何限制地访问系统中的所有资源（如程序和数据等）。从安全的角度出发，需要对用户进入系统后的访问活动进行限制，使合法用户只能在其访问权限范围内活动，非法用户即使通过窃取或破译口令等方式混入系统也不能为所欲为。与用户身份认证一样，访问控制功能主要通过操作系统和数据库系统来实现，并成为网络操作系统和数据库系统的一个重要安全机制。

6.1 访问控制概述

6.1.1 访问控制的基本任务

通用计算机系统的多用户、多任务工作环境，以及目前广泛应用的计算机网络系统，为非法使用系统资源打开了方便之门。因此迫切要求对计算机及网络系统采取有效的安全防范措施，防止非法用户进入系统及合法用户对系统资源的非法使用，这就是访问控制的基本任务。具体地讲，访问控制应具有三个功能：一是用户身份认证功能，识别与确认访问系统的用户；二是资源访问权限控制功能，决定用户对系统资源的访问权限（读、写、运行等）；三是审计功能，记录系统资源被访问的时间和访问者信息。

1. 用户身份认证

认证就是证实用户的身份。认证必须与标识符共同起作用。认证过程需要先输入账户名、用户标识（UserId）或注册标识（LogonId），告诉计算机用户是谁。账户名应该是秘密的，任何其他用户不应拥有它。但为了防止账户名或 ID 的泄露而出现非法用户访问，还需进一步用认证技术证实用户的合法身份。口令是一种简便易行的认证手段，但因为容易被猜测出来而比较脆弱，也容易被非法用户利用。生物技术是一种严格而有前途的认证方法，如利用指纹、视网膜等，但因技术复杂，目前还没有得到广泛采用。

2. 授权

系统在正确认证用户以后，根据不同的 ID 分配不同的使用资源，这项任务称为授权。授权的实现是靠访问控制完成的。下面从 3 方面说明如何决定用户的访问权限。

（1）用户分类

对一个已被系统识别和认证的用户（合法用户），还要对它的访问操作实施一定的限制。对一个通用计算机系统来讲，用户范围很广，层次不同，权限也不同。用户可分为如下 4 类：

① 特殊用户。这类用户就是系统管理员，拥有最高级别的特权，可以访问系统的任何资源，并具有所有类型的访问操作权力。

② 一般用户。这是最多的一类用户，也是系统的一般用户，他们的访问操作要受一定的限制。根据需要，系统管理员对这类用户分配不同的访问操作权力。

③ 做审计的用户。这类用户负责对整个系统的安全控制与资源使用情况进行审计。

④ 作废用户。这是一类被取消访问权力或拒绝访问系统的用户，又称为非法用户。

（2）资源及使用

系统中的每个用户至少属于上述用户类中的一种，他们共同分享系统资源。系统内要保护的是系统资源，通用计算机系统的资源一般包括磁盘和磁带上的数据集、远程终端、信息管理系统的事务处理组、顾客（用户）信息管理系统事务处理组和程序说明块（PSB）、数据库中的数据、应用资源等。

对需要保护的资源应该定义一个访问控制包（Access Control Packet，ACP），对每个资源或资源组勾画出一个访问控制表（Access Control List，ACL），其中描述了哪个用户可以使用哪个资源及如何使用，包括：

❖ 资源名及拥有者识别符。

❖ 默认访问权，可以授予任意一个用户或全部用户，一般称为全程访问权（UACC）。例如，可对某个一般用途的数据集授予 UACC=read，对敏感数据集授予 UACC=none。

❖ 用户、用户组及它们的特权明细表，称为访问表。访问表为用户及用户组访问某个资源设定了相应的权限。

❖ 允许资源拥有者对其数据集添加新的可用数据。

❖ 审计数据，逐项记录所有用户对任何资源的访问时间、操作性质、访问次数。

（3）访问规则

访问规则规定若干条件，在这些条件下可准许访问某个资源。一般地，规则使用用户和资源配对，然后指定该用户可在该资源上执行哪些操作，如只读、不许执行或不许访问。由负责实施安全政策的系统管理员根据最小特权原则来确定这些规则，即在授予用户访问某资源的权限时，只给他访问该资源所需的最小权限。例如，当用户只需读权限时，则不应该授予读/写权限。这些规则可以用一个访问控制模型表示。硬件或软件的安全内核部分负责实施这些规则，并将企图违反规则的行为报告给审计系统。

3．审计

应该记录用户的行动，以说明安全方案的有效性。审计是记录用户使用系统所进行的所有活动的过程，即记录用户违反安全规定的时间、日期及用户活动。因为收集的数据量可能非常大，所以良好的审计系统最低限度应具有准许进行筛选并报告审计记录的工具。此外，应准许对审计记录做进一步的分析和处理。

6.1.2　访问控制的要素

访问控制是指主体依据某些控制策略或权限对客体或其他资源进行的不同授权访问。访问控制包括三要素：主体、客体和控制策略。

1．主体

主体是可以在信息客体间流动的一种实体，可以理解为访问控制要制约的对象。通常，主体是指人，即访问用户，但是进程或设备也可以成为主体。所以，对文件进行操作的用户是一种主体，用户调度并运行的某个作业也是一种主体，检测电源故障的设备也是一个主体。

大多数交互式系统的工作过程是：用户首先在系统中注册，然后启动某一进程为用户做某项工作，该进程继承了启动它的用户的访问权限。此时，进程也是一个主体。一般来讲，审计机制应能对主体涉及的某一客体进行的与安全有关的所有操作都做相应的记录和跟踪。

2．客体

客体本身是一种信息实体，或者是从其他主体或客体接收信息的实体，可以理解为访问控制要保护的对象。客体不受它们依存的系统的限制，可以是记录、数据块、存储页、存储段、文件、目录、目录树、邮箱、信息、程序等，也可以是位、字节、字、域、处理器、通信线路、时钟、网络节点等。主体有时也可以当作客体处理，如一个进程可能含有许多子进程，这些子进程就可以认为是一种客体。在一个系统中，作为一个处理单位的最小信息集合就被称为文件，每个文件都是一个客体。但是，如果文件可以分成许多小块，并且每个小块可以单独处理，那么每个信息小块也是一个客体。另外，如果文件系统组织成一个树形结构，这种文件目录也都是客体。

有些系统中，逻辑上所有客体都作为文件处理。每种硬件设备（如磁盘控制器、终端控制器、打印机）都作为一种客体来处理，因此每种硬件设备都具有相应的访问控制信息。如果一个主体欲访问某个设备，必须具有适当的访问权，而对该设备的安全校验机制将对访问权进行校验。例如，某主体欲对终端进行写操作，需将欲写入的信息先写入相应的文件中，安全机制将根据该文件的访问信息来决定是否允许该主体对终端进行写操作。

3．控制策略

控制策略是主体对客体的操作行为集和约束条件集，简记为 KS。简单地讲，访问控制策略是主体对客体的访问规则集，这个规则集直接定义了主体对客体允许的作用行为和客体对主体的条件约束。访问控制策略体现了一种授权行为，也是客体对主体的权限允许，这种允许不超越规则集，由其给出。

访问控制策略是计算机安全防范和保护的核心策略之一，其制定与实施必须围绕主体、客体和安全控制规则集三者之间的关系来展开。具体原则如下。

① 最小特权原则：指当主体执行操作时，按照主体所需权力的最小化原则分配给主体权力。其优点是最大限度地限制了主体实施授权行为，可以避免来自突发事件、错误和未授权主体的危险。也就是说，为了达到一定目的，主体必须执行一定操作，但只能做被允许做的，其他除外。

② 最小泄露原则：指当主体执行任务时，按照主体需要知道的信息最小化原则分配给主体权力。

③ 多级安全策略：指主体和客体间的数据流向和权限控制按照安全级别的绝密、秘密、机密、限制和无级别 5 级来划分，其优点是可避免敏感信息的扩散。对于具有安全级别的信息资源，只有安全级别比它高的主体才能够访问它。

访问控制的安全策略有两种实现方式：基于身份的安全策略和基于规则的安全策略。目前，使用这两种安全策略建立的基础都是授权行为。就形式而言，基于身份的安全策略等同于自主访问控制 DAC 安全策略，基于规则的安全策略等同于强制访问控制 MAC 安全策略。

（1）基于身份的安全策略

基于身份的安全策略与鉴别行为一致，其目的是过滤对数据或资源的访问，只有能通过认证的那些主体才有可能正常使用客体的资源。基于身份的策略包括基于个人的策略和基于组的策略。

① 基于个人的策略是指以用户为中心建立的一种策略，由一些列表组成，这些列表限定了针对特定的客体，哪些用户可以实现何种操作行为。

② 基于组的策略是策略①的扩充，指一些用户被允许使用同样的访问控制规则来访问同样的客体。

基于身份的安全策略有两种基本实现方法：能力表和访问控制列表。

（2）基于规则的安全策略

基于规则的安全策略中的授权通常依赖于敏感性。在一个安全系统中，对数据或资源应该标注安全标记。代表用户进行活动的进程可以得到与其原发者相应的安全标记。

基于规则的安全策略在实现上由系统通过比较用户的安全级别和客体资源的安全级别来判断是否允许用户进行访问。

6.1.3　访问控制的层次

访问控制涉及的技术比较广，包括入网访问控制、网络权限控制、目录级安全控制及属性安全控制等多个层次。

1. 入网访问控制

入网访问控制为网络访问提供第一层访问控制，控制哪些用户能够登录到服务器并获取网络资源，控制准许用户入网的时间和准许他们从哪台工作站入网。

用户的入网访问控制可分为三个步骤：用户名的识别与验证→用户口令的识别与验证→用户账号的默认限制检查。三道关卡中只要任何一关未过，该用户便不能进入该网络。对网络用户的用户名和口令进行验证是防止非法访问的第一道防线。为了保证口令的安全性，用户口令不能显示在显示屏上，口令长度应不少于 6 个字符，口令字符最好是数字、字母和其他字符的混合，用户口令必须经过加密。用户还可采用一次性用户口令，也可用便携式验证器（如智能卡）来验证用户身份。网络管理员可以控制和限制普通用户的账号使用、访问网络的时间和方式。用户账号应只有系统管理员才能建立。用户口令应是每个用户访问网络必须提交的"证件"，用户可以修改自己的口令，但系统管理员应该控制对口令的以下几方面的限制：最小口令长度、强制修改口令的时间间隔、口令的唯一性、口令过期失效后允许入网的宽限次数。当用户名和口令验证有效后，再进一步履行用户账号的默认限制检查。

网络应能控制用户登录入网的站点、限制用户入网的时间、限制用户入网的工作站数量。当用户对交费网络的访问"资费"用尽时，网络还应能对用户的账号加以限制，此时用户应无法进入网络和访问网络资源。网络应对所有用户的访问进行审计。如果多次输入口令不正确，则认为是非法用户的入侵，应给出报警信息。

2. 权限控制

网络的权限控制是针对网络非法操作所提出的一种安全保护措施。用户和用户组被赋予一定的权限。网络控制用户和用户组可以访问哪些目录、子目录、文件和其他资源，可以指定用户对这些文件、目录、设备能够执行哪些操作。网络权限控制有两种实现方式：受托者指派和继承权限屏蔽（IRM）。受托者指派控制用户和用户组如何使用网络服务器的目录、文件和设备。继承权限屏蔽相当于一个过滤器，限制子目录从父目录那里继承哪些权限。根据访问权限，用户可分为以下 3 类：① 特殊用户（即系统管理员）；② 一般用户，系统管理员根据他们的实际需要为他们分配操作权限；③ 审计用户，负责网络的安全控制与资源使用情况的审计。用户对网络资源的访问权限可以用访问控制表来描述。

3．目录级安全控制

网络应控制允许用户对目录、文件、设备的访问。用户在目录一级指定的权限对所有文件和子目录有效，还可进一步指定对目录下的子目录和文件的权限。对目录和文件的访问权限一般有 8 种：系统管理员权限、读权限、写权限、创建权限、删除权限、修改权限、文件查找权限、访问控制权限。用户对文件或目标的有效权限取决于以下 3 个因素：用户的受托者指派，用户所在组的受托者指派，继承权限屏蔽取消的用户权限。网络管理员应当为用户指定适当的访问权限，这些访问权限控制着用户对服务器的访问。8 种访问权限的有效组合可以让用户有效地完成工作，又能有效地控制用户对服务器资源的访问，从而加强了网络和服务器的安全性。

4．属性安全控制

当使用文件、目录和网络设备时，网络系统管理员应给文件、目录等指定访问属性。属性安全在权限安全的基础上提供更进一步的安全性。网络上的资源都应预先标出一组安全属性。用户对网络资源的访问权限对应一张访问控制表，用来表明用户对网络资源的访问能力。属性设置可以覆盖已经指定的任何受托者指派和有效权限。属性往往控制以下 8 方面的权限：向某个文件写数据，复制一个文件，删除目录或文件，查看目录和文件，执行文件，隐含文件，共享，系统属性等。

5．服务器安全控制

网络允许在服务器控制台上执行一系列操作。用户使用控制台可以装载和卸载模块，可以安装和删除软件。网络服务器的安全控制包括：设置口令锁定服务器控制台，以防止非法用户修改、删除重要信息或破坏数据；设定服务器登录的时间限制、非法访问者检测和关闭的时间间隔。

6.2　访问控制的类型

访问控制机制可以限制对系统关键资源的访问，防止非法用户进入系统及合法用户对系统资源的非法使用。目前的主流访问控制技术主要有自主访问控制（DAC）、强制访问控制（MAC）、基于角色的访问控制（RBAC）。自主访问控制安全性最低，但灵活性高，通常可以根据网络安全的等级，网络空间的环境不同，灵活地设置访问控制的种类和数量。

6.2.1　自主访问控制

自主访问控制（Discretionary Access Control，DAC）是一种普遍的访问控制手段，是基于对主体及主体所属的主体组的识别来限制对客体的访问。自主是指主体能够自主地按自己的意愿对系统的参数做适当的修改，以决定哪些用户可以访问其文件。将访问权或访问权的一个子集授予其他主体，这样可以做到一个用户有选择地与其他用户共享其文件。

为了实现完备的自主访问控制系统，由访问控制矩阵提供的信息必须以某种形式保存在系统中。访问控制矩阵中的每行表示一个主体，每列表示一个受保护的客体。矩阵中的元素表示主体可以对客体进行的访问模式。

1．自主访问控制类型

访问许可与访问模式描述了主体对客体所具有的访问权与控制权。访问许可定义了改变访问模式的能力及向其他主体传送这种改变访问模式的能力。换句话说，对某个客体具有访问许可的主体可以改变该客体的访问控制表，并可将这种能力传给其他主体。访问模式是指明主体对客体可进行何种形式的特定访问操作，如读、写、运行等。这两种能力说明了对自主访问控制机制的控制方式。自主访问控制有 3 种基本控制模式：等级型、有主型和自由型。

（1）等级型（Hierarchical）

修改客体访问控制表能力的控制关系可以组织成等级型，类似大部分商业组织的形式。一个简单的例子是，将控制关系组织成树形等级结构，将系统管理员设为等级树的树根。该管理员具有修改所有客体访问控制表的能力，并且具有向任意一个主体分配这种修改权的能力。他按部门将工作人员分成多个子集，并且给部门领导授予访问控制表的修改权，以及对修改权的分配权。部门领导可以将该部门内的人员分成数个组，并且对组领导授予访问控制表的修改权。这种等级型结构最低层的主体对任何客体都不具有访问许可，也就是说，对任何客体的访问控制表都不具有修改权。注意，在这种等级型结构中，有能力修改客体访问控制表的主体（具有访问许可的主体）可以给自己授予任何模式的访问权。

等级型结构的优点是，可以选择值得信任的人担任各级领导，以最可信的方式对客体实施控制，并且能够模仿组织环境。其缺点是，一个客体会同时有多个主体有能力修改它的访问控制表。

（2）有主型（Owner）

对客体的另一种控制方式是对每个客体设置一个拥有者（通常是该客体的生成者）。客体拥有者是唯一有权修改客体访问控制表的主体，对其拥有的客体具有全部控制权，但是客体拥有者无权将对该客体的控制权分配给其他主体。因此，客体拥有者在任何时候都可以改变其所属客体的访问控制表，并可以对其他主体授予或撤销对该客体的任何一种访问模式。

系统管理员应该能够对系统进行某种设置，使每个主体都有一个"源目录"（Home Directory）。对源目录下的子目录及文件的访问许可权应当授予该源目录的拥有者，使它能够修改源目录下客体的访问控制表，但在系统中不应使拥有者具有分配这种访问许可权的能力。系统管理员当然有权修改系统中所有客体的访问控制表。有主型控制可以认为是一种仅有两个等级的有限的等级型控制。另一种实现有主型控制的途径是将其纳入自主访问控制机制中而不实现任何访问许可功能。自主访问控制机制将客体生成者的标识保存起来，作为拥有者的标志，并且使其成为唯一能够修改客体访问控制表的主体。

虽然这种方法目前已经应用在许多系统中，但是有一定限制。这种拥有策略将导致客体的拥有者是唯一能够删除客体的主体，如果客体的拥有者离开客体所属的组织或发生意外，那么系统为此必须设立某种特权机制，使得当意外情况发生时，系统能够删除客体。UNIX 操作系统是一个实施有主型控制系统的例子，利用超级用户（Superuser）来实施特权控制。

有主型控制的另一个缺点是，对某个客体而言，不是客体拥有者的主体要想修改它对该客体的访问模式是很困难的。为了增加或撤销某主体对客体的访问模式，主体必须请求该客体的拥有者为它改变相应客体的访问控制表。

（3）自由型（Laissez-Faire）

在自由型方案中，一个客体的生成者可以给任何一个主体分配对它所拥有的客体的访问控制表的修改权，并且可使其对其他主体具有分配这种权力的能力。这里没有"有主的"概念。一旦主体 A 将修改其客体访问控制表的权力及分配这种权力的能力授予主体 B，那么主体 B 可以将这种能力再分配给其他主体，而不必征得客体生成者的同意。因此，一旦访问许可权分配出去，那么要想控制客体就很困难了。虽然通过客体的访问控制表可以查出所有能够修改访问控制表的主体，但是没有任何主体会负责该客体的安全。

2．自主访问控制模式

在各种实现自主访问控制机制的计算机系统中，可使用的访问模式的范围比较广泛。在此讨论几种常用的访问模式，并描述一个最小的访问模式集合。系统支持的最基本的保护客体是文件，因此首先讨论对文件设置的访问模式，然后讨论对一类特殊的客体——目录设置的访问模式。

（1）文件

对文件常设置的访问模式有如下 4 种：

① 读和复制（Read-Copy）：允许主体对客体进行读和复制的访问操作。在绝大多数系统中（不是全部系统），实际上将 Read 模式作为 Read-Copy 模式来设置。从概念上讲，仅允许显示客体的 Read 模式是有价值的。然而，作为一种基本的访问类型，要实现仅允许显示客体的 Read 访问模式是非常困难的，因为仅允许显示介质上的文件，而不允许具有存储能力。Read-Copy 访问模式仅仅限制主体只可进行读与复制源客体的访问操作，如果主体复制了源客体，就可以对该副本设置任何模式的访问权。

② 写和删除（Write-Delete）：允许主体用任何方式，包括扩展、压缩及删除，来修改一个客体。在不同的系统中，可以设置许多其他类型的 Write 访问模式，以控制主体对客体可进行的修改形式。仅当系统能够理解客体的特征时，才应用这些访问模式。例如，硬件及（或）操作系统可以设置几种比较特殊的 Write 访问模式，以支持索引顺序文件。用不同的 Write 访问模式支持不同类型客体的计算机系统可以将几种模式映射为一种模式，也可以映射为由自主访问控制支持的最小的模式集合，或者描述所有可能的 Write 模式，而只将一个模式子集应用到一种特殊类型的客体。前者简化了自主访问控制机制与用户接口，后者则给出了一种较细致的访问控制方法。

当然，如果没有 Read-Copy 这样的访问模式，基本的 Write-Delete 访问模式实际上是没有用的。反之，对于一个主体，如果使其具有 Read-Copy 访问模式而不具有 Write-Delete 访问模式通常是有用的。

③ 运行（Execute）：允许主体将客体作为一种可执行文件来运行。在许多系统中，Execute 模式需要 Read 模式配合。例如，在 Multics 系统中，涉及常数及寻找入口点的操作被认为是对客体文件的 Read 操作，因此要运行某个客体，Read 访问模式是必须的。但是，在像 Multics 这样的系统环境下，要实现单一的 Execute 访问模式还存在一些问题。因为只要进程存在，就为其生成一个地址空间，在程序运行前或运行期间，主体有能力对其地址空间进行某种操作（修改描述符或寄存器）。如果可以对程序环境（地址空间）进行操作，那么几乎任何一个程序都能够自我复制。所以，在这种情况下，自主访问控制是不能实现单一的 Execute 访问模式的。一种解决方法是生成一个新的进程（相应地分配新的地址空间）来运行每个程序。对 Multics 系统来讲，这种方法太"昂贵"了。对于任何一个系统，Execute 访问模式还应该控制运行的始点，以及调用其他程序的返回点，应该实施有定义的入口点。正确实现不附带 Read 访问模式的 Execute 访问模式的方法是，对专有程序施以一定的保护以防被非法复制。

④ 无效（Null）：表明主体对客体不具有任何访问权。在访问控制表中，用这种模式可以排斥某个特殊的主体。通常，Null 访问模式是不存在的，但是在访问控制表中应用 Null 模式可以强调某个特殊主体对客体不具任何访问权。

对一个文件型客体的访问模式的最小集合是应用在许多现存系统中的访问模式的集合，包括 Read-Copy、Write-Delete、Execute、Null。这些访问模式在限制对文件的访问时提供了一个最小的但不是充分的组合。如果利用较小的模式集合，就不能独立地控制对文件进行的 Read、Write 和 Execute 的访问操作。

大部分操作系统是将自主访问控制应用于客体而不仅仅用于文件，文件只是一类特殊的客体。许多时候，除文件以外的其他客体也被构造成文件，并且系统难以理解"客体"的真正意义。根据客体的特殊结构，通常对它们有某些扩充的访问模式，一般用类似数据抽象的方式来实现它们，即操作系统将"扩充的"访问模式映射为基本访问模式。

（2）目录

如果文件被组织成一种树形结构，那么目录通常表示树中的非叶（Non-Leaf）节点，即目录也表示一类文件。目录通常作为结构化文件或结构化段来实现，是否对目录设置访问模式取决于系统是怎样利用树形结构来控制访问操作的。

有 3 种方法用来控制对目录及与目录相关的文件的访问操作：① 对目录而不对文件实施访问控制；② 对文件而不对目录实施访问控制；③ 对目录与文件都实施访问控制。

如果仅对目录设置访问模式，那么一旦授予某个主体对一个目录的访问权，就可以访问该目录下的所有文件。当然，如果在该目录下的某个客体是另一个目录（子目录），主体想访问该子目录，就必须获得对该子目录的访问权。采用仅对目录设置访问模式的方法需要按访问类型对文件进行分组，这种需要太受限制，在文件分类时可能会与其他要求发生冲突。

如果仅对文件设置访问模式，那么访问控制可能会更细致。对某个文件的访问模式与同一目录下的其他文件没有任何关系。但是，如果对目录没有设置访问限制，那么主体可以通过浏览存储结构而看到其他文件的名字。在这种情况下，文件的放置是不受任何控制的，因而文件的树形结构就失去了意义。

对于一个树形结构的文件系统，用访问控制表实现自主访问控制的最有效途径是，对文件与目录都施以访问控制。然而，设计者必须决定是否允许主体在访问一个客体时，对整个路径都可访问，以及仅访问客体本身是否是充分的。例如，Multics 的系统设计者允许如下访问：如果主体知道通向某个客体的正确路径名，并且对该客体具有某种非 Null 访问权，那么该主体就可以访问该客体，并且没有必要对经过的路径具有某种非 Null 访问权。这种设计方法使得对合法访问的校验容易得多，并且只要对客体的访问控制表进行修改，就可以使一个主体对另一个主体授予访问该客体的权力。如果用户不知道某个客体的正确的路径名，并且对访问该客体所必须经过的路径也不具有任何访问权，那么主体无法决定正确的路径名，因此就无法访问到该客体。如果要设计一种系统，允许主体访问客体，但不具有对该客体所在父目录的访问权，那么实现起来就比较复杂。这种设计依赖于特殊的实现机制。

例如，在 UNIX 操作系统中，对某目录不具任何访问权意味着对该目录控制下的所有子客体（文件与子目录）都无权访问。当系统没有向用户授予对某文件父目录的访问权时，任何其他用户都不能使其合法化。

一个目录型客体的访问模式的最小集合包括读和写-扩展。

① 读（Read）：允许主体看到目录的实体，包括目录名、访问控制表，以及与该目录下的文件及子目录相应的信息。这意味着有权访问该目录下的子体（子目录与文件），当然哪个

主体可对它们进行访问，还取决于它们自己的访问控制表。

② 写-扩展（Write-Expand）：允许主体在该目录下增加一个新的客体，即允许主体在该目录下生成与删除文件或子目录。

由于目录访问模式是对文件访问模式的扩展，并且取决于目录的结构，因此实际上，为目录设置的访问模式与系统密切相关。例如，Multics 系统为目录设置了 3 种访问模式：Status（读状态）、Modify（修改）和 Append（附加）。Status 访问模式允许主体看到目录的结构及其子体的属性；Modify 访问模式允许主体修改（包括可删除）这些属性；Append 访问模式允许主体生成新的子体。

在实际应用中，需要在操作系统对用户的友好性与自主访问控制机制的复杂性之间做适当权衡，以决定在系统的自主访问控制机制中应该包括什么客体，以及应该为每个客体设置何种访问模式。另外，访问模式的实现不应太复杂，以避免主体不能很容易地记住每种模式的含义。如果主体不能清楚地区分每种访问模式的功能，那么，该主体的客体很可能对其他主体不是授予所有的访问权就是根本不授予任何访问权。

在计算机系统自主访问控制机制保护下的其他类型的客体还包括邮箱（Mailbox）、通信信道（Communication Channel）和设备（Device）。对它们的访问模式取决于它们的应用环境及具体实现方法。

6.2.2　强制访问控制

自主访问控制是保护计算机资源不被非法访问的一种手段，但是这种方法有明显的缺点，即这种控制是自主的。这种自主性为用户提供了灵活性，同时带来了严重的安全问题。为此，人们认识到必须采取更强有力的访问控制手段，即强制访问控制（Mandatory Access Control，MAC）。

强制访问控制是指用户和文件都有一个固定的安全属性，系统利用安全属性来决定一个用户是否可以访问某个文件。安全属性是强制性的，是由安全管理员和操作系统根据限定的规则分配的，用户或用户程序不能修改安全属性。如果系统确定某一安全属性的用户不能访问某个文件，那么任何人（包括该文件的拥有者）都无法使该用户具有访问该文件的能力。

为了使计算机系统更安全，必须考虑非法用户和恶意攻击者的渗透入侵，如特洛伊木马就是渗透技术的一种产物。特洛伊木马就是一段计算机程序，镶嵌在一个合法用户使用的程序中，当这个合法用户在系统中运行这个程序时，它就会悄无声息地进行非法操作，而且使用户察觉不到这种非法操作。受害者是使用这段程序的用户，作恶者则是程序的开发者。

1. 防止特洛伊木马的强制访问控制

自主访问控制技术有一个最主要的缺点，就是不能有效地抵抗特洛伊木马的攻击。在自主访问控制技术中，某合法用户可任意运行一段程序来修改该用户拥有的文件的访问控制信息，而操作系统无法区别这种修改是用户自己的合法操作还是特洛伊木马的非法操作；另外，也没有什么方法能够防止特洛伊木马将信息通过共享客体（文件、内存等）从一个进程传输给另一个进程。

编写特洛伊木马的人一般总要获得某些利益，如果是为了复制机密信息，就必须为欲复制信息提供一个适当的位置，以便事后攻击者可以访问这个位置。如果攻击者在受害者所在的系统中有一个合法的账号，那么这是非常容易的。

通过强加一些不可逾越的访问限制，系统可以防止一些类型的特洛伊木马的攻击。在强制访问控制中，系统对主体与客体都分配一个特殊的安全属性，这种安全属性一般不能更改，系统通过比较主体与客体的安全属性来决定一个主体是否能够访问某个客体。用户为某个目的而运行的程序，不能改变它自己及任何其他客体的安全属性，包括该用户自己拥有的客体。强制访问控制还可以阻止某个进程生成共享文件并通过它向其他进程传递信息。

强制访问控制一般与自主访问控制结合使用，并且实施一些附加的、更强的访问限制。主体只有通过了自主与强制性访问控制检查后，才能访问某个客体。由于用户不能直接改变强制访问控制属性，因此用户可以利用自主访问控制来防范其他用户对自己客体的攻击，强制访问控制则提供一个不可逾越的、更强的安全保护层，以防止其他用户偶然或故意地滥用自主访问控制。

以下两种方法可以减少特洛伊木马攻击成功的可能性。

① 限制访问控制的灵活性。特洛伊木马可以攻破任何形式的自主访问控制。用户修改访问控制信息的唯一途径是请求一个特权系统的功能调用。该功能依据用户中断输入的信息，而不是靠另一个程序提供的信息来修改访问控制信息。因此，用这种方法可以消除偷改访问控制的特洛伊木马的攻击。

② 过程控制。采取警告用户不要运行系统目录以外的任何程序，并提醒用户注意，如果偶然调用一个其他目录中的文件，不要做任何操作，这种措施被称为过程控制，可以减少特洛伊木马攻击的机会。

2．UNIX 文件系统的强制访问控制

UNIX 文件系统强制访问控制机制的两种设计方案如下。

（1）Multics 方案

Multics 文件系统是一个树形结构，所有用户都有一个安全级，所有文件（包括目录）都有一个相应的安全级。对文件的访问遵从下列强制访问控制策略：① 仅当用户的安全级不低于文件的安全级时，该用户才能读该文件；② 仅当用户的安全级不高于文件的安全级时，该用户才能写该文件。第①条是容易理解的，第②条的意义在于限制高密级的用户生成一个低密级的文件，或者将高密级信息写入低密级的文件中。

文件的生成和删除被认为是对该文件所在目录（文件的父目录）的写操作，所以当某个用户生成或删除一个文件时，其安全级一定不高于该文件父目录的安全级。这种生成和删除文件的要求与 UNIX 文件系统是不兼容的。因为在 UNIX 文件系统中，有些目录对安全级不低于该目录安全级的用户是可访问的。例如，在 UNIX 系统中有一个共享的 tmp 目录用于存放临时文件，为使用户能够读到他们的 tmp 目录中的文件，其安全级应不低于 tmp 的安全级。然而这与 Multics 的强制访问控制策略是相互矛盾的，因为在 Multics 的强制访问控制策略中，用户为了在 tmp 目录下生成和删除他的文件，其安全级必须不能高于 tmp 目录的安全级。

（2）Tim Thomas 方案

该方案的优点是消除了对强制访问控制机制的下述需要：定义一个新的目录类型，使用一个升级目录必须先退出系统，再以一个不同的安全级注册进入系统。下面详细介绍该方案。

① 文件名的安全级

在该方案中，文件名的安全级与文件内容的安全级是相同的。因此，目录中的信息（文件名）具有不同的安全级，因为目录的内容就是一个文件名的集合，并且这些文件名具有不同的安全级。这是该方案不同于前述几种方案的主要特点，文件的安全级如图 6-1 所示。前

述几种方案中，目录下的所有文件名的安全级都与该目录的安全级相同。在非秘密目录下可以有绝密、机密、普通三个安全级的文件，一个机密级用户能看到目录结构如图6-2所示。

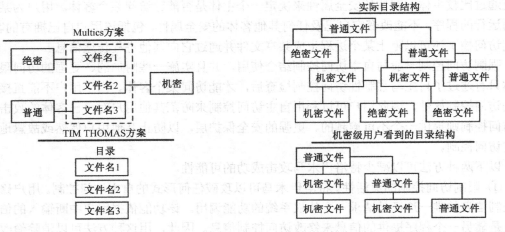

图 6-1　文件的安全级　　　　　　　　图 6-2　一个机密级用户所能看到的目录结构

不能看到某文件的用户不能对该文件进行读、写或删除操作。在上例中，机密级用户不能读、写或删除绝密级文件。只要用户能够看到一个目录，他就能够在该目录下生成文件，当然生成文件时还要受到自主访问控制的控制。

② 隐蔽文件名的实现

一个目录下可能包含不同安全级的内容，所以操作系统必须对该目录下的所有内容实施访问控制，不允许用户进程通过读该目录而查访该目录下的文件名。实际上，必须通过一个特殊的接口界面过滤所有比该用户安全级高的文件。网络文件系统（Network File System，NFS）提供了一个接口，对这个接口稍加修改即可支持文件名滤除功能。该接口被称为Getdnets()系统调用，强制用户进程必须通过这个接口，系统不允许进程使用 UNIX 的 read( )系统调用来读目录的文件名。

③ 文件访问和文件名的隐蔽

文件的访问策略与 Secure Xenix 文件系统的访问策略完全相同，只是扩展到了对文件名的访问限制。仅当用户的安全级不低于文件的安全级时，才能读该文件或文件名。仅当用户的安全级与文件的安全级相同时，才能写该文件或更改文件名。删除一个文件名被认为是对该文件的写操作。

仅当用户的安全级不低于文件的安全级时，系统才允许用户读该文件名。对用户来讲，有些文件名是不可见的（隐蔽的）。通常，目录也被认为是一个文件名，所以文件名的隐蔽对目录来讲也是适用的。

6.2.3　基于角色的访问控制

以前，绝大部分的强制控制是由 David Bell 和 Len LaPadula 推向主流的多级别强制访问，虽然这种访问控制能够得到比较好的安全保证，但其配置和使用过于麻烦，访问控制的设置过于呆板。近年来，很多系统采用了其他访问控制方法，如基于角色的访问控制机制。

基于角色的访问控制（Role Based Access Control，RBAC）是指在访问控制系统中，按照用户承担的角色的不同而给予不同的操作集。其核心思想是将访问权限与角色联系，通过给用户分配合适的角色，让用户与访问权限相联系。角色是根据系统内为完成各种任务需要而设置的，根据用户在系统中的职权和责任来设定他们的角色。用户可以在角色间进行转换。系统可以添加、删除角色，还可以对角色的权限进行添加、删除。RBAC 将安全性放在一个接近组织结构的自然层面上进行管理。

基于角色的访问控制是目前国际上流行的、先进的安全管理控制方法，具有以下特点：

① RBAC 将若干特定的用户集合和访问权限联系在一起，即与某种业务分工（如岗位、工种）相关的授权联系在一起，这样的授权管理对于个体授权来说，可操作性和可管理性都要强得多。因为角色的变动远远低于个体的变动，所以 RBAC 的主要优点是管理简单。

② 在许多存取控制型系统中以用户组作为存取控制单位。用户组与角色最主要的区别是，用户组是作为用户的一个集合来对待的，并不涉及它的授权许可；角色既是一个用户的集合，又是一个授权的集合，而且这种集合具有继承性，新的角色可以在已有的角色的基础上进行扩展，并可以继承多个父角色。

③ 与基于安全级别和类别纵向划分的安全控制机制相比，RBAC 显示了较多的机动灵活的优点。特别显著的优点是，RBAC 在不同的系统配置下可以显示不同的安全控制功能，既可以构造具备自主存取控制类型的系统，也可以构造具备强制存取控制类型的系统，甚至可以构造同时兼备这两种类型的系统。

6.3 访问控制模型

访问控制模型是一种从访问控制的角度出发，描述安全系统、建立安全模型的方法。访问控制模型一般包括主体、客体，以及为识别和验证这些实体的子系统和控制实体间访问的参考监视器。本节主要介绍各类访问控制的典型安全模型，如自主访问控制的访问矩阵模型、强制访问控制的 BLP 模型和 Biba 模型、基于角色访问控制的角色模型。

6.3.1 访问矩阵模型

实施了自主访问控制的系统，其状态可以由一个三元组 (S, O, A) 来表示，其中 S 表示主体的集合，O 表示客体的集合，A 为访问矩阵。行对应于主体，列对应于客体。矩阵中第 i 行 j 列的元素 a_{ij} 是访问权的集合，列出了主体 s_i 对客体 o_j 可进行的访问权。

例如，表 6-1 给出了 4 个主体 s_1、s_2、s_3、s_4 和 5 个文件 F_1、F_2、F_3、F_4、F_5 的访问控制矩阵示例，主体集 S={ s_1, s_2, s_3, s_4}，客体集 O={F_1, F_2, F_3, F_4, F_5}。A 是表 6-1 给出的 4 行 5 列的矩阵，当主体 s_i 对客体 o_j 进行访问时，系统中的监控程序检查矩阵 A 中的元素 a_{ij}，以决定该访问进否可以进行，如 s_1 读取 F_1 时会被系统拒绝，s_1 读取 F_5 时会得到系统允许。

表 6-1 访问控制矩阵示例

	F_1	F_2	F_3	F_4	F_5
s_1		读、写			读、写、执行
s_2	读		读		
s_3				读、写、删除	
s_4			写		

6.3.2 BLP 模型

在军方术语中，特洛伊木马的最大作用是降低整个系统的安全级别。考虑到这种攻击行为，Bell 和 LaPadula 于 1976 年设计了一种抵抗这种攻击的模型，称为 Bell-LaPadula 模型，简称 BLP 模型。它是典型的信息保密性多级安全模型，主要应用于军事系统。BLP 模型是处理多级安全信息系统的设计基础，客体在处理绝密级数据和秘密级数据时，要防止处理绝密级数据的程序把信息泄露给处理秘密级数据的程序。BLP 模型的出发点是维护系统的保密性，有效地防止信息泄露，这与后面介绍的维护信息系统数据完整性的 Biba 模型正好相反。

BLP 模型可以有效防止低级用户和进程访问安全级别比其高的信息资源。此外，安全级别高的用户和进程也不能向比其安全级别低的用户和进程写入数据。BLP 模型基于以下 2 条基本规则来保障数据的保密性：① 不上读，主体不可读安全级别高于它的客体；② 不下写，主体不可将信息写入安全级别低于它的客体。

BLP 模型的安全策略包括强制访问控制和自主访问控制两部分。强制访问控制中的安全特性要求对给定安全级别的主体，仅被允许对同一安全级别和较低安全级别上的客体进行"读"操作；对给定安全级别的主体，仅被允许向相同安全级别或较高安全级别上的客体进行"写"操作；任意访问控制允许用户自行定义是否让个人或组织存取数据。

BLP 模型可以用偏序关系表示为：① rd，当且仅当 $SC(S) \geqslant SC(O)$，允许读操作；② wu，当且仅当 $SC(S) \leqslant SC(O)$，允许写操作。其中，rd 表示向下读，wu 表示向上写；$SC(S)$ 表示主体的安全级别，$SC(O)$ 表示客体的安全级别。

BLP 模型"只能向下读、向上写"的规则忽略了完整性的重要安全指标，使非法、越权窜改成为可能。

BLP 模型为通用计算机系统定义了安全性属性，即以一组规则表示什么是一个安全的系统，尽管这种基于规则的模型比较容易实现，但不能更一般地以语义的形式阐明安全性的含义。因此，这种模型不能解释主-客体框架以外的安全性问题。例如，在一种"远程读"的情况下，高安全级主体向低安全级客体发出"远程读"请求，这种分布式读请求可以看成从高安全级向低安全级的一个消息传递，就是"向下写"。另一个例子是如何处理可信主体的问题，可信主体可以是管理员或提供关键服务的进程，如设备驱动程序和存储管理功能模块，这些可信主体若不违背 BLP 模型的规则，就不能正常执行它们的任务，而 BLP 模型对这些可信主体可能引起的泄露危机没有任何处理和避免的方法。

6.3.3 Biba 模型

Ken Biba 在研究 BLP 模型的特性时发现，BLP 模型只解决了信息的保密问题，在完整性定义方面存在一定缺陷。BLP 模型没有采取有效的措施来制约对信息的非授权修改，因此使非法、越权窜改成为可能。为此，Ken Biba 于 1977 年提出了 Biba 模型，对数据提供了完整性保障。

Biba 模型要求对主、客体按照完整性级别进行登记划分，基于以下 2 条基本规则来确保数据的完整性：① 当且仅当客体的完整性级别支配主体的完整性级别时，主体才具有对客体"读"的权限，即"不下读"；② 当且仅当主体的完整性级别支配客体的完整性级别时，主体才具有对客体"写"的权限，即"不上写"。

可以看出，BLP 模型和 Biba 模型的基本规则相反。BLP 模型能够解决信息的保密性问题，但并不能解决信息的完整性问题；Biba 能解决信息的完整性问题，但不能解决信息的保密性问题。两个模型的共同点是：都要求使用强制访问控制系统。

Biba 模型可以用偏序关系表示为：① ru，当且仅当 SC(S)≤SC(O)，允许读操作；② wd，当且仅当 SC(S)≥SC(O)，允许写操作。其中，ru 表示向上读，wd 表示向下写。

6.3.4 角色模型

1992 年，Ferraiolo 和 Kuhn 提出了基于角色的访问控制（RBAC）的概念。他们认为，与自主访问控制和强制访问控制相比，RBAC 更适用于非军事信息系统。1996 年，George Mason 大学的 Ravi 等人提出了 RBAC96 概念模型。

RBAC96 模型的基本结构如图 6-3 所示：① RBAC0 —基本模型，规定了任何 RBAC 系统的最小需求；② RBAC1 —分级模型，在 RBAC0 基础上增加了角色等级的概念；③ RBAC2 —限制模型，在 RBAC1 基础上增加了限制的概念；④ RBAC3 —统一模型，包含了 RBAC1 和 RBAC2，由于传递性也间接地包含了 RBAC0。

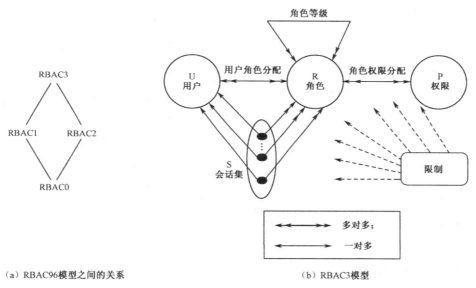

（a）RBAC96 模型之间的关系　　　　　　　　（b）RBAC3 模型

图 6-3　RBAC96 模型的基本结构

1. 基本模型 RBAC0

RBAC 模型由 4 个主要实体组成：用户（U）、角色（R）、权限（P）、一组会话（S）。其中，用户是指自然人；角色是组织内部一个工作的功能或者工作的头衔，表示该角色成员所授予的职权和职责；权限是对系统中一个和多个客体以特定方式进行存取的许可，系统中拥有权限的用户可以执行相应的操作。客体既指计算机系统的数据客体，也指由数据所表示的资源客体，所以这里的权限既可以指访问整个子网的权限，也可以指对一个特定的记录项的特定字段的访问。权限的粒度大小取决于实际系统的定义，如操作系统中保护的是文件、目录、设备、端口等资源，相应操作为读、写、执行；而在关系数据库管理系统中保护的是关系、元组、属性、视图，相应的操作为 SELECT、UPDATE、DELETE、INSERT 等。

图 6-3(b) 中的用户和角色之间以及角色和权限之间用双箭头连接表示用户角色分配 UA 和角色权限分配 PA 的关系都是"多对多"的关系。也就是说，一个用户可以有多个角色，一

个角色可以被多个用户所拥有，这与现实是一致的。因为一个人可以在同一部门中担任多种职务，而且担任相同职务的可能不止一人。同样，一个角色可以拥有多个权限，一个权限可以被多个角色所拥有。

为了存取系统资源，用户需要建立会话，每个会话将一个用户与他对应的角色集中的一部分建立映射关系，这一角色子集成为会话激活的角色集，在这次会话中，用户可以执行的操作就是该会话激活的角色集对应的权限所允许的操作。

用户可以在工作站上打开多个系统应用窗口，与系统建立多个会话，每个会话激活的角色集可能不同，即便是为完成某一特定的操作而建立的一系列会话中也可能包括不同的角色。如果用户在一次会话中激活的角色集所能完成的功能远远超过需要，势必造成一种浪费，有时用户还会出现误操作，破坏系统。为了防止这些情况发生，RBAC 设定了最小权限原则，规定用户所拥有的角色集对应的权限不能超过用户工作时需要的最大权限，而且每次会话中激活的角色集所对应的权限要小于等于用户所拥有的权限。

RBAC 模型不允许由一次会话创建另一次会话，还规定管理权限不可应用于 RBAC96 的组成部件上，管理权限就是修改用户角色、权限集以及用户委派、权限委派等权限。

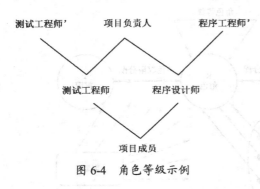

图 6-4　角色等级示例

2. 分级模型 RBAC1

RBAC1 模型引入了角色等级以反映一个组织的职权和责任分布的偏序关系，图 6-4 给出了角色等级示例。其中，高等级角色在上方，低等级角色在下方，等级最低的角色是项目成员，程序设计师高于项目成员，所以程序设计师继承了项目成员，项目负责人处于最高等级。

显然，角色等级关系具有自反性、传递性和非对称性，是一个偏序关系。

有时为了实际需要，应该限制继承的范围，不希望继承者享有被继承者的全部权力，此时，可以构造一些新的角色，称为私有角色，而将用户分配给这些私有角色。如图 6-4 中，"测试工程师'"和"程序设计师'"就是私有角色。

3. 限制模型 RBAC2

RBAC2 模型引入了限制的概念，这种限制可以实施到图 6-3(b)中的所有关系上。RBAC 中的一个基本限制称为相互排斥角色限制。由于角色之间相互排斥，一个用户最多只能分配到这两个角色中的一个。例如，在一个项目中，用户不能既是测试人员又是编程人员。双重限制是指同一权限只能分派给相互排斥的角色中的一个。例如，在政府部门中局长和副局长这两个角色是相互排斥的，且对文件签发操作只能由局长执行。这种权限分配的限制阻止了权限被故意或非故意地分配给其他角色，也是一种限制高级权限分配的有效方法。例如，在一家公司中，角色 A 或角色 B 都可以对一种特别的支票签字，但是为了追究负责人的信息安全责任，只允许这两个角色中的一个有签字权。

相互排斥限制可以推广到多个角色，用来限定用户的各种角色的组合情况在不同的环境中是否可以被接受。例如，用户可以既拥有项目 A 的程序设计师角色，还拥有项目 B 的测试工程师角色，但不能同时拥有同一项目的程序设计师和测试工程师的角色。

另外，基数限制规定了一个角色可分配的最大用户数。例如，在一个机关中，局长角色只能分配给一个用户，副局长角色最多只能分配给 4 个用户。同样，用户可以拥有的角色数量也是受限的，权限可分配的角色数量也受到基数限制以控制高级权限在系统中的分配，角色可以拥有的权限不能超过系统规定的最大值。

4．统一模型 RBAC3

统一模型 RBAC3 包含了限制模型和分级模型，即在 RBAC0 上引进了角色分级和限制的概念，但产生了一些问题。因为角色等级是 RBAC3 的组成部分，所以限制可以应用在角色等级上。角色等级是一个偏序序列，这种限制对模型而言是内在的。附加的限制可以限制一个给定角色的上级和下级角色，也可限制一些角色间没有相同的上级或者下级角色。通过这些限制，安全主管人员可以对被多个用户改变的角色等级进行非常有效的控制。

这样限制与等级之间可能产生矛盾。如图 6-4 所示，项目中的成员不能既拥有测试工程师角色也拥有程序设计师角色。两项目负责人所处的位置显然违背了这个限制，但实际应用中这又是合理的。私有角色的引进可以解决上述矛盾，如私有角色"测试工程师'""程序设计师'"和项目负责人角色是相互排斥的，但他们处于同一等级，所以项目负责人角色并没有违反相互排斥的限制。在通常情况下，私有角色与其他角色没有共同的上级角色存在，因为他们已是角色等级中最大的元素，所以私有角色之间的相互排斥也是不会违反的。这样可以定义具有相同功能的私有角色之间的共享部分的基本限制为 0 个成员。在图 6-4 中，"测试工程师'"角色不能分配给任何用户，只是作为"测试工程师"角色与项目负责人角色之间共享权限的一种方法。同样，基本限制在有时被违背也是可以接受的。试想，一个用户最多能分配他一个角色，那么在图 6-4 中一个用户被授予了测试工程师角色，但继承了项目成员角色，即该用户也拥有了项目成员角色，这在实际中也存在。

5．RBAC 的优势

（1）便于授权管理

RBAC 的最大优势在于对授权管理的支持。通常的访问控制实现方法是将用户与访问权限直接相联系，当组织内人员新增或有人离开，或者某个用户的职能发生变化时，需要进行大量授权更改工作。而在 RBAC 中，角色作为一个桥梁，沟通于用户和资源之间。对用户的访问授权转变为对角色的授权，再将用户与特定的角色联系起来。一旦 RBAC 系统建立起来，主要的管理工作即为授权或取消用户的角色。用户的职责变化时，改变授权给他们的角色，也就改变了用户的权限。当组织的功能变化或演进时，只需删除角色的旧功能、增加新功能，或定义新角色，而不必更新每个用户的权限设置。这些大大简化了对权限的理解和管理。

（2）便于角色划分

RBAC 以角色作为访问控制的主体，用户以什么样的角色对资源进行访问，决定了用户拥有的权限以及可执行何种操作。

为了提高效率，避免相同权限的重复设置，RBAC 采用了角色继承的概念，定义了这样一些角色，它们有自己的属性，但可能继承其他角色的属性和权限。角色继承把角色组织起来，能够自然地反映组织内部人员之间的职权、责任关系。角色继承可以用祖先关系来表示。在角色继承关系图中，处于最顶的角色拥有最大的访问权限，越下端的角色拥有的权限越小。

（3）便于赋予最小权限原则

最小权限原则是指用户拥有的权力不能超过他执行工作时所需的权限。实现最小权限原则需分清用户的工作内容，确定执行该项工作的最小权限集，然后将用户限制在这些权限范围之内。RBAC 可以根据组织内的规章制度、职员的分工等设计拥有不同权限的角色，只有角色需要执行的操作才授权给角色。当一个主体欲访问某一资源时，如果该操作不在主体当前活跃角色的授权操作之内，则该访问将被拒绝。

（4）便于职责分离

对于某些特定的操作集，某一角色或用户不可能同时独立地完成所有这些操作，此时需要进行职责分离。例如，在银行业务中，"授予一次付款"和"实施一次付款"应该是分开的职能操作，否则可能发生欺诈行为。职责分离可以有静态和动态两种实现方式。静态职责分离是指只有当一个角色与用户所属的其他角色彼此不互斥时，这个角色才能授权给该用户。动态职责分离是指只有当一个角色与一主体的任何一个当前活跃角色都不互斥时，该角色才能成为该主体的另一个活跃角色。

（5）便于客体分类

RBAC 可以根据用户执行的不同操作集来划分不同的角色，对主体分类。同样，可以实施对客体的分类。例如，银行职员可以接触到账户，办公秘书可能与各种信件打交道，我们可以根据客体的类型（如账户、信件等）或者根据它们的应用领域（如商业信件、私人信件等）进行分类。这样角色的访问授权就建立在抽象的客体分类的基础上，而不是具体的某一客体。例如，办公秘书的角色可以授权读/写信件这一整个类别，而不是对每个信件都需要给予授权。对每个客体的访问授权会自动按照客体的分类类别来决定，不需要对每个客体都具体指定授权。这样使得授权管理更方便，容易控制。

此外，还有 GM 模型、Sutherland 模型以及 CW 模型等，在此不一一赘述。

6.4 访问控制模型的实现

访问控制模型的前提是具有一般性和普遍性，如何使访问控制模型的这种普遍性和所要分析的实际问题的特殊性相结合——使访问控制模型与当前的具体应用紧密结合，是我们面临的主要问题。

6.4.1 访问控制模型的实现机制

建立访问控制模型和实现访问控制都是抽象和复杂的行为，实现访问控制不仅要保证授权用户使用的权限与其所拥有的权限对应，制止非授权用户的非授权行为，还要保证敏感信息不被交叉感染。为便于讨论，下面以"文件的访问控制"为例具体说明访问控制的实现。

1. 访问控制表

访问控制表是以文件为中心建立的访问权限表。目前，大多数 PC、服务器和主机都使用访问控制表作为访问控制的实现机制。其优点在于实现简单，任何得到授权的主体都可以有一个访问控制表。例如，授权用户 A1 的访问控制规则存储在文件 file1 中，A1 的访问规则可以由 A1 下面的权限表来确定，权限表限定了用户 A1 的访问权限。

2. 访问控制矩阵

访问控制矩阵是通过矩阵形式表示访问控制规则和授权用户权限的方法。每个主体都拥有对某些客体的某些访问权限，某些主体对客体可以实施访问，将这种关联关系加以阐述，就形成了控制矩阵。其中，特权用户或特权用户组可以修改主体的访问控制权限。访问控制矩阵的实现很易于理解，但是查找和实现有一定的难度，如果用户和文件系统要管理的文件很多，那么控制矩阵将会成几何级数增长，会产生大量的冗余空间。

3．能力

能力是访问控制中的一个重要概念，指请求访问的发起者所拥有的一个有效标签，授权的标签表明持有者可以按照何种访问方式访问特定的客体。访问控制能力表（Access Control Capabilities List，ACCL）是以用户为中心建立的访问权限表。因此，ACCL 的实现与访问控制表恰好相反。定义能力的重要作用在于能力的特殊性，如果赋予某个主体具有一种能力，说明这个主体具有了一定的对应权限。能力的实现有两种方式：传递的和不可传递的。一些能力可以由主体传递给其他主体使用，另一些则不能。能力的传递涉及授权的实现。

4．安全标签

安全标签是限制和附属在主体或客体上的一组安全属性信息。安全标签的含义比能力更广泛和严格，因为实际上建立了一个严格的安全等级集合。访问控制标签列表（Access Control Security Labels List，ACSLL）是限定一个用户对一个客体目标访问的安全属性集合。访问控制标签列表的实现示例如图6-5所示，上部为用户对应的安全级别，下部为文件系统对应的安全级别。假设请求访问的用户 UserA 的安全级别为秘密级，那么当 UserA 请求访问文件 File2 时，因为秘密级<绝密级，所以访问会被拒绝；当 UserA 请求访问文件 File$N$ 时，因为秘密级>机密级，所以允许访问。

用户	安全级别
UserA	秘密
UserB	机密
...	
UserX	绝密
文件	安全级别
File1	秘密
File2	绝密
...	
File$N$	机密

图 6-5　ACSLL 的实现示例

安全标签能对敏感信息加以区分，从而可以对用户和客体资源强制执行安全策略，因此强制访问控制经常会用到这种实现机制。

5．访问控制实现的具体类别

访问控制是计算机安全防范和保护的重要手段，其主要任务是维护网络系统安全、保证网络资源不被非法使用和非常访问。通常在技术实现上，包括以下3部分。

（1）接入访问控制

接入访问控制为网络访问提供第一层访问控制，是网络访问的第一道屏障，控制哪些用户能够登录到服务器并获取网络资源，控制准许用户入网的时间和准许他们在哪台工作站入网。例如，ISP 服务商实现的就是接入服务。用户的接入访问控制是对合法用户的验证，通常使用用户名和口令认证方式。一般可分为3个步骤：用户名的识别与验证→用户口令的识别与验证→用户账号的默认限制检查。

（2）资源访问控制

资源访问控制是对客体整体资源信息的访问控制管理，其中包括文件系统的访问控制（文件目录访问控制和系统访问控制）、文件属性访问控制、信息内容访问控制。文件目录访问控制是指用户和用户组被赋予一定的权限，在权限的规则控制许可下，哪些用户和用户组可以访问哪些目录、子目录、文件和其他资源，哪些用户可以对其中的哪些文件、目录、子目录、设备等执行何种操作。系统访问控制是指：① 网络系统管理员应当为用户指定适当的访问权限，这些访问权限控制着用户对服务器的访问；② 应设置口令锁定服务器控制台，以防止非法用户修改、删除重要信息或破坏数据；③ 应设定服务器登录时间限制、非法访问者检测和关闭的时间间隔；④ 应对网络实施监控，记录用户对网络资源的访问，对非法的网络访问，能够用图形、文字或声音等形式报警等。文件属性访问控制是指当用文件、目录和网络设备时，应给文件、目录等指定访问属性。属性安全控制可以将给定的属性与要访问的文件、目录和网络设备联系起来。

（3）网络端口和节点的访问控制

网络节点和端口用于加密传输数据，这些重要位置的管理必须防止黑客发动的攻击。对它们的管理和数据修改，必须要求访问者提供足以证明身份的验证器（如智能卡）。

6.4.2　自主访问控制的实现及示例

1. 访问矩阵模型的实现

目前，在操作系统中实现的自主访问控制都不是将矩阵整个保存起来，因为那样做效率很低。实际的方法是，基于矩阵的行或列来表达访问控制信息。下面分别介绍这两种方法。

（1）基于行的自主访问控制

基于行的自主访问控制方法是在每个主体上都附加一个该主体可访问的客体的明细表。根据表中信息的不同又分为 3 种形式。

① 权力表（Capabilities List）

权力是一把开启客体的钥匙，决定用户是否可对客体进行访问，以及可进行何种模式的访问（读、写、运行）。拥有一定权力的主体可以依一定模式访问客体。在进程运行期间，它可以删除或添加某些权力。在有些系统中，程序中可以包含权力，权力也可以存储在数据文件中。硬件、软件或加密技术可以对权力信息提供一定的保护以防止非法修改。权力可以由主体转移给其他进程，有时可以在一定范围内增减，这取决于它具有的访问特征。因为权力是动态实现的，所以对一个程序来讲，比较理想的结果是把为完成该程序的任务所需访问的客体限制在一个尽可能小的范围内。由于权力的转移不受任何策略的限制，一般来讲，对于一个特定的客体，我们不能确定所有有权访问它的主体，因此利用权力表不能实现完备的自主访问控制。

② 前缀表（Profile）

前缀表包括受保护客体名及主体对它的访问权。当主体欲访问某个客体时，自主访问控制将检查主体的前缀是否具有它所请求的访问权。这种机制存在三个问题：前缀的大小受限；当生成一个新客体或改变某客体的访问权时，如何对主体分配访问权；如何决定可访问某个客体的所有主体。客体名通常是杂乱无章的，所以很难分类。可访问许多客体的主体的前缀非常大，因而很难管理。另外，所有受保护的客体都必须具有唯一的名字，互相不能重名，所以在一个客体很多的系统中，必须使用大量的客体名。在对一个客体生成、撤销或改变访问权时，可能涉及对许多主体前缀的更新，因此需要进行许多操作。

③ 口令（Password）

在基于口令机制的自主访问控制系统中，每个客体都被分配一个口令。主体只要能对操作系统提供某个客体的口令，那么它就可以访问该客体。注意，这个口令与用户识别用的注册口令没有任何关系，不要将两者混淆。如欲使一个用户具有访问某个客体的特权，只需告之该客体的口令。在有些系统中，只有系统管理员才有权分配口令，有些系统则允许客体的拥有者任意地改变客体口令。一般来讲，一个客体至少要有两个口令，一个用于控制读，一个用于控制写。

在确认用户身份时，口令机制是一种有效的方法，但对于客体访问控制，并不是一种合适的方法。利用口令机制实施客体访问控制是比较脆弱的。因为每个用户必须记住许多不同的口令，以便访问不同的客体，这是一件复杂的事情。当客体很多时，用户可能不得不将这些口令以一定的形式记录下来，才不致混淆或忘记，这就增加了口令意外泄露的危险。在一个较大的组织内，用户的更换很频繁，并且组织内用户与客体的数量也很大，这时利用口令机制无法管理对客体的访问控制。

综上所述，基于行的自主访问控制方式都是不完备的，还需要有其他控制方式与之相配合。目前，IBM 公司的 MVS、CDC 公司的 NDS 和 Microsoft Office 的 Word 都具有口令控制方式，同时有其他安全机制与之配合。

（2）基于列的自主访问控制

基于列的自主访问控制是对每个客体附加一份可访问它的主体的明细表，有两种形式。

① 保护位（Protection Bits）

保护位机制不能完备地表达访问控制矩阵。UNIX 操作系统利用的就是这种机制，保护位对所有主体、主体组以及该客体的拥有者指明了一个访问模式集合。主体组是指具有相似特点的主体集合。生成客体的主体称为该客体的拥有者，对该客体的所有权仅能通过超级用户特权（Super-User Privileges）来改变。主体可能不只属于一个主体组，但是在某一时刻，一个主体只能属于一个活动的主体组。主体组名及拥有者名都体现在保护位中。

② 访问控制表（ACL）

访问控制表（ACL）可以决定任何一个特定的主体是否可对某一客体进行访问，利用在客体上附加一个主体明细表的方法来表示访问控制矩阵。表中的每一项包括主体的身份及对该客体的访问权。如果使用组（Group）或通配符（Wild Card），这个表就不会很长。

在目前的访问控制技术中，访问控制表是实现自主访问控制系统的最好方法。下面详细介绍访问控制表。

对于系统中每个需要保护的客体 i，都为其附加一个访问控制表（ACL），表中包括主体识别符（ID），以及对该客体的访问模式，其一般结构如下：

ID1.re	ID2.r	ID3.e	...	IDn.rew

对客体 i 来说，主体 1（ID1）对其只具有读（r）与运行（e）的权力，主体 2（ID2）只具有读的权力，主体 3（ID3）只具有运行的权力，而主体 n（IDn）具有读、运行和写（w）的权力。但在实际应用中，如果对某个客体可访问的主体很多，那么访问控制表会很长。在一个大系统中，客体与主体都非常多，此时这种一般形式的访问控制表将占据大量的存储空间，况且在做访问判决时，系统也将占用很多 CPU 时间。为此，可对访问控制表进行简化，简化主要依据分组（Grouping）和通配符（Wild Card）的概念。

在一个实际的多用户系统中，可将用户按其所属部门或其工作性质分类。这种分类一般不会很多，可以将属于同一部门或工作性质相同的人归为一个组。一般来讲，他们要利用的客体绝大部分是相同的。这时为每个组分配一个组名，简称"GN"，访问判决可以按组名进行。在访问控制表相应地设置一个通配符"*"，可以代替任何组名或主体标识符。这时访问控制表中的主体标识具有如下形式：主体标识=ID.GN。其中，ID 为主体标识符，GN 为该主体所属组的组名。例如，客体 ALPHA 具有如下形式的访问控制表：

张三.CRYPTO.rew	*.CRYPTO.re	李四.*.r	*.*.n

该访问控制表表明，属于 CRYPTO 组的所有主体（*.CRYPTO）对客体 ALPHA 都具有读和运行的访问模式，只有 CRYPTO 组的主体张三（张三.CRYPTO）对客体 ALPHA 具有读、写和运行的访问模式。无论哪个组的李四（李四.*），对客体 ALPHA 只可进行读访问。对于其他任何主体，无论属于哪个组（*.*），对该主体都不具任何模式的访问权。

通过这种简化，访问控制表大大缩小了，并且能够满足自主访问控制的需要。

2．自主访问控制示例

图 6-6　Windows 文件系统权限

Windows 系统为维护系统资源的安全性，采用了基于 ACL 的自主访问控制机制，对用户/用户组实施访问控制。在 Windows 系统中，用户的权限是一个用户在操作系统上执行的所有操作的总称，用户在被管理员创建的时候，就拥有该用户所有用户组的权限，以后可能通过授权等操作发生改变。如果一个用户是对象的拥有者，或者被授予授权传递的能力，那么他可以将自己的权限授予其他的用户。例如，在 Windows 系统中可选定并查看某一文件或文件夹的安全属性，图 6-6 列出了所有可访问文件 example.docx 的用户和用户组及其访问权限，文件的拥有者可以修改这些权限，如果文件的拥有者将"完全访问"的权限授予其他用户，那么这些用户可以具有相应权限并将自身的权限转授给其他人。

6.4.3　强制访问控制模型的实现及示例

1．BLP 模型的实现

BLP 模型的实现方法主要有以下 2 种。

（1）System V/MLS 实现方法

UNIX System V/MLS 是以 AT&T 公司的 UNIX System V 为原型的多级安全操作系统，设计目标为 TCSEC 标准的 B 安全等级，通过实现 BLP 模型提供多级别保密性强制访问控制。其中，主体为进程，客体包括文件、目录、进程间通信结构和进程。与其他 UNIX 系统相同，UNIX System V/MLS 提供基于从属他人的保护机制。其对 BLP 模型的具体实现是通过一个可插入的多级安全性（MLS）模块。该模块是一个在内核中可删除、可替换的模块，负责解释安全等级标记的含义和多级安全性控制规则，从而实现保密性强制访问控制。通过在与访问判定有关的内核函数中插入调用 MLS 模块的命令，实现原有内核机制与 MLS 机制的交互和关联。该方法比较成功地解决了在系统中实现保密性访问控制的问题，但对于如何实施完整性强制访问控制没有给出合适的解决方法。另外，该系统对于 BLP 模型的解释仍有不足。例如，由于系统中主体的安全标记是静态不变的，所以系统的实用性较差。

（2）Lipner 实现方法

Lipner 使用两种方法在商业信息系统中实现完整性。一种是使用 BLP 安全模型，另一种是把 BLP 模型与 Biba 完整性模型相结合。通常，非等级类别比等级类别更重要。一个公司通常都具备组织划分（对应非等级分类），但一般不给人员设置许可（对应安全等级），几乎所有雇员都具有同一等级。关键是定义适当的访问类、用户类和文件类。在第一种方法里，每个主体和客体都被赋予一个访问类。访问类包括一个等级类别和一个非等级分类。Lipner 设置了 2 个等级（系统管理员和普通用户）和 4 个类别。大部分主体和客体的等级类别都是 System Low，通过适当给程序员、用户和系统程序员分配非等级分类，来限制他们的活动。第二种方法是加入 Biba 完整性模型，其目的是防止高完整性信息被低完整性数据和程序所污染。给系统程序赋予高完整性等级，完整性分类用于区分不同的环境（如开发环境和产品环境）。这种方法提供了更简便和直观策略应用，也减少了引入特洛伊木马的可能性。Lipner 第一次提出：对于完整性而言，非等级类别比等级类别更重要。非等级类别用来解决第一个完整性目标。

Lipner 对信息系统的审计员和安全管理员进行调查后发现，一般而言，商业用户不自己写程序，而商业程序员不使用他们所写的程序。这样，用户的级别不能高于程序员，程序员的级别不能高于用户。当两类用户处于同一级别时，应该把他们完全隔离。因此，适当地使用分类比使用级别更重要。

2．强制访问控制示例

电子政务信息系统是当前政府实施信息化办公，提高政务处理效率的一种重要手段。公文处理是电子政务的核心功能之一，对于某些敏感的政府部门，保证公文安全是电子政务系统的首要目标。对此主要采用强制访问控制策略来实现公文访问权限的控制，具体实现上，可针对系统的主客体，即电子政府系统中的政府职员和公文，附加安全级的标记。安全标记由密级和部门两部分构成。在实际应用中，密级常定义为公开、秘密、机密和绝密四个级别，以此来标识各种公文的不同保密程度。每位政府职员可以阅读的公文的密级具有严格的规定，如秘密级的职员绝不可阅读机密和绝密公文，即使该公文被有意或无意放在职员的个人文件夹中，也不可违反上述规则。每个部门的公文对访问权限的控制都需要遵循 BLP 模型的安全策略，即仅当主体的部门和客体一致，且主体密级不低于客体密级时，方进一步判断主体是否具有访问权限。表 6-2 和表 6-3 给出了主体与客体的数据库表设计实例，其中密级用整数 1、2、3、4 分别表示公开、秘密、机密、绝密四个级别。

表 6-2　政府职员表

序号	字段名	类　型	备　注
1	编号	Integer	
2	姓名	Char(20)	
3	部门编号	Integer	
4	密级	Integer	1～4 表示 4 个级别
5	职务	Char(20)	
…	…	…	…

表 6-3　政府公文表

序号	字段名	类　型	备　注
1	编号	Integer	
2	公文名	Char(20)	
3	部门编号	Integer	
4	密级	Integer	1～4 表示 4 个级别
5	签发时间	Char(20)	
…	…	…	…

6.4.4　基于角色的访问控制的实现及示例

1．角色模型的实现

在角色模型中，用户与客体无直接联系，只有通过角色才享有该角色所对应的权限，从而访问相应的客体。角色可以看成一组操作的集合，不同的角色具有不同的操作集，这些操作集由系统管理员定义与分配。也就是说，角色由系统管理员定义，角色成员的增减也只能由系统管理员来执行，即只有系统管理员有权定义和分配角色。

实际应用中，系统管理员应根据安全策略划分不同的角色，对每个角色分配不同的权限，并为用户指派不同的角色，用户和角色之间存在一个二元关系，用(u, r)来表示为用户u指派一个角色r；角色与访问权限（Permission）之间存在着一个二元关系，用(r, p)来表示角色r拥有一个权限p；权限则表达为(访问对象，访问类型，谓词)。谓词一般是指访问的相关条件。这些语义及策略是依据系统安全的最小特权原则制定的，其目的是：一方面，给予主体"必不可少"的特权，保证所有的主体能在所赋予的特权下完成任务或操作；另一方面，合理地限制每个主体不必要的访问权利，从而堵截了许多攻击和泄露数据信息的途径。

2．基于角色的访问控制示例

医院管理信息系统的功能是对医院及所属部门的人流、物流和财流进行综合管理，其中处方管理是此类系统的重要功能之一。根据我国医疗机构与处方管理条例的有关规定，不同级别的医师具有不同的处方权限。例如，常有如下具体规定：住院医师处方权限为一线用药，通常为非限制使用的抗菌类药物；主治医师处方权限除了一线用药外，还包括二线用药，通常为限制性使用的抗菌类药物；副主任医师、主任医师处方权限为一、二线用药和三线用药（特殊使用抗菌药物）。上述访问控制需求比较适用于基于角色的访问控制来实现，根据我国医疗单位的实际情况，可将医生按职称划分为实习医师、住院医师、主治医师、副主任医师和主任医师等不同角色，并根据药品分级管理办法，为每种角色设置不同的药品处方权限。表6-4～表6-6给出了医院管理信息系统中处方控制的设计实例。

表6-4　医师表

序号	字段名	类　型	备　注
1	医师编号	Integer	
2	姓名	Char(20)	
3	医师角色编号	Integer	1～5 表示实习医师到主任医师等 5 类角色
…	…	…	

表6-5　药品表

序号	字段名	类　型	备　注
1	药品编号	Integer	
2	药品名	Char(20)	
3	药品类别	Integer	1～3 表示处方一线药到处方三线药等四类药品
…	…	…	

表6-6　角色表

序号	字段名	类　型	备　注
1	角色编号	Integer	
2	角色名称	Char(20)	
3	可开药品类型	Integer	可开具处方药类别值之和（掩码），如 3=1+2，可开具 1、2 类药品
…	…	…	…

本章小结

访问控制技术是保证计算机安全最重要的核心技术之一，是维护计算机系统安全、保护计算机资源的重要手段。本章主要从访问控制的基本概念、访问控制类型、访问控制模型、访问控制模型的实现 4 方面对访问控制技术进行了介绍。

1．访问控制的基本概念

介绍了访问控制技术的基本任务、三个要素及技术层次。

2．访问控制类型

介绍了自主访问控制、强制访问控制及基于角色的访问控制三种类型。

自主访问控制有等级型、有主型和自由型三种访问控制形式。首先介绍了三种自主访问控制模式的结构及优缺点，然后介绍了对文件和目录设置的访问模式。

强制访问控制是一种比自主访问控制更强的访问控制机制，可以对付、抵制特洛伊木马的威胁和非法访问。首先介绍了强制访问控制的基本原理，然后介绍了两种减少特洛伊木马攻击的方法，最后介绍了 UNIX 文件系统强制访问控制机制的两种设计方案（Multics 方案和 Tim Thomas 方案）的实现及优缺点。

基于角色的访问控制是目前国际上流行的、先进的安全管理控制方法，主要介绍了这种控制的核心思想、实现原理及优点。

3．访问控制模型

访问控制模型是一种从访问控制的角度出发，描述安全系统，建立安全模型的方法。主要介绍了各类访问控制的典型安全模型，如自主访问控制的访问矩阵模型、强制访问控制的 BLP 模型和 Biba 模型、基于角色访问控制的角色模型。

4．访问控制模型的实现

首先介绍了访问控制模型的实现机制，然后介绍了各类访问控制模型实现的基本方法，并针对每类模型给出了现实应用中的具体实现示例。

习 题 6

6.1 为什么要进行访问控制？访问控制的含义是什么？其基本任务有哪些？

6.2 访问控制包括哪几大要素？

6.3 什么是自主访问控制？自主访问控制的方法有哪些？

6.4 自主访问控制有哪几种类型？访问的模式有哪几种？

6.5 什么是强制访问控制方式？如何防止特洛伊木马的非法访问？

6.6 简述基于角色的访问控制的主要特点。

6.7 请列举常用的三种访问控制模型，并说明各自的特点。

6.8 访问控制模型的实现方法有哪些？

第7章 恶意代码防范技术

随着各类计算机网络的逐步建立和广泛应用，病毒、木马等恶意代码也随之兴起，造成了一起又一起严重的安全事件。如何防范各种类型恶意代码的入侵，成为人们面临的一项重要而紧迫的任务，恶意代码防范技术已成为计算机操作人员与网络管理人员必须了解和掌握的一项技术。

7.1 恶意代码及其特征

7.1.1 恶意代码的概念

对于恶意代码，目前还没有统一的、法律性的定义，归纳起来主要有如下两种观点。

① 狭义的恶意代码。这种观点认为，恶意代码是指在未明确提示用户或未经用户许可的情况下，在用户计算机或其他终端上安装运行，侵犯用户合法权益的软件。这种观点认为，恶意代码与病毒或蠕虫不同，目的不是破坏软硬件或数据，而是获得用户隐私数据、进行广告营销等，也称广告软件或流氓软件。

② 广义的恶意代码。这种观点认为，恶意代码是指故意编制或设置的、对网络或系统会产生威胁或潜在威胁的计算机代码。无论其是否造成了严重后果，只要意图对目标网络或系统产生威胁，就属于恶意代码。

本书采用后一种观点，即认为恶意代码是指广义的恶意代码。

依据这个定义，典型恶意代码包括计算机病毒（Computer Virus）、蠕虫（Worm）、特洛伊木马（Trojan Horse）、恶意脚本（Malice Script）、流氓软件（Crimeware）、僵尸网络（Botnet）、网络钓鱼（Phishing）、智能移动终端恶意代码（Malware in Intelligent Terminal Device）、间谍软件（Spyware）、勒索软件（Ransomware）、逻辑炸弹（Logic Bomb）、后门（Back Door）等恶意的或令人生厌的软件及代码片段。一个软件或一段代码是否被视为恶意代码，主要依据创作者的意图，而非代码自身特征。

恶意代码是一个具有特殊功能的程序或代码片段，具有独特的传播和破坏能力。恶意代码的特征包括：恶意的目的、本身是计算机程序、通过执行发挥作用。恶意代码对计算机网络服务、操作系统、应用程序与数据安全带来了严重的威胁。

7.1.2 恶意代码的发展史

恶意代码的根源是代码自我复制理论。1949 年，计算机技术先驱冯·诺依曼（John Von Neumann）根据他自己提出的理论，成功建造了世界上第一台可编程的二进制电子计算机 EDVAC。他在《复杂自动装置的理论及组织的进行》论文里提出，程序可以在内存中自我复制。这个观点最早勾勒出了计算机恶意代码的蓝图。

由于冯·诺依曼体系计算机的基本原理是"存储程序控制"，数据和指令都是存放在内存中的代码，而有的指令具有"获取内存地址"的功能，因此可以首先找到一段程序的起始地址，然后将整个程序一行一行地复制到另一个新的地址段中去。

十多年后，该蓝图以游戏的形式第一次被具体实现了。1961 年，贝尔实验室的 3 个二十几岁的年轻人道格拉斯·麦耀莱、维特·维索斯基和罗伯特·莫里斯开发了一种电子游戏"Darwin"。这款游戏由一个名为"裁判员"的程序和被称为"竞技场"的计算机内存的指定部分组成，玩家编写的两个或多个"有机体"程序被加载。这些程序可以调用"裁判员"提供的一些功能，探测"竞技场"内的其他地点，杀死对方的程序，并要求空置的内存作为它们自己的副本。游戏开始一段时间后，只有一个程序的副本仍然活着，这个程序即为胜方。

1971 年，BBN 公司的鲍勃托马斯编写了一个叫做"Creeper"的程序，可以在 Arpanet 上运行 TENEX 系统的 DEC PDP-10 大型机之间进行复制。这是第一个在网络上进行传播的"蠕虫"。很快，雷汤姆林森开发出了一个类似的程序"Reaper"，来清除 Arpanet 上的 Creeper。

"计算机病毒"这个词最早出现在托马斯·瑞安（Thomas J.Ryan）1977 年出版的科幻小说《P-1 的春天》（*The Adolescence of P*-1）中。作者在这本书中推写了一种可以在计算机中互相传染的病毒，病毒最后控制了 7000 台计算机，造成了一场灾难。

1982 年，爱捉弄人的 15 岁高中生里奇·斯克伦塔编写了一个恶作剧程序"Elk Cloner"。它通过感染软盘的引导扇区，将自身复制到运行 DOS 3.3 的 Apple 计算机上。一旦计算机从受感染的软盘启动，程序就开始计数。当启动次数达到 50 次时就会显示一首诗。而且，如果有软盘插入，程序会将其复制到其他软盘。这个事件标志着通过移动存储介质隐蔽传播程序成为现实。

1983 年 11 月 3 日，弗雷德·科恩（Fred Cohen）博士研制出一种在运行过程中可以复制自身的破坏性程序。伦·艾德勒曼（Len Adleiman）将这种破坏性程序命名为计算机病毒（Computer Viruses），并在每周一次的计算机安全讨论会上正式提出，8 小时后专家们在 VAX 11/750 计算机系统上成功运行该程序。这是计算机病毒第一次走进公众的视野。

1986 年初，巴锡特（Basit）和阿姆杰德（Amjad）两兄弟编写了 Pakistan 病毒，即 Brain。Brain 是第一个感染 PC 的恶意代码。随着 PC 的蓬勃发展，恶意代码迅速发展。

1988 年，康奈尔大学一年级研究生莫里斯为测量互联网的规模，利用了 UNIX 系统中的一些已知漏洞和一个弱口令列表，编写了一个可复制、传播的 99 行程序。他没想到，一台计算机可能被多次感染，从而耗尽资源。11 月 2 日下午开始，互联网上无数计算机开始莫名其妙地"死机"。12 小时内，6200 台运行 UNIX 系统的主机瘫痪，造成了包括美国国家航空和航天局、军事基地和主要大学计算机停止运行的重大事故，史称"莫里斯蠕虫事件"。莫里斯蠕虫事件是计算机安全史上的一个分水岭事件，催生了世界上第一个 CERT 机构的成立，互联网进入与安全威胁共舞的时代。

1996 年，首次出现针对微软 Office 的"宏病毒"。宏病毒的出现使病毒编制工作不再局限于晦涩难懂的汇编语言，由于书写简单，越来越多的恶意代码出现了。1997 年被公认为信息安全界的"宏病毒年"。宏病毒主要感染 Word、Excel 等文件。如 Word 宏病毒早期是用一种专门的 Basic 语言即 Word Basic 所编写的程序，后来使用 Visual Basic。与其他计算机病毒一样，它能对用户系统中的可执行文件和数据文本类文件造成破坏。

1998 年出现了针对 Windows 95/98 系统的 CIH 病毒。CIH 病毒是继 DOS 病毒、Windows 病毒、宏病毒后的第四类病毒，与 DOS 下的传统病毒有很大区别，是使用面向 Windows 的 VXD（虚拟设备驱动程序）技术编制的。该病毒是第一个直接攻击、破坏硬件的计算机病毒，是破坏最严重的病毒之一，主要感染 Windows 95/98 的可执行程序，发作时破坏计算机 Flash BIOS 芯片中的系统程序，导致主板损坏，同时破坏硬盘中的数据。病毒发作时，硬盘驱动器不停旋转，硬盘上所有数据（包括分区表）被破坏，必须对硬盘重新分区才有可能挽救硬盘。1999 年 4 月 26 日，CIH 病毒在全球范围大规模爆发，造成近 6000 万台计算机瘫痪，经济损失约 100 亿美元。

2001 年 7 月中旬，一种名为"红色代码"的恶意代码在美国大面积蔓延，这个专门攻击服务器的恶意代码攻击了白宫网站，造成了全世界恐慌。8 月初，其变种"红色代码 2"针对中文系统作了修改，增强了对中文网站的攻击能力，开始在中国蔓延。"红色代码"通过黑客攻击手段利用服务器软件的漏洞来传播，造成了全球 100 万个以上的系统被攻陷而导致瘫痪。这是恶意代码与网络黑客首次结合，对后来的恶意代码产生了很大的影响。

2003 年，"2003 蠕虫王"在亚洲、美洲、澳大利亚等地迅速传播，造成了全球性的网络灾害。其中受害最严重的是美国和韩国。其中，韩国 70%的网络服务器处于瘫痪状态，网络连接的成功率低于 10%，整个网络速度极慢。美国不仅公众网络受到了破坏性攻击，甚至连银行网络系统也遭到了破坏，全国 1.3 万台自动取款机处于瘫痪状态。

2005 年是特洛伊木马流行的一年。在经历了操作系统漏洞升级、杀毒软件技术改进后，蠕虫的防范效果已经大大提高，真正有破坏作用的蠕虫已经销声匿迹。然而病毒制作者（Vxer）永远不甘寂寞，他们开辟了新的领地——特洛伊木马。2005 年的木马既包括安全领域耳熟能详的经典木马，如 BO2K、冰河、灰鸽子等，也包括很多新鲜的木马。

2006 年，"熊猫烧香""艾妮"等病毒爆发。ARP 欺骗、对抗安全软件、0day 漏洞攻击等技术开始广泛应用于病毒制作，病毒、木马等恶意代码的趋利性进一步增强。

2010 年，震网（Stuxnet）病毒爆发。作为世界上首个网络"超级破坏性武器"，也是第一个专门定向攻击真实世界中基础设施的"蠕虫"病毒，Stuxnet 利用了 Windows 的 4 个 0day 漏洞，代码设计精密、极具破坏力。震网病毒造成伊朗纳坦兹铀浓缩基地至少 1/5 的离心机被迫关闭。

2012 年 5 月发现的超级火焰（Flame）病毒，被称为史上最危险的病毒。Flame 可以说是最具颠覆性、最复杂的病毒，能够运用包括键盘、屏幕、麦克风、移动存储设备、网络、Wi-Fi、蓝牙、USB 和系统进程在内的所有可能条件去收集信息。另外，它用了 5 种加密算法、3 种压缩技术和至少 5 种文件格式，包括一些其专有格式。此外，感染的系统信息以高度结构化的格式存储在 SQLite 等数据库中，病毒文件达到 20 MB。

2010 年后，随着智能手机的迅猛发展，针对移动端的安卓和 iOS 系统的恶意代码迅速爆发。2014 年，针对 iPhone "越狱"设备的"苹果大盗"病毒爆发，病毒被打包进第三方插件中，安装进手机后窃取用户 AppleID 和密码。2015 年，针对安卓系统的百脑虫木马爆发，通过打包进 APK 软件包安装到手机中，感染手机后会自动安装推广的 APP、自动订阅扣费服务等，并且难以被卸载和清除。

2016 年 10 月 21 日，美国东海岸 DNS 服务商 Dyn 遭遇 DDoS 攻击。此次 DDoS 攻击事件涉及 IP 数量达到千万量级，其中大部分来自物联网和智能设备，并认为攻击来自名为"Mirai"的恶意代码。随着物联网的快速发展，物联网设备成为了恶意代码攻击的新方向。

2017 年 5 月 12 日，"WannaCry"勒索软件席卷全球，利用美国国家安全局泄露的危险漏洞"EternalBlue"（永恒之蓝）进行传播。至少 150 个国家、30 万名用户中招，造成损失达 80 亿美元，已经影响到金融、能源、医疗等行业，造成严重危机。中国部分 Windows 操作系统用户遭受感染，校园网用户首当其冲，受害严重，大量实验室数据和毕业设计被锁定加密。

部分大型企业的应用系统和数据库文件被加密后，无法正常工作，影响巨大。

7.1.3　典型恶意代码

　　恶意代码的种类很多，迄今为止也没有一个公认的分类标准。在总结现有恶意代码类别的基础上，本章将介绍几类典型的恶意代码：传统计算机病毒、特洛伊木马、蠕虫病毒、恶意脚本、流氓软件、僵尸网络、网络钓鱼、智能移动终端恶意代码等。

　　近年来，不同类别的恶意代码之间的界限逐渐模糊，采用的技术和方法也呈多元化。

1．计算机病毒

　　计算机病毒仍然没有一个被广泛接受的准确定义。《中华人民共和国计算机信息系统安全保护条例》指出，计算机病毒是指编制或者在计算机程序中插入的破坏计算机功能或者破坏数据，影响计算机使用并且能够自我复制的一组计算机指令或者程序代码。

　　计算机病毒的主要特点为：传染性、潜伏性、可触发性、寄生性和破坏性。

　　计算机病毒最重要的特点是传染性，或称为感染性。与生物界的病毒可以从一个生物体传播到另一个生物体一样，计算机病毒会通过各种渠道从已感染的文件扩散到未感染的文件，从已感染的计算机系统扩散到未感染的计算机系统。是否具有感染性，是判断程序是不是计算机病毒的首要条件。

　　计算机病毒通常具有潜伏性。部分计算机病毒进入目标计算机后，除伺机传染外，不进行任何明显的破坏活动，而是进入一个较长时间的潜伏期，以保证有充裕的时间繁殖扩散。

　　与潜伏性对应，计算机病毒还具有可触发性。计算机病毒内部往往有一个或多个触发条件，病毒编写者通过触发条件来控制病毒的感染和破坏活动。被病毒用作触发条件的事件包括特定日期、特定时刻，也可以是键盘输入特定字符，等等。

　　计算机病毒通常具有寄生性。计算机病毒常常寄生于文件或硬盘的主引导扇区中。当文件被执行或引导扇区中的引导记录被加载到内存中时，文件获得运行机会并驻留内存，伺机感染或破坏。

　　计算机病毒具有破坏性，轻则占用系统资源，重则修改系统设置，破坏正常程序，删除文件数据，甚至引起系统崩溃、格式化磁盘、破坏分区表等。

　　计算机病毒包括引导区型病毒、可执行文件型病毒（感染 COM、EXE、DLL 等文件的病毒）、数据文件型病毒（宏病毒等）。

　　（1）引导区型病毒

　　引导区型病毒是 IBM PC 兼容机上最早出现的病毒，也是最早进入我国的病毒。引导区型病毒感染软磁盘的引导扇区以及硬盘的主引导记录或者引导扇区。要想全面地了解引导区型病毒，需要对基本输入/输出系统（BIOS）、系统的引导过程、分区、扇区、主引导记录等概念有清楚的认识。

　　（2）可执行文件型病毒

　　通常，把所有通过操作系统的可执行文件系统进行感染的病毒都称作可执行文件型病毒，所以这是一类数目非常巨大的病毒。理论上可以制造这样一个病毒，该病毒可以感染所有操作系统的可执行文件。目前，已经存在这样的文件病毒，可以感染所有标准的 DOS 可执行文件，包括批处理文件、DOS 下的可加载驱动程序（SYS）文件以及普通的 COM、EXE 可执行文件，还有感染所有 Windows 操作系统可执行文件的病毒。可感染文件的种类包括

Windows 各版本下的可执行文件，如 EXE、DLL、VXD、SYS 文件。

（3）数据文件型病毒——宏病毒

与普通病毒不同，宏病毒不感染 EXE 和 COM 文件，也不需要通过引导区传播，仅仅感染数据文件。制造宏病毒并不复杂，宏病毒制作者只需懂得一种宏语言，保证能够按照预先定义好的事件执行即可。宏病毒是利用了一些数据处理系统（如 Microsoft Word 字处理、Microsoft Excel 表格处理）中内置宏命令编程语言的特性而制造的。

要达到宏病毒传染的目的，必须具备以下特性：① 可以把特定的宏命令代码附加在指定文件上；② 可以实现宏命令在不同文件之间的共享和传递；③ 可以在未经使用者许可的情况下获取某种控制权。目前，符合上述条件的系统有很多，包括 Microsoft 公司的 Word、Excel、Access、PowerPoint、Project、Visio 等产品，还包括 AutoCAD、CorelDraw、PDF 文档等。这些系统内置了一种类似 Basic 语言的宏编程语言，如 Word Basic、Visual Basic、VBA 等。Word 处理文档时会进行多种不同的操作，如打开文件、关闭文件、读取数据以及存储和打印等。每种操作其实都对应着特定的宏命令。

由自动宏和（或）标准宏构成的宏病毒，其内部带有把带病毒的宏移植（复制）到通用宏的代码段，也就是说，宏病毒通过这种方式实现对其他文件的传染。如果某个 DOC 文件感染了这类 Word 宏病毒，则当 Word 执行这类自动宏时，实际上就是运行了病毒代码。当 Word 系统退出时，它会自动将所有通用宏（当然包括传染进来的病毒宏）保存到模板文件中。当 Word 系统再次启动时，它又会自动将所有通用宏（包括病毒宏）从模板中装入。如此这般，一旦 Word 系统遭受感染，则每当系统进行初始化时，系统都会随着模板文件的装入而成为带病毒的 Word 系统，继而在打开和创建任何文档时感染该文档。

一旦宏病毒侵入 Word 软件，它就会替代原有的正常宏（如 FileOpen、FileSave、FileSaveAs 和 FilePrint 等），并通过它们关联的文件操作功能获取对文件交换的控制。当某项功能被调用时，相应的病毒宏就会篡夺控制权，实施病毒所定义的非法操作（包括传染操作以及破坏操作等）。宏病毒在感染一个文档时，首先将文档转换成模板格式，然后将所有病毒宏（包括自动宏）复制到该文档中。被转换成模板格式后的染毒文件无法转存为任何其他格式。含有自动宏的宏病毒染毒文档，当被其他计算机的 Word 软件打开时，便会自动感染该计算机。

2. 特洛伊木马

希腊人在特洛伊大战中，见特洛伊城久攻不下，便特制了一匹巨大的木马，并在木马中安排了一批视死如归的勇士，借故战败撤退，以便诱敌上钩。如今，那些将自己伪装成某种应用程序来吸引用户下载或执行，并进而破坏用户计算机数据，造成用户不便或窃取重要信息的程序，被称为"特洛伊木马"或"木马"病毒。它们通常潜入用户的计算机系统，通过种种隐蔽的方式，在系统启动时自动在后台执行程序，以"里应外合"的工作方式，用 C/S 通信手段达到当用户上网时控制用户的计算机的目的，以窃取用户的密码，浏览用户的硬盘资源，修改用户的文件或注册表，偷看用户的邮件等。一旦用户的计算机被它控制，通常有如下表现：蓝屏死机；CD-ROM 驱动器莫名其妙地自己弹出；鼠标左、右键功能颠倒或失灵；文件被删除；时而死机，时而又重新启动；在没有执行任何操作的时候，却在拼命读/写硬盘；没有运行大的程序，而系统的速度越来越慢，系统资源占用很多；用 Ctrl + Alt + Del 组合键调出任务管理器，发现有多个名字相同的程序在运行，而且可能会随时间的增加而增多等。

由于木马病毒起源较早且流行性较广，而且随着查杀病毒工具的进步，它的变种越来越厉害，往往看起来容易清除，实则不然。综合现在流行的木马程序，它们都有以下基本特征。

（1）隐蔽性

木马病毒会将自己隐藏在系统中，想尽一切办法不让用户发现它。与远程控制软件不同，木马使木马程序驻留目标机器后通过远程控制功能控制目标机器。木马软件的服务器端在运行时应用各种手段隐藏自己，不会出现什么提示，这些黑客们早就想到了方方面面可能发生的迹象，并把它们扼杀了。如木马修改注册表和 INI 文件，以便机器在下一次启动后仍能载入木马程序，它不是自己生成一个启动程序，而是依附在其他程序中。有些把服务器端和正常程序绑定成一个程序的软件，叫做 Exe-Binder 绑定程序，可让人在使用绑定的程序时侵入系统，甚至个别木马程序能把它自身的 EXE 文件和服务器端的图片文件绑定，在用户看图片的时候，木马侵入了系统。它的隐蔽性主要体现在两方面。第一，不产生标签。虽然在系统启动时会自动运行，但它不会在"任务栏"中产生标签，这是容易理解的，否则用户一定会发现它。第二，木马程序自动在任务管理器中隐藏，并以"系统服务"的方式欺骗操作系统。

（2）自动运行性

木马是一个当系统启动时即自动运行的程序，所以必须潜入系统的启动配置文件中，如 win.ini、system.ini、winstart.bat 及启动组等文件。

（3）欺骗性

木马程序要达到其长期隐蔽的目的，就必须借助系统中已有的文件，以防被发现，经常使用常见的文件名或扩展名，如"dll\win\sys\explorer"等字样，或者仿制一些不易被人区别的文件名，如字母"1"与数字"1"、字母"o"与数字"0"，常修改基本文件中的这些难以分辨的字符，更有甚者干脆借用系统文件中已有的文件名，只不过保存在不同路径中。有的木马程序为了隐藏自己，也常把自己设置成一个 ZIP 文件式图标，当用户一不小心打开它时，它就马上运行。编制木马程序的人不断研究、发掘，使木马变得越来越隐蔽，越来越专业。

（4）具备自动恢复功能

现在很多木马程序的功能模块已不再是由单一的文件组成的，而是具有多重备份，可以相互恢复。

（5）能自动打开特别的端口

木马程序潜入计算机中，往往不是为了破坏用户的系统，而是为了获取用户系统中有用的信息，当用户上网并与远端客户通信时，木马程序就会用 C/S 通信手段把信息告诉黑客们，以便黑客们控制用户的机器，或者实施进一步的入侵企图。

（6）功能的特殊性

通常，木马的功能十分特殊，除了普通的文件操作外，有些木马具有搜索 Cache 中的口令、设置口令、扫描目标机器的 IP 地址、进行键盘记录、远程注册表的操作、锁定鼠标等功能。上面所讲的功能远程控制软件当然不会有的，毕竟远程控制软件是用来控制远程机器，方便自己操作而已，而不是用来黑对方的机器的。

3．蠕虫病毒

蠕虫（Worm）病毒是一种通过网络传播的恶意病毒，无论从传播速度、传播范围还是从破坏程度上讲，都是以往传统病毒无法比拟的，可以说是近年来最猖獗、影响最广泛的一类计算机病毒，其传播主要体现在如下两方面。

① 利用微软的系统漏洞攻击计算机网络，网络中的客户端在感染这一类病毒后，会不断自动拨号上网，并利用文件中的地址或网络共享传播，从而导致网络服务遭到拒绝并发生死

锁，最终破坏用户的大部分重要数据。"红色代码""Nimda""SQL 蠕虫王"等病毒都属于这类病毒。

② 利用 E-mail 邮件迅速传播，如"爱虫病毒"和"求职信病毒"。蠕虫病毒会盗取被感染计算机中邮件的地址信息，并利用这些邮件地址复制自身病毒体以达到大量传播，对计算机造成严重破坏的目的。蠕虫病毒可以对整个互联网造成瘫痪性后果。

"蠕虫"病毒由两部分组成：主程序和引导程序。主程序的主要功能是搜索和扫描，能够读取系统的公共配置文件，获得与本机联网的客户端信息，检测到网络中的哪台机器没有被占用，从而通过系统漏洞，将引导程序建立到远程计算机上。引导程序一旦在计算机中得到建立，就去收集与当前机器联网的其他机器的信息，就是这个一般被称为引导程序或类似"钓鱼"的小程序，把"蠕虫"病毒带入它所感染的每台机器中。引导程序实际上是蠕虫病毒主程序（或一个程序段）自身的一个副本，而主程序和引导程序都有自动重新定位能力。也就是说，这些程序或程序段都能够把自身的副本重新定位在另一台机器上。这就是蠕虫病毒能够大面积爆发并且带来严重后果的主要原因。

计算机网络系统的建立是为了使多台计算机能够共享数据资料和外部资源，然而也给计算机蠕虫病毒带来了更有利的生存和传播环境。在网络环境下，蠕虫病毒可以按指数增长模式进行传染。蠕虫病毒侵入计算机网络可以导致计算机网络效率急剧下降，系统资源遭到严重破坏，短时间内造成网络系统的瘫痪。因此，网络环境下蠕虫病毒防治必将成为计算机防毒领域的研究重点。

蠕虫病毒的特点和发展趋势主要体现在以下 4 方面。

① 利用操作系统和应用程序漏洞主动进行攻击，主要包括"红色代码""Nimda""求职信"等病毒。由于 IE 浏览器的漏洞，使得感染了"Nimda"病毒的邮件在不通过手工打开附件的情况下就能激活病毒，而此前很多防病毒专家一直认为，"只要不打开带有病毒的邮件的附件，病毒就不会造成危害"。"红色代码"利用微软的 IIS 服务器软件的漏洞（idq.dll 远程缓存区溢出）来传播。"SQL 蠕虫王"则利用微软数据库系统的一个漏洞进行攻击。

② 传播方式多样。例如，"Nimda"病毒和"求职信"病毒可利用的传播途径包括文件、电子邮件、Web 服务器及网络共享等。

③ 病毒制作技术与传统病毒不同。许多新病毒利用当前最新的编程语言与编程技术实现，易于修改，从而产生新的变种，因此逃避恶意代码防范软件的搜索。另外，新病毒利用 Java、ActiveX、VB Script 等技术，可以潜伏在 HTML 页面中，在用户上网浏览时被触发。

④ 与黑客技术相结合，潜在的威胁和损失更大。

其实该类病毒的防治也很容易做到，只要经常升级操作系统及其自带软件的安全补丁，安装了病毒防火墙并使用邮件监控程序，便可以使系统感染蠕虫病毒的机会减少一半。

4．恶意脚本

恶意脚本是指利用脚本语言编写的，以危害或者损害系统功能、干扰用户正常使用为目的的任何脚本程序或代码片段，可以用于实现恶意脚本的脚本语言包括 Java 小程序（Java Applets）、ActiveX 控件、JavaScript、VB Script、PHP、Shell 语言等。恶意脚本的危害不仅体现在修改用户计算机配置，还可以作为传播蠕虫和木马等恶意代码的工具。

恶意脚本基本类型可以分为以下 4 类。

① 基于 JavaScript 的恶意脚本，主要运行在 IE 浏览器环境中，可以对浏览器的设置进行修改，主要破坏注册表，危害不是很大。

② 基于 VBScript 的恶意脚本，可以在浏览器中运行，更重要的是，这种恶意脚本与普通的宏病毒并没有非常清晰的界限，可以运行在 Office、浏览器或 Outlook 中，可以执行的操作非常多，甚至可以修改硬盘信息、删除文件、执行程序等，危害非常大。

③ 基于 PHP 的恶意脚本，主要对服务器造成影响，对个人计算机影响不大。但随着 PHP 的广泛使用，这种脚本已成为主要的威胁之一。

④ Shell 恶意脚本。编写 Shell 恶意脚本是一种制作 Linux 恶意代码的简单方法，其危害性不会很大且本身极易被发现，因为它是以明文方式编写并执行的。但通常一个用户会深信不疑地去执行任何脚本，而且不会过问该脚本的由来，这些用户便成为了被攻击的目标。

恶意脚本是用脚本语言实现的恶意代码。由于互联网用户经常使用浏览器浏览网页，给这种恶意脚本的发作造成了便利环境。恶意脚本通常与网页相结合，将恶意的破坏性代码内嵌在网页中，一旦有用户浏览带毒网页，病毒就会立即发作。轻则修改用户注册表，更改默认主页或强迫用户上网访问某站点，重则格式化用户硬盘，造成重大的数据损失。恶意脚本对 IE 属性的修改如图 7-1 所示。

由于 VBS、JSP 等文件是由编写网页的脚本语言编写的程序文件，这些程序文件并不是二进制级别的指令数据，而是由脚本语言组成的纯文本文件，这种文件没有固定的结构，操作系统在运行这些程序文件时只是单纯地从文件的第一行开始运行，直至运行

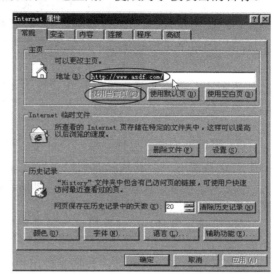

图 7-1　恶意脚本对 IE 属性的修改

到文件的最后一行，因此病毒感染这种文件的时候就省去了复杂的文件结构判断和地址运算，使病毒感染变得更简单；而且，由于 Windows 不断提高脚本语言的功能，使这些容易编写的脚本语言能够实现越来越复杂和强大的功能，因此针对脚本文件感染的恶意代码也越来越具有破坏性。

综合来讲，恶意脚本具有如下特点：

① 隐藏性强。在传统的认识里，只要不从互联网上下载应用程序，从网上感染病毒的概率就会大大减少。恶意脚本的出现彻底改变了人们的这种看法。看似平淡无奇的网站其实隐藏着巨大的危机，一不小心，用户就会在浏览网页的同时"中招"，造成无尽的麻烦。此外，隐藏在电子邮件里的脚本病毒往往具有双扩展名并以此来迷惑用户。有的文件看似一个 JPG 图片，其实是 VBS 脚本。

② 传播性广。恶意脚本可以自我复制，并且基本上不依赖于文件就可以直接解释执行。

③ 变种多。与其他类型恶意代码相比，恶意脚本更容易产生变种。脚本本身的特征是调用和解释功能，因此恶意脚本制造者并不需要太多的编程知识，只需要对源代码稍加修改，就可以制造出新的变种病毒，使人防不胜防。

恶意脚本一般会更改注册表或系统配置文件设置。为了免受恶意脚本的攻击，用户需要注意以下问题。

❖ 养成良好的上网习惯，不浏览不熟悉的网站，尤其是一些个人主页或不良网站，从根本上减少被恶意脚本侵害的机会。

- ❖ 选择安装适合自身情况的主流厂商的杀毒软件,或安装个人防火墙,在上网前打开"实时监控"功能,尤其要打开"网页监控"和"注册表监控"等功能。
- ❖ 将正常的注册表进行备份,或者下载注册表修复程序,一旦出现异常情况,立刻进行修复。
- ❖ 如果发现不良网站,立刻向有关部门报告,同时将该网站添加到黑名单中。

5. 流氓软件

近年,流氓软件逐渐引起了用户、信息安全专家、媒体的强烈关注。2006 年,我国才开始提出"流氓软件"这个词汇,但近年来这类恶意代码的数量急剧增加,造成的影响也越来越大。这类恶意代码往往采用特殊手段频繁弹出广告窗口,危及用户隐私和数据完全,严重干扰用户的日常工作和生活。这些恶意软件在计算机用户中引起了公愤,许多用户指责它们为"彻头彻尾的流氓软件"。流氓软件的泛滥成为互联网安全新的威胁。

从制作者意图而言,流氓软件与传统计算机病毒或者蠕虫不同。传统计算机病毒或者蠕虫等恶意代码是由小团体或者个人秘密地编写和散播的,流氓软件的制作者则涉嫌很多知名企业和团体。流氓软件可能造成计算机运行变慢、浏览器异常等,具有以下特征。

① 强迫性安装:包括不经用户许可自动安装,不给出明显提示以欺骗用户安装,反复提示用户安装使用户不胜其烦而不得不安装等。

② 无法卸载:安装后无法卸载,包括正常手段无法卸载、无法完全卸载、不提供卸载程序或者提供的卸载程序不能使用等。

③ 干扰正常使用:计算机运行时受到干扰,包括频繁弹出广告窗口,引导用户使用某些功能等。

④ 具有恶意代码特征:包括窃取用户信息、耗费机器资源等。

根据不同的特征和危害,流氓软件主要有如下几类。

① 间谍软件。间谍软件是一种能够在用户不知情的情况下,在其计算机上安装后门、收集用户信息的软件。在安装了间谍软件后,用户的隐私数据和重要信息会被捕获,并被发送给黑客、商业公司等。这些间谍软件甚至能使用户计算机被远程操纵,组成庞大的僵尸网络。

② 浏览器劫持。浏览器劫持是指,通过浏览器插件、BHO、Winsock LSP 等形式对用户的浏览器进行窜改的恶意代码。浏览器劫持能够使用户的浏览器配置异常,并被强行引导到某些预设网站。

③ 行为记录软件。行为记录软件是指,未经用户许可,窃取并分析用户隐私数据,记录用户计算机使用习惯、网络浏览习惯等个人行为的软件。行为记录软件危及用户隐私,可能被黑客利用进行网络诈骗。一些软件会在后台记录用户访问过的网站并加以分析,有的甚至会发送给专门的商业公司或机构,此类机构会据此窥探用户的爱好,并进行相应的广告推广或商业活动。

④ 恶意共享软件。恶意共享软件是指,某些共享软件为了获取利益,采用诱骗手段、试用陷阱等方式强迫用户注册,或在软件体内捆绑各类恶意插件,未经允许即将其安装到用户计算机中。恶意共享软件集成的插件可能会造成用户浏览器被劫持、隐私被窃取等。

⑤ 广告软件。广告软件是指,未经用户允许下载并安装在用户计算机上,通过弹出式广告等形式牟取商业利益的程序。此类软件危害包括强制安装并无法卸载,收集用户信息危及用户隐私,频繁弹出广告,消耗系统资源等。

6. 僵尸网络

僵尸网络（Botnet）是指，控制者采用一种或多种传播手段，将 Bot 程序（僵尸程序）传播给大批计算机，从而在控制者和被感染计算机之间形成一个可一对多控制的网络。控制者通过各种途径传播僵尸程序并感染互联网上的大量主机，被感染的主机将通过一个控制信道接收控制者的指令，并执行该指令。

在僵尸网络领域，Bot 是 Robot 的缩写，是指实现恶意控制功能的程序代码；"僵尸计算机"就是被植入了 Bot 程序的计算机；"控制服务器"（Control Server）是指控制和通信的中心服务器，在基于 IRC 协议进行控制的僵尸网络中是指提供 IRC 聊天服务的服务器。

僵尸网络是互联网上被攻击者集中控制的一群计算机。攻击者可以利用僵尸网络发起大规模的网络攻击，如 DDoS、海量垃圾邮件等。此外，僵尸计算机保存的信息，如银行账户和口令等，也都可以被控制者轻松获得。因此，不论是对网络安全还是对用户数据安全来说，僵尸网络都是极具威胁的恶意程序。僵尸网络因此成为目前国际上十分关注的安全问题。然而，发现一个僵尸网络是非常困难的，因为黑客通常远程、隐蔽地控制分散在网络上的僵尸计算机，这些计算机的用户往往并不知情。

僵尸网络主要具有以下特点。

① 分布性。僵尸网络是一个具有一定分布性的、逻辑性的网络，不具有物理拓扑结构。随着 Bot 程序的不断传播，不断有新的僵尸计算机添加到这个网络中来。

② 恶意传播。僵尸网络是采用了一定的恶意传播手段形成的，如主动漏洞攻击、恶意邮件等传播手段，都可以进行 Bot 程序的传播。

③ 一对多控制。Botnet 最主要的特点是可以一对多地进行控制，传达命令并执行相同的恶意行为。这种一对多的控制关系使得攻击者能够以低廉的代价高效地控制大量的资源为其服务，也是 Botnet 攻击受到黑客青睐的根本原因。

一般而言，Botnet 的工作过程包括传播、加入和控制 3 个阶段。

（1）传播阶段

在传播阶段，Bomet 把 Bot 程序传播到尽可能多的主机。Botnet 需要的是具有一定规模的被控计算机，这个规模随着 Bot 程序的扩散而形成，在传播过程中有以下几种手段。

① 即时通信软件。利用即时通信软件向好友列表发送执行僵尸程序的链接，并通过社会工程学技巧诱骗其点击，从而进行感染。

② 邮件病毒。Bot 程序会通过发送大量的邮件病毒传播自身，通常表现为在邮件附件中携带僵尸程序，以及在邮件内容中包含下载执行 Bot 程序的链接，并通过一系列社会工程学的技巧诱使接收者执行附件或打开链接，或通过利用邮件客户端的漏洞自动执行，从而使得接收者主机被感染成为僵尸主机。

③ 主动攻击漏洞。其原理是通过攻击目标系统所存在的漏洞获得访问权，并在 shellcode 执行 Bot 程序注入代码，将被攻击系统感染成为僵尸主机。属于此类最基本的感染途径是攻击者手动地利用一系列黑客工具和脚本进行攻击，获得权限后下载 Bot 程序执行。攻击者还会将僵尸程序和蠕虫技术进行结合，从而使 Bot 程序能够进行自动传播，著名的 Bot 样本 AgoBot 就是实现了 Bot 程序的自动传播。

④ 恶意网站脚本。攻击者在提供 Web 服务的网站的 HTML 页面上绑定恶意脚本，当访问者访问这些网站时就会执行恶意脚本，使得 Bot 程序下载到主机上，并被自动执行。

⑤ 特洛伊木马。伪装成有用的软件，在网站、FTP 服务器、P2P 网络中提供，诱骗用户

下载并执行。

可以看出，在 Botnet 的形成过程中，其传播方式与蠕虫以及功能复杂的间谍软件很相近。

（2）加入阶段

在加入阶段，每台被感染主机都会随着隐藏在自身中的 Bot 程序的发作而加入到 Botnet 中，加入的方式根据控制方式和通信协议的不同而有所不同。在基于 IRC 协议的 Botnet 中，感染 Bot 程序的主机会登录到指定的服务器和频道中，在登录成功后，即可在频道中等待控制者发来的恶意指令。

（3）控制阶段

在控制阶段，攻击者通过中心服务器发送预先定义好的控制指令，让僵尸计算机执行恶意行为。典型的恶意行为是发起 DDoS 攻击、窃取主机敏感信息、升级恶意程序等。

Botnet 构成了一个攻击平台，可以有效地发起各种各样的攻击行为。这种攻击可以导致整个基础信息网络或者重要应用系统瘫痪，也可以导致大量机密或个人隐私泄露，还可以用来从事网络欺诈等其他违法犯罪活动。

① DDoS 攻击。使用 Botnet 发动 DDoS 攻击是当前最主要的威胁之一。攻击者可以向自己控制的所有僵尸计算机发送指令，让它们在特定的时间同时开始连续访问特定的网络目标，从而达到 DDoS 的目的。由于可以形成庞大规模，而且利用其进行 DDoS 攻击可以做到更好的同步，因此在发布控制指令时，能够使得 DDoS 的危害更大，防范更难。

② 发送垃圾邮件。一些 Botnet 会设立 Sockv4、v5 代理，这样就可以利用 Botnet 发送大量的垃圾邮件，而且发送者可以很好地隐藏自身的 IP 信息。

③ 窃取秘密。Botnet 的控制者可以从僵尸主机中窃取用户的各种敏感信息和其他秘密，如个人账号、机密数据等。同时，Bot 程序能够使用 Sniffer 观测感兴趣的网络数据，从而获得网络流量中的秘密。

④ 滥用资源。攻击者利用 Botnet 从事各种需要耗费网络资源的活动，从而使用户的网络性能受到影响，甚至带来经济损失。

可以看出，Botnet 无论是对整个网络还是对用户自身，都造成了比较严重的危害，必须采取有效的方法减少 Botnet 的危害。

7. 网络钓鱼

网络钓鱼（Phishing，phone 和 fishing 的组合词）是通过大量发送声称来自于权威或知名机构的欺骗性邮件，意图引诱收信人给出敏感信息（如用户名、口令）的一种攻击方式。最典型的网络钓鱼攻击是将收信人引诱到一个通过精心设计、与目标组织网站非常相似的钓鱼网站上，并获取收信人在此网站上输入的个人敏感信息。通常，这个攻击过程不会让受害者警觉。网络钓鱼是"社会工程攻击"的一种表现形式，其实就是一种欺诈行为。

从 2004 年开始，随着我国电子商务的快速发展，相关网络钓鱼诈骗也开始在我国大量出现。最典型的网络钓鱼是假冒的中国工商银行网站，不法分子利用字符的模糊性，如数字 1 和字符 I 在某种字体下很难用肉眼区分开。当打开 www.1cbc.com.cn 这个域名时，很少有用户识别出其与 www.icbc.com.cn 的区别。

网络钓鱼的手段主要有以下几种。

（1）利用电子邮件钓鱼

诈骗分子以垃圾邮件的形式大量发送欺诈性邮件，这些邮件多以中奖、顾问、对账等内容引诱用户在邮件中填入金融卡号和密码，或是以各种紧迫的理由要求收件人登录某网页提交用户名、密码、身份证号、信用卡号等信息，继而盗窃用户资金。

（2）利用假冒金融机构钓鱼

犯罪分子建立起域名和网页内容都与真正网上银行系统、网上证券交易平台极为相似的网站，引诱用户输入账号、密码等信息，进而通过真正的网上银行、网上证券系统或者伪造银行储蓄卡、证券交易卡盗窃资金。有的利用跨站脚本，即利用合法网站服务器程序上的漏洞，在站点的某些网页中插入恶意 HTML 代码，屏蔽一些可以用来辨别网站真假的重要信息，利用 Cookie 窃取用户信息。

（3）利用虚假电子商务钓鱼

此类犯罪活动往往是建立电子商务网站，或是在比较知名、大型的电子商务网站上发布虚假的商品销售信息，犯罪分子在收到受害人的购物汇款后就销声匿迹。

（4）利用木马和黑客技术钓鱼

利用木马和黑客技术等手段窃取用户信息后实施盗窃活动。木马制作者通过发送邮件或在网站中隐藏木马等方式大肆传播木马程序，当被感染木马的用户进行网上交易时，木马程序即以键盘记录的方式获取用户账号和密码，并发送给指定邮箱，用户资金将受到严重威胁。

（5）利用跨站脚本钓鱼

高超的钓鱼方法直接利用真实网站进行，即使是有经验的用户也可能会中招。这就是采用跨站脚本技术进行的钓鱼方法。

诈骗者首先通过邮件发送链接给用户，用户单击了邮件中的链接后就跳转到一个正常的银行站点，同时恶意脚本会在用户计算机上弹出一个小窗口，这个小窗口看起来像是银行站点的一个部分（其实不是）。不知情的用户可能在小窗口中输入账号和密码登录。这样，诈编者就可以收集到用户的信息，进而可以采用其他技术盗取用户现金。

网络钓鱼的本质是社会工程学，也就是所谓的欺骗。因此，防范的重点在于用户平时认真核对各种信息，不要抱有任何侥幸心理。

8. 智能移动终端恶意代码

近年来，全球智能终端设备的用户量持续快速增加，2017 年全球移动设备的用户人数已突破 50 亿，中国智能手机用户规模也达到了 6.55 亿。随着智能和移动设备的迅速发展和普及，针对智能终端的恶意代码正逐渐成为安全防御领域的重要内容。

移动终端（Mobile Terminal，MT）涵盖所有的现有的和即将出现的各式各样、各种功能的手机、个人数字助理（Personal Digital Asistant，PDA）、平板电脑、智能穿戴设备等。随着无线移动通信技术和应用的发展，现有的手持设备功能变得丰富多彩，可以拍照摄像，可以用作小型移动电视机，也可以用作可视电话机，并可具有 PC 大部分功能，当然可以用作移动电子商务，可以用作认证，还可以作为持有者身份证明（身份证、护照），也是个人移动娱乐终端。总之，移动终端可以在移动中完成语音、数据、图像等信息的交换和再现。

移动终端恶意代码是对移动终端各种病毒的广义称呼，包括以移动终端为感染对象而设计的普通病毒、木马等。移动终端恶意代码以移动终端为感染对象，以移动终端网络和计算机网络为平台，通过无线或有线通信等方式，对移动终端进行攻击，从而造成移动终端异常的各种不良程序代码。

移动终端操作系统具有很多与普通计算机操作系统相似的弱点。不过，其最大的弱点在于移动终端比现有的台式计算机更缺乏安全措施。人们已经对台式计算机的安全性有了一定的了解，而且大部分普通 PC 操作系统本身带有一定的安全措施，已经被设计成能抵抗一定程度攻击的系统。普通 PC 上的安全措施使它受到安全威胁的可能大为减少。移动终端操作系统的安全设计没有传统计算机全面详细，而且移动终端操作系统没有像 PC 操作系统那样经过严格的测试。

智能移动终端操作系统的弱点主要体现在以下 6 方面。

❖ 移动终端操作系统不支持任意的访问控制（Discretionary Access Control，DAC），也就是说，它不能区分一个用户同另一个用户的个人私密数据。

❖ 移动终端操作系统备审计能力弱。

❖ 移动终端操作系统缺少通过使用身份标志符或者身份认证进行重用控制的能力。

❖ 移动终端操作系统不对数据完整性进行保护。

❖ 即使部分系统有密码保护，恶意用户仍然可以使用调试模式轻易地得到用户密码，或者使用类似简单的工具得到密码。

❖ 在密码锁定的情况下，移动终端操作系统仍然允许安装新的应用程序。

智能移动终端操作系统的这些弱点会危及设备中的数据安全，尤其是当用户丢失终端设备后，一旦恶意用户得到了终端设备，他们便可以毫无阻碍地查看设备中的个入机密数据。如果身边的人有机会接近设备，他们就能修改其中的数据。而终端设备的主人对其他未授权用户的查看一无所知，即使发现有人改动了数据，也没有任何证据表明是谁改动的。也就是说，移动终端操作系统无法提供任何线索帮助发现入侵和进行入侵追踪。

相对于普通 PC 来说，移动终端又小又轻，容易丢失。一旦丢失，这些设备缺少通过使用身份标志符或者身份认证进行使用控制的能力，捡到该设备的人可以通过简单操作看到其中的个人信息。如果其中包含敏感信息，这些数据落入他人之手，就有可能给整个公司带来严重损失。

7.2 恶意代码防范原则和策略

计算机系统的弱点往往被恶意代码制造者利用，提高系统的安全性是恶意代码防的一个重要方面，但完美的系统是不存在的。提高一定的安全性将使系统多数时间用于恶意代码检查，使系统失去了可用性和实用性；另一方面，信息保密的要求让人在泄密和抓住恶意代码之间无法选择。在网络环境下如何有效地防范恶意代码是一个新课题，各种技术方案很多，最重要的是应当先研究恶意代码防范的基本原则和策略，在这方面业内人士已基本达成共识。

1. 防重于治，防重在管

恶意代码防范应该利用网络的优势，从加强网络管理的根本上预防恶意代码。一般来讲，恶意代码的防治在于完善操作系统和应用软件的安全机制。在网络环境下，可相应采取新的防范手段，恶意代码防范最大的优势在于网络的管理功能。

网络管理就是管理全部的网络设备中所有恶意代码能够进来的部位，可以从两方面着手解决：一是严格管理制度，对网络系统启动盘、用户数据盘等从严管理与检测，严禁在网络工作站上运行与本部门业务无关的软件；二是充分利用网络系统安全管理方面的功能。

网络本身提供了 4 级安全保护措施：① 注册安全，网络管理员通过用户名、入网口令来保证注册安全；② 权限安全，通过指定授权和屏蔽继承权限来实现；③ 属性安全，由系统对各目录和文件读、写等的性质进行规定；④ 可通过封锁控制台键盘等来保护文件服务器安全。因此，可以充分利用网络操作系统本身提供的安全保护措施，加强网络的安全管理。最经济、最可靠的恶意代码防范方式是集中式管理，易于升级，而且几乎不需要人工干预就能保护桌面系统和服务器。网管可设置逻辑域，包括把 NetWare 和 Windows NT 混在一起的服务器及任何版本的 Windows 客户机，可通过一个接口查看和控制全域内所有的服务器和客户机的扫描参数。集中式警报系统实现在线报警功能，当网络上某台机器出现故障或恶意代码侵入时网管都会知道，基于服务器的集中式警报系统可通过 7 种可自由定义的选项（包括 E-mail、呼叫器及 SNMP 陷阱）来通知网管员恶意代码的活动。这种报告能够汇集整个网络的数据，网管员通过 domain virus sweep 按钮就可对整个域上的所有服务器和客户机进行扫描。此外，利用网络唤醒功能，可以在夜间对全网的 PC 进行扫描，检查恶意代码情况。

2．综合防护

整个网络系统的安全防护能力取决于系统中安全防护能力最薄弱的环节，恶意代码防范同样适用于这种"木桶理论"，在某一特定状态下整个网络系统对恶意代码的防御能力只能取决于网络中恶意代码防范能力最薄弱的一个节点或层次。网络的安全威胁主要来自恶意代码、黑客攻击及系统崩溃等方面，因此网络的安全体系应从防恶意代码、防黑客、灾难恢复等方面综合考虑，形成一整套的安全机制，这才是最有效的网络安全手段。反恶意软件、防火墙产品通过设置、调整参数，能够相互通信，协同发挥作用。这也是区别单机防病毒技术与恶意代码防范技术的重要标志。

3．最佳均衡原则

要采取恶意代码防范措施，肯定会导致网络系统资源开销的增加，如增加系统负荷、占用 CPU 时间、占用网络服务器内存等。针对这一问题，有业内人士对防范恶意代码方法技术提出了"最小占用原则"，以保证恶意代码防范技术在发挥其正常功能的前提下，占用最小网络资源。该原则对于恶意代码防范技术之所以重要，是因为现代网络应用对网络吞吐量要求的日渐高涨，对于一个事务关键型的网络来说，在网络吞吐量高峰期间，过度的网络资源占用，可能造成整个网络的瘫痪。安装恶意代码防范软件可能对网络的吞吐形成"瓶颈"，对系统资源占用过高的恶意代码防范技术对用户应用来说是不可取的，特别是一些在特定时间网络吞吐量特别大（如每天下班前结算或汇总）的网络。

4．管理与技术并重

解决恶意代码问题应从加强管理和采取技术措施两方面着手。在管理方面要形成制度，加强网管人员的恶意代码防范观念，在内网与外界交换数据等业务活动中进行有效控制和管理，同时抵制盗版软件或来路不明软件的使用。在各种有人参与的系统中，人的因素都是第一位的，任何技术的因素都要通过人来起作用或受人的因素的影响。但是管理工作涉及因素较多，因此要辅以技术措施，选择和安装反恶意软件产品，这是以围绕商品化的网络反恶意软件及其供应商向用户提供的技术支持、产品使用、售后服务、紧急情况下的响应等专业化恶意代码防范工作展开的。

5．正确选择网络恶意代码防范产品

由于网络环境在不同应用、不同配置、不同条件下差异很大，因此一种产品的最终成熟在很大程度上只能取决于广大用户的长期使用。从这一点来说，国外一些网络反恶意软件由于历史较长因而具有较大的优势。与单机杀毒产品相比，网络反恶意软件要求达到实时性、可靠性、准确性，必须适应各种网络环境的不同特征，通过对网络底层通信条件、文件存取

使用权限分配的认真分析，才能提出相应的解决方案。由于网络环境的操作系统种类繁多，目前世界上各种网络恶意代码防范产品还没有一种能以同一主程序跨越多种网络系统平台，因此用户要根据自己的网络平台有针对性地选择网络恶意代码防范产品。

6. 多层次防御

新的网络恶意代码防范策略是把恶意代码检测、多层数据保护和集中式管理功能集成起来，形成多层次的防御体系，易于使用和管理，也不会对管理员带来额外负担，极大地降低了恶意代码的威胁，同时使恶意代码防范任务变得更经济、更简单、更可靠。恶意代码检测是防范恶意代码的基本手段，但是随着恶意代码种类的增多和恶意代码切入点的增加，识别非正常形态代码串的过程越来越复杂，容易导致"虚报军情"或"大意失荆州"。因此，多层次防御恶意代码的解决方案应该既具有稳健的恶意代码检测功能，又有 C/S 数据保护功能。在个人计算机的硬件和软件、局域网服务器、服务器网关、Internet 及 Intranet 站点上层层设防，对每种恶意代码都实行隔离、过滤。在后台进行实时监控，发现恶意代码随时清除，实施覆盖全网的多层次防护。多层次防御恶意代码软件主要采取了三层保护功能。

（1）后台实时扫描

恶意代码扫描驱动器能对未知恶意代码包括变形恶意代码和加密恶意代码进行连续的检测，能对 E-mail 附件、下载的文件（包括压缩文件）、外存及正在打开的文件进行实时扫描检验，能阻止 PC 上已被恶意代码感染的文件复制到服务器或工作站上。

（2）完整性保护

该措施用于阻止恶意代码从一个受感染的工作站传染到网络服务器。完整性保护不仅是恶意代码检测，实际上还能防止可执行文件被修改或删除，制止恶意代码以可执行文件方式进行传播，有特权的用户和无特权的用户都能用完整性保护来阻止恶意代码扩散。完整性保护还可防止与未知恶意代码感染有关的文件被删除或崩溃，而传统的恶意代码防范软件只能检测到已知的恶意代码，而且有时是在恶意代码已经感染和摧毁文件之后才能检测出来。

（3）完整性检验

完整性检验使系统无须冗余的扫描过程，能提高检验的实时性。当然，这种完整性检测与从前常规的完整性检验是不一样的。

7. 注意恶意代码检测的可靠性

要定期对网络上的共享文件卷进行恶意代码检测。但要注意，检测结果没有发现恶意代码并不等于没有恶意代码，这是因为先有恶意代码，后有恶意代码防范软件，反恶意软件必须尽量做到及时升级。现在的升级周期越来越短，如果在这个周期内得不到升级维护，在理论上就应被视为无效。另外，虽然许多防杀恶意代码产品采用了各种恶意代码防范新技术、新手段，但仍然不能从根本上解决恶意代码防范滞后于恶意代码发展变化的事实。

7.3　恶意代码防范技术体系

从恶意代码防范的历史和未来趋势看，要成功防范越来越多的恶意代码，使用户免受恶意代码侵扰，需要从以下 5 个层次开展：检测、清除、预防、免疫、数据备份及恢复。

恶意代码的检测技术是指通过一定的技术手段判定恶意代码的一种技术。这也是传统计算机病毒、木马、蠕虫等恶意代码检测技术中最常用、最有效的技术之一。其典型的代表方法是特征码扫描法。

恶意代码的清除技术是恶意代码检测技术发展的必然结果，是恶意代码传染过程的一种逆过程。也就是说，只有详细掌握了恶意代码感染过程的每个细节，才能确定清除该恶意代码的方法。注意，随着恶意代码技术的发展，并不是每个恶意代码都能够被详细分析，因此并不是所有恶意代码都能够成功清除。正是基于这个原因，数据备份和恢复才显得尤为重要。

恶意代码的预防技术是指，通过一定的技术手段防止计算机恶意代码对系统进行传染和破坏，实际上是一种预先的特征判定技术。具体来说，恶意代码的防范通过阻止计算机恶意代码进入系统或阻止恶意代码对磁盘的操作尤其是写操作，以达到保护系统的目的。恶意代码的防范技术主要包括磁盘引导区保护、加密可执行程序、读写控制技术和系统监控技术、系统加固（如打补丁）等。在蠕虫泛滥的今天，系统加固方法的地位越来越重要，处于不可替代的地位。

恶意代码的免疫技术出现非常早，但是没有很大发展。针对某一种恶意代码的免疫方法已经没有人再用了，而目前尚没有出现通用的能对各种恶意代码都有免疫作用的技术，从某种程度上来说，也许根本不存在这样的技术。根据免疫的性质，可以将恶意代码的免疫归为预防技术。从本质上讲，对计算机系统而言，计算机预防技术是被动预防技术，通过外围的技术增加计算机系统的防范能力；计算机免疫技术是主动的预防技术，通过计算机系统本身的技术增加自身的防范能力。

数据备份及数据恢复是在清除技术无法满足需要的情况下而不得不采用的一种防范技术。随着恶意代码攻击技术越来越复杂，以及恶意代码数量的爆炸性增长，清除技术遇到了发展瓶颈。数据备份及数据恢复的思路是：在检测出某个文件被感染了恶意代码后，不去试图清除其中的恶意代码使其恢复正常，而是用事先备份的正常文件覆盖被感染后的文件。数据备份及数据恢复中的数据的含义是多方面的，既指用户的数据文件，也指系统程序、关键数据（注册表）、常用应用程序等。

7.3.1　恶意代码检测

恶意代码检测的重要性就如同医生对病人所患疾病的诊断。对于病人，只有确诊以后，医生才能对症下药。对于恶意代码，同样必须先确定恶意代码的种类、症状，才能准确地清除它。如果盲目地乱清除，可能破坏本来正常的应用程序。

1. 恶意代码检测原理

恶意代码在感染健康程序后会引起各种变化。每种恶意代码引起的症状具有一定特点。恶意代码的检测原理就是根据这些特征来判断病毒的种类，进而确定清除办法。常用的恶意代码检测方法有比较法、校验和法、特征码扫描法、行为监测法、感染试验法、分析法等。

（1）比较法

比较法是用正常的对象与被检测的对象进行比较。比较法包括注册表比较法、长度比较法、内容比较法、中断比较法、内存比较法等。比较时可以靠打印的代码清单进行比较，或用软件进行比较（如 EditPlus、UltraEdit 等软件）。比较法不需要专用的检测恶意代码的程序，只要用常规工具软件就可以进行。而且，比较法还可以发现那些尚不能被现有杀毒程序发现的恶意代码。因为恶意代码传播得很快，新恶意代码层出不穷，目前还没有通用的能查出一切恶意代码或通过代码分析就可以判定某个程序中是否含有恶意代码的程序，所以发现新恶意代码就只有靠手工比较分析法。比较法是反恶意代码工作者的常用方法。

① 注册表比较法。恶意代码喜欢利用注册表进行一些工作（如自加载、破坏用户配置等），因此监控注册表的变化是恶意代码诊断的最新方法之一。目前，网上有很多免费的注册表监控工具（如 RegMon 等），利用这些工具可以发现木马、恶意脚本等。

② 文件比较法。普通计算机病毒感染文件必然引起文件属性的变化，包括文件长度和文件内容的变化。因此，将无毒文件与被检测的文件的长度和内容进行比较，即可发现是否感染恶意代码。目前的文件比较法可采用 FileMon 工具。

以文件的长度或内容是否变化作为检测的依据，在许多场合是有效的。众所周知，现在还没有一种方法可以检测所有的恶意代码。文件比较法有其局限性，只检查可疑文件的长度和内容是不充分的。原因在于：

❖ 长度和内容的变化可能是合法的。有些命令可以引起长度和内容变化。

❖ 某些病毒可保证宿主文件长度不变。

在上述情况下，文件比较法不能区别程序的正常变化和病毒攻击引起的变化，不能识别保持宿主程序长度不变的病毒，无法判定为何种病毒。实践证明，只靠文件比较法是不充分的，将其作为检测手段之一，与其他方法配合使用，才能发挥其效能。

③ 中断比较法。中断技术是传统病毒的核心技术，随着操作系统的发展，这种技术已经被现有恶意代码放弃。中断比较法作为对抗传统病毒的手段之一，已经不适用于对抗现有恶意代码。对中断比较法感兴趣的读者，建议查阅网络资料。

④ 内存比较法。内存比较法用来检测内存驻留型恶意代码。由于恶意代码驻留于内存，必须在内存中申请一定的空间，并对该空间进行占用和保护。通过对内存的检测，观察其空间变化，与正常系统内存的占用和空间进行比较，可以判定是否有恶意代码驻留其间，但无法判定为何种恶意代码。

使用比较法能发现系统的异常，如文件的长度和内容的变化。由于要进行比较，保留好原始备份是非常重要的，制作备份时必须保证在干净的环境里进行并妥善保管。

比较法的优点是简单方便，无须专用软件，缺点是无法确认恶意代码的种类和名称。如果发现异常，造成异常的原因尚需进一步验证，以查明是否由于恶意代码造成的。可以看出，制作和保留干净的原始数据备份是比较法的关键。

（2）检验和法

首先，计算正常文件内容的校验和并且将该校验和写入某个位置保存。然后，在每次使用文件前或文件使用过程中，定期检查文件现在内容算出的校验和与原来保存的校验和是否一致，从而可以发现文件是否被窜改，这种方法称为校验和法，既可发现已知恶意代码，又可发现未知恶意代码。

恶意代码感染并非文件内容改变的唯一原因，文件内容的改变有可能是正常程序引起的，所以校验和法误报率较高。用监视文件的校验和来检测恶意代码不是最好的方法。当遇到软件版本更新、变更口令以及修改运行参数时，该方法都会误报。

校验和法的优点是方法简单，能发现未知恶意代码，被查文件的细微变化也能被发现；缺点是必须预先记录正常态的校验和，误报率较高，不能识别恶意代码名称，程序执行速度变慢。

（3）特征码扫描法

特征码扫描法是用每个恶意代码体含有的特征码（Signature）对被检测的对象进行扫描。如果在被检测对象内部发现了某个特征码，就表明发现了该特征码所代表的恶意代码。国外将这种按搜索法工作的恶意代码扫描软件称为 Scanner。

恶意代码扫描软件由两部分组成：一部分是恶意代码特征码库，含有经过特别选定的各种恶意代码的特征码；另一部分是利用该特征码库进行扫描的扫描程序。扫描程序能识别的恶意代码的数目完全取决于特征码库内所含恶意代码的种类有多少。显而易见，库中恶意代码的特征码种类越多，扫描程序能认出的恶意代码就越多。

恶意代码特征码的选择是非常重要的。短小的恶意代码只有 100 多字节，而较长的代码串有上百字节。如果随意从恶意代码体内选一段字符串作为其特征码，可能在不同的环境中，该特征码并不真正具有代表性，不能用于将该特征码所对应的恶意代码检测出来。选择特征码的规则如下：① 特征码不应含有恶意代码的数据区，数据区是会经常变化的；② 特征码足以将该恶意代码区别于其他恶意代码和该恶意代码的其他变种；③ 在保持唯一性的前提下，应尽量使特征码长度短些，以减少时间和空间开销；④ 特征码必须能将恶意代码与正常的程序区分开。选择恰当的特征码是非常困难的，这也是杀毒软件的精华所在。一般情况，特征码是由连续的若干字节组成的串，但是有些扫描程序采用的是可变长串，即在串中包含通配符字节。扫描程序使用这种特征码时，需要对其中的通配符做特殊处理。

例如，给定特征码为 D6 82 00 22 * 45 AC，则 D6 82 00 22 27 45 AC 和 D6 82 00 22 9C 45 AC 都能被识别出来。表 7-1 给出了一些常见恶意代码的特征码。

表 7-1　一些常见恶意代码的特征码

恶意代码名	特征码
AIDS	42 E8 EF FF 8E D8 2D CC
Bad boy	2E FF 36 27 01 OE 1F2E FF 26 25 01
CIH	55 8D 44 24 F8 33 DB 64 87 03
Christmas	BC CA 0A FC E8 03 00 E9 7D 03 50 51 56 BE59 00 B9 1C 09 90 Dl E9 El
DBASE	80 FC 6C 74 EA 80 FC 58 74 E5
Do-Nothing	72 04 50 EB 07 90 B4 4C
EDV #3	75 1C 80 FE 01 75 17 5B 07 1F 58 83
Friday. 432	50 CB 8C C8 8E D8 E8 06 00 E8 D9 00 E9 04 01 06
Ghost	90 EA 59 EC 00 90 90
Ita Vir	48 EB D8 1C D3 95 13 93 1B D3 97
Klez	A1 00 00 00 00 50 64 89 25 00 00 00 00 83 EC 58 53 56 57 89
Worm/Borzella	69 6C 20 36 20 73 65 74 74 65 6D 62 72 65 00 00 5C 64 6C 6C 6D 67 72
YanKee Doodle	35 CD 21 8B F3 8C C7

虽然特征码扫描法存在很多缺点，但是基于特征码扫描的恶意代码检测仍是今天用的最为普遍的查杀方法。其优点如下：① 当特征串选择合适时，检测软件使用方便，对恶意代码了解不多的人也能用它发现恶意代码；② 可识别恶意代码的名称；③ 如果特征码选择恰当，误报警率低；④ 不用专门软件，用编辑软件也能检测特定恶意代码；⑤ 依据检测结果，可做清除处理。

特征码扫描法的缺点也是明显的，主要如下：① 不容易选出合适的特征码，有时会发出假报警；② 新恶意代码的特征码未加入代码库之前，老版本的程序无法识别出新恶意代码；③ 当被扫描的文件很长时，扫描时间较长；④ 怀有恶意的恶意代码制造者得到特征码库后，能够根据其内容改变恶意代码；⑤ 测试不彻底，可能产生误报，只要正常程序内带有特征码，不论是恶意代码残体还是凑巧的随机序列，扫描程序都会报警；⑥ 搜集已知恶意代码的特征代码，费用开销大；⑦ 很难识别变异类恶意代码。

使用基于特征码扫描法的查杀软件方法实现原理非常简单。只要运行查杀程序，就能将已知的恶意代码检查出来。在将这种方法应用到实际中时，需要不断地对特征码库进行扩充，一旦捕捉到恶意代码，经过提取特征码并加入到库中，就能使查杀程序多检查出一种新恶意代码来。使用查杀程序的人不需要太多的知识，但特征码库的维护人员即恶意代码分析人员需要具备相当多的关于恶意代码的知识。提取恶意代码特征码时需要足够的专业知识，需要用到分析恶意代码的专业技术。

（4）行为监测法

利用恶意代码的特有行为特征监测恶意代码的方法称为行为监测法。通过对恶意代码多年的观察、研究，人们发现恶意代码有一些共性的、比较特殊的行为，而这些行为在正常程序中比较罕见。行为监测法就是监视运行的程序行为，如果发现了恶意代码行为，则报警。这些作为监测恶意代码的行为特征可列举如下。

① 写注册表。像特洛伊木马、WebPage 恶意代码等都具有写注册表的特性。通过监测注册表读写行为，可以预先防范部分恶意代码。

② 自动联网请求。自动联网请求行为是特洛伊木马、蠕虫等的特征。监测应用程序的联网请求行为，也可以预防这部分恶意代码。现在市面上流行的个人防火墙就是通过监控自动联网请求来防止个人信息外泄的。

③ 病毒程序与宿主程序的切换。染毒程序运行时，先运行病毒，而后执行宿主程序。在两者切换时，有许多特征行为。

④ 修改 DOS 系统数据区的内存总量。病毒常驻内存后，为了防止操作系统将其覆盖，必须修改内存总量。

⑤ 对 COM 和 EXE 文件做写入动作。病毒要感染可执行文件，必须写 COM 或 EXE 文件，然而在正常情况下，不应该对这两种文件进行修改操作。

⑥ 使用特殊中断。DOS 时期的病毒几乎都使用特殊的中断。例如，引导区型病毒都会占用 INT　13H 功能，并在其中放置病毒所需的代码。

行为监测法的优点在于不仅可以发现已知恶意代码，还可以相当准确地预报未知的多数恶意代码。但行为监测法也有缺点，即误报和不能识别恶意代码名称，而且实现过程有一定难度。

（5）感染实验法

感染实验法是一种简单、实用的恶意代码检测方法。由于恶意代码检测工具滞后于恶意代码的发展，当恶意代码检测工具不能发现恶意代码时，如果不会用感染实验法，便束手无策。如果会用感染实验法，可以检测出恶意代码检测工具不认识的新恶意代码，可以摆脱对恶意代码检测工具的依赖，自主地检测可疑新恶意代码。

其原理是利用了恶意代码的最重要的基本特征：感染特性。所有的恶意代码都会进行感染，如果不会感染，就不称其为恶意代码。如果系统中有异常行为，最新版的检测工具也查不出恶意代码时，就可以进行恶意代码感染实验，运行可疑系统中的程序后，再运行一些确切知道不带病毒的正常程序，然后观察这些正常程序的长度和校验和，如果发现有的程序增长，或者校验和变化，就可断言系统中有恶意代码。

（6）分析法

一般来说，使用分析法的人不是普通用户，而是专业技术人员。分析法是反恶意代码工作中不可或缺的重要技术，任何一个性能优良的反恶意代码系统的研制和开发都离不开专门人员对各种恶意代码的详尽而认真地分析。使用分析法的目的如下：

❖ 确认被观察的磁盘引导区和程序中是否含有恶意代码。

❖ 确认恶意代码的类型和种类，判定其是否是一种新恶意代码。

❖ 分析恶意代码体的大致结构，提取特征码以供扫描程序使用。

❖ 详细分析恶意代码，为制订相应的防护措施提供方案。

上述 4 个目的按顺序排列，正好是使用分析法的工作顺序。使用分析法要求具有比较全面的有关计算机、操作系统和功能调用以及关于恶意代码方面的知识。

使用分析法检测恶意代码，其条件除了要具有相关的知识外，还需要 SoftICE 等分析工具和专用的实验计算机。因为即使是很熟练的技术人员，使用性能完善的分析软件，也不能保证在短时间内将恶意代码完全分析清楚。恶意代码有可能在被分析阶段继续传染甚至发作，将数据完全毁坏，这就要求分析工作必须在专门设立的实验用计算机上进行，不怕其中的数据被破坏。在不具备条件的情况下，不要轻易开始分析工作。

以上讨论了 6 种恶意代码诊断的原理，可以看出，利用原始备份和被检测程序相比较的方法适合无须专用软件即可发现异常情况的场合，是一种简单而基本的恶意代码检测方法；特征码扫描的方法适合开发成查杀软件的方式，供广大 PC 用户使用，方便又迅速，但对新出现的恶意代码会出现漏检的情况，需要与分析法和比较法相结合；分析法主要由专业人员识别恶意代码，研制防范系统时使用，要求较多的专业知识，是恶意代码防范研究不可缺少的方法。

2. 恶意代码的检测方法

学习了恶意代码检测原理后，就要在其原理的指导下检测恶意代码。通常，恶意代码的检测方法有两类：手工检测和自动检测。

（1）手工检测

手工检测是指通过一些工具软件（Debug、UltraEdit、EditPlus、SoftICE、TRW、Ollydbg 等）进行恶意代码的检测。这种方法比较复杂，需要检测者熟悉机器指令和操作系统，因而难以普及。它的基本过程是利用一些工具软件，对易遭恶意代码攻击和修改的内存及磁盘的有关部分进行检查，通过与正常情况下的状态进行对比分析，判断是否被恶意代码感染。用这种方法检测恶意代码费时费力，但可以剖析新恶意代码，并检测一些自动检测工具不认识的新恶意代码。

（2）自动检测

自动检测是指，通过一些自动诊断软件判断系统是否染毒的方法。自动检测方法比较简单，一般用户都可以进行，但需要较好的诊断软件。这种方法可方便地检测大量的恶意代码，但是自动检测工具只能识别已知恶意代码，而且自动检测工具的发展总是滞后于恶意代码的发展。

从这两种方法的定义可以看出它们的区别。手工检测方法操作难度大并且技术复杂，需要操作人员有一定的软件分析经验以及对操作系统有深入的了解。自动检测方法操作简单，使用方便，适合一般的计算机用户学习使用。但是，由于恶意代码的种类较多，程序复杂，再加上不断地出现恶意代码的变种，因此自动检测方法不可能检测所有未知的恶意代码。在出现一种新型的恶意代码时，如果现有的各种检测工具无法检测这种恶意代码，则只能用手工方法进行恶意代码的检测。其实，自动检测也是在手工检测成功的基础上将手工检测方法程序化后所得的。因此，手工检测恶意代码是最基本、最有力的工具。

3．自动检测的源码分析

由于恶意代码入侵事件层出不穷，几乎每台计算机上都安装了不同品牌的查杀软件，一般用户会认为查杀软件是非常神秘的。那么，查杀软件是根据什么原理来工作的呢？下面主要介绍自动诊断恶意代码的最简单方法——特征码扫描法。基于特征码扫描法的自动诊断程序至少要包括两部分：特征码（Pattern/Signature）库和扫描引擎（Scan Engine）。

（1）特征码

特征码其实可以称为恶意代码的"指纹"。当安全软件公司收集到一个新的恶意代码时，可以从这个恶意代码程序中截取一小段独一无二并且足以表示这个恶意代码的二进制程序代码（Binary Code），作为查杀程序辨认此恶意代码的依据，而这段独一无二的二进制程序代码就是所谓的特征码。二进制程序代码是计算机的最基本语言（机器码），在计算机中所有可以执行的程序（如 EXE、COM 文件）都是由二进制程序代码组成的。虽然宏病毒只是包含在 Word 文件档案中的宏，可是它的宏程序也是以二进制代码的方式存在 Word 文件中。特征码是如何产生的呢？其实特征码必须依照各种不同格式的档案及恶意代码感染的方式取得。例如，有一个 Windows 的程序被恶意代码感染，那么安全软件公司必须先研究出 Windows 文件存储的格式，看看 Windows 文件是怎么被操作系统执行，以便找出 Windows 程序的进入点，因为恶意代码就是藏身在这个程序中取得控制权并进行传染及破坏的，知道恶意代码程序在 Windows 文件中存在的位置后，就可以从这个区域中找出一段特殊的恶意代码特征码，供扫描引擎使用。

安全软件公司中都有技术人员专门在为各种不同类型的恶意代码提取特征码，可当恶意代码越来越多，要找出每个恶意代码独一无二的特征码可能并不太容易，有时候这些特征码还会误判到一些不是恶意代码的正常文件，所以通常安全软件公司在将恶意代码特征码送给客户前都必须先经过一番严格的测试，才放在互联网上供使用者自由下载。

（2）扫描引擎

扫描引擎是查杀软件中的精华部分。当使用一套软件时，不论它的界面是否精美，操作是否简便，功能是否完善，这些都不足以证明一套查杀软件的好坏。当用户操作查杀软件去扫描某一个磁盘驱动器或目录时，他其实是把这个磁盘驱动器或目录下的文件一一送进扫描引擎进行扫描，其呈现的漂亮界面其实只是一个用户接口，真正影响扫描速度及检测准确率的因素就是扫描引擎。扫描引擎是一个没有界面、没有包装的核心程序，被放在查杀软件所安装的目录下，就像汽车引擎平常是无法直接看见的，可是它是影响汽车性能最主要的关键。有了特征码，有了扫描引擎，再配合精美的操作界面，就成了市场上所看到的查杀软件。

有人以为安装了一套查杀软件后，就可以从此高枕无忧了。这是一个绝对错误的观念，因为恶意代码的种类及形态一直在改变，新恶意代码也在每天不断产生，如果不经常更换最新的特征码以及扫描引擎，再强大的查杀软件也会有失灵的一天

若只单单更换特征码或扫描引擎还是不够的，因为旧的特征码文件可能还没加入宏病毒的特征码，或者是旧的扫描引擎根本不支持对某种文件进行查杀，所以必须同步更新特征码和扫描引擎才能发挥效果。

4．运用云计算辅助检测

随着联网用户规模增长、网络带宽大幅提升、云计算技术应用不断成熟，云计算开始应用到恶意代码的检测上。其基本原理是，安全软件公司的云计算中心对从用户计算机采集到的可疑程序样本依据其代码特征、行为特征、生存周期、传播趋势进行数据挖掘和智能分析，

进而判定恶意程序及其传播规律，在恶意软件传播初期予以查杀。

云端强大的存储和处理能力完全可以保证用户得到的反馈是同步的，而目前的反病毒软件无法实现这种快速分析处理。通过遍布全球的服务器构建一个强大的云端，完全能够拦截恶意代码变种，而且大大减少了客户端的处理任务，减少了客户端内存占用，不需定时杀毒和升级软件，因为云端和客户端随时通过互联网交互信息，所有计算放到云端上进行，这大大节约了成本和时间，有效地控制了恶意代码传播。

7.3.2　恶意代码清除

清除恶意代码比查找恶意代码在原理上要难得多。如果要清除恶意代码，则不仅需要知道恶意代码的特征码，还需要知道恶意代码的感染方式以及详细的感染步骤。

1. 恶意代码的清除原理

将感染恶意代码的文件中的恶意代码模块摘除，并使之恢复为可以正常使用的文件的过程，被称为恶意代码清除（杀毒）。并不是所有的染毒文件都可以安全地清除恶意代码，也不是所有文件在清除恶意代码后都能恢复正常。由于清除方法不正确，在对染毒文件进行清除时有可能将文件破坏。有时只有做低级格式化才能彻底清除恶意代码，却会丢失大量文件和数据。不论采用手工还是使用专业杀毒软件清除恶意代码都是危险的，有时可能出现"不治病"反而"赔命"的后果，将有用的文件彻底破坏了。

根据恶意代码编制原理的不同，恶意代码清除的原理也是不同的，大概可以分为引导区病毒、文件型病毒、蠕虫和木马等的清除原理。本节以引导区病毒、文件型病毒为例介绍恶意代码清除原理。

（1）引导区病毒的清除原理

引导区病毒是一种在系统引导区发挥作用的恶意代码。引导区病毒感染时的攻击部位和破坏行为包括：① 硬盘主引导扇区；② 硬盘的 BOOT 扇区；③ 为保存原主引导扇区、BOOT扇区，病毒可能随意地将它们写入其他扇区，而毁坏这些扇区；④ 引导区病毒发作时，执行破坏行为造成种种损坏。

根据引导区病毒感染和破坏部位的不同，可以按以下方法进行修复。

- ❖ 硬盘主引导扇区染毒。可以通过将其他正常系统硬盘的引导区数据，覆盖当前染毒硬盘引导区的方式解决。
- ❖ 目录区修复。如果引导区病毒将原主引导扇区或 BOOT 扇区覆盖式写入根目录区，被覆盖的根目录区完全损坏，不可能修复。如果仅仅覆盖式写入第一文件分配表，第二文件分配表未被破坏，则可以修复。修复方法是将第二文件分配表复制到第一文件分配表中。
- ❖ 占用空间的回收。引导区病毒占用的其他部分磁盘空间，一般标示为"坏簇"或"文件结束簇"。系统不能再使用标示后的磁盘空间，当然，这些被标示的空间也是可以收回的。

（2）文件型病毒的清除原理

在文件型病毒中，覆盖型病毒是最恶劣的。覆盖型文件病毒硬性覆盖了一部分宿主程序，使宿主程序的部分信息丢失，即使被杀掉，程序也无法修复。对覆盖型病毒感染的文件只能将其彻底删除，没有挽救原文件的余地。如果没有备份，将造成很大的损失。

除覆盖型病毒外，其他感染 COM 和 EXE 的文件型病毒都可以被清除干净。因为病毒在感染原文件时没有丢弃原始信息，既然病毒能在内存中恢复被感染文件的代码并予以执行，则可以按照病毒传染的逆过程将病毒清除干净，并恢复到其原来的功能。

如果染毒的文件有备份，将备份的文件复制后也可以简单地恢复原文件，即不需要专门清除。执行文件若加上自修复功能，遇到病毒的时候，程序可以自行复原；如果文件没有加上任何防护，就只能够靠杀毒软件清除，但是清除病毒不能保证完全复原原有的程序功能，甚至有可能出现越清除越糟糕，以致造成在清除病毒之后文件反而不能执行的局面。因此，重要资料必须养成随时备份的操作习惯，以确保万无一失。

由于某些病毒会破坏系统数据，如破坏目录结构，因此在清除完病毒后，还要进行系统维护工作。可见，病毒的清除工作与系统的维护工作往往是分不开的。

（3）清除交叉感染的病毒

有时一台计算机内同时潜伏着几种病毒，当一个健康程序在这台计算机上运行时，会感染多种病毒，引起交叉感染。

多种病毒在一个宿主程序中形成交叉感染后，如果在这种情况下杀毒，一定要格外小心，必须分清病毒感染的先后顺序，先清除感染的病毒，否则会把程序"杀死"。虽然病毒被杀死了，但程序也不能使用了。

宿主程序交叉感染多个病毒的结构如图 7-2 所示，可以看出病毒的感染顺序如下：病毒 1→病毒 2→病毒 3。当运行被感染的宿主程序时，病毒夺取计算机的控制权，

图 7-2　宿主程序交叉感染多个病毒

先运行病毒程序，顺序如下：病毒 3→病毒 2→病毒 1。在杀毒时，应先清除病毒 3，再清除病毒 2，最后清除病毒 1，层次分明，不能混乱，否则会破坏宿主程序。

2．恶意代码的清除方法

恶意代码的清除可分为手工清除和自动清除两种方法。

手工清除恶意代码的方法使用 Debug、Regedit、SoftICE 和反汇编语言等简单工具，借助对某种恶意代码的具体认识，从感染恶意代码的文件中清除恶意代码，使之复原。手工操作复杂、速度慢、风险大，需要熟练的技能和丰富的知识。

自动清除方法是使用查杀软件进行自动清除恶意代码并使之复原的方法。自动清除方法操作简单、效率高、风险小。当遇到被感染的文件急需恢复又找不到查杀软件或软件无效时，才会使用手工修复的方法。从与恶意代码对抗的全局情况看，人们总是从手工清除开始，获取一定经验后再研制成相应的软件产品，使计算机自动地完成全部清除操作。

手工修复很麻烦，而且容易出错，还要求对恶意代码的原理很熟悉。用查杀软件进行自动清除则比较方便，一般按照菜单提示和联机帮助就可以工作了。自动清除的方法基本上是将手工操作加以编码并用程序实现，其工作原理是一样的。为了使用方便，查杀软件需要附加许多功能，包括：用户界面，错误和例外情况检测和处理，磁盘目录搜索，联机帮助，内存的检测与清除，报告生成，对网络驱动器的支持，软件自身完整性（防恶意代码和防窜改）的保护措施以及对多种恶意代码的检测和清除能力等。

如果自动方法和手工方法仍不奏效，那就只能对磁盘进行格式化了。格式化虽然可以清除所有恶意代码，但是将以磁盘上所有文件的丢失作为代价。

7.3.3 恶意代码预防

基于特征码的扫描技术是一种滞后性技术，恶意代码的预防技术则是先前性技术，通过一定的技术手段防止恶意代码对计算机系统进行传染和破坏，以达到保护系统的目的。恶意代码的预防技术主要包括系统监控技术、源监控技术、个人防火墙技术、系统加固技术等。

1. 系统监控技术

系统监控技术已经形成了包括注册表监控、脚本监控、内存监控、邮件监控、文件监控在内的多种监控技术。它们协同工作，形成的防护体系使计算机预防恶意代码的能力大大增强。据统计，计算机只要运行实时监控系统并进行及时升级，基本上能预防 80% 的恶意代码，这一完整的防护体系已经被所有的安全公司认可。当前，几乎每个恶意代码防范产品都提供了这些监控手段。

实时监控概念最根本的优点是解决了用户对恶意代码的"未知性"或者说"不确定性"问题。用户的"未知性"其实是计算机反恶意代码技术发展至今一直没有得到很好解决的问题之一。值得一提的是，到现在还总是会听到有人说："有病毒？用杀毒软件杀就行了。"问题出在这个"有"字上，用户判断有无恶意代码的标准是什么？实际上等到用户感觉到系统中确实有恶意代码在作怪的时候，系统已到了崩溃的边缘。

实时监控是先前性的，而不是滞后性的。任何程序在调用之前都必须先过滤一遍。一旦有恶意代码侵入，就会报警，并自动查杀，将恶意代码拒之门外，做到防患于未然。这与等恶意代码侵入后甚至遭到破坏后再去杀毒是不一样的，其安全性更高。互联网是大趋势，它本身就是实时的、动态的，网络已经成为恶意代码传播的最佳途径，迫切需要具有实时性的反恶意代码软件。

实时监控技术能够始终作用于计算机系统之中，监控访问系统资源的一切操作，并能够对其中可能含有的恶意代码进行清除，这也正与医学上"及早发现、及早根治"的早期治疗方针不谋而合。

2. 源监控技术

密切关注、侦测和监控网络系统外部恶意代码的动向，将所有恶意代码源堵截在网络入口处，是当前网络防范恶意代码技术的一个重点。

人们普遍认为，网络恶意代码防范必须从不同的层次堵截其来源。趋势监控系统（Trend Virus Control System，TVCS）不仅可完成跨网域的操作，在传输过程中还能保障文件的安全。该系统包括针对 Internet 代理服务器的 InterScan，用于 Mail Server 的 ScanMail，针对文件服务器的 ServerProtect，以及用于终端用户的 PC-Cillin 等全方位解决方案，这些防范技术整合在一起，便构成了一道网关防毒网。

另外，消息跟踪查寻协议（Message Tracking Query Protocol，MTQP）允许电子邮件发送者跟踪邮件的消息，并监测邮件的传输路线。通过这个协议，用户可以像跟踪 UPS 或 FedEx 快递公司投递的包裹一样跟踪邮件信息。电子邮件发送者能收到邮件已经被接收者收到的消息。同样，电子邮件的接收者也可以知道发送者身份。这个协议也包括简单邮件传递协议（SMT），提供必要的跟踪信息的消息。

3. 系统加固技术

系统加固是防黑客领域的基本问题，主要通过配置系统的参数（如服务、端口、协议等）

或给系统安装补丁来减少系统被入侵的可能性。常见的系统加固工作主要包括：安装最新补丁，禁止不必要的应用和服务，禁止不必要的账号，去除后门，内核参数及配置调整，系统最小化处理，加强口令管理，启动日志审计功能等。

在防范恶意代码领域，系统补丁的管理已经成为了商业软件的必选功能。一般，与计算机相关的补丁不外乎系统安全补丁、程序 bug 补丁、硬件支持补丁和游戏补丁 4 类，其中系统安全补丁是最重要的。系统安全补丁主要是针对操作系统量身定制的。对于最常用的 Windows 操作系统，由于开发工作复杂，代码量巨大，出现蓝屏死机或者非法错误已是司空见惯。而且在网络时代，有人会利用系统的漏洞侵入用户的计算机并盗取重要文件！因此，微软公司不断推出各种系统安全补丁，旨在增强系统安全性和稳定性。

7.3.4　恶意代码免疫

给生物有机体注射疫苗，可以提高其对生物病毒的抵抗能力。同样，采用给计算机注射恶意代码疫苗的方法，可以预防计算机系统的恶意代码。正是基于这种思想，免疫技术成为了最早的防病毒技术之一。从本质上讲，计算机免疫技术通过计算机系统本身的技术提高自己的防范能力，是主动的预防技术。从早期的针对一种恶意代码的免疫技术，到现在的数字免疫系统，恶意代码免疫历经了数十年的发展。

1. 恶意代码的免疫原理

恶意代码的传染模块一般包括传染条件判断和实施传染两部分，在恶意代码被激活的状态下，恶意代码程序通过判断传染条件的满足与否决定是否对目标对象进行传染。一般情况下，恶意代码程序为了防止重复感染同一个对象，都要给被传染对象加上传染标志。检测被攻击对象是否存在这种标志是传染条件判断的重要环节。若存在这种标志，则恶意代码程序不对该对象进行传染；若不存在这种标志，则恶意代码程序就对该对象实施传染。基于这种原理，如果在正常对象中加上这种标志，就可以不受恶意代码的传染，以达到免疫的效果。

从实现恶意代码免疫的角度看恶意代码的传染，可以将恶意代码的传染分成两种。一种是在传染前先检查待传染对象是否已经被自身传染过，如果没有，则进行传染，否则不再重复进行传染。这种用作判断是否被恶意代码自身传染的特殊标志被称为传染标志。第二种是在传染时不判断是否存在免疫标志，恶意代码只要找到一个可传染对象就进行一次传染。

2. 免疫的方法及其特点

（1）基于传染标志的免疫方法

这种免疫方法的优点是可以有效地防止某一种特定恶意代码的传染。但缺点也很严重，该方法存在以下不足：① 对于不设有传染标志的恶意代码不能达到免疫的目的；② 当恶意代码变种时，不再使用原免疫标志，该方法就失效了；③ 某些恶意代码的免疫标志不容易仿制，需要对原文件做大的改动才能加上这种标志；④ 由于恶意代码的种类较多，如果一个对象加上所有恶意代码的免疫标志，则会导致其体积大增；⑤ 这种方法能阻止传染，却不能阻止其他行为。

因此，当前使用这种免疫方法的商品化安全防范软件已经不存在了。在恶意代码防范的初期，由于恶意代码的数量非常少，该免疫方法曾经很流行。

（2）基于完整性检查的免疫方法

基于完整性检查的免疫方法只能用于文件而不能用于引导扇区。这种方法的原理是，为可执行程序增加一个免疫外壳，同时在免疫外壳中记录有关用于完整性检查的信息。执行具有这种免疫功能的程序时，免疫外壳首先运行，检查自身的程序校验和，若未发现异常，则转去执行受保护的程序。

不论什么原因使这些程序改变或破坏，免疫外壳都可以检查出来，并发出警报，用户可选择进行自毁、重新引导启动计算机或继续等操作。这种免疫方法可以看成一种通用的自我完整性检验方法，不只是针对恶意代码，对于其他原因造成的文件变化，免疫外壳程序也都能检查出来并报警。

该方法存在以下缺点和不足：① 每个受到保护的文件都需要额外的存储空间；② 现在常用的一些校验码算法仍不能满足防恶意代码的需要；③ 无法对付覆盖型的文件型恶意代码；④ 有些类型的文件不能使用外加免疫外壳的防护方法；⑤ 一旦恶意代码被免疫外壳包在里面时，它就成了被保护的恶意代码。

从以上讨论可以看出，在采取了技术上和管理上的综合治理措施后，尽管目前尚不存在完美、通用的免疫方法，但计算机用户仍然完全可以控制住局势，可以将时间和精力用于更具有建设性的工作上。

3. 数字免疫系统

数字免疫系统（Digital Immune System，DIS）是赛门铁克与 IBM 共同合作研究开发的一项网络防病毒技术。采用该技术的网络防病毒产品能够应付网络病毒的爆发和极端恶意事件的发生。数字免疫系统可以将病毒解决方案广泛发送到被感染的 PC 上，或者发送到整个企业网络系统中，从而提高了网络系统的运行效率。

数字免疫系统的目标是提供快速响应时间，使得几乎可以在产生病毒的同时就消灭它。当新病毒进入到一个系统时，数字免疫系统自动捕获到该病毒并进行分析，同时将它添加到病毒库中，以增加系统保护能力；接着清除它，并把关于这个病毒的信息传送给正在运行的数字免疫系统，因而可以使得该病毒在其他地方运行之前被检测到。其典型操作步骤如下：

① 每个 PC 中的监视程序根据系统行为、程序中的可疑变化和已知的病毒列表等启发式信息，来推断是否存在病毒。监视程序将怀疑已经感染了病毒的程序副本发送到组织中的管理计算机中。

② 管理计算机对样本进行加密，并发送到一台中央病毒分析计算机中。

③ 该计算机创建一个环境，使得被感染的程序可以在这个环境中安全地运行。相关技术包括模拟或者创建一个保护环境，使得能够在这个环境中执行和监视这个可疑的程序。然后，由病毒分析计算机产生一个命令，识别并删除病毒。

④ 解决方案被送回管理计算机。

⑤ 管理计算机把该解决方案发送给被感染客户。

⑥ 该解决方案还可以继续被发送给组织中的其他客户。

⑦ 全世界的用户经常能接收到反病毒升级程序，从而防止新病毒的感染。

数字免疫系统的成功取决于病毒分析计算机检测新病毒和病毒的新变种的能力，通过不断分析和监视进而发现新病毒，可以不断更新数字免疫软件，从而可以处理新的威胁。

7.3.5 主流恶意代码防范产品

目前，主流的恶意代码防范产品主要有防火墙、反恶意软件（AntiMalware）、入侵检测系统和防御系统（IDS/IPS）。

1. 防火墙

防火墙是管理和控制网络通信的必要工具。防火墙是一种用于过滤通信的网络设备，并且通常部署在专用网络与互联网的连接之间，也可以部署在公司内的不同部门之间。如果没有防火墙，就无法限制来自互联网的恶意通信进入专用网络。防火墙基于已定义的一组规则（也被称为过滤器或访问控制列表）对通信进行过滤。这些规则本质上是一组指令，这组指令被用于区分已授权的通信和非授权的或恶意的通信。只有已授权的通信才被允许通过防火墙所提供的安全屏障。

防火墙被用于阻止或过滤通信。针对未请求的通信和从外部连接专用网络的企图，以及基于内容、应用、协议、端口或源地址来阻止已知的恶意数据、消息或数据包，防火墙都是最有效的。防火墙能够对公共网络隐藏专用网络的结构和寻址方案。大多数防火墙提供广泛的日志记录、审计和监控性能，以及警报和基本的入侵检测系统（Intrusion Detection Systems，IDS）功能。

防火墙通常不能阻止通过其他已授权通信信道传送的病毒或恶意代码，不能防止未授权的但由用户无意或有意造成的信息泄露，不能防范防火墙之后的恶意用户进行的攻击，也不能在数据离开或进入专用网络之后对其进行保护。不过，防火墙可以通过特殊的插件模块或同类产品（如防病毒扫描装置和IDS工具）来添加这些功能。这些防火墙设备可通过预设配置去执行所有（或大多数）附加功能。

除了记录网络通信活动外，防火墙还应当记录下面这些事件：① 防火墙的重启；② 无法启动的代理或依赖服务；③ 崩溃或重新启动的代理或其他重要服务；④ 对防火墙配置文件的更改；⑤ 防火墙运行时的配置或系统错误。

防火墙只是总体恶意代码防范解决方案的一部分。在使用防火墙的情况下，许多安全机制会集中在一个位置，因此防火墙可能出现单点故障。防火墙故障往往是由人为错误和不当配置造成的。防火墙不对子网内（也就是防火墙之后）的通信提供保护，而是只对通过防火墙的、从一个子网到另一个子网的通信提供保护。

防火墙的基本类型有4种：静态的数据包过滤防火墙、应用级网关防火墙、电路级网关防火墙、状态检测防火墙。通过将两种或多种防火墙类型组合为单个防火墙解决方案，也可以创建混合的或复杂的网关防火墙。大多数情况下，使用多级别防火墙能够更好地控制通信过滤。下面介绍各种防火墙类型，并且讨论防火墙部署的体系结构。

（1）静态的数据包过滤防火墙

静态的数据包过滤防火墙通过检查报文头部的数据进行通信过滤。通常，过滤规则关注于源地址、目的地址和端口地址。使用静态过滤时，防火墙不能为用户提供身份认证，也不能告知数据包来自专用网络内部还是外部，并且容易受到虚假数据包的欺骗。静态的数据包过滤防火墙被称为第一代防火墙，在OSI模型的第3层（网络层）上工作。此外，这种防火墙也被称为屏蔽路由器或常用路由器。

（2）应用级网关防火墙

应用级网关防火墙也被称为代理防火墙。代理是一种可以将数据包从一个网络复制到另一个网络的机制；为了保护内部或专用网络的身份，复制过程还改变了源地址和目的地址。应用级网关防火墙基于用于发送或接收数据的网络服务（也就是应用）来过滤通信。每种应用类型必须具有自己唯一的代理服务器,因此应用级网关防火墙包括很多独立的代理服务器。

由于每个信息数据包在通过防火墙时都必须经过检查和处理，因此这种类型的防火墙对于网络的性能会产生负面影响。应用级网关防火墙被称为第二代防火墙，并且在 OSI 模型的应用层（第 7 层）上工作。

（3）电路级网关防火墙

电路级网关防火墙用于在可信合作伙伴之间建立通信会话，在 OSI 模型的会话层（第 5 层）上工作。Sock（来自安全套接字，就像 TCP/IP 端口一样）是电路级网关防火墙的通用实现。电路级网关防火墙也被称为电路代理，在电路的基础上管理通信，而不是基于通信的内容管理通信。电路级网关防火墙只基于通信电路的终点名称（也就是源地址、目的地址以及服务端口号）来许可或拒绝转发决策，因为它们代表对应用级网关防火墙概念的更改，所以电路级网关防火墙仍然被视为第二代防火墙。

（4）状态检测防火墙

状态检测防火墙（也被称为动态包过滤防火墙）对网络通信的状态或环境进行评估。通过查看源地址和目的地址、应用习惯、起源地以及当前数据包与同一会话先前数据包之间的关系，状态检测防火墙能够为已授权的用户和活动授予广泛的访问权限，并且能够积极地监视和阻止未授权的用户和活动。状态检测防火墙通常比应用级网关防火墙更有效，被视为第三代防火墙，并且在 OSI 模型的网络层和传输层（第 3、4 层）上工作。

2．反恶意软件

阻止恶意代码最重要的措施是使用带有最新签名文件的反恶意软件。最初，反恶意软件将注意力集中在病毒身上，主要功能也是病毒的查杀，所以此类软件也习惯被称为杀毒软件（也称为反病毒软件或防毒软件）。

然而恶意软件不断扩展，杀毒软件的功能也逐渐扩展到木马、蠕虫、间谍软件、Rootkit 等恶意代码上来。现在的反恶意软件（杀毒软件）功能越来越强，通常集成监控识别、恶意代码扫描和清除、自动升级特征库、主动防御等功能，有的软件还带有数据恢复等功能。

反恶意软件的任务是实时监控和扫描磁盘。部分反恶意软件通过在系统添加驱动程序的方式，进驻系统，并且随操作系统启动。大部分反恶意软件还具有防火墙功能。反恶意软件的实时监控方式因软件而异。有的反恶意软件是通过在内存里划分一部分空间，将计算机中流过内存的数据与反恶意软件自身所带的特征库（包含恶意代码定义）的特征码相比较，以判断是否为恶意代码。另一些反恶意软件则在划分到的内存空间中，虚拟执行系统或用户提交的程序，根据其行为或结果做出判断。

目前，比较知名的反恶意软件包括以下几种。

① Avira AntiVir，俗称"小红伞"，是一套由德国的 Avira 公司所开发的杀毒软件，用户超过 7000 万，采用高效的启发式扫描，可以检测 70%的未知病毒。在专业测试中，Avira AntiVir 是所有免费且具有自主杀毒引擎的防病毒软件中侦测率最高的。一些知名的杀毒软件像 360 安全卫士、腾讯电脑管家等也采用小红伞的引擎。

② 卡巴斯基反病毒软件，是世界上拥有最尖端科技的杀毒软件之一，公司总部设在俄罗斯首都莫斯科，全名"卡巴斯基实验室"。卡巴斯基是国际著名的信息安全领导厂商，经过长期计算机恶意代码领域的研究，拥有独特的知识和技术，成为了病毒防卫的技术领导者和专家。卡巴斯基安全软件主要针对家庭及个人用户，具有强大的恶意代码防范能力，保护用户计算机不受各类互联网威胁的侵害。

③ AVG，俗称"大A"，是由捷克的 AVG Technologies 公司推出的一款全球著名的杀毒软件。AVG 致力于确保数据安全、保护隐私，抵御间谍软件、广告软件、木马、拨号程序、键盘记录程序和蠕虫威胁。

④ Avast，俗称"小a"（中文名为爱维士），来自捷克，已有数十年的历史，在国外市场一直处于领先地位。Avast 的实时监控功能十分强大，拥有八大防护模块：文件系统防护、网页防护、邮件防护、网络防护、P2P 防护、即时消息防护、行为防护、脚本防护等。

⑤ ESET NOD32，是由 ESET 发明设计的杀毒防毒软件。ESET 于 1992 年建立，是一个全球性的安全防范软件公司，主要为企业和个人消费者提供服务。NOD32 能针对已知及未知的病毒、间谍软件（Spyware）及其他对用户系统带来威胁的程序进行实时的保护。

⑥ Norton（诺顿），是 Symantec（赛门铁克）公司个人信息安全产品之一，亦是一个广泛被应用的反病毒程序。除了原有的防毒外，Norton 还有防间谍等网络安全风险的功能，反病毒产品包括：诺顿网络安全特警（Norton Internet Security）、诺顿防病毒软件（Norton Antivirus）、诺顿 360 全能特警（Norton 360）等产品。赛门铁克还有一种专供企业使用的版本，被称为 Symantec Endpoint Protection。

⑦ 360 杀毒。360 杀毒是 360 安全中心出品的免费的云安全杀毒软件，是国内用户量最大的反恶意软件。360 杀毒创新性地整合了五大领先查杀引擎，包括国际知名的 BitDefender 病毒查杀引擎、小红伞病毒查杀引擎、360 云查杀引擎、360 主动防御引擎以及 360 第二代 QVM 人工智能引擎。

3．入侵检测系统和入侵防御系统

入侵检测系统（IDS）和入侵防御系统（Intrusion Prevention System，IPS）是恶意代码防范纵深防御的重要一环，也是当前计算机安全防护系统的重要组成部分，不仅能够有效检测和防御恶意代码，还能有效防御利用恶意代码进行的外部攻击。

入侵发生时，攻击者能够绕过或破坏安全机制，并获得组织的资源。入侵检测是一种特定形式的监测，通过监控记录信息和实时事件来检测潜在事件或入侵的异常活动。入侵检测系统（IDS）通过自动检测日志和实时系统事件以检测入侵和系统故障。

入侵检测系统（IDS）可以识别来自外部连接的攻击，如来自互联网的攻击以及通过内部传播的攻击，如恶意蠕虫，一旦发现可疑事件，便会通过发送或响起警报的方式来做出回应。在某些情况下，入侵检测系统（IDS）可以修改环境来阻止攻击。入侵检测系统（IDS）的主要目标是提供能够及时和准确应对入侵的方法。

入侵防御系统（IPS）具有入侵检测系统的所有功能，还可以采取额外的措施来阻止或防止入侵。如果需要，管理员可以禁用 IPS 中的这些额外功能，使之成为入侵检测系统。

（1）IDS 的监测原理

入侵检测系统（IDS）能够通过监控网络流量和检查日志来检查有无可疑活动。例如，入侵检测系统使用传感器或代理设备来监控路由器和防火墙等关键设备。这些设备有可以记录活动的日志，传感器可以将这些日志条目转发给入侵检测系统，以便分析。一些传感器将所有的数据发送到入侵检测系统，而另一些传感器检查条目，只发送特定的日志条目。具体方式取决于管理员对传感器的控制。

入侵检测系统对数据进行评估，并使用如下两种常见方法对恶意行为进行检测：基于知识的检测和基于行为的检测。总之，以知识为基础的检测使用签名，这种签名类似反恶意软件中使用的签名定义。基于行为的检测不使用签名，而是将活动同正常性能的基线进行对比，以检测异常行为。许多入侵检测系统采用两者相结合的方法。

① 基于知识的检测（又称为模式匹配检测或基于签名的检测）使用由入侵检测系统供应商开发的已知攻击的数据库。例如，一些自动化工具可以启动 SYN 泛洪攻击，这些工具的模式和特点均已在签名数据库中定义。流量数据实时与数据库相匹配，如果入侵检测系统发现匹配，则发出警告。基于知识的入侵检测系统的主要缺点是，只对已知的攻击方法有效。新的攻击或已知攻击被稍微修改版本，入侵检测就会失效。

IDS 中基于知识的检测类似反恶意软件应用中基于签名的检测。反恶意软件应用有已知恶意软件的数据库，并在数据库中检索，寻找匹配的文件。正如反恶意软件应用必须从软件供应商那里获得更新，入侵检测数据库也必须定期更新攻击签名。大多数入侵检测系统供应商提供自动更新签名的方法。

② 基于行为的检测（也被称为统计入侵检测、异常检测和基于启发式的检测）最开始在系统中创建正常活动和事件的基线。一旦积累足够多的能够确定正常活动的基线数据，便可以检测恶意入侵或恶意事件的异常活动。基线通常在有限的时间内建立起来，如一个星期。如果网络被修改，基线需要更新。否则，入侵检测系统可能提醒存在异常活动，但其实是正常的。一些产品继续监测网络，以了解更多的正常活动，并且会根据监测更新基线。

基于行为的入侵检测系统使用基线、活动数据、启发式评估技术，将当前活动同先前活动进行比较，以检测潜在恶意事件。许多可以执行状态包分析，这类似通过状态检测防火墙检测基于网络流量的状态。

正常的分析能够使入侵检测系统识别下列情况，并作出相应反应，具体情况有：流量及活动的激增，多次失败的登录尝试，在正常工作时间以外的登录或程序活动，或突然增加的错误或失败信息。所有这些都代表发生了以知识为基础的检测系统无法识别的攻击。

基于行为的入侵检测系统可以被认为是专家系统或伪人工智能系统，因为它可以学习并对事件做出假设。换言之，入侵检测系统可以像人类专家一样，能够通过已知事件对当前事件进行评估。基于行为的入侵检测系统的正常活动和事件的信息越多，检测到异常情况的概率就会越高。不同于基于签名的检测，基于行为的入侵检测系统的一个明显好处是可以不使用签名，便能检测到新的攻击。

基于行为的入侵检测系统的主要缺点是，往往会发起大量的误报。在正常操作过程中，用户和系统活动的模式可能有很大的不同，使得难以准确地定义正常和异常活动的边界。

（2）IDS 的响应

虽然基于知识和基于行为的入侵检测系统使用的方法不同，但是它们都使用警报系统。当入侵检测系统检测到事件时，便会触发报警。然后，可以使用被动或主动的方法做出响应。被动响应是指系统记录事件并发送通知。主动响应是指系统通过改变环境来阻止活动而不是做记录和发送通知。

① 被动响应系统能够通过电子邮件、文本、寻呼消息或弹出消息的方式将信息发送给管理员。在某些情况下，如有必要，警报可以生成一份报告，详细说明事件和日志活动，可为管理员提供更多的信息。许多 24 小时的网络运营中心（NOC）都有中央监控屏幕，主要支持中心的所有人员都能看到。例如，一面墙上有多个大屏幕，实时监测并显示 NOC 中的不同网络元素数据。IDS 警报会显示在一个屏幕上，以确保工作人员及时了解事件。这些即时通知帮助管理员快速有效地对未知行为做出响应。

② 主动响应可以使用不同的方法来修改环境。典型的回应有通过修改 ACL，以阻止基于端口、协议和源地址的流量输出，甚至可以禁用某段电缆上的所有通信。入侵检测系统也

可以阻止可疑或非法用户的资源访问。安全管理员事先对这些活动配置合适的响应方式，并根据环境的变化做出调整。

（3）IDS 的分类

IDS一般根据信息来源进行分类，目前主要有两类 IDS：主机型和网络型。主机型 IDS（HIDS）监视单个计算机或主机上的可疑活动，网络型 IDS（NIDS）则监视在网络介质上进行的可疑活动。

基于应用程序的入侵检测系统很少使用，是一种特定类型的基于网络的入侵检测系统，监视两个或多个服务器之间的特定应用程序流量。例如，基于应用程序的入侵检测系统可以监视 Web 服务器和数据库服务器之间的流量，以寻找可疑活动。

① 主机型 IDS（HIDS）。HIDS 监视单个计算机上的活动，包括过程调用和日志，这些日志记录在系统、应用、安全和基于主机的防火墙中，检测的事件比 NIDS 更详细，并且可以在攻击中找到特定的文件，还可以跟踪攻击者采用的进程。

② 网络型 IDS（NIDS）。NIDS 监测并评估网络活动来检测攻击事件或异常，不能检测加密流量的内容，但可以监测其他数据包的信息。NIDS 通过使用远程传感器来收集关键网络位置的数据，以监测大型网络。在关键网络位置能够将数据发送到中央管理控制台，这些传感器可以监视路由器、防火墙、支持端口镜像的网络交换机和其他类型的网络端口流量。

HIDS 可以检测到主机系统上的异常。例如，HIDS 能够检测到攻击者进入系统并进行远程监控的感染点，许多 HIDS 都拥有反恶意软件的能力。

虽然很多厂商建议在所有系统中安装 HIDS，但该行为仍不常见，因为 HIDS 也有缺点。相反，许多组织选择在关键的服务器上安装 HIDS 作为附加保护。HIDS 的缺点是费用和相关的可用性。HIDS 比 NIDS 更昂贵，因为需要对每个系统进行监视，而 NIDS 通常支持集中式管理。HIDS 不能检测到其他系统的网络攻击，还将消耗大量的系统资源，降低主机系统的性能。虽然限制 HIDS 使用的系统资源也是可以做到的，但这样通常会导致对一次活跃攻击的遗漏检测。此外，HIDS 更容易被攻击者发现，并且日志将会保存在系统中，更方便入侵者修改日志。

（4）入侵防御系统

入侵防御系统（IPS）是一种特殊类型的主动入侵检测系统，能够在攻击到达目标系统之前进行检测并阻止攻击，有时也被称为入侵检测和防御系统（IDPS）。两者之间最主要的区别是 IPS 同流量保持一致。换句话说，所有流量必须通过 IPS，IPS 可以在分析之后选择将流量通过或阻止。这使得 IPS 能够阻止攻击到达目标。

相反，与流量不一致的 IDS 只有在攻击到达目标之后才能检测到。主动 IDS 能够在攻击开始之后采取措施阻止攻击，但不能预防攻击。

就像其他 IDS 一样，IPS 可以使用基于知识的检测和/或基于行为的检测，还可以记录活动，并像 IDS 一样给管理员发出警报。

本章小结

本章主要介绍了恶意代码的概念及其特征，并简要介绍了目前流行的几类恶意代码。在此基础上，总结了恶意代码防范的原则和策略，以及如何防治恶意代码的具体方案。

1．恶意代码的概念

恶意代码有狭义与广义之分。狭义的恶意代码是指在未明确提示用户或未经用户许可的情况下，在用户计算机或其他终端上安装运行，侵犯用户合法权益的软件；广义的恶意代码是指故意编制或设置的、对网络或系统会产生威胁或潜在威胁的计算机代码。无论其是否造成了严重后果，只要意图对目标网络或系统产生威胁，就属于恶意代码。

2．典型恶意代码

典型恶意代码包括计算机病毒（Computer Virus）、蠕虫（Worm)、特洛伊木马（Trojan Horse）、恶意脚本（Malice Script）、流氓软件（Crimeware）、僵尸网络（Botnet）、网络钓鱼（Phishing）、智能移动终端恶意代码（Malware In intelligent Terminal Device）、Rootkit、间谍软件（Spyware）、勒索软件（Ransomware）、逻辑炸弹（Logic Bomb）、后门（Back Door）等。

3．恶意代码防范原则和策略

业界公认的恶意代码防范原则和策略是：防重于治、防重在管，综合防护，最佳均衡原则，管理与技术并重，正确选择网络反毒产品，多层次防御，注意恶意代码检测的可靠性。

4．恶意代码检测技术

常用的恶意代码检测方法有比较法、校验和法、特征码扫描法、行为监测法、感染实验法和分析法等。

5．主流恶意代码防范产品

目前主流的恶意代码防范产品主要有防火墙、反恶意软件（AntiMalware）、入侵检测系统（IDS）和入侵防御系统（IPS）。

实验 7　网络蠕虫病毒及防范

1．实验目的

通过实验，进一步深化对网络蠕虫病毒的理解，加深对其危害的认识，了解"冲击波"病毒的特征和运行原理，找到合理的防范措施。

2．实验原理

蠕虫一般不利用插入文件的方法，不把文件作为宿主，而是通过监测并利用网络中主机系统的漏洞进行自我复制和传播。蠕虫一般以独立程序存在，采取主动攻击和自动入侵技术，感染网络中的计算机。由于蠕虫程序较小，自动入侵程序一般都针对某种特定的系统漏洞，采用某种特定的模式进行，没有很强的智能性。"冲击波"病毒利用 Windows 操作系统的 RPC 漏洞进行传播和感染，攻击者利用这些漏洞以本地计算机的系统权限在远程计算机中执行任意操作，如复制、删除数据、创建管理员账户等。

3．实验环境

预装 Windows Server 2003/ Windows 7 的计算机，操作系统不要安装相关补丁，以再现病毒感染过程。

4．实验内容

（1）在实验环境中单击带有"冲击波"病毒的邮件附件，以感染病毒，观察"冲击波"

病毒的特征。

（2）"冲击波"病毒的清除。

（3）"冲击波"病毒的预防。

5．实验提示

（1）"冲击波"病毒的特征

在实验环境中单击带有"冲击波"病毒的邮件附件，以感染病毒，出现下面的中毒症状。

① 计算机莫名其妙地死机或频繁地重新启动；IE 浏览器不能正常地打开链接；不能复制、粘贴。

② 网速变慢，用 netstat 命令查看网络连接，可以看到连接状态为 SYN_SENT 的大量 TCP 连接请求。

③ 任务管理器可以查到 msblast.exe 进程在运行。

④ 在 HKEY_LOCAL_MACHINE\SOFTWARE\Microsoft\Windows\CurrentVersion\Run 子键下增加了"windows auto update"="msblast.exe"键值，使病毒可以在系统启动时自动运行。

⑤ 如果当前系统日期在 8 月份或 15 号以后，它试图对 windowsupdate.com 发起 DoS 攻击，以使计算机系统失去更新补丁程序的功能。

（2）"冲击波"病毒的清除

可以通过防病毒软件进行全面的检测以清除"冲击波"病毒，也可以采用手动清除步骤清除病毒，具体步骤如下：

① 启动"任务管理器"，从中查找 msblast.exe 进程，找到后在进程上单击右键，选择"结束进程"，单击"是"按钮。

② 检查%systemroot%\System32 目录下（Windows 2000 中一般是 C:\WINNT\System32）是否存在 msblast.exe 文件，如果有，则删除它（必须先结束 msblast.exe 在系统中的进程，才可以顺利地删除它）。

③ 运行 regedit，启动注册表编辑器，找到 HKEY_LOCAL_MACHINE\SOFIWARE\Microsoft\Windows\CurrentVersion\Run 子键，删除其下的"windows auto update"="msblast.exe"键值。

（3）"冲击波"病毒的防范

"冲击波"病毒通过微软的 RPC 漏洞进行传播，应到以下网址下载并安装 RPC 补丁：http://www.microsoft.com/technet/treeview/default.asp?url=/technet/security/bulletin/MS03-026.asp。

"冲击波"病毒主要利用 TCP 的 135 端口和 4444 端口及 UDP 的 69 端口进行攻击，可以通过使用防火墙软件将这些端口禁止，或者利用 Windows 操作系统中"TCP/IP 筛选"功能禁止这些端口，以防止端口被攻击，达到预防的目的。"TCP/IP 筛选"的实现步骤如下：

① 打开"网络连接"属性，单击"属性"按钮，弹出如图 7-3 所示的对话框。

② 选择"Internet 协议（TCP/IP）"选项，单击"属性"按钮，如图 7-4 所示。

③ 单击图 7-4 中的"高级"按钮，弹出"高级 TCP/IP 设置"对话框，如图 7-5 所示。

④ 选中"TCP/IP 筛选"项，单击"属性"按钮，弹出"TCP/IP 筛选"对话框，如图 7-6 所示。根据要求，单击"添加"选项，添加允许访问的合法网络连接端口，则限制了 TCP 的 135 端口及 UDP 的 69 端口。

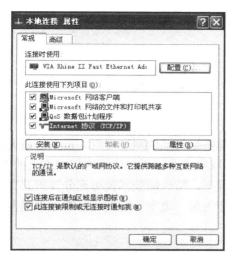

图 7-3 "本地连接属性"对话框

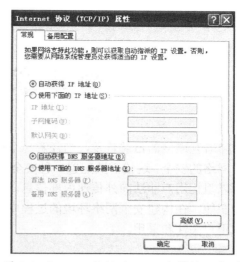

图 7-4 "Internet 协议（TCP/IP）属性"对话框

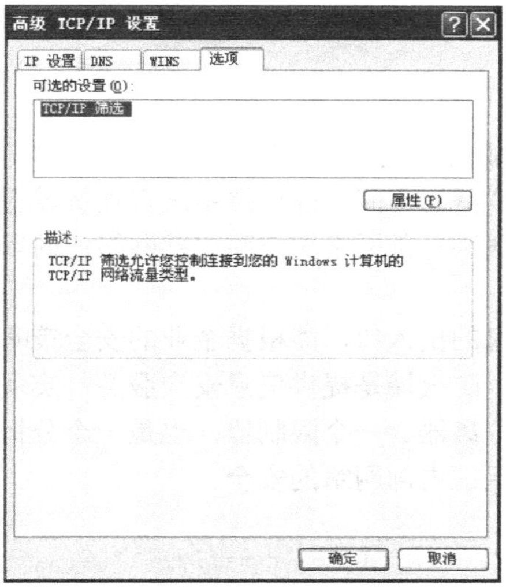

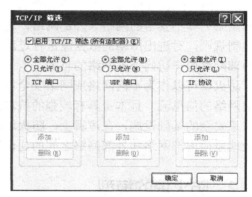

图 7-5 "高级 TCP/IP 设置"对话框

图 7-6 "TCP/IP 筛选"对话框

习 题 7

7.1 什么叫恶意代码？

7.2 恶意代码有哪些特征？

7.3 典型的恶意代码有哪些？

7.4 计算机病毒的主要特点有哪些？

7.5 木马有哪些基本特征？

7.6 恶意代码防范有哪些原则和策略？

7.7 防范恶意代码应从哪几个层次进行？

7.8 常用的恶意代码检测方法有哪些？

7.9 什么是恶意代码的"特征码"？

7.10 什么是恶意代码的预防技术？具体包括哪些技术？

第 8 章　防　火　墙

随着互联网的日益普及，当任意一个单位的内部网络与互联网连接后，带来的最大问题就是网络的安全，这就需要配置一种安全策略，既可以防止非法用户访问内部网络上的资源，又可以阻止用户非法向外传递内部信息。在这种情况下，防火墙技术便可充分发挥其安全网关的职能，在构建安全网络环境的过程中，防火墙作为第一道安全防线，已被越来越多的单位和用户关注和采用。

8.1　防火墙的基本原理

8.1.1　防火墙的概念

防火墙（Firewall）是由软件和硬件设备组合而成的系统，处于安全的网络（通常是企业内部网络）和不安全的网络（外部网络，通常是互联网）之间，并根据系统管理员设置的访问控制规则，对进出网络的数据流进行过滤，达到限制外部网络用户对内部网络访问以及管理内部网络用户访问外部网络的目的。

防火墙可以作为不同网络或网络安全域之间信息的出入口，能根据企业的安全策略控制进出网络的信息流，且本身具有较强的抗攻击能力。防火墙是提供信息安全服务、实现网络和信息安全的基础设施，在逻辑上，防火墙是一个分离器、一个限制器，也是一个分析器，有效地监控内部网络和外部网络之间的通信活动，保证内部网络的安全。

8.1.2　防火墙的模型

鉴于防火墙配置于两个网络之间，因此从内部网络到外部网络的所有数据流都要经过防火墙。防火墙对数据的处理方式有三种：一是允许数据流通过，二是拒绝数据流通过，三是将数据流丢弃。打个形象的比喻，防火墙能够允许用户"同意"的人和数据进入，同时阻止用户"不同意"的人和数据进入，以此阻止网络中的黑客访问他的网络，防止他们更改、复制、毁坏用户的重要信息。按照 OSI/RM 模型要求，一般的防火墙可以在 OSI/RM 的应用层、传输层、网络层、数据链路层和物理层上进行设置（如图 8-1 所示），防火墙工作的层次越高，其检查数据包中的信息越多，因此防火墙消耗的处理器工作周期就越长。与此同时，防火墙检查的数据包越靠近 OSI/RM 模型的上层，该防火墙所提供的安全保护等级就越高，因为在上层能够获取更多的信息用于安全决策。

从图 8-1 可以看到，防火墙主要用来拒绝未经授权的外部用户访问，阻止未经授权的外部用户存取敏感数据，同时允许合法用户不受妨碍地访问网络资源。如果使用得当，可以很大程度上提高网络安全性能，但是这并不是说防火墙就可以百分之百地解决网络上的信息安全问题，虽然防火墙对外部的攻击可以进行有效的还击，却对来自内部的网络攻击无能为力。

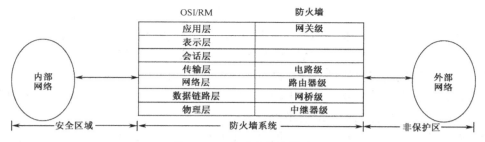

图 8-1　一般的防火墙模型

8.2　防火墙的分类

自从 1986 年美国 Digital 公司在 Internet 上安装了全球第一个商用防火墙系统，并提出了防火墙概念后，防火墙技术得到了飞速的发展。特别是 1996 年以后，随着防火墙技术和密码技术的结合，防火墙市场得到了长足的发展，目前防火墙已经历了 4 代。

第 1 代防火墙又称为包过滤路由器（Packet Filtering Router）或筛选路由器（Screening Router），即通过检查经过路由器数据包的源地址、目的地址、TCP 端口号、UDP 端口号等参数来决定是否允许该数据包通过，并对其进行路由选择转发。

第 2 代防火墙也称为代理服务器（Proxy Server），用来提供网络服务级控制，起到外部网络向被保护的内部网络申请服务时的中间转接作用。

第 3 代防火墙具有状态监控（Stateful Inspection）功能，可在网络层对数据包的内容进行检查。

第 4 代防火墙是建立在安全操作系统的基础上，已经演变成全方位的安全技术集成系统。

尽管防火墙的发展经过了上述 4 代，但是按照防火墙对内外来往数据的处理方法，大致可以分为两大类：包过滤（Packet Filtering）防火墙和应用代理（Application Proxy）防火墙（应用层网关防火墙）。前者以色列的 CheckPoint 防火墙和 Cisco 公司的 PIX 防火墙作为代表，后者以美国 NAI 公司的 Gauntlet 防火墙为代表。

8.2.1　包过滤防火墙

1．包过滤的概念

包过滤作用在网络层和传输层，根据分组包头的源地址、目的地址、端口号和协议类型等标志确定是否允许数据包通过。只有满足过滤规则的数据包才被转发到相应目的地址的出口端，其余数据包则从数据流中丢弃。防火墙通常是一个具备包过滤功能的简单路由器，鉴于包过滤是路由器的固有属性，这是确保网络通信安全的一种简单方法。包是网络上信息流动的单位，在网络上传输的文件一般在源端被分割成一串数据包，经过中间站点，最终传到目的端，然后这些包中的数据被重新被组合成原来的文件。每个包分为两部分，即包头和数据，包头中含有源地址和目的地址等信息。

包过滤一直是一种简单而有效的方法，可通过拦截数据包，读出并拒绝那些不符合规则的数据包，以此过滤掉不应进入网络的数据信息。包过滤防火墙又称为过滤路由器，通过将包头信息和管理员设定的规则表进行比较，如果有一条规则不允许发送某个包，防火墙就将它丢弃。每个数据包都是包含有特定信息的一组报头，其主要信息包括：IP 包封装协议类型（TCP，UDP 和 ICMP 等）、IP 源地址、IP 目标地址、IP 选择域的内容、TCP 或 UDP 源端口号、TCP 或 UDP 目标端口号和 ICMP 消息类型。防火墙也会获得一些在数据包头部信息中没有的、关于数据包的其他信息，如数据包到达的网络接口、数据包出去的网络接口。包过滤防火墙与普通路由器的主要区别在于，普通路由器只是简单地查看每个数据包的目标地址，并且选取数据包发往目标地址的最佳路径。

如何处理数据包上的目标地址，一般有以下两种情况：一是路由器知道如何发送数据包到其目标地址，则发送数据包；二是路由器不知道如何发送数据包到目标地址，则返还数据包，并向源地址发送"不能到达目标地址"的消息。包过滤防火墙将更严格地检查数据包，除决定是否能发送数据包到其目标地址，还决定是否应该发送。"应该"或者"不应该"由站点的安全策略决定，并由包过滤防火墙强制设置。

包过滤防火墙放置在内部网络与外部网络之间，相较普通路由器而言，其功能具有以下四个特点：一是包过滤防火墙将担负更大的责任，需要确定和执行转发任务，而且是唯一的保护系统；二是如果包过滤防火墙的安全保护措施失败，内部网络将被暴露；三是简单的包过滤防火墙不能修改任务；四是包过滤防火墙能允许或拒绝服务，但不能保护在一个服务之内的单独操作，即如果一个服务没有提供安全的操作要求，或者这个服务由不安全的服务器提供，则包过滤防火墙将不能提供安全保护。

采用包过滤方式的防火墙具有很多优点，仅用放置在重要位置上的包过滤防火墙就可保护整个内部网络。如果内部网络与外部网络之间只有一台路由器，不管站点规模有多大，只要在这台路由器上设置合适的包过滤规则，内部网络就可得到较好的安全防护。包过滤功能的实现不需用户软件的支持，不要求对客户机做特别的设置，也没有必要对用户做任何培训。当包过滤防火墙允许数据包通过时，与普通路由器没有任何区别，用户甚至感觉不到包过滤功能的存在，只有在某些包被禁入或禁出时，用户才感觉到它与普通路由器的不同。包过滤工作对用户来讲是透明的，可在不要求用户进行任何操作的前提下完成包过滤工作。

虽然包过滤防火墙有许多优点，但也有一些缺点及局限性：一是在防火墙系统中配置包过滤规则比较困难；二是对防火墙系统中包过滤规则的配置进行测试较为麻烦；三是许多防火墙产品的包过滤功能有这样或那样的局限性，要寻找一个完整的包过滤型防火墙产品比较困难。包过滤防火墙本身可能存在缺陷，这对系统安全性的影响要大大超过应用代理防火墙对系统安全性的影响。因为应用代理防火墙的缺陷仅会使数据无法传送，而包过滤防火墙的缺陷则会使一些该拒绝的包能进出网络。即使在网络中安装了比较完善的包过滤防火墙，有些协议使用包过滤方式并不太合适，而且有些安全规则难以用包过滤防火墙来实施。例如，在包中只有来自某台主机的信息而无来自某个用户的信息，若要过滤用户，就不能用包过滤型防火墙。

以路由器为基础的防火墙要对每个连接请求的源地址（即发出数据包的主机的 IP 地址）进行检查，确认每个 IP 源地址后，防火墙制订的规则将得到实施。基于路由器的防火墙有很快的处理速度，因为它仅对源地址进行检查，并没有发挥路由器的真正作用，而且路由器根本不去判断地址是否是假的或伪装的。然而加快速度是有代价的，基于路由器的防火墙将源地址作为索引，这意味着，带有伪造源地址的数据包能在一定程度上对防火墙所保护的网络进行非授权访问。

包过滤规则以 IP 包信息为基础，对 IP 包的源地址、目的地址、封装协议、端口号等进行筛选。包过滤操作可以在路由器或网桥上进行，甚至可以在一个单独的主机上进行。传统的包过滤只与规则表进行匹配。防火墙的 IP 包过滤主要根据一个有固定排序的规则链进行过滤，其中的规则都包含 IP 地址、端口、传输方向、分包、协议等内容。普通的防火墙包过滤规则是在启动时就已经配置好的，只有系统管理员才可以修改，它是静态存在的，称为静态规则。

有些防火墙产品采用了基于连接状态的检查，将属于同一连接的所有包作为一个整体的数据流看待，通过规则表与连接状态表共同配合检查。动态过滤规则技术的引入弥补了防火墙的许多缺陷，从而最大限度地降低了黑客攻击的成功率，提高了系统的性能和安全性，许多数据包过滤技术能弥补基于路由器的防火墙的缺陷。由于数据包的 IP 地址域并不是路由器唯一能捕捉的域，随着数据包过滤技术的日益发展，网络安全管理员可使用的规则和方案越来越完善，甚至能将数据包中的承载信息作为过滤条件。

2．包过滤的基本原理

包过滤防火墙可以利用包过滤手段来提高网络的安全性，其过滤功能既可由商用的硬件防火墙产品来完成，也可由基于软件的防火墙产品来完成。

（1）包过滤和网络安全策略

包过滤可以实现网络的安全策略，网络安全策略必须清楚地说明被保护的网络和服务的类型、它们的重要程度和这些服务要保护的对象等。一般来说，网络安全策略主要集中在阻止攻击者，而不是试图警戒内部用户，工作重点是阻止外部网络用户的攻击和泄露内部网络敏感数据，不是阻止内部用户使用外部网络服务，这种网络安全策略决定了包过滤防火墙应该放在哪里和怎样通过编程来执行包过滤，完善的网络安全策略还应该做到使内部网络用户也难以危害内部网络的安全。网络安全策略的目标之一是提供一个透明机制，以便这些策略不会对用户产生妨碍。因为包过滤工作在 OSI/RM 模型的网络层和传输层，而不是在应用层，这种方法一般比软件防火墙方法更具透明性，而软件防火墙工作在 OSI/RM 模型的应用层。

（2）包过滤模型

包过滤防火墙通常设置于一个或多个网段之间。网段区分为外部网段或内部网段。外部网段通过网络将用户的计算机连接到外部网络上，内部网段连接局域网内部的主机和其他网络资源。包过滤防火墙的每个端口都可实现相应的网络安全策略，并以此描述通过此端口可访问的网络服务类型。如果连接在包过滤防火墙上的网段数目过大，则包过滤要完成的服务也会相对复杂，因此，实践中应尽量避免对网络安全问题采取过于复杂的解决方案，其主要原因如下：一是复杂的解决方案更难以维护；二是在进行包过滤规则的配置时更容易出错；三是相对复杂的解决方案对实现防火墙的过滤功能容易产生负面影响。

在大多数情况下，包过滤防火墙只连接两个网段，即外部网段和内部网段，用来限制那些他的访问控制规则拒绝的网络流量。因为网络安全策略是应用于那些与外部网络有联系的内部网络用户的，所以包过滤防火墙端口两边的过滤器必须以不同的规则工作。

（3）包过滤操作

包过滤防火墙一般按照如下包过滤规则进行工作：

① 包过滤规则必须由包过滤防火墙的端口存储。

② 当包到达端口时，防火墙对包头进行语法分析，大多数防火墙仅检查 IP、TCP 或 UDP 包头中的字段，而不检查包体的内容。

③ 包过滤规则以特殊方式进行存储。

④ 如果一条规则允许包传输或接收，则该包可以继续处理。

⑤ 如果一条规则阻止包传输或接收，此包不被允许通过。

⑥ 如果一个包不满足任何一条规则，则该包被阻塞。

包过滤操作流程如图 8-2 所示。

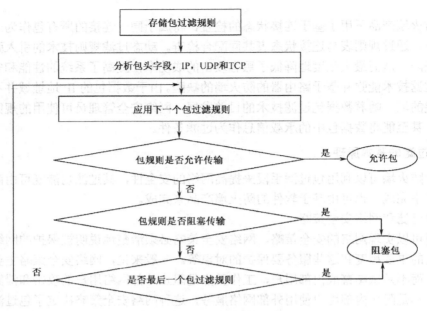

图 8-2 包过滤操作流程图

从规则④和⑤可知，规则以正确的顺序存放很重要。配置包过滤规则时常见的错误就是将过滤规则的顺序进行错误放置，从而导致有效的数据包传输也可能被拒绝，而该拒绝的数据包传输却被允许了。

在用规则⑥设计网络安全解决方案时，应该遵循自动防止故障原理。因为任何包过滤规则都不能完全确保网络的安全，而且随着新服务的增加，很有可能遇到与任何现有规则都不匹配的情况。

3．包过滤规则

对收到的每个数据包，包过滤防火墙均将它与每条包过滤规则对照，然后根据比对结果来确定对该数据包采取的动作，如果包过滤防火墙中没有任何一条规则与该包对应，就将它拒绝，这就是"默认拒绝"原则。

制定包过滤规则时应注意以下三个事项：

一是联机编辑过滤规则。一般将过滤规则以文本文件方式编辑并保存在电脑上，这样很容易采用编辑软件对它进行加工，再将它加载到包过滤防火墙。

二是用 IP 地址值而不用主机名。在包过滤规则中，用具体的 IP 地址值来指定某台主机或某个网络而不用主机名字，这可以防止人为有意或无意地破坏名字。

三是规则文件生成后，先要将老的规则文件清除，再将新规则文件加载，这样可以避免新规则集与老规则集产生冲突。

4．依据地址进行过滤

在包过滤防火墙中，最简单的方法是依据地址进行过滤，不管使用什么协议，仅根据源地址/目的地址对传输的包进行过滤。该方法只让某些被指定的外部网络主机与某些被指定的内部网络主机进行交互，还可以防止黑客采用伪装包对内部网络进行攻击。例如，为了防止伪装包流入内部网络，可以这样来制定规则：

规则编号	数据包方向	源地址	目的地址	动作
1	由外向内	内部地址	任何地址	拒绝

注意，方向是由外向内的。在外部网络与内部网络间的路由器上，可以将往内的规则用于路由器的外部网络接口，来控制流入的包；或者将规则用于路由器的内部网络接口，来控制流出的包。两种方法对内部网络的保护效果是一样的，但对路由器而言，第二种方法显然没有对路由器提供有效的保护。

因为包的源地址很容易伪造，有时依靠源地址来进行过滤不太可靠，所以有一定的风险，除非再使用一些其他技术，如加密、认证，否则不能完全确认与之交互的机器就是目的机器，而不是其他机器伪装的。上面的规则能防止外部网络主机伪装成内部网络主机，而该规则对外部网络主机冒充另一台外部网络主机则束手无策。依靠伪装发动攻击有两种技术途径：源地址伪装攻击和"途中人"伪装攻击。

在源地址伪装攻击中，攻击者用一个用户认为信赖的源地址向用户发送一个包，他希望用户基于对源地址的信任而对该包进行正常的操作，并不期望用户给他什么响应，即回送他的包，因此没有必要等待返回信息，用户对该包的响应会送到被伪装的那台机器。在很多情况下，特别是在涉及 TCP 的连接中，真正的主机对收到莫名其妙的包后的反应一般是将这种有问题的连接清除。当然，攻击者不希望看到这种情况发生，他们要保证在真正的主机接到包之前就完成攻击，或者在接收到真正的主机要求清除连接前完成攻击。攻击者有一系列的手段可以做到这一点，例如：在真正主机关闭的情形下，攻击者冒充他来攻击内部网络；先破坏真正主机，以保证伪装攻击成功；在实施攻击时用大流量数据堵塞住真正的主机；对真正的主机与攻击目标间的路由进行破坏；使用不要求两次响应的攻击技术。

"途中人"伪装攻击是通过伪装成某台主机与内部网络完成交互，要实施这种伪装攻击，攻击者既要伪装成某台主机向被攻击者发送包，也要在中途拦截返回的包，为此攻击者必须完成以下两种操作：一是攻击者必须使自己处于被攻击对象与被伪装机器的路径当中，最简单的方法是攻击者将自己安排在路径的两端，最难的方法是将自己设置在路径中间，因为 IP 网络的两点之间的路径是可变的；二是将被伪装主机和被攻击主机的路径更改成必须通过攻击者的机器，这主要取决于网络拓扑结构和网络的路由系统。虽然这种技术被称为"途中人"伪装攻击技术，但这种攻击很少由处于路径中间的主机发起，因为处在网络路径中间的大都是网络服务供应商。

5. 依据服务进行过滤

很多包过滤防火墙还可依据服务进行过滤，下面将从与某种服务有关的包到底有哪些特征入手，以 Telnet 服务为例来探讨依据服务进行过滤的工作机理。Telnet 服务作为一种网络服务，他允许内部网络的本地客户机通过 Telnet 服务远程登录到外部网络的服务器，客户机就好像是与服务器直接相连的终端一样，Telnet 服务比较有代表性，从包过滤的观点来看，它也与 SMTP、NNTP 等服务比较类似，下面同时观察往外的 Telnet 数据包和往内的 Telnet 数据包。

（1）往外的 Telnet 服务

在往外的 Telnet 服务（如图 8-3 所示）中，本地用户与远程服务器交互，必须对往外与往内的包都加以处理。在这种 Telnet 服务中，往外的包中包含了用户键盘输入的信息，并具有如下特征：

    ① 该包的 IP 源地址是本地主机的 IP 地址。

    ② 该包的 IP 目的地址是远程主机的 IP 地址。

    ③ Telnet 是基于 TCP 的服务，所以该 IP 包是满足 TCP
协议的。

    ④ TCP 的目标端口号是 23。

    ⑤ TCP 的源端口号应是一个大于 1023 的随机数 Y。

    ⑥ 建立连接的第一个外向包的 ACK 位的信息是
ACK=0，其余外向包均为 ACK=1。

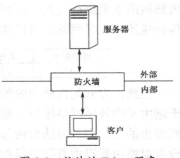

图 8-3　往外的 Telnet 服务

往内的包中含有用户的屏幕显示信息（如 Login 提示符等），并具有以下特征：

    ① 该包的 IP 源地址是远程主机的 IP 地址。

    ② 该包的 IP 目的地址是本地主机的 IP 地址。

    ③ 该包是 TCP 类型的。

    ④ 该包的源端口号是 23。

    ⑤ 该包的目的端口号是一个大于 1023 的随机数 Y。

    ⑥ 所有往内的包的 ACK=1。

在往内与往外的报头信息中使用了相同的端口号，只是将目标与源互换而已。

（2）往内的 Telnet 服务

在这种服务中，远程用户与本地主机通信，同样要同时观察往内与往外的包，往内的包
中包含用户的键盘输入信息，并具有如下特征：

    ① 该包的 IP 源地址是远程主机的地址。

    ② 该包的 IP 目的地址是本地主机的地址。

    ③ 该包是 TCP 类型的。

    ④ 该包的源端口是一个大于 1023 的随机数 Z。

    ⑤ 建立连接的第一个 TCP 的 ACK=0，其余 ACK=1。

而往外的包中包含了服务器的响应，并具有如下特征：

    ① IP 源地址为本地主机地址。

    ② IP 目标地址为远程主机地址。

    ③ IP 包为 TCP 类型。

    ④ TCP 的源端口号为 23。

    ⑤ TCP 的目标端口为与往内包的目标端口相同的随机数 Z。

    ⑥ TCP 的 ACK=1。

（3）总结

表 8-1 指出了在 Telnet 服务中各种包的特性。"*"是指除了建立连接的第一个包的 ACK=0
外，其余均为 1。Y 和 Z 均为大于 1023 的随机数。如果只允许往外的 Telnet，而其余一概拒
绝，则响应的包过滤规则如表 8-2 所示。

说明：

    ❖ 规则 A 允许包外出到远程服务器；

    ❖ 规则 B 允许相应返回的包，但要核对相应的 ACK 位和端口号，这样可防止攻击者通
       过 B 规则来攻击；

    ❖ 规则 C 是默认的规则，如果包不符合 A 或 B，则被拒绝。

表 8-1　Telnet 服务中各种包的特性

服务方向	包方向	源地址	目标地址	包类型	源端口	目标端口	ACK 设置
往外	外	内部	外部	TCP	Y	23	*
往外	内	外部	内部	TCP	23	Y	1
往内	内	外部	内部	TCP	Z	23	*
往内	外	内部	外部	TCP	23	Z	1

表 8-2　往外的 Telnet 包过滤规则

规则	方向	源地址	目标地址	协议	源端口	目标端口	ACK 位	操作
A	外	内部	任意	TCP	>1023	23	0 或 1	允许
B	内	任意	内部	TCP	23	>1023	1	允许
C	双向	任意	任意	任意	任意	任意	0 或 1	拒绝

8.2.2　应用代理防火墙

1. 应用代理的概念

应用代理防火墙是与包过滤防火墙完全不同的一种防火墙，因为工作在应用层，所以能够对应用层协议的数据内容进行更加细致的安全检查，从而为网络提供更好的安全服务。

1. 应用代理的概念

应用代理（Application Level Proxy），是代理内部网络用户与外部网络主机进行数据交换的程序，将内部网络用户的请求经过筛选后送达外部网络主机，同时将外部网络主机的响应再回送给内部网络用户。应用代理作用在 OSI/RM 模型的应用层，其特点是完全"阻隔"网络通信流，通过对每种应用服务编制专门的代理程序，实现监视和控制应用层通信流的作用，

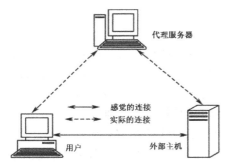

图 8-4　应用代理的实现过程

因此，应用代理防火墙通常由安装了应用代理服务程序的专用服务器实现，所以应用代理防火墙也叫应用代理服务器。

应用代理服务器位于内部网络用户和外部网络主机之间，应用代理的实现过程如图 8-4 所示。内部网络用户与代理服务器交谈而不是面对远在外部网络上的"真正的"外部主机。每当应用代理服务器接收到来自内部网络用户的服务请求，一旦应用代理决定接收内部网络用户的服务请求，则代理服务器将代表内部网络用户去连接真正的外部网络主机，并且转发从代理的内部网络用户到真正的外部主机的请求，并将外部主机的响应传送回代理的内部网络用户。

应用代理服务器并非将内部网络用户的全部网络服务请求，"透明"的提交给外部网络主机，因为代理服务器能依据安全规则和内部用户请求判断是否代理执行该请求，所以能够控制用户的请求。有些请求可能会被否决，如 FTP 应用代理可能拒绝用户把文件往远程主机上传送，或者只允许用户下载某些特定的外部站点的文件。应用代理可能对于不同的主机执行不同的安全规则，而不对所有主机执行同一个规则。

2．应用代理的基本原理

应用代理针对某一种具体的网络服务提供细致而安全的网络防护，应用代理工作在应用层，能够理解应用层协议的信息。在用户通过应用代理访问外部服务时，应用代理通过检查应用层的数据内容来提供安全服务。例如，一个邮件应用代理程序可以理解 SMTP 与 POP3 的命令，并能够对邮件中的附件进行检查。此外，可以将应用代理设计成一个高层的应用路由，接收外来的应用连接请求，进行安全检查后，再与被保护的网络应用服务器连接。应用代理技术可以让外部服务用户在受控制的前提下使用内部网络服务。

鉴于应用代理工作在应用层，只有理解应用层的协议，才能够实现对应用层数据的检查与过滤，因此，对于不同的应用服务必须配置不同的代理服务程序。通常可以使用应用代理的服务有 HTTP、HTTPS/SSL、SMTP、POP3、IMAP、NNTP、TELNET、FTP 和 IRC 等。以 Web 应用代理为例，在使用应用代理时，首先用户必须在自己的浏览器中设置使用代理，并设置所使用的代理服务器的 IP 地址和端口，当用户从浏览器中请求访问某个 Web 页面时，整个访问过程一般会通过以下五步来完成：第一步，客户机将请求提交到 Web 代理服务器；第二步，Web 代理服务器解读该请求，并使用自己的 IP 向真正的 Web 服务器提出请求；第三步，服务器将所请求页面返回给代理服务器；第四步，代理服务器将页面存储起来，并对页面进行相应的安全检查；第五步，代理服务器将经过安全检查的页面转发给客户机。

3．应用代理的安全性

作为一种防火墙技术，应用代理技术提供了较好的安全性，具体体现在以下四方面：

一是内部网络的用户不直接与外部网络的服务器通信，外部网络的服务器了解到的所有用户的信息均来自应用代理，因而应用代理可以起到隐藏内部网络信息的作用。

二是内部网络用户与外部服务器间的所有往来数据都必须通过应用代理中转，而应用代理能够理解应用层的数据内容，因此可以在应用代理处对数据内容进行严格的检查。如 HTTP 应用代理可以实现基于 URL 的过滤、基于内容的过滤，还可以对一些嵌入内容进行检查。

三是应用代理采用存储转发的机制进行工作，因此可以在应用代理处从容的记录数据，并为日后的审计提供支持。

四是应用代理还可以提供基于用户的访问控制。应用代理防火墙可以配置成允许来自内部网络的任何连接，也可以配置成要求用户认证后才允许建立连接。要求用户认证的方式可以让应用代理只为已知的、合法的用户提供服务，从而为安全性提供了进一步的保证。如果内部网络中的某台主机被攻击，这一特性将给攻击者的进一步控制增加难度。

应用代理可以单独使用来保护内部网络。但是，由于应用代理通常只支持那些公开协议的服务，因而在单独使用应用代理来保护网络时会遇到一些非公开协议的服务无法使用的问题。在实际应用中，应用代理更多的是与包过滤技术结合起来协同工作，为公开协议的服务提供更好的安全性能的同时，支持网络中其他非公开协议的应用。

4．应用代理的优缺点

与包过滤相比，应用代理具有如下优势：一是应用代理能够更好地隐藏内部网络的信息。对于外部网络的服务器来说，他能见到的只有应用代理服务器，因此对于外部网络而言，内部网络中除应用代理服务器外的所有主机都是不可见的。二是应用代理具有强大的日志审核功能，可以实现内容的过滤。因为应用代理工作在应用层，包过滤具有的日志审核、内容过滤方面的困难对于应用代理来说都迎刃而解。

应用代理的主要缺点如下：一是对于不同的应用层服务都需要不同的应用代理服务程序，且对用户不透明，增加了使用的复杂度。二是应用代理的处理内容多，因而处理速度较慢，不适合应用在主干网络中。三是不同应用服务的代理因为安全和效率方面的原因不能布置到同一台服务器上，需要为每种服务单独设置一个代理服务器，整个网络的造价较高。四是应用代理通常无法支持非公开协议的服务。

8.2.3 复合型防火墙

1. 传统防火墙分析

包过滤防火墙作用在 OSI/RM 模型的网络层，按照网络安全策略对 IP 包进行过滤，允许或拒绝特定的报文通过。过滤一般是基于 IP 分组的相关域（如 IP 源地址、IP 目的地址、TCP/UDP 源端口或服务类型、TCP/UDP 目的端口或服务类型等）进行的。基于 IP 源/目的地址的过滤，即根据特定内部网络的安全策略，过滤掉具有特定 IP 地址的分组，从而保护内部网络；基于 TCP/UDP 源/目的端口的过滤，因为端口号区分了不同的服务类型或连接类型（如 SMTP 使用端口 25，Telnet 使用端口 23 等），所以为包过滤提供了更大的灵活性。同时，包过滤防火墙作用在 OSI/RM 模型的网络层，所以效率较高。但是包过滤防火墙依靠的安全参数仅为 IP 报头的地址和端口信息，若要增加安全参数，势必加大处理难度，降低系统效率，故安全性较低。一般的包过滤还具有泄露内部网络的安全数据信息（如拓扑结构信息）和暴露内部网络主机的安全漏洞的缺点，难以抵制基于 IP 层的攻击行为。

应用代理防火墙实质是由一个安装有应用代理程序的应用代理服务器，可接收外来的应用连接请求，进行安全检查后，再与被保护的内部网络主机进行连接，使外部网络用户可以在受控制的前提下使用内部网络资源。另外，内部网络到外部网络的服务连接可以受到监控，应用代理将对所有通过它的连接进行日志记录，以便对安全漏洞进行检查和收集相关信息。同时，应用代理可采取强认证技术，对数据内容进行过滤，保证信息数据内容的安全，防止病毒及恶意的 Java Applet 或 ActiveX 代码，具有较高的安全性。但是由于每次数据传输都要经过应用层转发，造成应用层的处理繁忙，从而导致性能下降。

基于对上述两种防火墙的技术特点分析，出现了基于网络地址转换（Network Address Translator，NAT）防火墙系统，兼具应用代理防火墙的高性能和包过滤防火墙的高效性。

2. NAT 防火墙设计思想

应用代理防火墙造成性能下降的主要原因在于，在指定的应用服务中传输的每个报文都需应用代理防火墙转发，使得应用层的处理工作量过于繁重，改变这一状况的最理想方案是让应用层仅处理用户身份鉴别工作，而网络报文的转发由 TCP 层或 IP 层完成。另一方面，包过滤技术仅根据 IP 包中源/目的地址来判定一个包是否可以通过，而这两个地址容易被窜改和伪造，一旦网络结构暴露给外界，就很难抵御基于 IP 层的攻击行为。

集中访问控制技术是在服务请求时由网关负责鉴别，一旦鉴别成功，其后的报文交互都可直接通过 TCP/IP 层的过滤规则，无须像应用层代理那样进行逐个报文的转发，这就实现了与代理方式同样安全水平，而使处理工作量大幅下降，性能随即得到大大提高。另一方面，NAT 技术通过在网关上对进出 IP 源/目的地址的转换，实现过滤规则的动态化。这样，由于 IP 层将内部网与外部网隔离开，使内部网的拓扑结构、域名及地址信息对外成为不可见或不确定信息，从而保证了内部网主机的隐蔽性，使大多数攻击性的试探失去所需的网络条件。

3．系统设计

图 8-5 给出了基于 NAT 的复合型防火墙系统的总体结构模型，由五大模块组成。

图 8-5　基于 NAT 的复合型防火墙系统的总体结构模型

NAT 模块依据一定的规则，对所有出入的数据包进行源/目的地址识别，并将由内向外的数据包中源地址替换成一个真实地址，而将由外向内的数据包中的目的地址替换成相应的虚拟地址。

集中访问控制模块负责响应所有指定的由外向内的网络服务访问，通知认证与访问控制系统实施安全鉴别，为合法用户建立相应的连接，并将该连接的相关信息传递给 NAT 模块，保证后续报文传输时直接转发而无须集中访问控制模块干预。

临时访问端口表通过监视外向型连接的端口数据，动态维护一张临时访问端口表，记录所有由内向外连接的源/目的端口信息，根据此表及预先配置好的协议集，决定哪些连接是允许的，哪些连接是不允许的，即根据所制订的规则（安全策略），禁止相应的由外向内发起的连接，以防止攻击者利用网关允许的由内向外的访问协议类型做反向的连接访问。

认证与访问控制系统是防火墙系统的关键环节，按照网络安全策略，负责对通过防火墙的用户实施用户身份鉴别和对网络信息资源的访问控制，保证合法用户正常访问和禁止非法用户访问。

上述采用的几种技术都属于被动的网络安全防护技术，为了更有效地遏止黑客的恶意攻击行为，复合型防火墙系统采用主动网络安全防护技术——网络安全监控系统。网络安全监控系统负责截取到达防火墙网关的所有数据包，对信息包报头和内容进行分析，检测是否有攻击行为，并实时通知系统安全管理员。

4．系统实现

基于 NAT 的复合型防火墙系统的实现主要包含以下五方面的工作：

一是 NAT 模块的实现。NAT 模块是基于 NAT 的复合型防火墙系统的核心部分，而且只有本模块与网络层有关，因此这部分应与操作系统本身的网络层处理部分紧密结合在一起，或对其直接进行修改。

二是集中访问控制模块的实现。集中访问控制模块分为请求认证子模块和连接中继子模块。请求认证子模块主要负责和认证与访问控制系统通过一种可信的安全机制交换各种身份鉴别信息，识别合法用户，并根据用户预先被赋予的权限决定后续的连接形式。连接中继子模块的主要功能是为用户建立起一条最终的无中继的连接通道，并在需要的情况下向内部主机传送鉴别过的用户身份信息，以完成相关服务协议中所需的鉴别流程。

三是临时访问端口表的实现。为了区分数据包的服务对象和防止攻击者对内部网络主机发起的连接进行非授权的使用，网关把内部网络主机使用的临时端口、协议类型和内部网络主机地址登记在临时访问端口表中。由于网关不知道内部网络主机可能要使用的临时端口，因此临时访问端口表是由网关根据接收的数据包动态生成的。对于向内的数据包，防火墙只让那些访问控制表许可的或者临时访问端口表登记的数据包通过。

四是认证与访问控制系统的实现。认证与访问控制系统包括用户鉴别模块和访问控制模块，从而实现用户身份鉴别和安全策略的控制。其中，用户鉴别模块采用一次性口令（One-time Password）认证技术中的挑战/响应（Challenge/Response）机制实现远程和当地用户的身份鉴别，保护合法用户的有效访问和限制非法用户的访问。用户鉴别模块具体可采用 Telnet 和 Web 两种实现方式，以满足不同系统环境下的用户应用需求。访问控制模块是基于自主型访问控制策略（DAC），采用访问控制列表的方式，按照用户（组）、地址（组）、服务类型、服务时间等访问控制因素决定对用户是否授权访问。

五是网络安全监控系统的实现。网络安全监控系统负责接收进入系统的所有信息，并对信息包进行分析和归类，对可能出现的攻击及时发出报警信息；同时，如发现有合法用户的非法访问和非法用户的访问，监控系统将及时断开访问连接，并进行追踪检查。

8.3 防火墙体系结构

8.3.1 几种常见的防火墙体系结构

1. 双重宿主主机体系结构

双重宿主主机体系结构是围绕具有双重宿主的主体计算机而构筑的（如图 8-6 所示）。主机至少有两个网络接口，可以充当与这些接口相连的网络之间的路由器，并能够从一个网络向另一个网络发送 IP 数据包。然而，实现双重宿主主机的防火墙体系结构并非采用这种"直通式"的转发方式，IP 数据包从一个外部网络（如互联网）并不是直接发送到其他内部网络（如被保护的企业网络）。防火墙内部的网络主机能与双重宿主主机通信，同时防火墙外部的网络主机（在互联网上）也能与双重宿主主机通信。通过双重宿主主机，防火墙内外的主机便可进行间接通信了，但是这些主机之间不能直接通信，它们之间的 IP 通信将由双重宿主主机进行转发。双重宿主主机的防火墙体系结构相当简单，双重宿主主机位于两者之间，并且被连接到外部网络（如互联网）和内部网络。

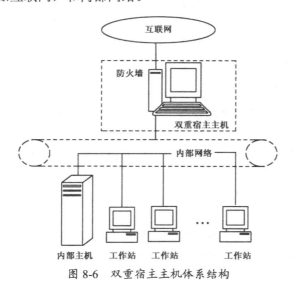

图 8-6 双重宿主主机体系结构

2. 主机过滤体系结构

双重宿主主机结构是由一台同时连接在内、外部网络上的双重宿主主机提供安全服务的，而主机过滤体系结构则不同，提供安全防护的主机仅仅与内部网络相连。另外，主机过滤结构还有一台单独的路由器（包过滤路由器）。包过滤路由器应避免内部用户（工作站）直接与代理服务器（堡垒主机）相连。在这种体系结构中，由包过滤路由器提供主要的安全防护，其结构如图 8-7 所示。

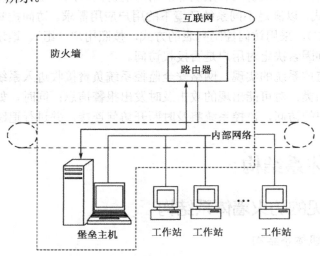

图 8-7 主机过滤体系结构

堡垒主机位于内部网络，是互联网上主机连接到内部网络的桥梁（如传进来的电子邮件）。即使这样，也仅有某些确定类型的连接得到允许，任何外部系统试图访问内部系统或服务，都必须连接到这台堡垒主机上，因此堡垒主机必须具有较高等级的安全要求。

在屏蔽的路由器中，数据包的过滤配置可以按下列方法进行：一是允许其他内部主机为了某些服务与互联网上的主机连接（即允许那些已经由数据包过滤的服务）；二是不允许来自内部主机的所有连接（强迫那些主机必须使用堡垒主机的代理服务），用户可以针对不同的服务，混合使用这些手段，某些网络服务直接由数据包过滤，其他网络服务则必须间接地经过代理进行转发，这完全取决于具体的网络安全策略。

因为这种防火墙体系结构允许数据包从互联网向内部网络传输，所以它的设计风险较大。进而，路由器防护比主机防护更易实现，因为它仅仅提供非常有限的服务组。在多数情况下，主机过滤体系结构提供比双重宿主主机体系机构更高的安全性和可用性。

3. 子网过滤体系结构

子网过滤体系结构添加了额外的安全层到主机过滤体系结构中，即通过添加参数网络，更进一步对内部网络与互联网进行隔离。堡垒主机是内部网络中最容易受攻击的主体，尽管安全管理员会尽最大努力去保护它，其本质决定了它是最容易被攻击的对象。如果在主机过滤体系结构中，用户的内部网络在没有其他防御手段时，一旦有人成功地侵入了主机过滤体系结构中的堡垒主机，就可以毫无阻挡地进入了内部网络主机，因此堡垒主机通常是网络攻击者的首要攻击目标。

通过在参数网络上隔离堡垒主机，能减少堡垒主机被攻击的风险，从而最大限度地减少了攻击者对堡垒主机的攻击风险。子网过滤体系结构的最简单形式是应用了两个过滤路由器，每个都连接到参数网络，一个位于参数网络与内部网之间，另一个位于参数网络与外部网络之间（如互联网），其结构如图 8-8 所示。如果想攻击采用了这种体系结构构筑的内部网络，攻击者必须通过这两个路由器，即使攻击者设法攻击了堡垒主机，他仍然需要通过内部路由器，因此极大了改变了内部网络易受攻击点的单一性。

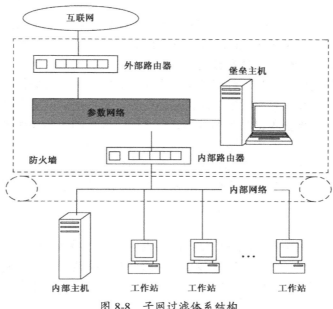

图 8-8　子网过滤体系结构

（1）参数网络

参数网络是在内外部网络之间另加的一层安全保护网络层。如果攻击者成功地闯过外层保护网络到达防火墙，参数网络就能在攻击者与内部网络之间再提供一层保护。在许多网络结构中，网络上任意一台计算机都可以观察到网络上其他机器的信息出入情况，这样，攻击者通过观测用户使用 Telnet、FTP 等操作，便可以成功窃取口令，即使口令不被泄露，攻击者仍能看到用户操作的敏感文件内容（如用户正在阅读的电子邮件等）。

如果攻击者仅仅入侵到参数网络的堡垒主机，那么他只能偷看到这层网络（参数网络）的信息流（而看不到内部网络的信息），而这层网络的信息流仅从参数网络往来于外部网络或者从参数网络来往于堡垒主机。因为没有纯粹的内部信息流（内部主机间互传的重要和敏感信息）在参数网络中流动，即使堡垒主机受到攻击，也不会让攻击者破坏内部网络的信息流。显而易见，往来于堡垒主机和外部网络的信息流还是可见的。因此，设计防火墙是确保上述信息流的暴露不会危及到整个内部网络的安全。

（2）堡垒主机

在子网过滤体系结构中，堡垒主机与参数网络连接，而这台主机是外部网络服务于内部网络的主节点，其向外（由内部网络的用户往外部服务器）的服务功能采用如下方法：一是在内外部路由器上建立包过滤，以便内部网络用户可直接操作外部服务器；二是在堡垒主机上安装代理服务，在外部网络用户与外部服务器之间建立间接连接，或在设置包过滤后，允许内部网络用户与堡垒主机的代理服务进行交互，但禁止内部网络用户与外部网络直接通信。

堡垒主机在何种类型的服务请求下，包过滤才允许它主动连到外部网络或允许外部网络连到它上面，完全由内部网络的安全策略决定。不管它是在为某些协议（如 FTP 和 HTTP 等）

运行特定的代理服务软件，还是为自代理协议（如 SMTP）运行标准服务软件，堡垒主机的主要工作是为内外部服务请求进行代理转发。

（3）内部路由器

内部路由器的主要功能是保护内部网络免受来自外部网络与参数网络的攻击。内部路由器完成防火墙的大部分包过滤工作，允许某些站点的包过滤系统认为符合安全规则的服务在内外部网络之间互传（各站点对各类服务的安全确认规则是不同的）。根据各站点的需要和安全规则，可允许的服务通常是 Telnet、FTP、HTTP、RTSP 等服务中的若干种。

内部路由器可以进行配置，使参数网络上的堡垒主机与内部网络之间传递的各种服务和内部网络与外部网络之间传递的各种服务不完全相同。限制一些服务在内部网络与堡垒主机之间互传的目的，是减少在堡垒主机被攻击后而受到攻击的内部网络主机的数目。应该根据实际需要，限制允许在堡垒主机与内部网络站点之间可互传的服务（如 SMTP 和 DNS 等）数量。还可对这些服务做进一步的限定，限定它们只能在提供某些特定服务的主机与内部网络的站点之间互传。例如，对于 SMTP 服务，可以限定站点只能与堡垒主机或内部网络的邮件服务器通信。对其余可以从堡垒主机上连接到的主机更要加强防护，因为这些主机将是攻击者入侵堡垒主机保护后，首先进行攻击的计算机。

（4）外部路由器

理论上来讲，外部路由器应既保护参数网络也保护内部网络，而实际上，在外部路由器上仅做了部分包过滤工作，几乎让所有参数网络的外向连接请求通过，而外部路由器与内部路由器的包过滤规则有基本上是相同的。也就是说，一旦在安全规则上存在疏忽，那么攻击者可用同样的方法通过内外部路由器。

由于外部路由器一般是由外界（如互联网服务提供商）提供，因此对外部路由器可实施的操作是受限制的，网络服务供应商一般只会在该路由器上设置一些普通的包过滤，而不会专门设置特别的包过滤，或更换包过滤系统。因此，对于安全防护而言，不能像依赖内部路由器一样依赖外部路由器。外部路由器的包过滤主要是对参数网络上的主机提供保护，然而一般情况下，因为参数网络上主机的安全主要由主机安全策略提供安全防护。外部路由器真正有效的任务就是阻断来自外部网络上伪造源地址进来的任何数据包，这些数据包自称来自内部网络，而其实来自外部网络。内部路由器也具有上述功能，但它无法辨认自称来自参数网络的数据包是伪造的，因此，内部路由器不能保护参数网络上的主机免受伪数据包的攻击。

8.3.2　防火墙的变化和组合

在构筑防火墙时一般很少采用单一的技术，通常采用多种技术的组合来解决不同的安全问题，这种组合主要取决于网管中心向用户提供什么样的服务，以及网管中心能接受什么等级的风险。网管中心采用哪种技术主要取决于投资的大小、设计人员的技术和时间等因素，一般有以下 8 种形式：使用多堡垒主机、合并内部路由器和外部路由器、合并堡垒主机与外部路由器、合并堡垒主机与内部路由器、合并多台内部路由器、合并多台外部路由器、使用多个参数网络和使用双重宿主主机与子网过滤。

1．使用多堡垒主机

如果把堡垒主机比喻成一座办公大楼的会客室，外来的客人是不能直接进入楼内办公室的，但会客室则可以自由进入，外来的客人可能是朋友，也可能是敌人，但会客室都要正常地接待来客。基于这一原因，防火墙的设计者和管理人员要致力于保护堡垒主机的安全。

配置堡垒主机时通常遵循以下两条原则：一是尽量简单。堡垒主机越简单，本身的安全越有保证，因为堡垒主机提供的任何服务都可能出现软件缺陷或配置错误，而缺陷或错误都可能导致安全问题，所以堡垒主机尽可能少些服务，应当在完成其作用的前提下，提供它能提供的最小特权的最少服务。二是做好堡垒主机被攻击的准备。尽管用户尽了最大努力确保堡垒主机的安全，攻击仍有可能发生，只有预先考虑最坏的情况并提出对策，才有可能避免它的发生，当管理员全面执行计算机与网络安全检查时，要时刻绷紧"如果堡垒主机被攻击怎么办"这根弦。

万一堡垒主机受到攻击，用户又不愿看到该攻击导致整个防火墙受到危害，可以通过不再让内部机器信任堡垒主机来防止攻击蔓延，这对堡垒主机的运行是很有必要的。用户需要仔细检查堡垒主机提供给内部主机的每项服务，并且确定每项服务实际上需要多少信任与特权。例如，用户可以在内部主机上安装标准访问控制手段（如口令、认证设备等），或者用户在堡垒主机与内部主机之间设置数据包过滤等。此外，在防火墙配置中使用多堡垒主机是可行的，这样做的好处是：如果一台堡垒主机失效了，服务可由另一台堡垒主机提供。

2．合并内部路由器与外部路由器

将内部路由器与外部路由器合并为一个路由器，合并后的路由器应该具有更强大的功能性和灵活性，即合并的路由器在每个接口上指定入站和出站的过滤器。

如果合并内部和外部路由器，用户将仍然拥有参数网络连接（在路由器的一个接口上）和到用户的内部网络连接（在另一个路由器的接口上）。某些通信将在内部网络和互联网之间直接传输（为路由器设置的数据包过滤规则允许的通信），同时其他通信将在参数网络与互联网或者周边网络与内部网络之间进行（被代理处理的通信）。这种体系结构与主机过滤体系结构类似，具有站点易受单一路由器损害的缺点，虽然路由器比主机更容易防护，但它们也容易遭受攻击者入侵。

3．合并堡垒主机与外部路由器

可能有这种情况，用户使用单一的双重宿主主机作为用户的堡垒主机和外部路由器，如用户仅有对互联网的拨号 PPP 连接。此时，用户也许在他的堡垒主机上运行了一些 PPPoE 之类的 PPP 软件包，并且充当堡垒主机和外部路由器，这样在功能上同前面描述的子网过滤体系结构中的三种设备（堡垒主机、内部路由器和外部路由器）的配置是等价的。

使用双重宿主主机进行路由通信缺少专用路由器的性能或灵活性，但是对任何单一的低带宽连接，这两者都不是用户特别需要的。双重宿主主机依赖于用户使用的操作系统和软件，用户可能没有执行数据包过滤的能力。不同于合并内部与外部路由器，合并堡垒主机与外部路由器虽然没有明显的弱点，但确实更进一步暴露了堡垒主机。在这种体系结构中，堡垒主机被更多地暴露在互联网上，仅由自身的接口软件包执行的过滤进行防护，因此用户要特别注意加以防护。

4．合并堡垒主机与内部路由器

合并堡垒主机与外部路由器是可以接受的，而将堡垒主机与内部路由器合并则会损害网络的安全性。堡垒主机与外部路由器执行不同的保护任务，相互补充但并不相互依靠，内部路由器则在某种程度上是前两者的后备。

如果将堡垒主机与内部路由器合并，其实已从根本上改变了防火墙的结构，其结果是只有一个堡垒主机，如果堡垒主机被击破，在内部网络与堡垒主机之间就再也没有对内部网络的保护机制了。若采用分离的堡垒主机与内部路由器，拥有一个子网过滤，参数网络将不会传输任何纯粹的内部信息流，即使攻击者成功地穿过堡垒主机，他还必须穿过内部路由器方可抵达内部网络。参数网络的一个主要功能是防止从堡垒主机上偷看内部信息流，而将堡垒主机与内部路由器合二为一，会使所有的内部信息流对堡垒主机公开。

5. 合并多台内部路由器

用多台内部路由器把参数网络与内部网络的各个部分相连会带来诸多麻烦。例如，内部网络上某站点的路由软件要选定由参数网络到达另一个内部站点的最快路由的能力就是一个常见的问题，有时由于某台路由器包过滤的阻断而使站点间不能建立连接。内部信息流因为经过参数网络，会被入侵堡垒主机的攻击者偷窥。再者，由于内部路由器存在最重要和最复杂的包过滤系统而使设置比较复杂，并且保持各内部路由器的正确配置也相对困难。

在一个大型的内部网络上仅用一个内部路由器可能会大大降低系统效能，也会带来可靠性问题。当然，可让多台内部路由器工作在冗余方式，在这种方式下，最安全的（冗余度最大）做法，是让每台内部路由器与各自独立的参数网络和外部路由器相连。这种配置比较复杂且开支较大，但增加了系统的冗余度和效能，几乎不能让信息仅在两台路由器间传递，并且系统成功运行的可能性也较小。如果使用多内部路由器结构，应按统一的标准来设置所有的路由器，这样可以使各路由器间的安全设置不会冲突，同时必须对流经参数网络的信息流多加防护。

6. 合并多台外部路由器

在有些情况下，连接多台外部路由器到同一个参数网络是一个较好的解决方案。例如，系统与外部网络间有多个连接（与不同的外部路由器各有连接，或有冗余），或系统与互联网有一个连接，同时与其他网络还有连接。在上述情况下，可以考虑使用多路由器结构。用多台外部路由器连接到同一个外部网络（如互联网）不会引起大的安全问题，且在每台路由器上的包过滤还可以不一样，虽然这种结构使攻击者入侵到参数网络的机会更多（只要通过任一台外部路由器即可），但会大大降低由于某一台外部路由器被攻击所带来的安全危害。

如果与外部有多点连接（如一台路由器连互联网，另一台连其他外部网络），则情况会相对复杂些，此时是否采用多外部路由器解决方案可由以下原则决定：如果攻击者入侵堡垒主机，他是否能在参数网络上看到信息流？攻击者能否看到内部网络站点间的敏感信息流？如果他可以看到这些信息流，就应考虑用多参数网络结构来替代多外部路由器结构。

7. 使用多个参数网络

用户可以设置多个参数网络来提供冗余。使用两个到外部的连接，都通过同样的路由意义并不大，但设置两台外部路由器、两个参数网络和两个内部路由器则可以保证在用户与外部网络之间不存在单一的失效点。

用户也可以为保密而设置多个参数网络，这样就能让秘密的数据通过一个参数网络，与外部网络连接通过其他参数网络。在这种情况下，用户可以将两个参数网络连接到相同的内部路由器。有多个参数网络比有多台内部路由器共享同样的内部网络风险要小得多，但会带来较大的维护工作量。用户的多台内部路由器给出了多个可能受攻击的点，这些路由器必须保证它们强制执行适当的安全策略，如果他们都连接到互联网，就需要强制其执行相同的安全策略。

8. 使用双重宿主主机与子网过滤

通过组合双重宿主主机体系结构与子网过滤体系结构，用户的网络安全便可得到明显的增强，这可以通过拆分参数网络并且插入双重宿主主机实现。路由器可以提供保护，以免受到伪装干扰，并且保护双重宿主主机启动路由通信免遭失败。双重宿主主机提供比数据包过滤更细微的连接控制，也提供了更好的多层保护作用。

8.3.3 堡垒主机

堡垒主机是内部网络在外部网络（如互联网）上的代表。按照设计要求，堡垒主机在外部网络上是可见的，故他是对外高度暴露的。正是基于这一原因，防火墙的建立者和管理者应尽力给予它更高等级的安全防护，特别是在防火墙的安装和初始化过程中，更应仔细配置，确保其安全性。

1. 建立堡垒主机的一般原则

设计和建立堡垒主机应遵循最简化原则和预防原则。最简化原则是指堡垒主机越简单，则防护就越方便。堡垒主机提供的任何网络服务都有可能在软件上存在缺陷或在配置上存在错误，而这些差错很可能使堡垒主机的安全保障出问题。因此，在堡垒主机上设置的服务必须最少，同时对必须设置的服务软件只能给予尽可能低的权限。预防原则是指不管对堡垒主机的防护措施多么严密，仍有可能被攻击者破坏。对此设计者应有所准备，只有对最坏的情况做好充分准备，并设计好对策，才能有备无患，对网络的其他部分加以防护点同时，也应考虑到"堡垒主机被攻破怎么办"。鉴于堡垒主机是最易被外部网络攻击的主机，外部网络与内部网络无直接连接，所以堡垒主机是试图攻击内部网络攻击者的首选攻击对象。因此，为了确保内部网络在堡垒主机遭到攻击后的安全性，必须让内部网络只有在堡垒主机正常时才信任堡垒主机。

2. 堡垒主机的种类

堡垒主机目前一般有 5 种类型：单宿主堡垒主机、双宿主堡垒主机、内部堡垒主机、外部堡垒主机和受害堡垒主机。单宿主堡垒主机是有一块网卡点堡垒主机做防火墙，通常用于应用代理防火墙。双宿主堡垒主机是有两块网卡的堡垒主机做防火墙，两块网卡各自与内外部网络相连，内外部网络之间不能直接通信，内外部网络之间的数据流被双宿主堡垒主机完全切断。内部堡垒主机与内部网络相连，以便转发从外部网络获得的信息。外部堡垒主机为外部网（如互联网）提供公共服务，不向内部网络转发任何请求，而是自己处理请求，该堡垒主机只提供非常有限的服务，并且只开放有限的端口来满足这类服务。受害堡垒主机又称为"蜜罐"或者"陷阱"，是故意向攻击者暴露目标以引诱非法攻击，让攻击者误以为已经成功入侵网络。这种方式可为网络安全策略和措施的实现赢得时间，也可用于对网络攻击者的攻击进行监控和研究。

3. 堡垒主机的选择

堡垒主机的选择应注意以下几个要点：一是堡垒主机操作系统的选择，应该选择较为通用的系统作为堡垒主机的操作系统，这样既便于管理者对防火墙进行安全配置，也方便与内外网中其他具有同类型操作系统的主机和设备进行通信。二是堡垒主机的速度选择，作为堡垒主机的计算机并不要求有很高的处理速度，事实上，选用速度一般的计算机作为堡垒主机反而更好，除了成本问题外，主要是考虑堡垒主机提供服务的运算量并不是很大，只有在内部网络与外部网络（如互联网）交互较为频繁，且提供的服务较多的情况下，才会需要速度较高的计算机来做堡垒主机。三是堡垒主机的硬件选择，要在不追求纯粹的高性能的同时，堡垒主机至少能支持同时处理多个网际连接的能力，这就要求堡垒主机的内存要大，并配置有足够的交换空间，如在堡垒主机上要运行代理服务，还需要有较大的磁盘空间作为缓存。四是确定堡垒主机的物理位置，其位置首先要安全，应把它放在通风良好、温湿度较为恒定的房间，并最好配备空调和不间断电源，其次，堡垒主机应放置在没有涉密信息流传输的网络上，如可将堡垒主机放置在参数网络而不放在内部网络上，即使我们无法将堡垒主机放置在参数网络上，也应该将它放置在信息流不太敏感的网络上。五是堡垒主机应当提供内部网络所需的与外部网络（如互联网）进行交互的相关服务，还要经过包过滤提供内部网络向外界的服务，来自外部网络的攻击者可以利用许多内部网络服务来破坏堡垒主机，因此应该将内部网络上的不常用的服务全部关闭，除管理员账户外，堡垒主机上必须禁止使用普通用户账户登录，如有必要，在堡垒主机上禁止使用一切普通用户账户，即不准用户使用堡垒主机。

4．建立堡垒主机

建立堡垒主机应遵循以下步骤：给堡垒主机一个安全的运行环境、关闭堡垒主机上所有不必要的服务软件、安装或修改必需的服务软件、根据最终需要重新配置机器、核查机器上的安全保障机制和将堡垒主机接入网络，且在进行最后一步工作之前，必须保证堡垒主机与外部网络是相互隔离的。建立堡垒主机时应该注意以下四方面：一是在堡垒主机上使用最小的、干净的和标准的操作系统；二是应该认真留意并采纳从上级安防中心获得的安全建议；三是要经常使用检查列表；四是要保护好系统日志，建立堡垒主机的一个重要步骤就是确保系统日志的安全。系统日志非常重要，因为通过它可以判断堡垒主机的运行是否正常，同时，当有黑客攻击堡垒主机时，系统日志是记录当时现场的主要机制。

8.4 防火墙的发展趋势

防火墙作为网络安全领域最成熟的产品之一，其成熟并不意味着发展的停滞，恰恰相反，日益提高的安全需求对网络安全产品提出了更高的要求，随着新的网络攻击技术和手段的不断涌现，防火墙技术也呈现出了一些新的发展趋势，主要体现在包过滤技术、防火墙体系结构、防火墙系统管理和防火墙产品三方面。

1．防火墙包过滤技术的发展趋势

一是一些防火墙厂商把在 AAA 系统上运用的用户认证及其服务扩展到防火墙中，使其拥有可以支持基于用户角色的安全策略功能。该功能在无线网络应用中的优点较为突出，具有用户身份验证的防火墙通常采用应用代理技术，而包过滤技术防火墙不具有这一功能。用户身份验证功能越强，安全级别越高，给网络通信带来的负载会越大，因为用户身份验证需要时间，特别是加密型的用户身份验证。

二是多级过滤技术，是指防火墙采用多级过滤措施，并辅以鉴别手段。在分组过滤（网络层）级，过滤掉所有的源路由分组和假冒的 IP 源地址；在传输层级，遵循过滤规则，过滤掉所有禁止出/入的协议和有害数据包；在应用代理（应用层）级，能利用 FTP、SMTP 等网关，控制和监测互联网提供的通用服务。多级过滤技术是针对以上已有防火墙技术的不足而产生的一种综合型过滤技术，可以弥补以上单独过滤技术的不足。这种过滤技术在分层上非常清楚，每种过滤技术对应不同的网络层级，从这个概念出发，又有很多内容可以扩展，为将来的防火墙技术发展打下了基础。

三是使防火墙具有病毒防护功能。现在通常被称为"病毒防火墙"，当然目前主要体现在个人防火墙中，因为它是纯软件形式，更容易实现。这种防火墙技术可以有效地防止病毒在网络中的传播，是一种更为主动、积极的防御方式。

2．防火墙体系结构的发展趋势

随着网络应用的增加，对网络带宽也相应提出了更高的要求，这意味着防火墙要能够以非常高的速度处理数据，而且随着多媒体应用越来越普遍，要求数据穿过防火墙带来的延迟足够小。为此，一些防火墙制造商开发了基于 ASIC 的防火墙和基于网络处理器的防火墙。从执行速度来看，基于网络处理器的防火墙也是基于软件的解决方案，在很大程度上依赖于软件的性能，但是这类防火墙中有一些专门用于处理应用层任务的引擎，从而减轻了 CPU 的负担，其性能要比传统防火墙好得多。与基于 ASIC 的纯硬件防火墙相比，基于网络处理器的防火墙更具灵活性，基于 ASIC 的防火墙使用专门的硬件处理网络数据流，相比传统防火墙和基于网络处理器的防火墙具有更好的性能。但是纯硬件的 ASIC 防火墙缺乏可编程性，这使它缺乏灵活性，从而跟不上防火墙功能的快速发展。理想的解决方案是增加 ASIC 芯片的可编程性，使其与软件更好地配合，这样的防火墙可以同时满足灵活性和运行性能的要求。

3．防火墙系统管理的发展趋势

防火墙的系统管理也有一些发展趋势，主要体现在以下三方面。

一是集中式管理，分布式和分层安全结构是将来的趋势。集中式管理可以降低管理成本，并保证大型网络安全策略的一致性。快速响应和快速防御也要求采用集中式管理系统。

二是强大的审计功能和自动日志分析功能，可以更早发现潜在的威胁并预防攻击的发生，日志功能可以帮助管理员有效地发现系统中存在的安全漏洞，对及时调整安全策略等方面的管理很有帮助。

三是网络安全产品的系统化，因为在现实中发现，现有的防火墙技术难以满足当前网络安全需求，通过建立一个以防火墙为核心的安全体系，可以为内部网络系统部署多道安全防线，各种安全技术各司其职，从各方面防御外来攻击。

现在的 IDS 设备能很好地与防火墙一起进行综合部署。一般情况下，为了确保系统的通信性能不受安全设备的影响太大，IDS 设备不能像防火墙一样置于网络入口处，只能置于旁路位置。而在实际应用中，IDS 的任务往往不仅用于检测，很多时候在 IDS 发现攻击行为后，也需要 IDS 本身对攻击进行及时阻止。显然，要让处于旁路侦听的 IDS 完成这个任务有些勉为其难，同时主链路不能串接太多类似的设备。在这种情况下，如果防火墙能与 IDS、病毒检测等相关安全产品联合起来，充分发挥各自的长处，协同配合，共同建立一个有效的安全防范体系，那么网络的安全性就能得到明显提升。

目前主要有两种解决办法：一是把 IDS、病毒检测部分直接"做"到防火墙中，使防火墙具有 IDS 和病毒检测设备的功能；二是各产品分立，通过相互通信形成一个整体，一旦发现安全事件，则立即通知防火墙，由防火墙完成过滤和报告，这一种解决方法的实现方式较前一种要容易得多。

本章小结

本章主要介绍了防火墙的基本原理和分类，并详细介绍了防火墙的体系结构，对防火墙的发展趋势进行了展望。

1. 防火墙基本原理

介绍了防火墙的概念、模型和安全策略。

2. 防火墙的分类

防火墙可分为包过滤防火墙和应用代理防火墙，以及基于地址转换的复合型防火墙。包过滤的概念、基本原理、规则等包过滤防火墙的关键技术。代理服务的概念、代理服务的基本原理和 Internet 代理的服务特性。复合型防火墙的设计思想和复合型防火墙的系统设计。

3. 防火墙的体系结构

防火墙的体系结构主要有双重宿主主机体系结构、主机过滤体系结构和子网过滤体系结构 3 种。

防火墙的组合形式有 8 种：使用多堡垒主机、合并内部路由器和外部路由器、合并堡垒主机与外部路由器、合并堡垒主机与内部路由器、合并多台内部路由器、合并多台外部路由器、使用多个参数网络、使用双重宿主主机与子网过滤。

堡垒主机的基本原理。

4. 防火墙的发展趋势

防火墙产品的发展趋势主要可以从包过滤技术、防火墙体系结构和防火墙系统管理三方面来体现。

实验 8　天网防火墙的配置

1. 实验目的

通过天网防火墙的安装和配置，加深读者对网络防火墙原理的理解；通过对防火墙规则的制订，增加读者对防火墙的了解，并能根据网络安全策略的实际情况来制定防火墙规则。

2. 实验原理

防火墙包过滤规则的制订是防火墙应用的关键。网络数据包能否通过防火墙是由防火墙的包过滤规则所决定的，当数据包到达防火墙时，防火墙会根据每条过滤规则对数据包进行检查，只有满足所有过滤条件的数据包才能自由进出网络。

3. 实验环境

局域网环境，3 台以上预装 Windows 7/2003 的计算机，计算机间通过网络连接，安装天网防火墙软件。

4. 实验内容

自定义以下 6 条 IP 规则：
（1）禁止所有人用 ping 命令探测我的主机。

（2）只允许某特定的主机（如 192.168.152.x）用 ping 命令探测我的主机。

（3）禁止所有人访问我的默认共享。

（4）只允许某特定的主机访问我的默认共享。

（5）禁止所有人连接我的终端服务。

（6）只允许某特定的主机连接我的终端服务。

5．实验提示

天网防火墙的界面如图 8-9 所示，可进行开机自启动、权限管理、在线升级、日志管理及入侵检测的相关设置。

"应用程序规则"如图 8-10 所示，可以对应用程序进行规则设置。单击选中的应用程序右侧"选项"按钮，打开"应用程序规则高级设置"对话框，可设置该应用程序使用协议、端口使用情况及不符合条件时的动作。

图 8-9　天网防火墙主界面

图 8-10　应用程序规则配置

"当前系统中所有应用程序网络使用状况"可查看正在运行的应用程序的网络使用状况，如图 8-11 所示。

"日志"可查看防火墙记录的各种访问情况，如图 8-12 所示。

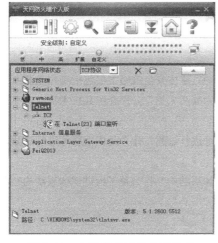

图 8-11　应用程序网络使用状况

图 8-12　天网防火墙日志

"IP 规则管理"可根据需要进行规则配置，防火墙中内置有"禁止所有人用 Ping 命令探测"，双击该规则，可查看规则的配置信息，如图 8-13 所示。

下面以"只允许某特定的主机用 ping 命令探测我的主机"为例介绍自定义 IP 安全规则的方法。单击"自定义 IP 规则"栏第一个"增加规则"按钮，如图 8-14 所示，设置新增的 IP 规则，将"对方 IP 地址"设置为允许使用 ping 探测的特定主机 IP，"数据包协议类型"选择"ICMP"，"当满足上面条件时"选择"通过"，以允许访问。

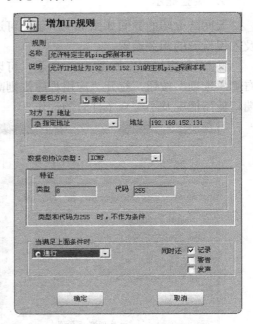

图 8-13　禁止 ping 规则配置　　　　图 8-14　自定义 IP 规则配置

防火墙根据规则列表，顺序执行规则，"只允许某特定的主机用 ping 命令探测我的主机"需移动至"禁止所有人用 ping 命令探测"规则前才能生效。

配置完成后，分别使用 IP 地址为 192.168.152.131 的主机和其他主机进行 ping 探测，检测防火墙 IP 规则是否生效。

习 题 8

8.1　简述防火墙的定义。

8.2　设计防火墙的安全策略有哪几种，普遍采用哪一种？整体安全策略主要包括哪些主要内容？

8.3　按照防火墙对内、外来往数据的处理方法，可分为哪两大类？分别介绍其技术特点。

8.4　包过滤的基本概念是什么？包过滤有哪些优缺点？

8.5　制定包过滤规则应注意哪些事项？什么是依据地址进行过滤？什么是依据服务进行过滤？

8.6　什么是应用代理？代理服务有哪些优缺点？

8.7　什么是双重宿主主机体系结构？什么是主机过滤体系结构？什么是子网过滤体系结构？各有什么优缺点？

8.8　防火墙的组合形式主要有哪几种？

8.9　堡垒主机建立的一般原则有哪几条？其主要内容是什么？

第 9 章　入侵检测技术

入侵检测技术是动态安全防护的核心技术之一。传统静态安全防护技术对网络攻击缺乏主动反应，难以应对日趋频繁的网络入侵。如果无法完全防止入侵，则需要利用其他技术在系统受到攻击时尽快发现、检测出入侵（最好是实时的）并做出反应，这种技术就是入侵检测技术。经过入侵检测发现入侵行为后，可以采取相应的安全措施来对付入侵，如告警、记录、切断或拦截等，从而提高系统和网络的安全应变能力。入侵检测技术是构建 PDRR 防御体系的重要环节。本章首先对入侵检测的概念、入侵检测系统及入侵检测的必要性进行介绍，然后介绍入侵检测系统结构，分析基于主机的入侵检测系统、基于网络的入侵检测系统和分布式入侵检测系统的工作原理，最后介绍异常检测、误用检测和入侵响应等入侵检测相关技术和机制。

9.1　入侵检测概述

入侵检测的概念最早由 Anderson 在 1980 年提出。任何企图危害计算机或网络资源的机密性、完整性和可用性的行为都可称为入侵。入侵检测（Intrusion Detection，ID）是对入侵行为的发觉，并对此做出反应的过程。通过对计算机或网络系统中的若干关键点收集信息并对其进行分析，从中发现计算机或网络系统中是否有违反安全策略的行为和被攻击的迹象，根据分析和检查的情况，做出相应的响应（告警、记录、中止等）。入侵检测在信息安全模型中位于防护防线之后，作为第二道防线，及时发现入侵和破坏，合理地弥补静态防护技术的不足，降低安全事件带来的损失。

9.1.1　入侵检测系统

入侵检测系统（Intrusion Detection System，IDS）是完成入侵检测功能的独立系统，是软件、硬件的组合体，能够检测未授权对象（人或程序）针对系统的入侵企图或行为（Intrusion），同时监控授权对象对系统资源的非法操作（Misuse）。入侵检测系统基本上不具有访问控制的功能。形象地说，入侵检测系统首先像是一个摄像机，能够捕获并记录网络上的所有数据，又像具有经验、熟悉各种攻击方式的侦察员，能够分析捕获的数据并过滤出可疑的、异常的数据，退去其巧妙的伪装，判断入侵是否发生以及入侵为何种类型，并进行告警或反击。本质上，入侵检测系统是一个典型的"窥探设备"，不跨接多个物理网段，无须转发任何数据流，只需在网络上被动、无声息地收集、分析和确定攻击数据，在不影响网络性能的情况下对网络和系统进行监测，从而为系统提供应对内、外部攻击和误操作的实时保护。入侵检测系统被看成防火墙之后的第二个安全闸门，扩展了系统管理员的安全管理能力（包括安全审计、监控、攻击识别和响应），合理部署入侵检测系统将大大提高系统安全检测能力。

一个受保护的系统中通常会按照系统安全策略配置相应的安全防护措施，防范可能的安全事件，如防火墙系统、访问控制系统、漏洞扫描系统等。防火墙系统像一道门，置于受保护系统的边界，可以阻止或放行符合规则的一类人，但不能阻止同类人中有问题的人；而合法用户处在防火墙之内，内部用户的非法行为防火墙无法阻止。访问控制系统可以防止未授权人的访问行为，阻止越权访问，但无法保证授权人的非法活动，也无法阻止非法获得权限或低权限者非法提升权限等行为。漏洞扫描系统可以帮助管理员了解系统和网络存在的漏洞，但不是实时的，也不能发现正在利用漏洞进行的攻击。入侵检测系统是通过数据和行为模式判断受保护系统的有效性，设置在防火墙后，作为其他安全措施的有效补充，可以监视外部用户，监控内部访问，实时监测受保护系统。

图 9-1 为入侵检测系统的作用：① 监测并分析用户和系统的活动；② 核查系统配置和漏洞；③ 评估系统关键资源和数据文件的完整性；④ 识别已知的攻击行为；⑤ 统计分析异常行为；⑥ 管理操作系统日志，识别违反安全策略的用户活动等。

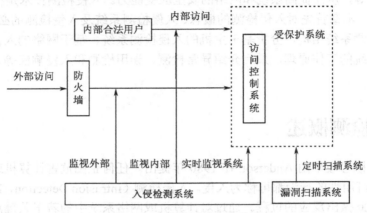

图 9-1　入侵检测系统的作用

入侵检测系统的单独使用不能起到保护系统和网络的作用，也不能单独地防止任何攻击。但它是整个安全系统的重要组成部分，扮演侦察和预警的角色，协助管理员发现和处理已知攻击和异常行为。

9.1.2　入侵检测的意义

随着网络应用的发展和普及，网络与信息安全的重要性日益突出。安全问题主要是由于系统设计上存在漏洞，安全机制缺失，给攻击者入侵系统留下通道。为了应对这些攻击，人们通过改进系统细节和复杂协议设计、增加安全单元等补救措施构建安全系统。如引进认证机制对用户身份确认，使用严格的访问控制机制，利用密码技术对数据进行保护，等等。

但是要建立完全安全的系统是相当困难的，原因包括：① 操作系统和应用软件存在漏洞是不可避免的；② 将有安全缺陷的系统全部转换成安全系统需要相当长的时间；③ 加密技术和方法本身存在一定问题，如密钥产生、分配和保存，加密算法的安全性等；④ 访问控制机制不能阻止授权用户非法使用信息；⑤ 安全系统对内部用户非法行为的控制比较困难；⑥ 修补系统缺陷不能令人满意；等等。

基于上述问题解决的难度以及日趋频繁的攻击，人们逐渐认识到系统被攻击是不可避免的，仅靠被动防护技术不能保证系统的安全，需要采用主动防护技术，及时检测入侵发生，再采取适当措施做出响应，即"及时的检测就是安全，及时的恢复就是安全"的解决安全问题的新思路。作为一种信息安全技术，入侵检测的主要目的是：① 识别入侵者；② 识别入侵行为；③ 监测和监视已成功的安全突破；④ 为对抗入侵及时提供主要信息，阻止安全事件的发生和事态的扩大。所以，研究入侵检测非常必要，将有效弥补静态传统安全防护技术的不足。入侵检测技术作为动态安全防护的核心技术，是构建 PDRR 防御体系的重要环节。

入侵检测系统的必要性可以具体表现在：① 防止防火墙和操作系统与应用程序的设定不当；② 监测某些被防火墙认为是正常连接的外部入侵；③ 了解和观察入侵的行为意图，并收集其入侵方式的资料；④ 监测内部使用者的不当行为；⑤ 及时阻止恶意的网络行为等。

9.2 入侵检测系统结构

9.2.1 入侵检测系统的通用模型

网络安全事件的检测通常包括大量复杂的步骤，涉及很多系统，需要多个系统合理协调，以使检测系统具有更完备的检测能力。对于入侵检测框架的研究比较有名的成果是通用入侵检测框架（Common Intrusion Detection Framework，CIDF）和入侵检测数据交换格式（Intrusion Detection Exchange Format，IDEF）。

IDEF 是由 IETF 的入侵检测工作组（Intrusion Detection Working Group，IDWG）负责建立的入侵检测数据交换标准。

CIDF 标准是由美国加州大学达维斯分校的安全实验室提出并完成的一套规范，定义了 IDS 表达入侵检测信息的标准语言，用来表示系统事件、分析结果和响应指标，把入侵检测系统从逻辑上分为各面向任务的组件，定义了 IDS 组件之间的通信协议。CIDF 的文档由四部分组成：体系结构，规范语言，内部通信，程序接口。CIDF 的体系结构文档中说明了一个 IDS 的通用模型，如图 9-2 所示。

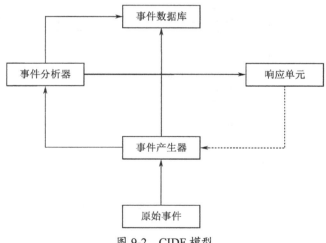

图 9-2 CIDF 模型

CIDF 将入侵检测系统要分析的数据统称为事件（Event），将入侵检测系统分为 4 个组件。

1. 事件产生器

事件产生器负责从整个计算环境中获取事件。事件可以是从网络数据包或系统日志等其他途径获得的数据，一般将其保存到数据库中。

2．事件分析器

事件分析器负责分析事件产生器搜集的数据，若发现非法的、具有潜在危险的、异常的数据，则通知响应单元做出入侵响应；还要对数据库保存的数据进行定期统计分析，并进行阶段性的异常数据详细分析。

3．响应单元

响应单元在事件分析器发现具有入侵迹象的异常数据后工作，可以中止进程、切断连接、改变属性，或只是简单告警。

4．事件数据库

事件数据库负责存储事件产生器、事件分析器获取的数据和分析结果。

9.2.2 入侵检测系统结构

入侵检测系统是监测网络和系统以发现违反安全策略事件的过程。根据 CIDF 框架模型可以知道，IDS 一般包括 3 部分：

- ❖ 信息的收集和预处理。采集来自网络系统不同节点隐藏有入侵行为的数据，如系统日志、网络数据包、文件与用户活动的状态和行为。
- ❖ 入侵分析引擎。通过模式匹配、异常检测和完整性分析等技术，IDS 对数据进行分析以寻找入侵迹象。
- ❖ 响应系统。一旦发现入侵，IDS 进入响应过程，并在日志、告警和安全控制等方面做出反应。

图 9-3 为一个入侵检测系统的功能结构，至少包含事件提取、入侵分析、入侵响应和远程管理 4 部分功能。

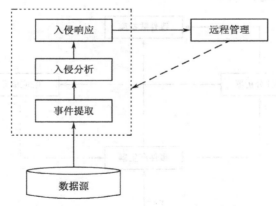

图 9-3 入侵检测系统的功能结构

（1）事件提取

事件提取功能负责提取与被保护系统相关的运行数据或记录，并负责对数据进行简单的过滤。检测成功与否依赖于数据的可靠性、正确性和实时性。入侵检测利用的数据一般来自以下几个数据源。

- ❖ 主机系统信息：包括系统日志、安全审计记录、系统配置文件的完整性情况、应用服务程序产生的日志文件等。

❖ 网络信息：最被关注的信息来源，其涉及的范围也最广。凡是流经网络的数据流都可以被利用作为入侵检测系统的信息源。

❖ 其他安全产品：如防火墙、身份认证系统、访问控制系统和网络管理系统等产生的审计记录和通知消息等。

（2）入侵分析

入侵分析的任务就是在提取到的运行数据中找出入侵痕迹，将授权的正常访问行为和非授权的不正常访问行为区分开，分析出入侵行为并对入侵者进行定位。

（3）入侵响应

入侵响应功能在分析出入侵行为后被触发，根据入侵行为产生响应。

（4）远程管理

单个入侵检测系统的检测能力和检测范围是有限制的，因此入侵检测系统一般采用分布监视集中管理的结构，多个检测单元运行于网络中的各网段或系统上，通过远程管理功能在一台管理站点上实现统一的管理和监控。

9.3 入侵检测系统类型

根据入侵检测系统的检测对象和工作方式的不同，入侵检测系统主要分为三大类：基于主机的入侵检测系统和基于网络的入侵检测系统，还有两者结合的分布式入侵检测系统。

9.3.1 基于主机的入侵检测系统

基于主机的入侵检测系统（Host-based IDS，HIDS）的检测目标主要是主机系统和本地用户。检测原理是在每个需要保护的端系统（主机）上运行代理程序，以主机的审计数据、系统日志、应用程序日志等为数据源，主要对主机的网络实时连接以及主机文件进行分析和判断，发现可疑事件并做出响应。

网络连接检测是对企图进入主机的数据流的检查，分析判断其中是否有入侵行为，从而避免或减少有害数据流进入主机后带来的损害。

主机文件检测是通过对入侵行为在主机的相关文件（系统日志、文件系统、进程记录等）中留下的痕迹进行检测，帮助系统管理员发现入侵行为或企图，以便采取相应的补救措施。系统日志文件中有用户的行为记录，如果发现其中包括如反复登录失败、用户越权访问重要文件、非正常登录行为等记录，就可以认为有可能存在入侵。另外，攻击者常常会删除、替换主机上的重要数据文件，或修改日志来掩盖其攻击痕迹，如果发现文件系统有异常改变，如一些受限访问的文件或目录被非正常创建、修改或删除等，就可以怀疑有入侵发生。因此，基于主机的入侵检测系统具有监控特定的系统活动的特点。

HIDS 分析的数据来自单个的计算机系统，使得它能够相对可靠、精确地发现入侵活动，判断哪个进程和用户参与了对操作系统的一次攻击。

HIDS 驻留在网络中的各种主机上，可以克服在交换和加密环境中所面临的一些困难。由于在大的交换网络中，从覆盖面的角度看，确定基于网络的 IDS 的最佳位置有困难，而 HIDS驻留在关键主机上，在交换环境中具有较好的能见度，解决了这一难题。另外，根据加密驻留在协议栈中的位置，它可能让基于网络的 IDS 面临加密数据而无法检测到某些攻击的情况。当操作系统收到通信时，数据序列已经被解密了，而 HIDS 并不具有这个限制。

HIDS 驻留在现有的网络基础设施中，包括文件服务器、Web 服务器和其他共享资源等。它不需要增加额外的硬件，所以减少了维护和管理这些硬件设备的负担和 HIDS 的实施成本。

HIDS 依赖于审计数据或系统日志的准确性和完整性，在一定程度上依赖于系统的可靠性及合理的设置。但是，熟悉操作系统的攻击者仍然可能设法逃避审计（使用某些系统特权或调用比审计本身更低的操作等），在入侵行为完成后及时地修改系统日志，从而不被发现。另外，主机日志能够提供的信息是有限的，不可能在日志中反映出所有的入侵手段和途径。这些弱点使 HIDS 在网络环境下，显得难以适应安全的需求。HIDS 必须部署在被保护的主机上，占用主机资源，必然会影响系统运行效率。除了监测自身的主机，HIDS 不能监测网络上情况，也不能通过发现审计记录来检测网络攻击，如端口扫描、域名欺骗等。但当入侵者突破网络的安全防护，进入主机操作时，HIDS 对于检测重要的服务器的安全状态是十分有用的。基于主机的入侵检测系统模型如图 9-4 所示。

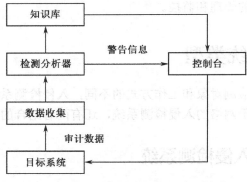

图 9-4 基于主机的入侵检测系统模型

数据收集装置负责收集反映状态信息的审计数据，然后传给检测分析器；由检测分析器完成入侵分析，并发出告警信息；知识库为检测入侵提供必须的数据支持；控制台根据告警信息做出响应动作。

9.3.2 基于网络的入侵检测系统

基于网络的入侵检测系统（Network-based IDS，NIDS）的检测目标主要是受保护的整个网络段。检测原理是在受保护的网段安装感应器（Sensor）或检测引擎（Engine），通常是利用一个运行在混杂模式下的网络适配器来实时监视并分析通过网络的所有数据包。基于网络的入侵检测系统使用原始网络包作为数据源，检测引擎根据定义好的策略进行事件检测，发现可疑事件，采取相应措施，如通知管理员、中断连接、收集会话记录等。

随着网络应用的发展，大量的网络攻击频繁出现，如 DNS 欺骗、TCP 劫持、端口扫描、拒绝服务攻击等，这些攻击行为通过分析主机审计数据是很难被发现的，所以人们开始研究利用特定的工具，如嗅探器，来实时截获网络数据包，并在其中寻找入侵痕迹。

基于网络的入侵检测系统模型如图 9-5 所示。嗅探器的功能是按一定规则从网段上获取相关数据包，然后传递给检测引擎，检测引擎将接收到的数据包结合攻击模式库进行分析，将分析结果传送给管理/配置器，一方面触发响应，一方面管理/配置器把检测引擎的结果构造为嗅探器所需的规则。

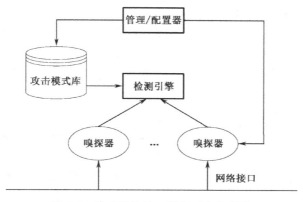

图 9-5　基于网络的入侵检测系统模型

基于网络的入侵检测系统可以在攻击发生的同时检测出攻击并实时响应。当检测到一个基于 TCP 连接的攻击时,通过发出 RST 数据包进行复位,即可在该攻击未对目标形成危害前将其中断。而 HIDS 只能等攻击者留下记录后才能识别并响应,但这可能已经对系统造成了危害。因为 NIDS 捕获的数据包不仅包含攻击特征,还包含攻击者的身份和其他相关证据,可用于追究其法律责任。

NIDS 检查流经网络的数据包,可以通过过滤数据包头部,分析发现可疑行为,如 teardrop、DoS 攻击;还可以检查数据包的有效负载的内容,发现攻击信息,如查找与攻击有关的指令、语法等。但 HIDS 无法通过检查数据包内容确定可疑数据。所以,NIDS 可较全面发现入侵。

NIDS 放在防火墙外面,可以检测到旨在利用防火墙后面的资源的攻击,尽管防火墙本身可能会拒绝这些攻击企图。而 HIDS 不能发现未能到达受防火墙保护的主机的攻击企图,这些信息对于评估和改进安全策略是十分重要的。

NIDS 并不依赖主机的操作系统作为检测资源,而 HIDS 需要在特定的、没有遭到破坏的操作系统上才能发挥作用,所以 NIDS 具有与操作系统更多的无关性。

部署 NIDS 时,一般一个网段上只需安装一个或几个感应器,就可以监测整个网段的情况。而且,往往由单独的计算机提供这种应用,不会给运行关键业务的主机增加负载。

基于网络的入侵检测系统的主要不足是:只能检测经过本网段的数据流,在交换式网络环境下会有监控范围的局限;对于主机内部的安全情况无法了解;对于加密的数据包无法审计其内容,对主机上执行的命令难以检测;网络传输速率加快,网络的流量大,集中处理原始数据的方式往往造成检测瓶颈,从而导致漏检,检测性能受硬件条件的限制。

9.3.3　分布式入侵检测系统

基于主机的入侵检测系统和基于网络的入侵检测系统都有各自的优势和不足,它们都能检测到对方无法检测的一些入侵行为,如果同时使用,可以相互弥补不足,得到较好的检测效果。例如,从某个重要服务器的键盘发出的攻击因不经过网络,依靠 NIDS 无法检测到,只能使用 HIDS。NIDS 可以分析过滤数据包的有效负载内容,查找特定攻击中使用的命令、语法等,这类攻击可以被实时检查数据包序列的入侵检测系统迅速识别,但 HIDS 无法识别嵌入式的负载攻击。又如,HIDS 使用审计数据、系统日志为检测依据,因此可以在确定攻击是否已经成功方面比 NIDS 更准确。

混合型入侵检测系统有不同类型,如混合多种数据源的入侵检测系统、混合不同检测技术的入侵检测系统。同时，采用网络数据包和主机审计数据作为数据源的混合入侵检测系统以分布式入侵检测系统为典型。

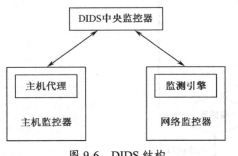

图 9-6　DIDS 结构

20 世纪 90 年代初，美国加州大学的研究人员将基于网络的入侵检测系统和基于主机的入侵检测系统进行了集成尝试，提出了分布式入侵检测系统的概念，给出了分布式入侵检测系统（Distributed Intrusion Detection System，DIDS）的结构，如图 9-6 所示。DIDS 设计的目标环境是以太网，要完成的任务是监控以太网连接的各个主机的安全状态，同时检测针对局域网本身的攻击行为，所以系统同时采用了网络数据包和主机审计记录两种数据源。

分布式入侵检测系统（DIDS）一般是指部署于大规模网络环境下的入侵检测系统，任务是监视整个网络环境中的安全状态，包括网络设施本身和其中包含的主机系统。DIDS 系统主要包括三大部分：位于每台被监控的主机上的主机监控器、局域网上的网络监控器和中央控制器。各监控器分别与中央控制器通信，中央控制器通过发送控制命令和查询命令来设置各监控器的配置信息和获取监控器的相关监控信息。

主机监控器的代理获取审计数据，然后映射到 DIDS 的规范格式，将统一格式的审计记录进行预处理（去冗余），再进行各种分析检测，生成异常事件报告，发回中央控制器。同时，中央控制器也通过与监控器通信，配置、修改、调整用于安全分析的模式库，以便更好地执行分析逻辑。网络监控器的监测引擎负责收集、分析网段内的数据包，检测主机间网络连接、流量，以及服务访问情况的安全状态等，将分析的异常事件发回中央控制器，同时接受中央控制器的命令。

中央控制器负责与各监控器通信，发送控制命令，接收异常事件记录。并依靠与用户的接口通知用户关心的有关系统的安全信息（异常事件显示、系统安全状态信息等）。中央控制器还负责将安全事件记录信息提交给专家系统，专家系统在监控事件记录的基础上，执行关联分析和安全状态评估。其核心部分是规则库。

DIDS 系统的特点：可以进行多点监控，克服检测单一网络出入口的弱点；可以将日志统一管理、分析，更易于分析网络中的安全事件；全局预警控制可以保证各控制中心较好地协同工作，一处发现异常，全网戒备，有效阻断攻击。

目前的入侵检测系统一般采用集中式模式，这种模式的缺点是难以及时对在复杂网络上发起的分布式攻击进行数据分析以至于无法完成检测任务，入侵检测系统本身所在的主机还可能面临因负荷过重而崩溃的危险。此外，随着网络攻击方法的日趋复杂，单一的检测方法难以获得令人满意的检测效果。在大型网络中，网络的不同部分可能分别采用不同的入侵检测系统，各系统之间通常不能互相协作，不仅不利于检测工作，甚至会产生新的安全漏洞。对于这些问题，采用分布式结构的入侵检测模式是解决方案之一，也是目前入侵检测技术的研究方向。这种模式的系统采用分布式智能代理的结构，由一个或多个中央智能代理和大量分布在网络各处的本地代理组成。本地代理负责处理本地事件，中央代理负责统一调控各地代理的工作以及从整体上完成对网络事件的综合分析工作。检测工作通过全部代理互相协作完成。

9.3.4　入侵检测系统的部署

当实际使用入侵检测系统的时候，首先面临的问题就是决定应该在系统的什么位置安装检测和分析入侵行为用的感应器（Sensor）或检测引擎（Engine）。由于入侵检测系统类型不同、应用环境不同，部署方案也会不同。HIDS 一般用于保护关键主机或服务器的安全，因此可以直接将检测代理安装在受监控的主机系统上；但对于 NIDS 情况稍微复杂，根据网络环境的不同，其部署方案也会不同。各种网络环境千差万别，下面以一种常见的网络拓扑结构来分析 IDS 的检测引擎应该位于网络中的哪些位置，如图 9-7 所示。

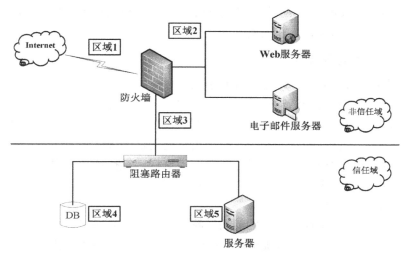

图 9-7　入侵检测系统部署

区域 1：感应器位于防火墙的外侧——非系统信任域，将负责检测来自外部的所有可能的入侵企图、对内部服务器、防火墙、内网主机的攻击，通过分析这些攻击将有助于完善系统，并确定系统内部的 IDS 部署。对于配置合理的防火墙来说，这些攻击企图不会带来严重的问题，因为只有进入内部网络的攻击才会对系统造成真正危害。

区域 2：很多站点都把对外提供服务的服务器放在一个隔离的区域，通常称为非军事区（DMZ）。在此放置一个检测引擎是非常必要的，因为这里提供的很多服务都是黑客乐于攻击的目标。此位置可检测到已经穿透第一层防御体系的攻击，发现防火墙配置策略中的问题。

区域 3：最重要、最应该放置检测引擎的区域。对于那些已经透过系统边缘防护进入内部网络、准备进行恶意攻击的黑客，这里正是利用 IDS 及时发现并做出反应的最佳时机和地点。此位置还可以实现对内部网络信息的检测、对内网可信用户的违规行为进行检测。

区域 4 和区域 5：这两个位置也不容忽略，虽然比不上区域 3，但经验表明，问题往往来自内部。内部人员随意使用调制解调器、用户账号的口令选择不当、内部员工对企业不满等都会给安全管理员带来不小的麻烦。

9.4　入侵检测基本技术

入侵检测的第一步是采集来自网络系统不同节点（不同子网和不同主机）的隐藏有入侵行为的数据，之后这些数据将提交入侵分析引擎处理。入侵分析的任务就是依赖各种入侵检测技术和方法，在提取到的大量网络数据中找到入侵的痕迹。一方面，入侵检测系统需要尽可能多地提取数据以获得足够的入侵证据；另一方面，由于入侵行为的千变万化而导致判定入侵的规则越来越复杂，为了保证入侵检测的效率和满足实时性的要求，入侵分析必须在系统的性能和检测能力之间进行权衡，合理地设计分析策略和方法，并且可能牺牲一部分检测能力来保证系统可靠、稳定地运行并具有较快的响应速度。

入侵检测系统的检测分析技术主要分为两大类：异常检测和误用检测。

9.4.1 异常检测技术

异常检测（anomaly detection）技术也称为基于行为的检测技术，是根据用户的行为和系统资源的使用状况来判断是否存在入侵。

1. 异常检测技术基本原理

异常检测假定所有的入侵活动都是异常于正常主体的活动。根据这一理念，如果能够为系统建立一个主体正常行为的活动轮廓（Activity Profile，或称为特征文件），从理论上来说就可以通过统计分析那些偏离已建立的活动轮廓的行为，来识别入侵企图。例如，程序员的正常活动与打字员的正常活动肯定不同，打字员常用的是编辑文件、打印文件等命令，程序员则更多地使用编辑、编译、调试、运行等命令。这样，根据各自不同的正常活动建立起来的特征文件便具有用户行为特性。入侵者使用正常用户的账号，其行为并不会与正常用户的行为相吻合，因而可以被检测出来。

异常检测首先要建立主体正常行为的活动轮廓。活动轮廓通常定义为各种行为参数及其阈值的集合。异常检测通过定义系统正常活动阈值（如 CPU 利用率、内存利用率、文件校验和等），将系统运行时的数值与定义的"正常"情况比较，发现入侵攻击迹象；通过创建正常使用系统对象（用户、文件、目录和设备等）时的测量属性（如访问次数、操作失败次数和延时等），观察网络、系统的行为是否超过正常范围（测量属性的平均值），统计分析发现攻击行为。异常检测模型如图 9-8 所示。

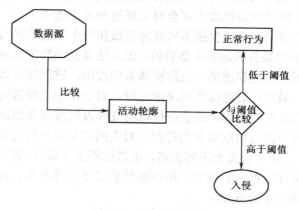

图 9-8 异常检测模型

异常检测较少依赖特定的主机操作系统，通用性较强。因其不像基于知识的检测那样受已知攻击特征的限制，它甚至可能检测出以前从未出现过的攻击方法，对内部合法用户的越权违规行为的检测能力较强。但是因为难以对整个系统内的所有用户行为进行全面描述，而且每个用户的行为时常有变动的可能，导致建立正常行为特征库困难，所以其主要缺陷是误报率较高，特别是在用户数多、工作目的经常改变的环境中。异常检测通过比较长期行为的特征和短期行为特征测出异常后，只能模糊地报告异常的存在，不能精确报告攻击类型和方式，不方便有效阻止攻击。异常检测的过程通常也是学习的过程，这个过程有可能被入侵者利用。

2．异常检测基本方法

异常检测是一个"学习正常，发现异常"的过程，主要特点体现在学习过程中可以借鉴其他领域的方法来完成用户行为概貌的学习和异常的检测。主要的检测方法有：概率统计方法、神经网络方法、数据挖掘方法、状态机方法、基于基因算法的异常检测、基于免疫系统的异常检测等。

（1）概率统计方法

首先，检测器根据用户对象的行为为每个用户建立一个用户特征表，通过比较当前特征与已存储定型的以前特征，来判断是否是异常行为。用户特征表需要根据审计记录情况不断地加以更新。用于描述特征的变量类型通常有：

❖ 操作密度：度量操作执行的速率，常用于检测较长平均时间觉察不到的异常行为。

❖ 审计记录分布：度量在最新记录中所有操作类型的分布。

❖ 范畴尺度：度量在一定动作范畴内特定操作的分布情况。

❖ 数值尺度：度量那些产生数值结果的操作，如 CPU 使用量、I/O 使用量等。

这些变量记录的具体操作包括：CPU 的使用、I/O 的使用、使用地点及时间、邮件使用、编辑器使用、编译器使用、创建/删除/访问或改变的目录及文件、网络上活动等。

例如，如下定义一个特征表的结构：

<变量名，行为描述，例外情况，资源使用，时间周期，变量类型，门限值，主体，客体，值>

其中的变量名、主体、客体唯一确定了每个特征表，特征值由系统根据审计数据周期性地产生。这个特征值是所有有悖于用户特征的异常程度值的函数。

假设用 $S_1, S_2, \cdots, S_n$ 分别为描述特征的变量 $M_1, M_2, \cdots, M_n$ 的异常程度值，S_n 值越大说明异常程度越大。特征值可以用所有 S_n 值的加权平方和来表示：$M = a_1 S_1^2 + a_2 S_2^2 + \cdots + a_n S_n^2$，$a_i > 0$，其中以 a_i 表示每个特征的权重。如果某 S 值超出了 $M / n \pm \Delta s$（设有 n 个组成测量值，s 为标准偏差），就认为出现异常。这种方法的优越性在于能应用成熟的概率统计理论。也有一些不足，如统计检测对事件发生的次序不敏感，也就是说，完全依靠统计理论可能漏检那些利用彼此关联事件的入侵行为。其次，定义是否入侵的判断阈值也比较困难。阈值太低，则漏检率提高；阈值太高，则误检率提高。

常用的统计模型如下：

① 操作模型。对某个时间段内事件的发生次数设置一个阈值，若事件变量 X 出现的次数超过阈值，就可能出现异常。定义异常的阈值设置偏高，会导致漏报错误。漏报的后果是比较严重的，不仅仅检测不到入侵，还给安全管理员以安全的错觉，这是入侵检测系统的副作用。定义异常的阈值设置偏低，会导致误报错误。误报次数多则降低了入侵检测方法的效率，还会给安全管理员增加额外的负担。如在一个特定的登录事件中，口令失败的次数超过了设置的阈值，就可以认为发生了入侵尝试。

② 平均值和标准差模型。将观察到的前 n 个事件分别用变量表示，然后计算 n 个变量的平均值：mean 和标准方差 stdev，设定可信区间 mean$\pm d \times$stdev（d 为标准偏移均值参数），如测量值超过可信区间，则表示可能有异常。

③ 多变量模型，是基于两个或多个度量的相关性，而不像平均值和标准差模型是基于一

个度量。显然，用多个相关度量的联合来检测异常事件具有更高的正确性和分辨力。例如，利用程序的 CPU 时间、I/O 频率、用户登录频率和会话时间等变量来检测入侵行为。

④ 马尔可夫过程模型。将每种类型的事件定义为一个状态变量，然后用状态迁移矩阵刻画不同状态之间的迁移频度，而不是个别状态或审计记录的频率。若观察到一个新事件，而给定的先前状态和矩阵说明此事件发生的频率太低，就认为此事件是异常事件。

（2）神经网络方法

神经网络是一种算法，通过学习已有的输入/输出信息对，抽象出其内在的关系，然后通过归纳得到新的输入/输出信息对。用于检测的神经网络模块结构大致是这样的：当前命令和刚过去的 W 个命令组成了网络的输入，其中 W 是神经网络预测下一个命令时所包含的过去命令集的大小。根据用户的代表性命令序列训练网络后，该网络就形成了相应用户的特征表。如果神经网络通过预测得到的命令与随后输入的命令不一致，则在某种程度上表明用户行为与其特征产生偏差，即说明可能存在异常。与统计理论相比，神经网络更好地表达了变量间的非线性关系，并且能自动学习并更新。实验表明，UNIX 系统管理员的行为几乎全是可以预测的，对于一般用户，不可预测的行为也只占了很少的一部分。

基于神经网络的检测思想可用图 9-9 表示。输入层的 W 个箭头代表了用户最近 W 个命令，输出层预测用户将要发生的下一个命令。神经网络异常检测的优点是不需要对数据进行统计假设，能够较好地处理原始数据的随机性，简洁地表达出各状态变量间的非线性关系，且能自动学习。其缺点是网络拓扑结构和各元素的权重不好确定，需多次尝试。另外，W 设置小了影响输出；设置大了，神经网络要处理过多数据，导致效率下降。

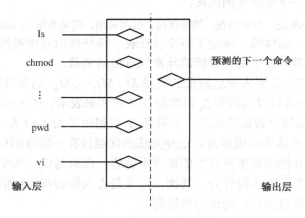

图 9-9　神经网络检测思想

（3）数据挖掘方法

数据挖掘方法是新的检测方法，对异常和误用检测都适用。数据挖掘（Data Mining）是数据库知识发现（Knowledge Discovery in Database，KDD）技术中的一个关键步骤，目标是采用各种特定的算法在海量数据中发现有用的可理解的数据模式。

在入侵检测系统中，对象行为日志信息的数据量通常非常大，要从大量的数据中挖掘出一个值或一组值来表示对象行为的概貌，并以此进行对象行为分析和检测，就可借用数据挖掘的方法。数据挖掘技术在入侵检测中主要有两个方向：一是发现入侵的规则、模式，与模式匹配的检测方法相结合；二是用于异常检测，找出用户正常行为，创建用户的正常行为特征库。数据挖掘与入侵检测相关的算法类型主要有分类算法、关联分析算法和序列分析算法。

9.4.2 误用检测技术

误用检测技术（misuse detection）也称为基于知识的检测技术或模式匹配检测技术。

1．误用检测技术基本原理

误用检测技术假设所有入侵行为都有可能被检测到特征，检测主体活动是否符合这些特征就是系统的目标。根据这一理念，如果把以往发现的入侵行为的特征总结出来并建立入侵特征库，就可以将当前捕获分析到的入侵行为特征与特征信息库中的特征相比较，从而判断确定入侵。这种方法类似于大部分杀毒软件采用的特征码匹配原理。

误用检测模型如图 9-10 所示。误用检测首先定义违背安全策略事件的特征，如数据包的某些头部信息。因为大部分的入侵是利用了系统的脆弱性，通过分析入侵过程的特征、条件、排列以及事件间关系能具体描述入侵行为的迹象。其难点在于如何设计模式或特征，使得它既能表达入侵现象，又不会将正常的活动包含进来。

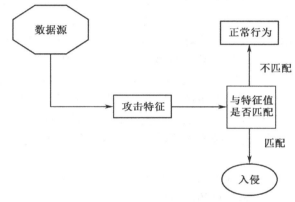

图 9-10　误用检测模型

误用检测依据具体特征库进行判断，所以检测准确度很高，并且因为检测结果有明确的参照，也为系统管理员做出相应措施提供了方便。误用检测原理简单，技术也相对成熟，主要缺陷在于对具体系统依赖性强，移植性不好，同时将具体入侵手段抽象成知识很困难，而且维护特征库工作量大，检测范围受已有知识的局限，不能检测未知的攻击，尤其是难以检测出内部人员的入侵行为，如合法用户的泄露，因为这些入侵行为并没有利用系统脆弱性。

2．误用检测基本方法

误用检测是一个"总结入侵特征，确定攻击"的过程，主要特点体现在特征库的建立。误用检测方法主要有：专家系统、模式匹配与协议分析、模型推理、按键监视、条件概率、状态转换、Petri 网状态转换等，还出现了一些新的检测方法，如人工免疫、遗传算法等。

（1）专家系统

专家系统是基于知识的检测中早期运用较多的一种方法。将有关入侵的知识转化成 if-then 结构的规则，即将构成入侵的条件转化为 if 部分，将发现入侵后采取的相应措施转化为 then 部分。当其中某个或某部分条件满足时，系统判断入侵行为发生。其中的 if-then 结构构成了描述具体攻击的规则库，状态行为及其语义环境可根据审计事件得到，推理机根据规则和行为完成判断工作。在具体实现中，专家系统主要面临如下问题：① 全面性问题，即难以科学地从各种入侵手段中抽象出全面的规则化知识；② 效率问题，即所需处理的数据量过大，而且在大型系统上如何获得实时连续的审计数据也是一个问题。因为这些缺陷，专家系统一般不用于商业产品中，商业产品运用较多的是模式匹配（或称为特征分析）。

（2）模式匹配与协议分析

基于模式匹配的误用检测方法像专家系统一样，也需要知道攻击行为的具体知识。但是攻击方法的语义描述不是被转化为抽象的检测规则，而是将已知的入侵特征编码成与审计记录相符合的模式，因而能够在审计记录中直接寻找相匹配的已知入侵模式。

协议分析能够识别不同协议，对协议命令进行解析，给 IDS 技术添加了新鲜的血液。协议分析将输入数据包看成具有严格定义格式的数据流，并将输入数据包按照各层协议报文封装的反方向顺序逐层解码。然后根据各层协议的定义对解析结果进行逐次分析，检查各层协议字段值是否符合网络协议定义的期望值或处于合理范围，否则可以认为当前数据包为非法数据流。

协议解码带来了效率上的提高，因为系统在每层上都沿着协议栈向上解码，因此可以使用所有当前已知的协议信息，来排除所有不属于该协议结构的攻击。这一点模式匹配系统做不到，因为它"看不懂"协议，只会一个接一个地做简单的模式匹配。协议解码还能排除模式匹配系统中常见的误报。误报发生在这样的情况下：某字节串恰好与某个特征串匹配，但这个串实际上并非一个攻击。比如，某字节串有可能是一篇关于网络安全的技术论文的电子邮件文本，在这种情况下，"攻击特征"实际上只是数据包数据域中的英语自然语言。这种类型的失误不会发生在基于协议解码的系统中，因为系统知道每个协议中潜在的攻击串所在的精确位置，并使用解析器来确保某个特征的真实含义被正确理解。

随着技术的发展，这两种分析技术相互融合，取长补短，逐步演变成混合型分析技术。

（3）模型推理

模型推理是指结合攻击脚本推理出入侵行为是否出现。其中有关攻击者行为的知识被描述为：攻击者目的、攻击者达到此目的的可能行为步骤、对系统的特殊使用等。根据这些知识建立攻击脚本库，每个脚本都由一系列攻击行为序列组成。检测时先将这些攻击脚本的子集看做系统正面临的攻击，然后通过一个称为预测器的程序模块根据当前行为模式，产生下一个需要验证的攻击脚本子集，并将它传给决策器。决策器收到信息后，根据这些假设的攻击行为在审计记录中的可能出现方式，将它们翻译成与特定系统匹配的审计记录格式。然后在审计记录中寻找相应信息来确认或否认这些攻击。随着一些脚本被确认的次数增多，另一些脚本被确认的次数减少，攻击脚本不断得到更新。模型推理方法的优越性有：对不确定性的推理有合理的数学理论基础，同时决策器使得攻击脚本可以与审计记录的上下文无关。但是创建入侵检测模型的工作量比别的方法要大，并且在系统实现时决策器如何有效地翻译攻击脚本也是问题。

（4）条件概率

这种方法将网络入侵方式看做一个事件序列，根据观测到的各种网络事件的发生情况来推测入侵行为的发生，利用贝叶斯定理对入侵进行推理检测。

（5）按键监视

按键监视（Keystroke Monitor）是一种简单的入侵检测方法，用来监视攻击模式的按键。它假设每种攻击行为都具有特定的按键序列模式，通过监视各用户的按键模式，并将该模式与已有的入侵按键模式相匹配，从而确定攻击。按键监视只监视用户的按键而不分析程序的运行，这样在系统中恶意的程序将不会被标识为入侵活动。监视按键必须在按键被系统接收之前将其截获，可以采用键盘 Hook 技术或采用网络监听等手段。对按键监视方法的改进是：

监视按键的同时监视应用程序的系统调用，这样才可能分析应用程序的执行，从中检测出入侵行为。

9.5 入侵检测响应机制

入侵检测系统在完成系统安全状况分析并确定了系统被入侵后，就需要通知用户存在安全问题并提供相关的信息数据，在某些情况下还要采取其他行动。在入侵检测模型中，这个阶段属于响应阶段。理想状况下，响应阶段应该具有丰富的响应功能，根据各种类型的用户需求，能够提供不同的响应服务类型。目前，响应机制包括主动响应和被动响应。

9.5.1 主动响应

入侵检测系统发现异常活动后，采取某些手段阻塞攻击的进程或者改变受攻击的环境配置，如阻断网络连接、增加安全日志、杀死可疑进程等，从而达到阻止入侵危害的发生或尽可能减少入侵危害的目的。主动响应的手段有多种，如对入侵采取反击、修正系统环境和设置网络陷阱等。

1. 对入侵采取反击

对入侵采取反击是一种较为激烈的响应。例如，根据入侵进程的源 IP 地址或者根据其他方法跟踪入侵行为的初始来源，然后采用技术或法律的手段进行反击，包括切断攻击发起主机与网络的连接、反击发起攻击主机系统、提起诉讼等。但是在实际环境中，攻击者往往利用伪造的源地址实施拒绝服务攻击，或者以傀儡机方式进行接力棒似的攻击活动，由此可能造成反击不能达到目的。例如，一个简单的反击可能引起攻击者更大的入侵，甚至因反击了错误的对象而引起法律诉讼等麻烦。当然，主动反击的方式如果使用得当，是具有较大威慑力的一种方式。也可以对入侵者的行为采取比较温和的反击方式，如切断当前异常的网络连接，从而中止攻击者与目标主机之间的会话过程，使攻击不能继续。系统也可以设置防火墙，阻塞来自可疑源地址的后续数据包。但入侵者可能冒用合法用户的地址来实施活动，从而诱使网络边界访问控制设备的错误响应，导致合法用户无法访问所需资源，使得安全防护设备自身导致了系统的拒绝服务攻击。

2. 修正系统环境

主动响应的另一种方式是修正系统环境，堵住入侵发生的渠道，这是一个较好的响应方案。修正系统环境通过所谓的"自愈"系统装置识别问题所在，隔离产生问题的因素，并对处理该问题产生一个适当的响应。在入侵检测系统中，这类响应可通过提高敏感水平来改变分析引擎的操作特征，或通过改变规则提高对某些攻击的怀疑水平或增加监视范围，以更合适的采样间隔收集信息。

这种策略类似实时过程控制系统的反馈机制，即目前系统处理过程的输出将用来调整和优化下一个处理过程。

3. 设置网络陷阱

网络陷阱也称为蜜罐（Honey Pot），是一种网络攻击诱骗工具，是专门为诱骗入侵者而设计的故意让其"攻陷"的主机，在这个主机上采取各种网络诱骗技术来诱使入侵者上当，如设置包含了漏洞的诱骗系统，通过模拟一个或多个易受攻击的主机给入侵者提供一个攻击目标。入侵者一旦选择了这个目标，就会采取各种手段攻击它，这样网络陷阱将自动完成对入侵者攻击过程的记录。通过这些记录可以分析、学习入侵者入侵系统的入侵工具、技术手段和他们的意图，为入侵响应和法律诉讼提供信息和证据。同时，陷阱可以吸引和转移入侵者的注意，消耗其时间和资源，延缓对真实目标的攻击，还可以对攻击进行检测和告警。

9.5.2 被动响应

被动响应是指入侵检测系统仅仅报告和记录所检测到的异常、可疑活动的信息，依靠用户去采取下一步行动的响应机制。被动响应的手段通常包括以下 3 种。

1．告警和通知

多数入侵检测系统提供多种多样的告警方式，供用户选择适合自己的系统操作程序规范。

告警窗口：在入侵检测控制台上以弹出警报消息框、显示消息列表、发出警报声响、闪烁警报图表等方式显示实时告警信息。

远程告警：通过电子邮件、传呼、手机短信等远程通信手段，实时将警报消息通知远程的安全管理员等。

2．与网络管理联动

与网络管理工具紧密结合，使用网络管理基础设施来传送告警，并可在网络管理控制台显示告警等消息。如依附简单网络管理协议（SNMP）的消息或 SNMP Trap 数据包来发送警报消息。

3．存档和报告

将检测结果存档以备日后使用是被动响应的一项重要工作。通常将检测结果、警报信息发送到相应的数据库主机存储，用户可以依此生成各种报告，进而可以把问题的细节转给处理相应问题的部件。另外，维护入侵检测日志记录也是入侵响应的一项任务。日志提供了长期的连续的对系统的入侵记录，这些信息作为长期问题的进展记录文件为寻求修补问题提供依据。

无论是主动响应还是被动响应，对于完成入侵检测任务都是必需的，关键是根据用户部署入侵检测系统的目的和实际网络运行环境来选择适当的响应手段。

本章小结

入侵检测系统利用入侵检测技术对网络和系统进行监控，并根据监控结果采取不同的安全反应，尽可能降低入侵的危害。入侵检测系统是面向网络入侵的安全监控系统，是其他安全基础设施的补充，通过从网络和系统中的一个或多个关键点搜集信息并采取模式匹配、统计分析等方法对信息进行分析检测，从中发现违反系统安全策略的行为和遭受攻击的迹象，利用主动或被动响应机制对入侵做出反应。

入侵检测系统主要由三部分组成：事件提取、入侵分析和入侵响应。

入侵检测系统根据数据源的不同主要分为基于主机的入侵检测系统、基于网络的入侵检测系统以及分布式入侵检测系统。

入侵检测技术主要有异常检测技术和误用检测技术。异常检测技术也称为基于行为的检测技术，根据用户行为和系统资源使用状况来判定网络入侵。误用检测技术也称为基于知识的检测技术，利用已知入侵的特征与实际行为和数据的特征匹配来确定网络入侵。

对于入侵检测系统的部署要根据目标网络环境、目标应用的安全需求进行适当配置，从而保证入侵检测系统有效地发挥作用。

实验9　入侵检测系统

1．实验目的

通过实验深入理解入侵检测系统的原理和工作方式，熟悉入侵检测工具 Snort 在 Windows 操作系统中的安装和配置方法。

2．实验原理

入侵检测系统工作在计算机网络系统的关键节点上，通过实时地收集和分析计算机网络或系统中的信息，来检查是否出现违反安全策略的行为和是否存在入侵的迹象，进而达到提示入侵、预防攻击的目的。

Snort 是 Martin Roesch 等人开发的一种开放源代码的入侵检测系统，具有实时数据流量分析和 IP 数据包日志分析的能力，能够进行协议分析和对内容搜索/匹配；能够检测不同的攻击行为，如缓冲区溢出、端口扫描、DoS 攻击等，并能进行实时报警。Snort 有 3 种工作模式：嗅探器、数据包记录器、入侵检测系统。按嗅探器模式工作时，它只读取网络中传输的数据包，然后显示在控制台上。按数据包记录器模式工作时，它将数据包记录在硬盘上，以备分析之用。入侵检测模式功能强大，可通过配置实现，但稍显复杂，Snort 能根据用户事先定义的一些规则分析网络数据流，并根据检测结果采取一定的措施。

3．实验环境

一台安装 Windows XP 操作系统的计算机，连接到本地局域网中。

4．实验内容

（1）Windows XP 操作系统下 Snort 的安装。
（2）Windows XP 操作系统下 Snort 的使用。

5．实验提示

（1）Windows XP 操作系统下 Snort 的安装

在 Windows 环境下，需要安装多种软件来构建支持环境才能使用 Snort，表 9-1 列出了相关软件以及它们在 Snort 使用中的作用。安装步骤完成后，Snort 正常启动的界面如图 9-11 所示，包括 Snort 的版本、检测引擎等信息。打开 http://127.0.0.1:50080/acid/acid_main.php（其中 50080 为修改后 apache web 服务所在端口，可配置更改）可访问 ACID 分析控制台，如图 9-12 所示。

（2）Windows XP 操作系统下 Snort 的使用

以配置入侵检测规则，实现 Telnet 访问预警为例。

表 9-1　安装 Snort 所需软件

软件名称	下载网址	作用
acid-0.9.6b23.tat.gz	http://www.cert.org/kb/acid	基于 PHP 的入侵检测数据库分析控制台
adodb465.zip	http://php.weblogs.com/adodb	Adodb（Active data objects data base）为 PHP 提供统一的数据库连接函数
httpd-2.2.25-win32-x86-no_ssl.msi	http:// www.apache.org	Windows 版本的 Apache Web 服务器
jpgraph-1.12.2.tar.gz	http:// www.aditus.nu/jpgraph	PHP 所用图形库
mysql-4.0.13-win.zip	http:// www.mysql.com	Windows 版本的 MySQL 数据库，用于存储 Snort 的日志、报警、权限等信息
php-5.2.1-Win32.zip	http:// www.php.net	Windows 中 PHP 脚本的支持环境
snort-2_9_0_1.exe	http:// www.snort.org	Windows 中 Snort 安装包，入侵检测的核心部分
winPcap_3_0.exe	http://winpcap.polito.it	网络数据包截取驱动程序，用于从网卡中抓取数据包

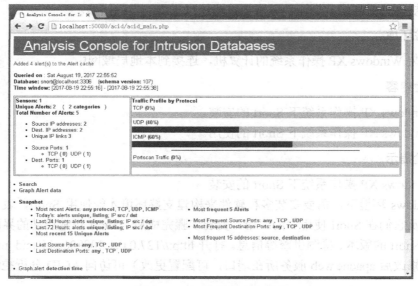

图 9-11　snort 启动界面

图 9-12　ACID 控制台主界面

① 完善配置文件。打开 C:\snort\etc\snort.conf 文件，配置 snort 的内、外网检测范围，将

snort.conf 文件中的 var Home_NET any 语句中的 any 改为自己所在的子网地址，即将 snort 监测的内网设置为本机所在局域网。如本地 IP 为 192.168.1.10，则将 any 改为 192.168.1.0/24。配置文件中的 var EXTERNAL_NET any 语句，将任意地址的主机指定为外部网络。

② 自定义检测规则。打开 C:\snort\rules\local.rules 文件，在规则中添加一条语句，实现对 Telnet 连接本机进行检测并发出警告，语句如下：

alert tcp any any <> $HOME_NET 23 (msg:"External net telnet sever";sid:1234567890;rev:1;)

③ 自定义规则包含在 local.rules 文件中，需要在 snort 的配置文件中添加对 local.rules 的引用。找到 snort.conf 文件中描述规则的部分，前面加"#"表示该规则没有启用，将 local.rules 之前的"#"去掉，其余规则保持不变。

④ 重启 Snort 和 acid 检测控制台，使规则生效。

⑤ 使用另一台主机 Telnet 本机，在 http://localhost:50080/acid/acid_stat_alerts.php 页面下可查看对应本次连接的警告，如图 9-13 所示。

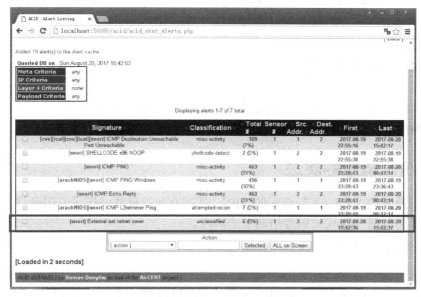

图 9-13　snort 中对 Telnet 连接的警告

习 题 9

9.1　什么是入侵检测系统？

9.2　为什么说入侵检测系统是其他安全基础设施的补充？

9.3　分析 HIDS 与 NIDS 的主要区别。

9.4　简述误用检测技术原理。

9.5　以概率统计方法为例，简要说明基于异常检测技术的入侵检测系统的工作过程。

9.6　参照你熟悉的某个局域网，制订一个入侵检测系统部署计划，画出配置拓扑图。

9.7　什么是主动入侵响应？

9.8　什么是网络陷阱？

第 10 章　虚拟专用网技术

虚拟专用网（Virtual Private Network，VPN）技术是一种采用加密、认证等安全机制，在公共网络基础设施上建立安全、独占、自治的逻辑网络的技术，不仅可以保护网络的边界安全，也是一种网络互连的方式。在 VPN 网络中，IP 隧道代替了传统 WAN 互连的"专线"，是组建"虚拟网络"、进行网络安全互连与移动安全接入的基础。本章首先介绍 VPN 的概念，然后给出 VPN 的基本特征，接着描述 VPN 技术的工作原理以及 VPN 隧道机制，再详细阐述构建 VPN 的典型安全隧道协议——IPsec 协议簇，最后给出一种基于 VPN 技术的典型网络架构。

10.1　虚拟专用网概述

VPN 是信息网络安全领域研究的热点，也是 VPN 产品供应商宣传的热点，因此围绕 VPN 出现了很多解释，众说纷纭。

10.1.1　VPN 概念的演进

从专网到最初的 VPN，再到今天的 VPN，其演变和发展共经历了专用网络、基于全数字接入的虚拟专用网络和现代虚拟专用网三个阶段。

1. 专用网络（简称专网）

对于要求永久连接的情况，LAN 通过租用的专线（如 DDN 等）互连组成专网，远程用户则通过 PSTN 直接拨入企业的访问服务器。企业局域网通过租用的专线互连而成专网，可以获得比较稳定的连接性能，其安全性也容易得到保障。但是，从用户的角度，它的通信费用却高得惊人，企业需要自己去管理这样一个远程网络。从服务提供商的角度，由于用户独占的原因，即使线路没有数据传输或流量不大，其他用户无法利用，因此线路的利用率不高。

2. 基于全数字接入的虚拟专用网络

由于专用网络存在成本高、利用率低的缺陷，促使数据通信行业和服务提供商开发并实现大量的统计复用方案，利用已有的基础设施，为用户提供仿真的租用线路。这些仿真的租用线路称为虚电路（Virtual Circuit，VC），虚电路可以是始终可用的永久虚电路（Permanent Virtual Circuit，PVC），也可以是根据需要而建立的交换虚电路（Switched Virtual Circuit，SVC）。用户是将不同的 LAN 或节点通过诸如帧中继（Frame Relay）或 ATM 提供的虚电路连接在一起，服务提供商利用虚拟环路技术将其他不相关的用户隔离。这些方案为用户提供的服务几乎与上述租用专线相同，但由于服务提供商可以从大量的客户群中获得统计性效益，因此这些服务的价格较专网便宜。

3．现代的虚拟专用网络

现代的虚拟专用网，即基于 IP 的虚拟专用网络，称为 IP-VPN。IP-VPN 有三个主要特点：一是基于公共 IP 网络；二是提供一种将公共 IP 网络"化公为私"的组网手段，主要优势是组网经济；三是保证在公网环境下所组建的网络具有一定的私有性、专用性，即安全性。所以，针对 VPN 技术，人们从提供组网服务和网络安全两个不同的观点和角度展开了研究和探索。

从提供组网服务的角度来看，IP-VPN 有两种方式：一是利用服务提供商的 IP 网络基础设施提供 VPN 服务，二是利用 Internet 已有的公共网络资源构建 VPN。特别指出的是，由于 Internet 应用的迅速普及和 Internet 本身可靠性的增强，尤其是宽带 IP 技术的发展，使得 Internet 的带宽和 QoS 有了较大的提高，把 Internet 作为远程访问的基础设施已成为可能。再者 Internet 是目前最为廉价的公共网络平台，而且建构在诸多 TCP/IP 标准协议簇之上，有着工业界最广泛的支持。把 Internet 作为企业的远程访问骨干网，不仅可以节约开销，还可完成规范的商务往来，这也是当前流行的 Extranet 模型。

从研究网络安全的角度来看，由于 VPN 技术特别是基于 IPsec 安全协议的 IP-VPN 技术是一种包含加密、认证、访问控制、网络审计等多种安全机制的较为全面的网络安全技术，能够提供网络安全整体解决方案，所以 VPN 技术已经成为网络安全领域一个重要的发展方向，并在解决日益突出的网络安全问题的实践中发挥着越来越重要的作用，其技术也不断得到完善和发展。

10.1.2　IP-VPN 的概念

由于现代的 VPN 技术处于发展阶段，基于各种目的而制定的技术标准或草案非常多，VPN 产品提供商的产品也就种类繁多，因此出现了关于 VPN 的不同解释和定义。其主要原因是：一方面，遵循不同标准会有不同的概念和定义；另一方面，在产品宣传和市场上必然受产品提供商对 VPN 进行有利于自己产品的导向性解释的影响。

下面来看 IETF 的一些 RFC 文档和草案。

❖ RFC2764 从广域专网互连的角度，给出了简单的定义，"VPN 被简单地定义为利用 IP 网络设施（包括互联网、自建的 IP 网等）仿真广域网"。

❖ RFC2547：将连接在公共网络设施上的站点集合，通过应用一些策略建立了许多由站点组成的子集，当两个站点至少属于某个子集时，它们之间才有可能通过公共网络进行 IP 互连，每个这样的子网就是一个 VPN。

IETF 的上述定义主要基于提供通信和组网的技术手段，对安全性的强调隐含在"专网"含义中，目前主要从服务提供商 SP 提供的 VPN 服务角度进行标准的制订。所以，IETF 成立了 PPVPN（Provider Provisioned Virtual Private Networks）工作组，专门制订服务提供商的 VPN 服务标准。

C.R. Davis 的《IPsec：VPN 的安全实施》中定义：VPN 是企业网在互联网等公共网络上的延伸，通过专用的隧道来创建一个安全的私有连接。

M.W. Murhammer 的《虚拟专用网技术》中定义：VPN 是安全的通信信道，通过使用强密码认证或加密算法来提供数据保护。

这两个定义强调了通信的数据保护和安全。

国内早期与 VPN 相近的研究是 IP 协议密码机，也称为路由密码机、网络密码机等。但限于当时的认识和局限，还不能称为 VPN 产品。最近几年才真正开始研究 VPN，且主要集中于 IPsec VPN 的研究。国内学者关于 VPN 的定义大同小异，具有代表性的较为全面的一种定义是：VPN 是利用不安全的公用互联网作为信息传输介质，通过附加的安全隧道、用户认证等技术实现与专用网络相类似的安全性能，从而实现对重要信息的安全传输。

戴宗坤的《VPN 与网络安全》是国内较早、较系统的 VPN 教材，对 VPN 概念从通信和组网两个角度分别给出了定义。从通信的角度，"VPN 是一种通信环境，在这一环境中，存取受到控制，目的在于只允许被确定为同一个共同体的内部同层（对等）连接，而 VPN 的构建通过对公共通信基础设施的通信介质进行某种逻辑分割来进行，其中基础通信介质提供基于非排他性网络的通信服务。"从组网技术的角度，"VPN 通过共享通信基础设施为用户提供定制的网络连接，这种定制的连接要求用户共享相同的安全性、优先级服务、可靠性和可管理性策略，在共享的基础通信设施上采用隧道技术和特殊配置技术措施，仿真点到点的连接。"

综上所述，国内外学者从不同的观点出发，对 VPN 定义也不尽相同，但是基本反映了现代 VPN 的特点。

所以，现代 VPN 较完整、准确的概念首先必须反映这些基本特征。其次，必须反映 VPN 的内涵，即"虚拟"、"专用"、"网络"和"安全"的内涵，以及构建安全、独占、自治的虚拟网络。

目前，国内学者中较权威、合理的 VPN 的定义由陈性元教授提出：VPN 是指利用公共 IP 网络设施，将属于同一安全域的站点，通过隧道技术等手段，并采用加密、认证、访问控制等综合安全机制，构建安全、独占、自治的虚拟网络。此定义实际上是安全 VPN 的概念：包括了现代 VPN 即 VPN 的主要特征，但更强调安全，把 VPN 的安全性放在了第一位。

10.1.3　VPN 的基本特征

VPN 的概念揭示了 VPN 的 4 个基本特征。

（1）基于公共的 IP 网络环境

由于像互联网这样的 IP 网络环境是建构在诸多的 TCP / IP 标准协议之上，有着工业界最广泛的支持，使得利用 VPN 技术实现基于公共 IP 网络环境的 VPN 组网更加便利、经济、可靠、可用，同时更加灵活，具有良好的适应性和可扩展性。

（2）安全性

安全性是"专用"的最主要内涵之一。由于是构建在像互联网这样的公用 IP 网络环境之上，所以，要采用网络安全技术，来保证同一安全域内网络信息的机密性、完整性、可认证性和可用性。这样才能达到 VPN 真正意义上的专用、私有。这也是 VPN 的关键所在，所以说安全性是 VPN 的生命。

（3）独占性

独占性是指用户对构建在公用网络上的 VPN 使用时的一种感觉，其实是在与其他用户或其他单位共享该公用网络设施，独占性也是专用、私有的内涵之一。

（4）自治性

虚拟专用网络尽管是公共网络虚拟构建的，但同传统的专用网络一样，它是一个自治网络系统，必须具有网络的一切功能，具备网络的可用性、可管理性。所以，VPN 应该是自成一体的独立网络系统：具有协议独立性，即具有多协议支持的能力，可以使用非 IP 协议如 IPX 等；具有地址独立性，即可以自行定义满足自己需要的地址空间，并且允许不同的 VPN

之间地址空间重叠、允许 VPN 内的地址空间和公共网络的地址空间重叠。

因此，安全性、独占性及自治性使得建构在公用 IP 网络环境上的 VPN 能够真正做到虚拟、专用。

10.2　VPN 的分类及原理

10.2.1　VPN 的分类

依据不同的标准和观点会有不同的 VPN 分类，各种文献中出现了种类繁多的分类。本书对这些分类进行了较系统的总结，按普遍接受和易于理解 VPN 的原则着重讨论几种分类方法。

1.　按 VPN 的构建者分类

按 VPN 是由谁构建的，可以分为由服务提供商提供的 VPN 和由客户自行构建的 VPN 两种类型。

（1）由服务提供商提供的 VPN

服务提供商提供专门的 VPN 服务，也就是说，VPN 的隧道构建和管理由服务提供商负责。优点是客户的工作变得简单，缺点是不利于客户的网络安全，因为隧道由服务提供商的设备封装，服务提供商非常清楚客户的 VPN，也了解通过隧道传输的内容。所以，在对安全要求较高的情况下，不适合由服务提供商提供 VPN 服务。

（2）由客户自行构建的 VPN

服务提供商只是提供简单的 IP 服务，而 VPN 的构建、管理由客户负责。所以，经由提供商的 IP 骨干网利用 VPN 传输信息时，传输的信息服务提供商是不知道的，VPN 内部的网络路由等信息服务提供商也是不清楚的。因此，这种由客户自行构建 VPN 安全完全掌握在自己的手中，从安全的角度更易于被人们所接受。

2.　按 VPN 隧道的边界分类

按构建的 VPN 隧道的边界即隧道的端点的位置分类，可以分为基于服务提供商边界设备（PE）的 VPN 和基于客户边界设备（CE）的 VPN。

（1）基于 PE 的 VPN

基于 PE 的 VPN 也被称为基于网络的 VPN，主要是指 VPN 的隧道开启和终止由 PE 完成，即隧道由 PE 构建。

（2）基于 CE 的 VPN

基于 CE 的 VPN 也被称为基于用户的 VPN，主要是指 VPN 隧道开启和终止由 CE 完成，即隧道由 CE 构建。

3.　按 VPN 隧道传输的信息在网络中的层次分类

按 VPN 隧道传输的信息在网络中的层次分类，也就是按照 VPN 隧道转发的数据包所基于的网络层次分类，可以分为第二层服务 VPN（L2VPN）和第三层服务 VPN（L3VPN）。

（1）第二层服务 VPN（L2VPN）

L2VPN 提供第二层即链路层数据帧的转发及在隧道中的传输，如用隧道进行远程的拨号 PPP 连接。现在人们在探讨用隧道对远程 LAN 实施桥接，也就是在 MAC 层连接两个远程 LAN，形成一个同网段的更大的 LAN。

（2）第三层服务 VPN（L3VPN）

L3VPN 提供第三层即网络层数据报的转发及在隧道中的传输，这是目前 VPN 在广域网互连中提供的典型服务，也就是通过隧道进行 WAN 的路由互连。

4．按 VPN 的应用模式分类

按 VPN 的应用模式分类有两种方法。

方法一是按照采用 VPN 技术所构建的网络属于哪一种应用模式的网络来分，可以分为 Intranet VPN 和 Extranet VPN。

（1）Intranet VPN

Intranet 即企业的内联网，是采用 Internet 技术的企业内部网络。当采用 VPN 技术构建企业的 Intranet 时，就是 Intranet VPN。

（2）Extranet VPN

Extranet 即企业的外联网，是企业与其合作伙伴之间进行信息共享、交流、服务的网络，当采用 VPN 技术构建企业的 Extranet 时，便成为 Extranet VPN。

方法二是按组网方式分类，就是按照可以解决哪一类网络互连问题来分，如用 VPN 技术解决拨号接入、路由互连、远程桥接等网络互连问题，通常主要分为如下 4 种。

（1）拨号 VPN（Virtual Private Dial Networks，VPDN）

拨号 VPN 主要是解决移动用户的拨号接入问题。通常移动用户需要长途拨号接入企业内部网，而现在只需拨入当地的拨号 VPN 服务提供商的拨号 VPN 服务器，在公用的 IP 网络上，在 ISP 的拨号服务器与企业的拨号 VPN 网关之间提供一个虚拟的 PPP 连接，将移动用户的拨号 PPP 连接经由互联网等公用 IP 网络一直延伸到企业网，好像直接拨入企业网一样，从而达到安全接入和节省连接经费的目的。拨号 VPN 将成为主要的应用模式之一。

（2）路由 VPN（Virtual Private Routed Networks，VPRN）

路由 VPN 是另一种广泛使用的 VPN 模式。VPRN 有两种构建方式：一是由 ISP 提供构建 VPN 的服务；二是由企业在自己的内部网与接入互联网等公用 IP 网的出口路由器之间部署 IP-VPN 安全网关，目前大多采用这种方式构建 VPN。其特点是组网为原来的路由方式，可以灵活地构建多 VPN，如与分支机构的 Intranet 以及与各合作伙伴之间的多个 Extranet，同时其安全性牢牢地掌握在企业自己的手中。目前，第二种方式在关键业务网络中应用较为广泛，企业几乎无须改变原来的网络配置。

（3）专线 VPN（Virtual Leased Lines，VLL）

专线 VPN 是一种简单的应用模式，是将用户的某种专线连接（如 ATM、帧中继等）变为本地到 ISP 的专线连接，然后利用 Internet 等 IP 公用网络模拟（虚拟）相应的专线，用户的应用就像原来的专线连接一样。

（4）局域网 VPN（Virtual Private Lan Segment/Services，VPLS）

局域网 VPN 又称为虚拟专用网段或虚拟专用局域网服。局域网 VPN 与路由 VPN 的接入形式相似，但两者有本质区别。路由 VPN 是以路由方式提供 WAN 互连，而局域网 VPN 是在远程的"网络"间形成单一 LAN 网段的应用，所以 VPN 安全网关与公用 IP 网络上网桥的互连方式的作用类似。

5．按构建者所采用的安全协议分类

按照构建 VPN 所采用的安全协议进行分类，每种安全协议都可对应一类 VPN。目前，

比较流行并被广泛采用的主要有 IPsec VPN、MPLS VPN、L2TP VPN 和 SSL VPN。

（1）IPsec VPN

IPsec VPN 是目前应用最广泛的 VPN 之一，利用 IPsec 的优势，不仅有效地解决了利用公共 IP 网络互连的问题，还具有很高的安全性。IPsec 是目前直接采用密码技术的真正意义上的安全协议，是目前公认的安全的协议簇。当采用 VPN 技术解决网络安全问题时，在网络层 IPsec 协议是最佳的选择。

（2）MPLSVPN

MPLS（Multi-Protocol Label Switching，多协议标记交换）的提出是为了提高核心骨干网中网络节点的转发速率，解决其无法适应大规模的网络发展问题。MPLS 是一种目前较理想的骨干 IP 网络技术，除了能提高路由器的分组转发性能外，还有多方面的应用，包括流量工程、QoS 保证。MPLS 在流量工程方面有助于实现负载均衡，当网络出现故障时能实现快速路由切换，MPLS 也为 IP 网络支持 QoS 提供了一个新途径。

MPLS 在 IP 网络中的另一个重要应用是为建立 VPN 提供了有效的手段，通常将在 MPLS 骨干网上利用 MPLS 技术构建的 VPN 称为 MPLS VPN。MPLS VPN 主要用于服务提供商在 MPLS 骨干网上提供类似帧中继、ATM 服务的 VPN 组网服务。

MPLS VPN 组网具有 MPLS 协议的主要优势。一是具有良好的可扩展性，主要表现在 VPN 用户无须对现有的设备进行任何设置，VPN 服务提供商只在 PE 路由器维护 VPN 路由信息，所以在可扩展性方面具有明显的优势。二是服务提供商提供 VPN 组网服务时具有易管理性。三是容易实现 QoS 控制。由于基于 MPLS 协议的 SP 网络具有完善的 QoS 保证，因此 MPLS VPN 的 QoS 机制优于基于传统 IP 网络的 VPN 技术。

MPLS VPN 的不足在于，它不是一个安全 VPN，提供的安全性仅类似或等同于传统专线的安全性，解决的是一般意义上的私有化问题，不提供机密性、完整性、访问控制等安全服务。所以，在具有信息安全要求的应用场合，建议采用 IPsec 保护传输信息的安全。

MPLS VPN 的另一个不足在于访问灵活性差。MPLS VPN 一般由 PE 实施，需要服务提供商的 MPLS 骨干网络支持，接入点需要有标签交换路由器，所以只适合建立长久的企业专用网，不易实现移动 VPN 节点。

（3）L2TP VPN

L2TP VPN 是另一个流行的 VPN 形式，采用第二层隧道协议（L2TP），主要用于提供远程移动用户或 VPN 终端通过 PSTN 进行远程访问服务的拨号 VPN 构建。L2TP 也只是解决网络访问服务器（NAS）的接入问题，用户不用拨打长途电话，通过本地拨号，借助 Internet 服务提供商的 NAS，就可以实现远程 NAS 接入。但 L2TP 的安全性依赖于 PPP 的安全性，PPP 一般没有采用加密等措施，所以从网络安全的角度来看，L2TP 是没有安全机制的。

（4）SSL VPN

近年来，SSL VPN 作为新兴 VPN 技术，受到广大开发商的青睐，提供了与 IPsec VPN 近似的安全性。SSL VPN 利用安全套接字层协议（Secure Socket Layer，SSL）保证通信的安全，利用代理技术实现数据包的封装处理功能。通常的实现方式是在企业的防火墙后面放置一个 SSL 代理服务器。如果用户希望安全地连接到公司网络上，那么当用户在浏览器上输入一个 URL 后，连接将被 SSL 代理服务器取得，并验证该用户的身份，SSL 代理服务器再提供一个远程用户与各种应用服务器之间的连接。

在 VPN 客户端的部署和管理方面，SSL VPN 相对于 IPsec VPN 要容易和方便得多。SSL VPN 的主要局限在于用户访问是基于 Web 服务器的，对于不同的 Web 服务要进行不同的处理，而且对非 Web 的应用服务只提供有限的支持，实现起来非常复杂，因此无法保护更多的应用。而 IPsec VPN 几乎可以为所有的应用提供访问，包括客户—服务器模式和某些传统的应用。SSL VPN 还需要 CA 的支持，处理的速度相对于 IPsec VPN 来说比较慢，安全性也没有 IPsec VPN 好。

6. 按构建 VPN 时 PE 与 CE 之间的关系分类

按照构建 VPN 时服务提供商边界设备（PE）与客户边界设备（CE）之间的关系分类，实际上是按照 PE 在哪一个网络层次与 CE 交换网络拓扑进行分类，将 VPN 分为覆盖模型 VPN 和对等模型 VPN。

（1）覆盖模型 VPN

在覆盖模型中，服务提供商给客户提供一组仿真租用线路，路由信息只在客户的边界路由器之间直接交换，客户使用的就是基于服务提供商骨干网络的租用线路或仿真租用线路，所以客户的 VPN 是覆盖在提供商的网络之上，故称为覆盖模型 VPN。可以使用大量的第二层技术（包括 ATM、帧中继等）来实现覆盖 VPN 网络，也可以使用 IP-over-IP 隧道技术通过专用 IP 主干或公用的互联网来实现覆盖 VPN 网络。

覆盖模型 VPN 的主要优点是易于实现、安全，主要缺点是可扩展性和对大规模网络的处理不如上面介绍的对等模型 VPN 方便。

（2）对等模型 VPN

在对等模型中，服务提供商和客户对等地交换第三层路由信息，提供商以最优的路径中继客户站点之间的数据，而不需客户的参与。应该说，客户的 CE 就好像服务提供商网络的一部分，克服了覆盖模型的一些缺点。对等模型中客户的路由变得更简单，而且客户站点之间的路由通常是最优的；对等模型中加入新的站点变得更容易，即可扩展性较好。

10.2.2 VPN 的基本原理

VPN 技术的优势在于综合运用多种网络技术和信息安全技术。VPN 技术以 IP 隧道为基础，实现网络的互连，采用密码技术的安全协议和访问控制来增强网络的安全性，安全管理、密钥管理、审计管理等 VPN 安全管理技术增强了 VPN 系统的可维护性和易管理性。现代 VPN 的一个发展趋势就是安全功能综合化，但不管怎么说，在这些技术中，基于安全协议的 IP 隧道技术即安全隧道技术是 VPN 技术的核心。

IP 安全隧道将隧道技术和密码技术通过安全协议有机地结合在一起，实现了网络的安全互连，保证了在利用不可信任的公共 IP 网络通信时信息的机密性、完整性及可认证性。VPN 技术的基本原理如图 10-1 所示。

1. 发送端和接收端

发送端和接收端可以是广域互连的任何形式，如 LAN 到 LAN，可以是远程移动用户到 LAN，也可以是 LAN 或 CAN 内的子网到子网、端系统到子网或端系统到端系统等形式。

2. VPN 设备

VPN 设备又称为 VPN 实体，是 IP 安全隧道的开启器和终止器，从软、硬件形态上主要分为如下 3 类。

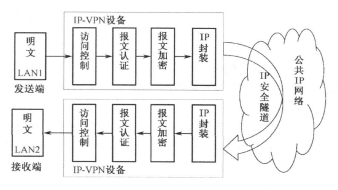

图 10-1　VPN 技术基本原理

（1）纯软件 VPN 产品

当数据连接速率很低，对性能和安全性要求不高时，可以利用完全基于软件的 VPN 产品来实现简单的 VPN 的功能，如安装在互联网接入的代理服务器上的 VPN 软件包。另外，当需要对端系统进行保护时，无论是从性能考虑，还是从成本考虑，安装软件 VPN 产品都是一种有效的选择，如安装在端系统内的 VPN 安全中间件。

（2）专用硬件平台的 VPN 产品

使用专用硬件平台的 VPN 设备可以满足企业和个人用户对数据安全及通信性能的需求，指定的硬件平台可以完成数据加密及认证等对 CPU 处理要求很高的功能，如专门用来实现 VPN 功能的 VPN 安全网关。

（3）辅助硬件平台与软件相结合的 VPN 产品

这类产品主要指以现有网络设备为基础，再增添适当的 VPN 处理软件，以实现 VPN 功能。VPN 网络处理用软件实现，而加密、认证等密码处理用专门设计的加密卡或芯片实现，如端系统安全中间件辅以硬件加密卡。

3．发送过程

（1）访问控制

VPN 设备采用基于安全策略的访问控制。当发送端的明文进入 VPN 设备，首先由访问控制模块决定是否允许其外出到公网，若允许外出，应根据设定的安全策略，确定是直接明文外出，还是应该加密、认证而经由 IP 安全隧道传输到远程的 VPN 的另一个站点，该站点可能是 LAN、CAN 甚至端系统。当然，还可能包括其他安全处理策略，如审计策略等。

（2）报文认证和加密

对于需要进入 IP 安全隧道传递的报文，利用哈希算法（如 HMAC、MD5、SHA 等）进行消息认证处理，保证报文的完整性和信息源的可认证性。一般根据设定的安全关联，按照所选择的安全协议的规定进行加密，以保证报文的机密性。

（3）隧道封装

按进入公用 IP 网的要求，用目的端在公共网络上的合法 IP 地址重新进行 IP 封装，封装后的分组在公用 IP 网上通过隧道到达目的地。IP 隧道封装使得 VPN 可以支持多协议、多址传送。

（4）进入"隧道"在公网上传送

按公网的地址要求进行 IP 封装，所以能非常方便地在公用 IP 网上传递。因为这些包经过加密、认证和再封装，所以数据包就像通过一个加密隧道直接送入接收方，其他用户不知道也不能窜改或伪造仿冒所传递的内容。安全隧道解决了信息在公用网上传递的安全问题。

4．接收过程

接收过程与发送过程相对应，接收方首先进行报文的装配（如果网络进行了碎包处理）、解封还原，再经过认证、解密得到明文，最后由访问控制模块决定该报文是否符合安全的访问控制规定，是否能够进入指定的 LAN 或主机。

通过上述对安全隧道一般工作过程的描述可以看出，安全协议和隧道技术是 VPN 技术的核心，保证了在公用 IP 网络上传递信息的安全性，这是保证 VPN 虚拟专用的基础。

10.3 VPN 隧道机制

IP 隧道是一种逻辑上的概念，封装是实现隧道的主要技术，通过将网络传输的数据进行 IP 的再封装，实现了被封装数据的信息隐蔽和抽象，因而可以通过隧道实现利用公共 IP 网络传输其他协议数据包。另外，通过 IP 隧道传输 IP 数据包时，利用被传 IP 包的地址信息得到隐藏这一特点，容易实现私有地址和公网地址的相互独立性。这些优势使得 IP 隧道成为构建 IP-VPN 的基础。因此，当 IP 隧道用于构建 IP-VPN 时，也称它为 VPN 隧道。

10.3.1 IP 隧道技术

隧道技术通过将待传输的原始信息经过加密和协议封装处理后，再嵌套装入另一种协议的数据包送入网络中，像普通数据包一样进行传输。被封装的数据包在互联网上传递时所经过的逻辑路径称为隧道。

1．IP 隧道的"封装"机制

"封装"是构造隧道的基本手段，使得 IP 隧道实现了信息隐蔽和抽象，为 VPN 能提供地址空间独立、多协议支持等机制奠定了基础。

① 地址空间独立是指用户在 VPN 中不受公共 IP 网络的影响，拥有自己独立的地址空间，如可以与公共 IP 网络的地址空间重叠。

② 多协议支持的目的是为了允许用户在 VPN 中使用非 IP 协议，如 IPX-over-IP。

③ 在 VPN 中继承现有专网的一些服务。如：VPN 拥有自己的 DHCP、DNS 服务等。这就需要进一步深入探讨相关的协议和封装的结合机制。IETF 工作组也正在不断扩充相关新的草案和 RFC 标准。

2．IP 隧道的实现机制

IP 隧道的实现机制主要涉及如下两方面。

（1）在第二层隧道还是第三层隧道上工作

这是目前讨论较多的问题，其实质是隧道所建立的连接是"虚拟"的链路层还是网络层。

第二层隧道目前主要基于虚拟的 PPP 连接，如 PPTP、L2TP 等，特别适合为远程拨号用户接入 VPN 提供虚拟 PPP 连接。但由于 PPP 会话贯穿整个隧道，IP 隧道会造成 PPP 对话超时等问题，增加了系统的负荷。第三层隧道由于是 IP-in-IP，如 IPsec，其可靠性及可扩展性方面均优于第二层隧道，特别适合 LAN-to-LAN 的互连。但对于移动用户，第三层隧道没有第二层隧道简单和直接。

对于究竟是第二层隧道还是第三层隧道，主要依据隧道封装的承载协议所属的网络层次而定，而与在哪一网络层次上实现该隧道的封装无关。例如，L2TP 协议封装的是 PPP，而 PPP 工作在第二层，所以采用 L2TP 协议封装的隧道属于第二层隧道。再如，IPsec 协议隧道模式封装的是 IP 协议（第三层协议），无论 IPsec 协议是在数据链路层、网络层还是应用层实现，其构建的隧道仍然是第三层隧道，所建立的连接是"虚拟"的网络层。

（2）IP 隧道在网络的什么层次上实现 IP 隧道

目前，一般的做法是用 IP 协议实现 IP 隧道，也有用 UDP 等协议来实现 IP 隧道的，从实现的细节上来说，还要考虑传输效率、MTU 限制及"碎包"处理、IP 隧道的状态易于监控和管理等问题。

3．隧道的过滤功能

对于 IP 隧道来说，当在隧道的开启处封装及在隧道的终止处还原装配数据包时，进行包的过滤、检查是非常方便的。所以，VPN 网关可以实现数据包过滤功能，通过过滤型隧道可直接融入包过滤防火墙机制和抗攻击检测机制，进一步增强 VPN 系统的安全性。

4．VPN 网关支持多 VPN 问题

VPN 网关能够构建多条隧道，同时支持多个 VPN，是企业组成 Extranet 的需求，可从网络管理、加密认证算法、密钥管理等方面综合解决这一问题。

10.3.2　IP 隧道协议

在实现基于互联网的 VPN 时，使用的封装协议为 IP，相应的隧道协议称为 IP 隧道协议，其封装形式为：(IP(隧道协议(协议)))。目前，IP 网上较为常见的隧道协议大致有两类：第二层隧道协议（如 PPTP、L2TP）和第三层隧道协议（如 GRE、IPsec、MPLS）。

1．IP 隧道协议的封装层次

IP 隧道协议的封装层次如图 10-2 所示。

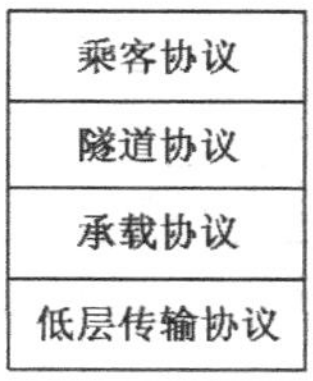

隧道内包括 3 种协议：乘客协议、隧道协议和承载协议。

| 乘客协议 |
| 隧道协议 |
| 承载协议 |
| 低层传输协议 |

图 10-2　隧道协议的封装层次

其中，承载协议把隧道协议作为数据来传输，隧道协议把乘客协议作为数据来传输。乘客协议为封装在隧道内的协议，如 PPP 或 IP。封装协议用来创建、维护和撤销隧道，如第二层隧道协议（L2TP）。承载协议用来运载乘客协议。由于 IP 协议具有健壮的路由功能，因此通常选用 IP 来对其进行运载。

2．常见的隧道协议

目前，能够用于 IP 隧道的有代表性的协议是 PPTP、L2F、L2TP、GRE、IP-in-IP、IPsec、SOCKS 及 MPLS 等，但能真正称得上安全协议或安全隧道的协议不多。

PPTP 受到了以 Microsoft 为代表的一些厂家的支持，在 IP 网上利用虚拟 PPP 连接建立 VPN。L2TP 则是 IETF 将 PPTP 协议与 Cisco 的 L2F 协议结合而产生的一个新的协议，与 PPTP 十分相似，但支持非 IP 协议，如 Apple Talk 和 IPX。

GRE 即通用路由封装协议，是针对一些特殊的封装方案（如 IP 封装 IPX、IP 封装 X.25 等）而提出的通用封装协议，支持全部的路由协议（如 RIP2、OSPF 等），其封装形式为：(IP(GRE(协议)))。GRE 的使用范围非常广泛，包括移动 IP、PPTP 等环境。GRE 只提供了数

据包的封装，并没有加密功能来防止网络侦听和攻击，所以在实际环境中经常与 IPsec 在一起使用。

IP-in-IP 是 IETF 移动 IP 工作组提出的用 IP 分组的协议，目的是解决在移动 IP 环境下实现移动主机和其他代理之间的通信。

IPsec 在 IETF 的指导下由 IETF 的 IP 安全性工作组不断发展和完善，实际上是一个安全协议簇，用于确保网络通信的安全。原来用于定义安全结构、AH 和 ESP 的 RFCl825、RFCl826 和 RFCl827 现已由 RFC2401、RFC2402 和 RFC2406 所取代，所以基于 IPsec 的 VPN 实体的实现要不断根据 IETF 公布的 RFC 来进行相应的修改。

MPLS 骨干 IP 网络技术通过标记交换的转发机制，把网络层（第三层）的转发和数据链路层的交换有机地结合起来，实现了"一次路由、多次交换"。

SOCKS 是 NEC 开发的一个安全协议，目前被 IETF 用做网络防火墙的协议，是网络连接的代理协议。SOCKS 能对连接请求进行认证和授权，并建立代理连接和传递数据。

SSL 协议利用代理技术实现数据包的封装处理功能。

由于上述协议都不是为了 VPN 而专门设计的安全隧道协议，在支持安全 VPN 方面存在着这样那样的局限或缺陷，表 10-1 给出了常用协议在支持 VPN 方面的比较。

表 10-1　常用协议在支撑 VPN 方面的比较

	IPsec	L2TP	GRE	IP-in-IP	MPLS
安全机制	完善的安全机制	较弱的认证与加密，依赖 PPP	仅源认证	无	无，与 FR 等安全级别
应用模式	路由 VPN 端口 VPN	拨号 VPN	路由 VPN	路由 VPN 端口 VPN	路由 VPN 端口 VPN
虚拟子网支持			都不支持		
NAT 支持	部分支持	支持	支持	支持	支持
动态地址支持		支持			
多协议支持	不支持	支持	支持	不支持	支持
基于用户的鉴别支持			都不支持		
多路复用支持	支持	支持	支持	不支持	支持
QoS 支持		不支持，依赖于 IP			支持
扩展性		尚未解决			支持

10.3.3　VPN 隧道机制

1. 隧道复用

隧道复用技术是使隧道可重复使用的技术。隧道复用技术解决在隧道使用过程中由于频繁的建立隧道、拆除隧道而引起的效率降低问题。

目前，L2TP（通过 Tunnel-id 域）、MPLS（通过标记）和 IPsec（通过安全参数索引域）均提供隧道复用机制。隧道复用后的使用和控制依据隧道复用策略来实施，一般的隧道复用策略都是基于网络信息流来实现的。网络信息流的分类可以按业务类型、分属的安全域等进行分类，高效的隧道复用策略能够提高隧道查找的效率。

2. 隧道的建立

在 VPN 的构建过程中，根据隧道两端地址是否确定，隧道可分为静态隧道和动态隧道。

隧道两端地址确定的 IP 隧道称为静态隧道，而隧道两端地址不确定的 IP 隧道称为动态隧道。

（1）静态隧道的建立

静态隧道两端地址的确定性，使得静态隧道的建立过程相对简单，只需要对静态隧道进行手工配置即可。配置的途径可以通过 C/S 和 B/S 两种方式进行，C/S 模式需要可视化的管理平台，通过安全管理协议（SNMP 或 COPS）实现对隧道的配置；B/S 模式则需要通过 Web 的方式实现对静态隧道两端 VPN 实体相关隧道参数的配置。通常，配置的参数包括隧道两端的地址、隧道密码算法、密钥、密钥生存周期等。

（2）动态隧道的建立

动态隧道用于移动 IP 的 VPN 通信，由于其隧道两端 VPN 实体 IP 地址的不确定性，使得动态隧道的建立过程较为复杂，手工配置已不再可能，需要一套最小协议特性的动态隧道建立协议才能完成隧道的建立过程。

动态隧道的隧道端点可能存在一端或两端地址不确定的情况。不确定地址的隧道端点用 VPN 实体的标识和身份证书来进行表示和描述，也可以依据采用的认证方法和认证系统的要求来描述隧道端点，原则是方便 VPN 实体认证，支持公钥证书是基本要求。

由于动态隧道的动态性，动态隧道的设置和定义主要为动态隧道建立服务。因为隧道端点地址的不确定，可能派生很多具体的隧道实例，所以通常动态隧道的设置和定义不像静态隧道那样一一对应，而是作为认证后将产生的具体隧道的一种安全处理模板。

在 IP-VPN 实现的过程，动态隧道的协商可以通过相应的安全隧道协议来完成，也可以通过可信第三方的方式来完成动态隧道的建立过程。目前，常见的具有动态隧道协商的安全隧道协议有 LCP（L2TP 的控制协议）、IPsec 协议簇中的 IKE 协议、GRE（移动 IP 隧道协议）、MPLS（资源保留协议）、SSL（握手协议）。

3. 隧道维护

不论是静态隧道还是动态隧道建立后，管理者或者系统都需要对隧道进行有效的维护，以保证 VPN 系统运行的高效。

在维护的过程中，静态隧道需要管理员对其进行合理的管理，当某 VPN 业务完成时，应该能够及时地撤销静态隧道，以防止不必要的资源消耗和信息的未授权访问，从而减少对静态隧道管理的开销。当为了某些业务需要添加静态隧道时，管理人员应该能够以最小代价的资源消耗配置少量的静态隧道。

动态隧道的动态性还表现在其实际的生存周期比静态隧道要短。例如，当动态隧道一端重新启动后，将导致地址重新分配，原有动态协商的隧道参数信息将丢失，所以需要对产生动态隧道进行状态检查、撤销维护工作。主要工作包括：① 监视状态，确定动态隧道是否处于活动状态；② 撤销隧道，除了动态隧道生存期到期需要撤销动态隧道外，下列情况也需要撤销动态隧道：用户主动显示撤销、动态隧道超时不用、地址重新动态配置等。

动态隧道的维护采用属地化维护原则，任一端均可根据自己的独立判断决定是否撤销动态隧道，而无须交互。

4. 隧道服务质量

VPN 隧道服务质量管理和控制是用户满意的保证和应用的需求，是 VPN 能够真正替代专用网的又一重要因素。

服务质量管理在很多网络及分布式应用领域都有其特殊性。在分布式多媒体系统中，由于要支持连续媒体数据生成、传递、访问的连续性、实时性和等时性，以及各媒体之间的同步，服务质量管理非常复杂。在 IP 网络及互联网环境下目前几乎没有 ISP 支持 QoS，若要在基于 IP 网络及互联网的 IP-VPN 中实现服务质量管理，需要研究很多新的问题。

在提供综合服务的互联网中，QoS 要求基本上可以分为保证型服务、区分型服务、尽全力型服务。尽全力型服务是目前互联网提供的 QoS 服务，但已经不能满足各种网络应用的需要。保证型服务和区分型服务都是 IETF 定义的 QoS 保证机制，都有相关的 RFC 和草案产生。要提供质量保证的服务就必须有接纳控制、资源预留和调度机制等，同时保证型服务具有面向连接的特性，由于大型网络中链路状态的不确定性，有效地预留带宽等资源是一件困难的工作，并且 IP 网络的发展仍不具有面向连接的特性。区分型服务只需要缓冲管理和优先调度控制，所以区分型服务被认为更符合目前 IP 网络的发展方向，将资源预留协议 RSVP 应用于区分型服务会取得更好的结果。

在 VPN 中，QoS 管理首先要依赖互联网环境 QoS 管理机制的发展，也有 VPN 的特殊性，如如何在 IP 隧道上实现资源预留等保证型服务，以及 VPN 实体上加入区分服务机制等。总之，VPN 的 QoS 管理应该是可配置的、完全端到端的，应该包括 QoS 协商、监控、适配以及影射等功能。IP 隧道上的 QoS 控制将是 VPN 中 QoS 管理要解决的首要问题。

10.4　构建 VPN 的典型安全协议——IPsec 协议簇

随着网络安全面临的形势日趋严重，安全研究人员开始关注 TCP/IP 协议簇的安全性问题。最初设计 TCP/IP 协议簇时，并没有重点考虑它的安全性问题。1994 年，IETF 发布了 RFCl636 "关于 Internet 体系结构的安全性"，明确提出了对 Internet 安全的一些关键领域的设想和建议。

以 IPv4 为代表的 TCP/IP 协议簇存在的安全脆弱性概括起来主要有如下 4 点：

- ❖ IP 没有为通信提供良好的数据源认证机制。仅采用基于 IP 地址的身份认证机制，用户通过简单的 IP 地址伪造就可以冒充他人。
- ❖ IP 没有为数据提供强的完整性保护机制。
- ❖ IP 没有为数据提供任何形式的机密性保护。
- ❖ 协议本身的设计存在细节上的缺陷和实现上的安全漏洞，使各种安全攻击有机可乘。

IPsec 正是为了弥补 TCP / IP 协议簇的安全缺陷，为 IP 层及其上层协议提供保护而设计的。它是由 IETF IPsec 工作组于 1998 年制定的一组基于密码学的安全的开放网络安全协议，总称 IP 安全（IP security）体系结构，简称 IPsec。

IPsec 的设计目标是：为 IPv4 和 IPv6 提供可互操作的、高质量的、基于密码学的安全性。IPsec 工作在 IP 层，提供访问控制、无连接的完整性、数据源认证、机密性、有限的数据流机密性以及抗重放攻击等安全服务，具有较好的安全一致性、共享性和应用范围。

IPsec 是一个安全协议簇，而且是一个开放的、不断发展的安全协议簇，由一系列协议及文档组成。

10.4.1　IPsec 体系结构

IPsec 主要由 AH（Authentication Header，认证头）协议、ESP（Encapsulation Security

Payload，封装安全载荷）协议、负责密钥管理的 IKE（Internet Key Exchange，因特网密钥交换）协议组成，如图 10-3 所示。

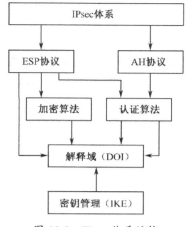

IPsec 体系：包含一般的概念、安全需求、定义和定义 IPsec 的技术机制。

AH 协议和 ESP 协议：IPsec 用于保护传输数据安全的两个主要协议。

释域：为了 IPsec 通信双方能相互交互，通信双方应该理解 AH 协议和 ESP 协议载荷中各字段的取值，因此通信双方必须保持对通信消息相同的解释规则，即应持有相同的解释域（Interpretation Of Domain，DOI）。

密算法和认证算法：ESP 涉及这两种算法，AH 涉及认证算法。

密钥管理：IPsec 密钥管理主要由 IKE 协议完成。

策略：决定两个实体之间能否通信及如何通信。

图 10-3　IPsec 体系结构

10.4.2　IPsec 工作模式

1．传输模式

传输模式中，AH 和 ESP 保护的是 IP 包的有效载荷，或者说是上层协议，如图 10-4 所示。AH 和 ESP 会拦截从传输层到网络层的数据包，流入 IPsec 组件，由 IPsec 组件增加 AH 或 ESP 头，或者两个头都增加，随后调用网络层的一部分，给其增加网络层的头。

图 10-5 是传输模式的典型应用，IPsec 模块安装于 A、B 两个端主机上。主机 A 和主机 B 经过 IPsec 封装的数据包格式是以 Web 访问为例显示的 IPsec 传输模式的包封装。

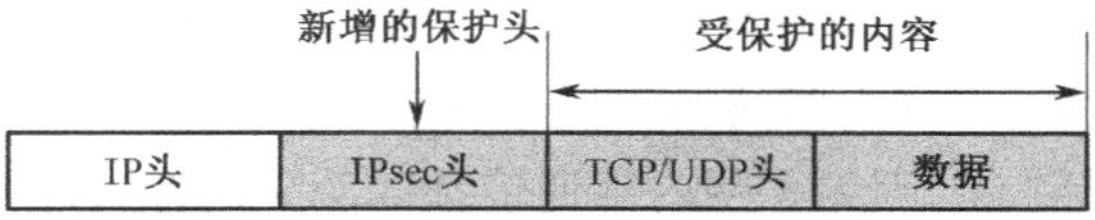

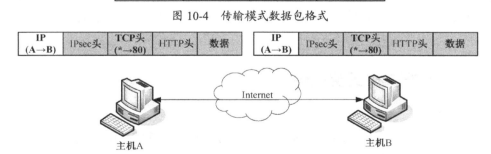

图 10-4　传输模式数据包格式

图 10-5　传输模式的典型应用

IPsec 传输模式中，即使是内网中的其他用户，也不能理解在主机 A 和主机 B 之间传输的数据的内容；各主机分担了 IPsec 处理负荷，避免了 IPsec 处理的瓶颈问题。

但 IPsec 传输模式的缺点主要包括：① 内网中的各个主机只能使用公有 IP 地址，而不能使用私有 IP 地址；② 由于每个需要实现传输模式的主机都必须安装并实现 IPsec 协议，因此不能实现对端用户的透明服务，用户为了获得 IPsec 提供的安全服务，必须消耗内存、花费处理时间；③ 暴露了子网内部的拓扑结构。

2．隧道模式

在隧道模式中，AH 和 ESP 保护的是整个 IP 包，如图 10-6 所示。隧道模式先为原始的 IP 包增加一个 IPsec 头，再在外部增加一个新的 IP 头。所以，IPsec 隧道模式的数据包有两个 IP 头：内部头和外部头。内部头由主机创建，外部头由提供安全服务的设备添加。原始 IP 包通过隧道从 IP 网的一端传递到另一端，沿途的路由器只检查最外面的 IP 头。

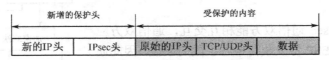

图 10-6　隧道模式数据包格式

当安全保护能力需要由一个设备来提供而该设备又不是数据包的始发点时，或者数据包需要保密传输到与实际目的地不同的另一个目的地时，需要采用隧道模式。图 10-7 为隧道模式的一个典型应用，IPsec 处理模块安装于安全网关 C 和安全网关 D 上，由它们来实现 IPsec 处理，此时位于这两个安全网关后的子网被认为是内部可信的，称为相应网关的保护子网。保护子网内部的通信都是明文的形式，但当两个子网之间的数据包经过安全网关 C 和安全网关 D 之间的公网时，将受到 IPsec 机制的安全保护。

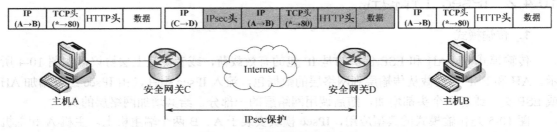

图 10-7　隧道模式的典型应用

在隧道模式中，保护子网内的所有用户都可以透明地享受安全网关提供的安全保护，保护了子网内部的拓扑结构。子网内部的各主机可以使用私有的 IP 地址，不需公有的 IP 地址。

隧道模式的缺点包括：① 因为子网内部通信都以明文的方式进行，所以无法控制内部发生的安全问题；② IPsec 主要集中在安全网关，增加了安全网关的处理负担，容易造成通信瓶颈。

10.4.3　安全关联和安全策略

1．安全关联

安全关联（Security Association，SA）的概念是 IPsec 的基础。IPsec 使用的 AH 和 ESP 协议均使用安全关联，IKE 协议的一个主要功能就是动态建立安全关联。

SA 是指通信对等方之间为了给需要保护的数据流提供安全服务时对某些要素的一种协定，如 IPsec 协议（AH 或 ESP）、协议的操作模式（传输模式或隧道模式）、密码算法、密钥、用于保护它们之间数据流的密钥的生存期。

IPsec SA 是单向的，是指使用 IPsec 协议保护一个数据流时建立的 SA，也是为了与 ISAKMP SA 和 IKE SA 的概念相区别。A、B 两台主机通信时，主机 A 和主机 B 都需要一个处理外出包的输出 SA，还需要一个处理进入包的输入 SA。

SA 不能同时对 IP 数据报提供 AH 和 ESP 保护，如果需要提供多种安全保护，就需要使用多个 SA。当把一系列 SA 应用于 IP 数据报时，称这些 SA 为 SA 集束。SA 集束中各 SA 应用于始自或者到达特定主机的数据。多个 SA 可以用传输邻接和嵌套隧道两种方式联合起来组成 SA 集束。

SA 的生存期是一个时间间隔，或 IPsec 协议利用该 SA 来处理的数据量的大小。当 SA 的生存期过期时，要么终止并从 SAD 中删除该 SA，要么用一个新的 SA 来替换该 SA。

SA 用三元组(安全参数索引 SPI，目的 IP 地址，安全协议（AH 或 ESP）)唯一标识。原则上，IP 地址可以是一个单播地址、IP 广播地址或组播地址，但是目前 IPsec SA 管理机制只定义了单播 SA，因此本章讨论的 SA 都指点对点的通信。SPI 是为了唯一标识 SA 而生成的一个整数，在 AH 和 ESP 头中传输。因此，IPsec 数据报的接收方很容易识别出 SPI，组合成三元组来搜索 SAD，以确定与该数据报相关联的 SA 或 SA 集束。

2. 安全策略

安全策略（Security Policy，SP）指定了应用在到达或者来自某特定主机或者网络的数据流的策略，所形成的集合称为安全策略数据库（SPD）。SPD 负责维护 IPsec 策略。IPsec 协议要求进入或离开 IP 堆栈的每个包都必须查询 SPD，由 SPD 区分通信流，哪些需要应用 IPsec 保护，哪些允许绕过 IPsec，哪些需要丢弃。"丢弃"表示不让这个包进入或离开；"绕过"表示不对这个包应用安全服务；"应用"表示对外出的包应用安全服务，同时要求进入的包已应用了安全服务。SPD 中包含一个策略条目的有序列表，对那些定义了"应用"行为的 SPD 条目，均会指向一个 SA 或 SA 集束。当前 IPsec 具有的选择符如下。

① 目的 IP 地址：一个 32 位的 IPv4 地址或者 128 位的 IPv6 地址，可以是一个单独的 IP 地址、组播地址、地址范围或通配符地址。这里的目的 IP 地址与标识 SA 的三元组中的目的 IP 地址在概念上是不一样的。对于隧道模式下的 IP 包，用做选择符的目的地址字段和用于查找 SA 的目的地址不同，但目的网关中的策略是根据实际的目的地址设置的，所以检索 SPD 时要使用这一地址。

② 源 IP 地址：与目的 IP 地址一样，一个 32 位的 IPv4 地址或者 128 位的 IPv6 地址，可以是一个单独的 IP 地址、组播地址、地址范围或通配符地址。

③ 名字：可以是用户 ID，也可以是系统名。其表示形式可以是完整的 DNS、X.500 DN 或者在 IPsec DOI 中定义的其他名字类型。

④ 传输层协议：可以从 IPv4 协议或 IPv6 协议的"下一个头"字段获得。

⑤ 数据敏感级：对所有提供信息流安全性的系统是必需的，对于其他系统是可选的。

⑥ 源和目的端口：可以是 TCP 或 UDP 的端口值，也可以是一个通配符。

图 10-8 示例了一个典型的 SP，说明所有从主机 25.0.0.76 发送到主机 66.168.0.88、来自任何端口、任何协议（如 TCP、ICMP）的分组都将利用 3DES 对数据进行加密，用 HMAC-SHA 对数据进行完整性保护。

源 IP 地址	目的 IP 地址	协议	端口	策略
25.0.0.76	66.168.0.88	*	*	使用 3DES-HMAC-SHA-96

图 10-8　典型的 SP

3. 安全关联数据库

安全关联数据库（Security Association Database，SAD）中包含现有的 SA 条目，每个条

目定义了与 SA 相关的一系列参数。"外出"处理时，SPD 中每个条目都隐含了一个指向 SAD 中 SA 条目的指针，如果该指针为空，则表明该外出包所需的 SA 还没有建立，IPsec 会通过策略引擎调用密钥协商模块（如 IKE），按照策略的安全要求协商 SA，然后将新协商的 SA 写入 SAD，并建立好 SPD 条目到 SAD 条目的连接。"进入"处理时，SAD 中的每个条目由包含 SPI、目的 IP 地址和 IPsec 协议类型的三元组索引。此外，SAD 条目还包含下面的字段。

❖ 序列号计数器：32 位整数，用于生成 AH 或 ESP 协议头中的序列号字段。
❖ 序列号计数器溢出：标志位，标识是否对序列号溢出进行审核，以及是否阻止额外通信流的传输。
❖ 抗重放窗口：用一个 32 位计数器和位图确定进入的 AH 或 ESP 数据包是否是一个重放包。
❖ AH 认证算法和所需密钥等。
❖ ESP 认证算法和所需密钥等，如果没有选择认证服务，则该域为空。
❖ ESP 加密算法、所需密钥、初始化向量 IV 的模式以及 IV 值。
❖ SA 的生存期：包含一个时间间隔，以及过了这个时间间隔后该 SA 是被替代还是被终止的标识。
❖ IPsec 协议模式：表明对通信采用 AH 和 ESP 协议的何种操作模式（传输模式、隧道模式或者是通配符）。
❖ 路径最大传输单元：表明 IP 数据报从源主机到目的主机的过程中无须分段的 IP 包的最大长度。

图 10-9 示例了一个典型的 SAD，表示从 25.0.0.76 到 66.168.0.88 的数据将受到 SA 记录中给出的安全参数的保护。

源 IP 地址	目的 IP 地址	协议	SPI	SA 记录			
				密钥	序列号	生存期	...
25.0.0.76	66.168.0.88	ESP	135	*****	***	****	...

图 10-9　典型的 SAD

10.4.4　AH 协议

AH 主要是为了增加 IP 数据报文的完整性校验。

1. AH 报文格式

AH 报文头由 5 个定长字段和 1 个变长字段组成，如图 10-10 所示。其中：

❖ 下一个头（Next Header）：8 位，标识 AH 后的下一个载荷的类型，其取值在 RFC1700 中定义。
❖ 载荷长度（Payload Length）：8 位，表示以 32 位为单位的 AH 的长度减 2。
❖ 保留（Reserved）：16 位，供将来使用。AH 规范 RFC2402 规定该字段应被置为 0。

图 10-10　AH 报头结构

❖ 安全参数索引（Security Parameters Index，SPI）：一个 32 位的值，用以区分那些目的 IP 地址和安全协议类型相同但算法不同的数据报。SPI 与数据报的目的 IP 地址、安全协议类型（AH）一起，唯一确定了这一数据报所用的安全关联。SPI 的值在 SA 建立时由目的主机确定。0 值为内部保留值，在实际传输过程中 IP 数据报的 SPI 不能取 0 值。如果新的 SA 尚未建好，即它的密钥还在通信双方协商之时，该 SA 内部的 SPI 值取为 0。

❖ 序列号（Sequence Number）：一个单调增加的 32 位无符号整数计数值，主要作用是提供抗重放攻击服务。

❖ 认证数据（Authentication Data）：变长字段，包含数据报的认证数据，该认证数据称为数据报的完整性校验值（ICV）。

2．AH 协议报文封装格式

AH 协议报文封装格式包括传输模式下报文封装格式和隧道模式下报文封装格式。

（1）传输模式下 AH 协议报文封装格式

AH 用于传输模式保护的是端到端的通信，通信终点必须是 IPsec 终点。AH 头插在原始 IP 头之后，但在 IP 数据报封装的上层协议或其他 IPsec 协议头之前，如图 10-11 所示。

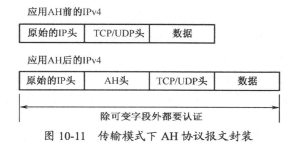

图 10-11　传输模式下 AH 协议报文封装

（2）隧道模式下 AH 协议报文封装格式

在隧道模式中，AH 插在原始 IP 头之前，并重新生成一个新的 IP 头放在 AH 之前，如图 10-12 所示。

无论是传输模式还是隧道模式，AH 协议认证的是除了变长字段外的整个新的 IP 报文。

3．AH 协议的处理

（1）数据包的外出处理

当 IPsec 实现从 IP 协议栈中收到外出的数据包时，其处理过程大致可分为以下几步。

图 10-12　隧道模式下 AH 协议报文封装

① 检索 SPD，查找应用于该数据包的策略。以选择符（源 IP 地址、目的 IP 地址、传输协议、源和目的端口等）为索引，对 SPD 进行检索，确认哪些策略适用于该数据包。

② 查找对应的 SA。如果需要对数据包进行 IPsec 处理，并且到目的主机的 SA 或 SA 束已经建立，那么符合数据包选择符的 SPD 将通过隐指针 SPI 指向 SAD 中一个相应的 SA，从 SA 中得到应实施于该包的有关安全参数；如果到目的主机的 SA 还没有建立，那么 IPsec 实现将调用 IKE 协商一个 SA，并将该 SA 连接到 SPD 条目上。

③ 构造 AH 载荷。按照 SA 条目给出的处理模式，填充 AH 载荷的各字段：IP 头的协议字段被复制到 AH 头的"下一个头"字段；计算"载荷长度"；"SPI"字段来源于用来对此数据包进行处理的 SA 的 SPI 标识符的值；产生或增加序列号值，当新建一个 SA 时，发送者将序列号计数器初始化为 0，然后发送者每发送一个包，就将序列号加 1 并将结果填入"序列号"字段；计算完整性校验值（ICV），并填入"认证数据"字段。

④ 为 AH 载荷添加 IP 头。对于传输模式，待添加的 IP 头为原 IP 头；对隧道模式，需要构造一个新的 IP 头，加到 AH 载荷之前。

⑤ 其他处理。对处理后的 AH 数据包，重新计算外部 IP 头校验和。如果处理后的分组长度大于本地的 MTU，则进行 IP 分段。处理完毕的 IPsec 数据包交给数据链路层（对传输模式）发送或 IP 层（对隧道模式）重新路由。

（2）数据包的进入处理

AH 机制对进入的 IPsec 数据包的处理过程如下：

① 分段重组。当设置了 MF 位的数据报到达 IPsec 目的节点时，表明还有分段没有到达。IPsec 应等待直到一个有相同序列号但 MF 位未设置的分段到达，然后重组这些分段。

② 查找 SA。使用外部 IP 头中的(SPI, 目的 IP 地址, 协议号)三元组作为索引，检索 SAD，以找到处理该分组的 SA。如果查找失败，则丢弃该数据包并将此事件记录在日志中。每个 SA 条目也指向一条 SPD 策略条目，主要是为了在进入数据包处理完后，对保护策略进行核查，以确认数据包所受到的安全保护与应受到的安全保护是否一致。因此，SPD 条目和 SAD 条目之间构成了一个双向链表。

③ 抗重放处理。如果启用了抗重放功能，则使用 SA 的抗重放窗口检查数据包是否是重放包。如果是，则丢弃该数据包，并将此事件记录于日志中，否则进行后续处理。

④ 完整性检查。使用 SA 指定的 MAC 算法计算数据包的 ICV，并将它与"认证数据"字段中的值比较。如果相同，则通过完整性检查，否则丢弃该数据包，并记录此事件。

⑤ 嵌套处理。如果是嵌套包，则返回到第②步，循环处理即可。

⑥ 检验策略的一致性。使用 IP 头（隧道模式中是内部头）中的选择符进入 SPD 中查找一条与选择符匹配的策略，检查该策略是否与步骤"查找 SA"查到的 SA 指向的 SPD 条目的安全策略匹配。如果不匹配，则丢弃。

经过这些步骤后，将仍未被丢弃的数据包发送到 IP 协议栈的传输层或转发到指定的节点。

10.4.5 ESP 协议

设计 ESP 的主要目的是提高 IP 数据报的安全性，提供机密性、有限的流机密性、无连接的完整性、数据源认证和抗重放攻击等安全服务。与 AH 一样，通过 ESP 的进入和外出处理还可提供访问控制服务。

1. ESP 包格式

ESP 数据包由 4 个定长字段和 3 个变长字段组成，其格式如图 10-13 所示。其中：

❖ 安全参数索引（SPI）：32 位的整数，与 IP 头的目的地址、ESP 协议一起，以唯一标识对这个包进行 ESP 保护的 SA。

❖ 序列号：32 位的单调增加的无符号整数。同 AH 协议一样，序列号的主要作用是提供抗重放攻击服务。

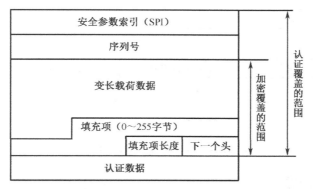

图 10-13　ESP 包格式

❖ 变长载荷数据：变长字段，包含的是由"下一个头"字段指示的数据（如整个 IP 数据报、上层协议 TCP 或 UDP 报文等）。如果使用机密性服务，该字段就包含要保护的实际载荷即数据报中需要加密部分的数据，然后与"填充项"、"填充项长度"以及"下一个头"字段一起被加密。如果采用的加密算法需要初始化向量 IV，则它也将在"载荷数据"字段中传输，并由算法确定 IV 的长度和位置。

❖ 填充项：0～255 字节。使用填充项的原因主要有：分组加密算法中长度是分组的整数倍的需要（载荷数据‖填充项）、长度达到 4 字节整数倍的需要（载荷数据 | 填充项 | 填充项长度 | 下一个头）、为了隐藏载荷的真实长度以防止流量分析。如果有填充项，填充项一般填充一些有规律的数据，如 1，2，3，…在接收端收到该数据包时，解密以后还可用以检验解密是否成功。

❖ 填充项长度：8 位，表明"填充项"字段中填充位以字节为单位的长度。

❖ 下一个头：8 位，指示载荷中封装的数据类型。

❖ 认证数据：变长字段，存放的是 ICV，是对除"认证数据"字段以外的 ESP 包进行计算获得的。这个字段的实际长度取决于采用的认证算法。

2. ESP 协议报文封装格式

ESP 协议报文封装格式，同样分为传输模式和隧道模式两种情况。

（1）传输模式下 ESP 报文封装格式

ESP 头插在原始的 IP 头后，但在 IP 数据报封装的上层协议或其他 IPsec 协议头前。ESP 头由 SPI 和序列号组成，ESP 尾部由填充项、填充长度和下一个头组成，如图 10-14 所示。ESP 不对整个 IP 数据报进行认证，这一点与 AH 不同。

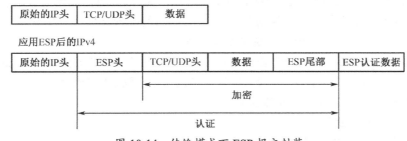

图 10-14　传输模式下 ESP 报文封装

（2）隧道模式下 ESP 报文封装格式

ESP 头插在原始的 IP 头前，重新生成一个新的 IP 头放在 ESP 之前，如图 10-15 所示。

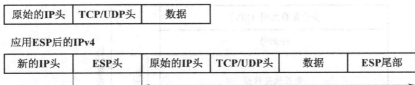

应用ESP后的IPv4

图 10-15　隧道模式下 ESP 报文封装

3．ESP 协议的处理

（1）数据包的外出处理

当 IPsec 实现从 IP 协议栈中收到外出的数据包时，其处理过程大致可分为以下几步：

① 检索 SPD，查找应用于该数据包的策略。以选择符（源 IP 地址、目的 IP 地址、传输协议、源和目的端口等）为索引，对 SPD 进行检索，确认哪些策略适用于该数据包。

② 查找对应的 SA。如果需要对数据包进行 IPsec 处理，并且到目的主机的 SA 或 SA 束已经建立，那么符合数据包选择符的 SPD 将指向外出 SA 数据库中一个相应的 SA；如果到目的主机的 SA 还没有建立，那么 IPsec 实现将调用 IKE 协商一个 SA，并将该 SA 连接到 SPD 条目上。

③ 构造 ESP 载荷。按照 SA 条目给出的处理模式，填充 ESP 载荷的各字段：IP 头的协议字段被复制到 ESP 头的"下一个头"字段；"SPI"字段来源于对此数据包进行处理的 SA 的 SPI 标识符的值；产生或增加序列号值，当新建一个 SA 时，发送者将序列号计数器初始化为 0，然后发送者每发送一个包，就将序列号加 1 并将结果填入"序列号"字段；如果需要，把按 DOI 的描述规则计算出的 IV 填入 ESP "载荷数据"的起始部分。对于传输模式，原 IP 数据报除去 IP 头或其他扩展头后的部分紧接初始向量填入 ESP 的"载荷数据"字段；对于隧道模式，初始向量后紧接整个的原 IP 数据报；依据载荷数据的长度，按相应的填充规则，对载荷数据进行填充；填充的长度（以字节为单位）填入"填充长度"字段；计算 ICV，并填入"认证数据"字段。

④ 为 ESP 载荷添加 IP 头。对传输模式，待添加的 IP 头为原 IP 头；对隧道模式，需要构造一个新的 IP 头，加到 ESP 载荷之前。

⑤ 对 ESP 进行加密和认证处理。如果 SA 要求加密保护，则利用 SA 给出的加密算法和加密密钥对从 IV 之后到"下一个头"字段之间的数据进行加密处理，并以输出的密文代替原来的明文，当需要加密服务时，在计算 ICV 之前必须加密数据包；如果还要求认证功能，则利用 SA 给出的认证算法和认证密钥对从 ESP 头开始（包括密文部分）到 ESP 尾的整个 ESP 载荷进行计算，并将计算结果填入"认证数据"字段。

⑥ 其他处理。对处理后的 ESP 数据包，重新计算外部 IP 头校验和。如果处理后的分组长度大于本地的 MTU，则进行 IP 分段。处理完毕的 IPsec 数据包交给数据链路层（对传输模式）发送或 IP 层（对隧道模式）重新路由。

（2）数据包的进入处理

ESP 机制对进入的 IPsec 数据包的处理过程如下：

① 分段重组。当设置了 MF 位的数据报到达一个 IPsec 目的节点时，表明还有分段没到达。IPsec 应用等待直到一个有相同序列号但 MF 位未设置的分段到达，然后重组这些分段。

② 查找 SA。使用外部 IP 头中的(SPI, 目的 IP 地址, 协议号)三元组检索 SAD，找到处理该分组的 SA。如果查找失败，则丢弃该数据包并将此事件记录在日志中。

③ 抗重放处理。如果启用了抗重放功能，则使用 SA 的抗重放窗口检查数据包是否是重放包。如果是，则丢弃该数据包，并将此事件记录于日志中，否则进行后续处理。

④ 完整性检查。使用 SA 指定的 MAC 算法计算数据包的 ICV，并将它与"认证数据"字段中的值比较。如果相同，则通过完整性检查，否则丢弃该数据包，并记录此事件。

⑤ 解密数据包。如果 SA 指定需要加密服务，则应用 SA 指定的密码算法和密钥对 ESP 载荷的数据部分进行解密，受解密的范围包括初始向量之后直到"下一个头"的全部数据。接收方可以通过检查解密结果的填充内容的合法性以判断解密是否成功，成功则继续处理，否则丢弃此数据包，并记录此事件。因为解密处理需要大量占用 CPU 和内存，所以只有在数据报被成功认证后才进行加密/解密。

⑥ 恢复 IP 数据报。对传输模式，将 ESP 载荷的"下一个头"字段值赋予 IP 头的协议字段，去掉 ESP 头、ESP 尾、IV 和 ICV 字段，对得到的 IP 数据报重新计算 IP 头校验和；对隧道模式，内部 IP 头即是原 IP 头，因此恢复时只需要去掉外部 IP 头、ESP 头、ESP 尾和 ICV 即得到原来的 IP 数据报。

⑦ 检验策略的一致性。对恢复出的明文 IP 数据报，根据源 IP 地址、目的 IP 地址、上层协议和端口号等构造选择符，将 SA 指向的 SPD 条目所对应的选择符与构造出来的选择符进行比较，并比较该 SPD 的安全策略与事实上保护此数据报的安全策略是否相符，不相符则丢弃数据报并记录该事件。

经过这些步骤后，将仍未被丢弃的数据包发送到 IP 协议栈的传输层或转发到指定的节点。

10.5 基于 VPN 技术的典型网络架构

根据用户使用的情况和应用环境的不同，VPN 技术大致可分为 3 种典型的应用方案，即内联网 VPN、外联网 VPN 和远程接入 VPN。VPN 技术可以应用于电子政务、电子商务等领域，可以为政府或企业提供安全互连与移动安全接入的手段，构建安全网络平台，保障信息的安全传输，保障移动办公（移动税务、移动工商、移动警务等）的安全。图 10-16 是基于 VPN 技术的典型网络架构。

1. 公共 IP 网络

公共 IP 网络是构建 VPN 的基础设施，可以是通常的 Internet，或行业、企业自建的 IP 广域骨干网，也可以是单位或企业的园区网，甚至局域网。无论是哪一种形式，IP 网络平台的基本工作原理和提供的服务本质上都是一样的，无非在互连接口的多样性、交换和路由的复杂程度上有所不同。所以，这一点大大拓展了安全 VPN 的应用范围，传统的概念中认为 VPN 只能建立在 Internet 或 IP 广域骨干网上，应用于广域网互连，这里将其拓展到了任意的 IP 网络，使得安全 VPN 不仅在广域安全互连，而且在园区网、局域网等任意类型的 IP 网络的安全保护上得到了广泛应用。

2. 安全基础设施与安全区域

安全区域（Security Zone）概念的引入，是为了保护那些部署在安全区域中的 PKI、PMI 等网络安全基础设施、目录服务以及安全管理平台等对安全性要求较高的重要安全系统或平台。

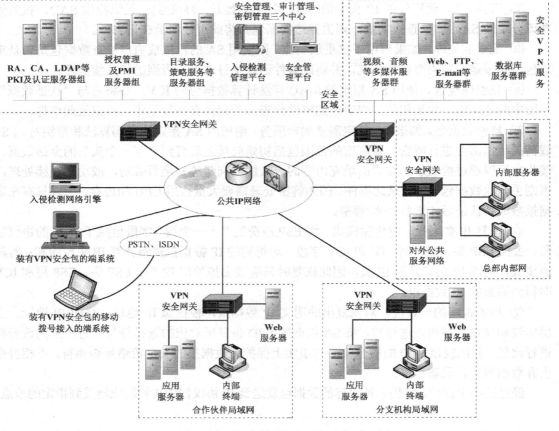

图 10-16　基于 VPN 技术的典型网络架构

部署在安全区域内的重要安全系统或平台主要如下。

① 公钥基础设施设施（PKI）：为 VPN 安全管理以及其他网络安全系统进行实体认证提供服务和保证。

② 授权管理基础设施（PMI）：为实施细粒度的资源强制访问控制提供基于角色的主客体标识技术和资源访问权限管理。

③ 安全策略服务器（Security Policy Server）：为安全域内的网络安全设备提供集中的安全策略服务，响应并处理客户端的策略请求。

④ 目录服务（Directory Service）：为安全域内的网络系统提供安全的目录服务。

⑤ VPN 安全管理系统（Security Management System）：对安全域内的 VPN 等安全设备进行集中的安全管理，包括安全管理、审计管理和密钥管理。安全管理主要进行安全策略及规则的集中设置和一致性检查，审计管理主要将各安全设备及重要系统的审计数据集中存储于数据库甚至数据仓库中，进行审计追踪、风险分析和评估。

⑥ 其他安全系统和平台，如入侵检测控制台、防病毒控制台等。

对安全区域必须实施有效的保护。之所以称为安全区域，那是因为安全区域内部署了 PKI、PMI 等网络安全基础设施，以及策略服务器、目录服务器、安全管理平台等对 VPN 系统安全甚至整个网络系统的安全至关重要的安全设施，所以必须采取有效的措施，切实加以保护，如可以受 VPN 安全网关、防火墙、认证服务器和策略服务器、强制访问控制设备的保护。当然，安全区域也可以位于企业内部网内，其安全保护问题可以和企业网一并统筹规划。

3．安全 VPN 服务

端系统用户在成功地建立了 VPN 连接后，就应该能够享受安全的 VPN 服务。换句话说，通过 VPN 系统以及目录服务、策略服务等安全手段，就应该能够为用户提供安全 VPN 服务，如远程培训、远程教学、虚拟研讨会、远程医疗、视/音频服务等。

4．VPN 应用模式与受保护的 VPN 成员

图 10-16 所示的基于 VPN 技术的典型网络架构中包括了路由 VPN（VPRN）、局域网 VPN（VPLS）、拨号 VPN（VPDN）三种 VPN 应用模式，覆盖了目前流行的主要 VPN 应用模式。受 VPN 设备所保护的 VPN 成员包括端系统、服务器等单个主机，LAN 网段、局域网、园区网等多种形式的子网。

本章小结

虚拟专用网技术是实现网络安全互连的重要技术之一，是指利用公共的 IP 网络设施，将属于同一安全域的站点，通过隧道技术等手段，并采用加密、认证、访问控制等综合安全机制，构建安全、独占、自治的虚拟网络。

利用 VPN 技术组网的优势是安全、经济、便利、可靠、可用，同时组网灵活，具有良好的适应性和可扩展性。可以利用 VPN 技术进行 WAN 互连，解决网络安全问题，其应用前景广阔、市场需求巨大。

IP 隧道技术是实现 VPN 的基础。在 VPN 中，人们往往将 IP 隧道技术与它采用的安全协议（也称为隧道协议）联系在一起讨论。其中，IPsec 协议簇作为构建 VPN 的典型隧道协议，本章进行了详细介绍。此协议簇在一定程度上解决了网络互连的安全通信问题，但是由于其协议在设计之初并不是为了构建 VPN 而制订的，而且协议较为复杂，所以在实际的应用中也存在一定的缺点，如与 NAT 的协同问题等。因此，亟待需要设计一套适合 VPN 构建的最小协议集。

实验 10　虚拟专用网

1．实验目的

通过实验掌握虚拟专用网的实现原理，理解并掌握在 Windows 操作系统中利用 PPTP（点对点隧道协议）和 IPsec（IP 协议安全协议）配置 VPN 网络的方法，并进一步熟悉 VPN 硬件的配置。

2．实验原理

虚拟专用网是在公共网络中建立的安全网络连接，采用专用隧道协议，实现数据的加密和完整性检验、用户的身份认证，从而保证信息在传输中不被偷看、窜改、复制，从网络连接的安全性来看，类似在公共网络中建立了一个专线网络，只不过这个专线网络是逻辑上的而不是物理上的，所以称为虚拟专用网。

3．实验环境

多台安装 Windows XP 操作系统的计算机，一台 Windows 2003 Server 操作系统的计算

机，所有计算机均联网。

4．实验内容

（1）在 Windows XP 操作系统中利用 PPTP 配置 VPN 网络。

（2）在 Windows XP 操作系统中配置 IPsec。

5．实验提示

（1）在 Windows XP 操作系统中利用 PPTP 配置 VPN 网络。

① 配置 VPN 服务器。在 Windows 2003 Server 中选择"开始→程序→管理工具→路由和远程访问"，弹出如图 10-17 所示的界面。右击右侧对话框中的服务器名，在弹出的菜单中选择"配置并启用路由和远程访问"项，出现"路由和远程访问服务向导"，分步进行配置。

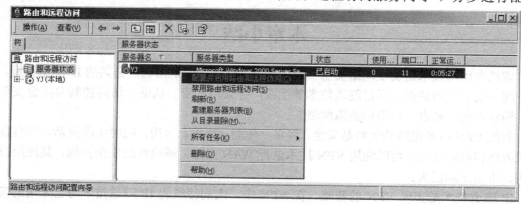

图 10-17 "路由和远程访问"界面

② 配置 VPN 客户端。在 Windows XP 中选择"控制面板|网络连接"，进入"网络连接向导"对话框，单击"下一步"按钮，如图 10-18 所示，根据提示进行配置。

③ 建立 VPN 连接。单击"开始|设置|网络连接"项，可以看到步骤②新建立的"连接 vpnclient"，打开这个 vpnclient 连接，弹出如图 10-19 所示的对话框，输入用户名和密码即可发起 VPN 连接。

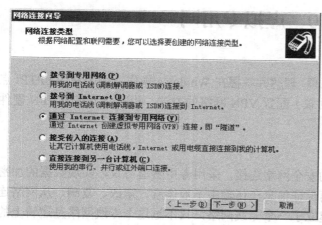

图 10-18 网络连接类型

图 10-19 VPN 客户端连接界面

（2）在 Windows XP 操作系统中配置 IPsec

① 配置 Windows 内置的 IPsec 策略。在 Windows XP 中选择"开始|程序|管理工具|本地

安全设置"项，看到如图 10-20 所示的窗口。在右侧窗口中，在 Windows 默认情况下，内置了"安全服务器"、"客户端"、"服务器"三个安全选项，分别根据提示进行配置。

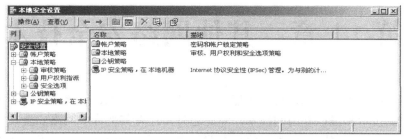

图 10-20 "本地安全设置"窗口

② 配置专用的 IPsec 安全策略。除了利用 Windows 内置的 IPsec 安全策略外用户还可以自己定制专用的 IPsec 安全策略。右键单击图 10-20 中"IP 安全策略，在本地机器"项，选择"创建 IP 安全策略"命令，弹出如图 10-21 所示的"IP 安全策略向导"对话框。单击"下一步"按钮，根据提示依次进行配置。

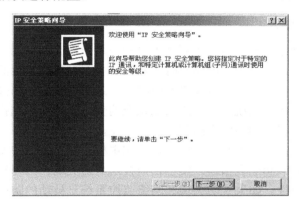

图 10-21 "IP 安全策略向导"对话框

习 题 10

10.1 什么是 VPN？

10.2 VPN 的基本特征都包括哪些？

10.3 简述 VPN 技术的基本原理。

10.4 什么是安全域、VPN 安全域？

10.5 IPsec 协议的实现方式都包括哪些？

10.6 IPsec 簇都包括哪些协议？这些协议的作用是什么？

10.7 IPsec 的工作模式包括哪些？比较其优缺点。

10.8 简述 ESP、AH 协议在隧道模式下的数据包处理流程。

10.9 什么是安全关联？它都包含哪些参数？

10.10 为什么要在 IP 层引入 IPsec 协议？

第11章 其他网络安全技术

前面各章介绍了密码技术、信息认证技术、访问控制技术、恶意代码防范技术、防火墙技术、入侵检测技术和虚拟专用网技术,除此之外,还有其他许多网络安全技术。本章介绍网络安全扫描技术、网络隔离技术、信息隐藏技术、无线局域网安全技术以及蜜罐技术。

11.1 安全扫描技术

11.1.1 安全扫描技术简介

1. 安全扫描技术概念

安全扫描技术是网络安全领域的重要技术之一,是一种远程检测目标网络或本地主机安全性脆弱点的技术,使系统管理员能够及时了解系统中存在的安全漏洞,并采取相应防范措施,从而降低系统的安全风险而发展起来的一种安全技术。安全扫描技术可以对局域网络、Web 站点、主机操作系统、系统服务及防火墙系统的安全漏洞进行扫描,系统管理员可以了解在运行的网络系统中存在的不安全的网络服务,在操作系统上存在的可能导致遭受缓冲区溢出攻击或拒绝服务攻击的安全漏洞,还可以检测主机系统中是否被安装了窃听程序,防火墙系统是否存在安全漏洞和配置错误。安全扫描技术与防火墙、入侵检测系统互相配合,能够有效提高网络的安全性。如果说防火墙和网络监控系统是被动的防御手段,那么安全扫描就是一种主动的防范措施,可有效避免黑客的攻击行为,做到防患于未然。

2. 安全扫描的分类

安全扫描技术主要分为两类:主机安全扫描技术和网络安全扫描技术。

主机安全扫描技术一般以系统管理员的权限为基础,对主机系统中不合适的设置、脆弱的口令以及其他同安全规则抵触的对象进行检查。其特点为:侧重主机系统的平台安全性以及基于此平台的应用系统的安全;运行于单个主机,扫描目标为本地主机;扫描器的设计和实现与目标主机的操作系统相关;扫描项目主要包括用户账号文件、组文件、系统权限、系统配置文件、关键文件、日志文件、用户口令、网络接口状态、系统服务、软件脆弱性等。为实现对系统信息和漏洞的检测,主机扫描主要采用的方法有利用注册表信息、系统配置文件检查、漏洞特征匹配方法等。

网络安全扫描一般通过网络途径向目标主机进行检测,通过执行一些插件或脚本文件模拟对系统进行攻击的行为并记录系统的反应,从而发现其中的漏洞。其特点为:侧重系统提供的网络应用和服务以及相关协议的分析;运行于单个或多个主机,扫描目标为本地或远程主机;扫描器的设计和实现与目标主机的操作系统无关;扫描项目主要有目标的开发端口、系统网络服务、系统信息、系统漏洞、远程服务漏洞、木马检测等。网络扫描主要采用的方法有端口扫描、操作系统特征分析、漏洞特征匹配等。

基于主机的安全扫描在发现系统漏洞、准确定位系统问题方面优势突出，但在平台相关性、升级和扫描效率上存在不足。基于网络的扫描从攻击者的角度进行检测，在发现最可能被攻击的弱点方面优势更明显，具有扫描效率高、通用性好等特点。其缺点是不能检测不安全的本地策略，可能影响系统性能。

3．网络安全扫描的步骤

一次完整的网络安全扫描分为如下 3 个阶段。

① 发现目标主机或网络。

② 发现目标后进一步搜集目标信息，包括操作系统类型、运行的服务、服务软件的版本等。如果目标是一个网络，还可以进一步发现该网络的拓扑结构、路由设备及各主机的信息。

③ 根据搜集到的信息判断或进一步测试系统是否存在安全漏洞。

网络安全扫描技术包括 Ping 扫射（Ping Sweep）、操作系统探测（Operating System Identification）、访问控制规则探测（Firewalking）、端口扫描（Port Scan）及漏洞扫描（Vulnerability Scan）等。这些技术在网络安全扫描的 3 个阶段中各有体现。

Ping 扫射用于网络安全扫描的第 1 阶段，识别系统是否处于活动状态。操作系统探测、访问控制规则探测和端口扫描用于网络安全扫描的第 2 阶段。其中，操作系统探测是对目标主机运行的操作系统进行识别；访问控制规则探测用于获取被防火墙保护的远端网络的资料；端口扫描通过与目标系统的 TCP/IP 端口连接，查看该系统处于监听或运行状态的服务。网络安全扫描第 3 阶段采用的漏洞扫描通常是在端口扫描的基础上，对得到的信息进行相关处理，进而检测出目标系统存在的安全漏洞。

端口扫描技术和漏洞扫描技术是网络安全扫描技术的两种核心技术，并且广泛运用于当前较成熟的网络扫描器中，如著名的 Nmap 和 Nessus。

11.1.2 端口扫描技术

端口既是一个潜在的通信通道，也是一个入侵通道。通过端口扫描，可以得到许多有用的信息，发现系统的安全漏洞。端口扫描使系统用户了解系统目前向外界提供了哪些服务，从而为系统用户管理网络提供一种手段。

1．端口扫描技术的原理

端口扫描向目标主机的 TCP/IP 服务端口发送探测数据包，并记录目标主机的响应。通过分析响应来判断服务端口是打开还是关闭，就可以得知端口提供的服务或信息。端口扫描也可以通过捕获本地主机或服务器的流入/流出 IP 数据包来监视本地主机的运行情况，只能对接收到的数据进行分析，发现目标主机的某些内在的弱点，而不会提供进入一个系统的详细步骤。

2．各类端口扫描技术

端口扫描主要有经典扫描器（全连接）、SYN 扫描器（半连接）和秘密扫描。

（1）全连接扫描

全连接扫描是 TCP 端口扫描的基础，现有的全连接扫描有 TCP Connect()扫描和 TCP 反向 Ident 扫描等。其中 TCP Connect()扫描的实现原理如下：扫描主机通过 TCP/IP 协议的三次握手与目标主机的指定端口建立一次完整的连接。

（2）半连接扫描

若端口扫描没有完成一个完整的 TCP 连接，在扫描主机和目标主机的某指定端口建立连接时只完成了前两次握手，在第三步时，扫描主机中断了本次连接，使连接没有完全建立起来，这样的端口扫描称为半连接扫描（SYN）或间接扫描。现有的半连接扫描有 TCP SYN 扫描和 IP ID 头 Dumb 扫描等。

SYN 扫描的优点是，即使日志中对扫描有所记录，但是尝试进行连接的记录也比全扫描少得多。其缺点是，在大部分操作系统下，需要构造适用于这种扫描的 IP 包并发送到主机，通常情况下，构造 SYN 数据包需要超级用户或授权用户访问专门的系统调用。

（3）秘密扫描

秘密扫描最早更多的是针对半连接扫描，但现在 SYN 扫描已经不够秘密了。一些防火墙、包过滤器和入侵检测系统会对一些指定的端口进行监视，记录所有的连接请求，即使使用 SYN 扫描也会被记录进日志。现在的秘密扫描包括符合设置单独/ALL/NULL 标志位，绕开过滤规则、防火墙、路由器，表现为偶然数据流等特征的扫描。因为没有包含 TCP 三次握手协议的任何部分，所以无法被监听端口记录下来，比半连接扫描更秘密。常见的秘密扫描有 TCP FIN 扫描、TCP ACK 扫描、NULL 扫描、XMAS 扫描、SYN/ACK 扫描等。

11.1.3 漏洞扫描技术

1. 漏洞扫描技术的原理

漏洞扫描主要通过以下两种方法来检查目标主机是否存在漏洞：① 在端口扫描后得知目标主机开启的端口及端口上的网络服务，将这些相关信息与网络漏洞扫描系统提供的漏洞库进行匹配，查看是否有满足匹配条件的漏洞存在；② 通过模拟黑客的攻击手法，对目标主机系统进行攻击性的安全漏洞扫描，如测试弱势口令等。若模拟攻击成功，则表明目标主机系统存在安全漏洞。

2. 漏洞扫描技术的分类和实现方法

漏洞扫描主要有基于漏洞库漏洞特征匹配技术和基于插件（功能模块）技术。基于漏洞特征库的漏洞扫描，是将扫描结果与漏洞库匹配比较得到漏洞信息。大体包括 CGI 漏洞扫描、POP3 漏洞扫描、FTP 漏洞扫描、SSH 漏洞扫描、HTTP 漏洞扫描等。漏洞扫描还包括通过使用插件（功能模块技术）进行模拟攻击，测试出目标主机的漏洞信息的各种扫描，如 Unicode 遍历目录漏洞探测、FTP 弱势密码探测、Openrelay 邮件转发漏洞探测等。

（1）漏洞库的匹配方法

基于网络系统漏洞库的漏洞扫描的关键部分是它使用的漏洞库。通过采用基于规则的匹配技术，即根据安全专家对网络系统安全漏洞、黑客攻击案例的分析和系统管理员对网络系统安全配置的实际经验，形成一套标准的网络系统漏洞库，在此基础之上构成相应的匹配规则，由扫描程序自动进行漏洞扫描工作。

漏洞库信息的完整性和有效性决定了漏洞扫描系统的性能，漏洞库的修订和更新性能也会影响漏洞扫描系统运行的时间。因此，漏洞库的编制不仅对每个存在安全隐患的网络服务建立对应的漏洞库文件，还应当能满足前面所提出的性能要求。

（2）插件（功能模块）技术

插件是由脚本语言编写的子程序，扫描程序通过调用它来执行漏洞扫描，检测系统中存在的一个或多个漏洞。添加新插件就可以使漏洞扫描软件增加新的功能，以扫描出更多的漏洞。在插件编写规范化后，甚至用户自己可以用 Perl、C 语言或自行设计的脚本语言编写插件来扩充漏洞扫描软件的功能。插件使漏洞扫描软件的升级维护相对简单，而专用脚本语言的使用也简化了新插件的编程工作，使漏洞扫描软件具有更强的扩展性。

3. 漏洞扫描中的问题及完善建议

现有漏洞扫描系统基本上采用上述两种方法，但是这两种方法各有不足之处。下面说明其存在的问题，并针对这些问题给出完善建议。

（1）系统配置规则库问题

网络系统漏洞库是基于漏洞库的漏洞扫描技术的灵魂所在，而系统漏洞的确认是以系统配置规则库为基础的。但是，这样的系统配置规则库存在如下局限性：

① 如果规则库设计不准确，预报的准确度就无从谈起。

② 它是根据已知的安全漏洞安排策划的，网络系统的很多威胁却是来自未知的漏洞，如果规则库不能及时更新，预报准确度也会相应降低。

③ 受漏洞库覆盖范围的限制，部分系统漏洞可能不会触发任何一个规则，从而不能被检测到。

完善建议：系统配置规则库应不断得到扩充和修正，这也是对系统漏洞库的扩充和修正，目前来讲，仍需要专家的指导和参与才能够实现。

（2）漏洞库信息要求

漏洞库信息是基于网络系统漏洞库的漏洞扫描技术的主要判断依据。如果漏洞库信息不全面或得不到及时更新，不但不能发挥漏洞扫描的作用，而且会给系统管理员以错误的引导，从而不能采取有效措施及时消除系统的安全隐患。

完善建议：漏洞库信息不仅应具有备完整性和有效性，也应具备简易性特点，这样使用户自己易于添加配置漏洞库，从而实现漏洞库的及时更新。例如，漏洞库在设计时可以基于某种标准（如 CVE 标准）来建立，这样便于扫描者的理解和信息交互，使漏洞库具有较强的扩充性，更有利于以后对漏洞库的更新升级。

11.1.4　常见安全扫描器

安全扫描器是通过收集系统的信息来自动检测远程或本地主机安全脆弱点的程序，自动地对目标系统进行漏洞检测，提供详细的漏洞描述，对安全漏洞提出修复建议和安全策略，生成安全性分析报告，从而为系统安全管理员完善系统提供重要依据。

安全扫描器主要有两种：基于主机的安全扫描器和基于网络的安全扫描器。

1. 基于主机的安全扫描器

基于主机的扫描器主要是针对操作系统的扫描检测，采用被动的、非破坏性的办法对系统进行检测，通常涉及系统的内核、文件的属性、操作系统的补丁等问题，还包括口令解密，把一些简单的口令剔除，因此可以比较准确地定位系统的问题，发现系统的漏洞。它的缺点是与平台相关，升级复杂。

基于主机的安全扫描器主要关注软件所在主机面临的风险漏洞，被安装在需要扫描的主机上。一般采用客户—服务器（C/S）的架构，由扫描管理和扫描代理两部分组成。扫描管理端的主要功能是发送扫描任务指示、回收并分析处理扫描结果；扫描代理端的主要任务是采用主机扫描技术，按管理端的任务指示具体实施对目标的检测，检查系统基本信息，向管理端传送扫描检测的信息。主机型安全扫描器的一般运作流程是在需要扫描的主机上安装代理端，然后管理端向代理端发送扫描指令，代理端执行扫描操作，并回传扫描结果信息给管理端，最后管理端分析扫描结果，以报表形式呈现分析结果，同时给出安全漏洞及相关信息。

主机型安全扫描器的主要功能如下：

① 重要资料锁定。利用安全的校验和（SHA-1）来监控重要资料或程序的完整及真实性，如 index.html 文档。

② 密码检测。采用结合系统信息、字典和词汇组合的规则来检测易猜的密码。

③ 系统日志文件和文字文件分析。能够针对系统日志文件，如 UNIX 的 syslog、Windows NT 的事件日志（eventlog）及其他文字文件（textfiLe)的内容分析。

④ 动态式的警告。当遇到违反扫描策略的情况或安全弱点时，提供实时警告，并利用 E-mail、SNMP traps,呼叫应用程序等方式回报给管理者。

⑤ 分析报表。产生分析报表，并告诉管理者如何去修补漏洞。

⑥ 加密。提供扫描管理和扫描代理之间的 TCP/IP 连接认证、确认和加密等功能。

⑦ 安全知识库的更新。主机型扫描器由中央控管并更新各主机的扫描代理的安全知识库。

基于主机的安全扫描工具主要考虑下面一些因素：能够扫描发现的安全漏洞数量和数据库更新的速度、扫描效率的高低及其对目标网络系统运行的负面影响，能够定制模拟攻击方法的灵活性、扫描程序的易用性与稳定性、扫描产品自身的安全性、产品布置的可扩展性与灵活性，以及安全分析报告的形式。

2. 基于网络的安全扫描器

基于网络的安全扫描器采用积极的、非破坏性的办法来检测远程系统的端口、开放服务以及存在的漏洞等，利用一系列的脚本模拟对系统进行攻击的行为，然后对结果进行分析，还利用漏洞匹配针对已知的网络漏洞进行检验。网络检测技术常被用来进行渗透实验和安全审计，可以发现一系列平台的漏洞，也容易安装，但是可能影响网络的性能。

基于网络的安全扫描器通过网络远程探测其他主机的安全风险漏洞，被安装在整个网络环境中的某台机器上，可对网络内的系统服务器、路由器和交换机等网络设备进行扫描，这是一种串行扫描，扫描时间较长。基于网络的安全扫描器一般也采用 C/S 架构，由扫描管理和扫描服务端两部分组成。扫描服务端（Server）是扫描器的核心，按指令完成所有的检测和分析操作，向管理端传送检测的结果。扫描管理端（Client）的主要功能是提供管理和方便用户查看扫描结果。基于网络的安全扫描器的一般运作流程是在网络中某主机上安装扫描服务端，在管理端设置有关扫描参数以及指定扫描目标，然后传送这些配置信息给扫描服务端，扫描服务端接收信息并按指令利用各种扫描技术（端口扫描、收集操作系统和平台信息、漏洞扫描等）对目标扫描，向目标发送探测分组，接收分析响应分组，同时分析结果回传管理端，生成漏洞及相关信息报告。

网络型安全漏洞扫描器主要的功能如下：

① 服务扫描侦测。提供知名端口服务的扫描侦测及知名端口以外的端口扫描侦测。

② 后门程序扫描侦测。提供 PC Anywhere、NetBus、Back Orifice、Back Orifice 2000（BackdoorB02k）等远程控制程序（后门程序）的扫描侦测。

③ 密码破解扫描侦测。提供密码破解的扫描功能，包括操作系统及程序密码破解扫描，如 FTP、POP3、TELNET 等。

④ 应用程序扫描侦测。提供已知的破解程序执行扫描侦测，包括 CGI 漏洞、web 服务器漏洞、FTP 服务器漏洞等的扫描侦测。

⑤ 拒绝服务扫描测试。提供拒绝服务（Denial of Service）的扫描攻击测试。

⑥ 系统安全扫描侦测。如 NT 的 Registry、NT Groups、NT Networking、NT User、NT Passwords、DCOM（Distributed Component Object Model）等安全扫描侦测。

⑦ 分析报表。产生分析报表，并告诉管理者如何去修补漏洞。

⑧ 安全知识库的更新。安全知识库就是黑客入侵手法的知识库，必须时常更新，才能落实扫描。

基于网络的扫描工具一般要求：实时自动地扫描探测网络上的系统设备和服务；扫描信息并行处理，具备自学能力；可对网络设备如路由器、交换机、防火墙以及主流的操作系统进行扫描；可采用 TCP/IP、IPX/SPX、NetBEUI 等协议进行扫描。

大部分检测、扫描、模拟攻击等工作并不能一步完成，所以网络安全扫描器会采用"检测—分析"循环结构的工作方式，即根据前次返回信息进行分析判断，再决定后续采取的动作，或者进一步检测，或者结束检测并输出最后的分析结果，如此反复进行。网络安全扫描器的设计注重灵活性，各检测工具相对独立，从而为增加新的检测工具提供方便。如需加入新的检测工具，只需在网络安全扫描的实现目录下加入该工具，并在网络检测级别类中注明，则启动程序会自动执行新的安全检测。为了实现这种灵活性，通常可以采用将检测部分和分析部分分离的策略，即检测部分由一组功能相对单纯的检测工具（如 TCP 端口扫描、UDP 端口扫描等）组成，这种工具对目标主机的某个网络特性进行一次探测，并根据探测结果向调用者返回一个或多个标准格式的记录。分析部分根据这些标准格式的返回记录决定下一轮对哪些相关主机执行哪些相关的检测程序，这种"检测—分析"循环可能进行多轮，直至分析过程不再产生新的检测为止。如果采用"检测—分析"循环结构，那么每次循环的检测结果都具有保存价值，尤其当检测比较详尽、范围较大（如检测某个子网）时，检测时间会较长，检测结果也很丰富，因此应当把结果存储起来，供下一循环分析使用或供以后参考。存放检测结果的数据库可以有：主机列表，用于存放所有检测过的主机信息；事实记录列表，用于存放如前所述由检测部分和分析部分产生的标准格式的返回记录信息；检测项目列表，用于存放所有进行过的检测信息等。

3．常见安全扫描工具

（1）Nessus

Nessus 是一个功能强大又易于使用的远程安全扫描器，免费而且更新极快。Nessus 系统被设计为 C/S 模式，服务器负责进行安全检查，客户端用来配置管理服务器。服务器还采用了 plug-in 的体系，允许用户加入执行特定功能的插件，可以进行更快速和更复杂的安全检查。Nessus 中还采用了一个共享的信息接口，称为知识库，其中保存了前面进行检查的结果。检查的结果可以 HTML、纯文本等格式保存。

Nessus 的优点为：① 采用基于多种安全漏洞的扫描，避免了扫描不完整的情况；② 免费的，比商业的安全扫描工具（如 ISS）具有价格优势；③ Nessus 扩展性强、容易使用、功能强大，可以扫描出多种安全漏洞。

（2）Nmap

Nmap（network mapper）是 Linux 下功能非常强大的网络扫描和嗅探工具包，可以帮助网管人员深入探测 UDP 或者 TCP 端口，直至主机使用的操作系统；还可以将所有探测结果记录到各种格式的日志中，为系统安全服务。目前，Nmap 也有移植到 Windows NT 的版本。

（3）NSS

NSS（网络安全扫描程序）是一个专门用 Perl 语言编写的端口扫描程序，因此不需要编译就可以直接在大多数 UNIX 平台上运行。相对于大多数用 C 语言编写的扫描程序而言，它具有容易使用、修改和扩充、运行速度快的优点。NSS 还具有并行处理的能力，可以派生进程，也可以将扫描操作分配到几个工作站上进行。

（4）SATAN

SATAN（安全管理员网络分析工具）是一个相当完善的扫描器，不仅对大多数已知的脆弱点进行扫描，一旦发现任何脆弱点，还会用指南提醒用户。这些指南详细地说明了脆弱点以及如何利用它们、如何堵住它们。SATAN 是第一个把这些信息以用户友好的方式提供的扫描程序。SATAN 是为 UNIX 设计的，用 C 和 Perl 语言编写而成，可以运行在大多数的 UNIX 平台上。

（5）X-Scan

X-Scan 是国产的优秀扫描工具，采用多线程方式对指定 IP 地址段（或单机）进行安全漏洞扫描，支持插件功能，提供了图形界面和命令行两种操作方式。扫描内容包括远程操作系统类型及版本、标准端口状态及端口旗标信息、CGI 漏洞、RPC 漏洞、SQL Server 默认账户、FTP 弱口令，NT 主机共享信息、用户信息、组信息、NT 主机弱口令用户等。扫描结果以 HTML 文件保存在日志目录中，对已知漏洞给出了相应的漏洞描述和修补解决方案。

安全扫描工具主要有基于主机和基于网络两种。在网络安全体系建设中，安全扫描工具花费低、效果好、见效快、与网络的运行相对对立、安装运行简单，可以大规模减少安全管理员的手工劳动，有利于保持全网安全策略的统一和稳定，是保证系统和网络安全必不可少的手段。安全扫描技术与防火墙、安全监控系统互相配合能够提供高安全性的网络。当然，安全扫描技术作为一把双刃剑，也可以被黑客利用，如果管理员能妥善运用，完全可以防患于未然。

11.2　网络隔离技术

网络的安全威胁和风险主要存在于三方面：物理层、协议层和应用层。网络线路被恶意切断或过高电压导致通信中断，属于物理层的威胁；网络地址伪装、Teardrop 碎片攻击、SYNFlood 等属于协议层威胁；非法 URL 提交、网页恶意代码、邮件病毒等属于应用层攻击。从安全风险来看，基于物理层的攻击较少，基于网络层的攻击较多，基于应用层的攻击最多，并且复杂多变，难以防范。

面对新型网络攻击手段的不断出现和高安全网络的特殊需求，全新的安全防护理念——"安全隔离技术"应运而生。它的目标是，在确保把有害攻击隔离在可信网络外，并在保证可信网络内部信息不外泄的前提下，完成网络间信息的安全交换。

网络隔离是指使两个或两个以上的计算机或网络，不相连、不相通，相互断开。不需要信息交换的网络隔离容易实现，只需完全断开，不通信、不联网即可。但需要交换信息的网络隔离并不容易，需要特定的技术来实现。网络隔离技术是指在需要信息交换的情况下，实现网络隔离的技术。

隔离概念的出现是为了保护高度安全网络环境，发展至今经历了 5 代。

第 1 代隔离技术是完全的隔离。采用完全独立的设备、存储和线路来访问不同的网络，做到了完全的物理隔离，但需要多套网络和系统，建设和维护成本较高。

第 2 代隔离技术是硬件卡隔离。通过硬件卡控制独立存储和分时共享设备与线路来实现对不同网络的访问，它仍然存在使用不便、可用性差等问题，设计上也存在较大的安全隐患。

第 3 代隔离技术是数据转播隔离。利用转播系统分时复制文件的途径来实现隔离，切换时间较长，甚至需要手工完成，大大降低了访问速度，且不支持常见的网络应用，只能完成特定的基于文件的数据交换。

第 4 代隔离技术是空气开关隔离。该技术使用单刀双掷开关，通过内外部网络分时访问临时缓存器来完成数据交换，但存在支持网络应用少、传输速度慢和硬件故障率高等问题，往往成为网络的瓶颈。

第 5 代隔离技术是安全通道隔离。该技术通过专用通信硬件和专有交换协议等安全机制，实现网络间的隔离和数据交换，不仅解决了以往隔离技术存在的问题，还在网络隔离的同时实现高效的内外网数据的安全交换，透明地支持多种网络应用，成为隔离技术的发展方向。

11.2.1 网络隔离技术原理

从技术实现上，除了与防火墙一样对操作系统进行加固优化或采用安全操作系统外，网络隔离的关键在于把外网接口和内网接口从一套操作系统中分离出来。也就是说，至少要由两套主机系统组成，一套控制外网接口，另一套控制内网接口，然后在两套主机系统之间通过不可路由的协议进行数据交换。如此，即便黑客攻破了外网系统，仍然无法控制内网系统，从而实现了更高的安全要求。

网络隔离的技术架构重点在隔离上，实现隔离是关键。正常情况下，隔离设备的外部主机与外网相连，隔离设备的内部主机与内网相连，外网和内网是完全断开的。隔离设备是一个独立的固态存储介质和一个单纯的调度控制电路。

以电子邮件为例，当外网需要有邮件送达内网的时候，外部主机先接收邮件数据，并发起对固态存储介质的非 TCP/IP 协议的数据连接，外部主机将所有的外网协议剥离，将原始的数据写入固态存储介质。根据不同的应用，可能有必要对数据进行完整性和安全性检查，如防病毒和恶意代码等。

一旦数据全部写入存储介质，立即中断与外部主机的连接，转而发起对内部主机的非TCP/IP 协议的数据连接。固态存储介质将数据发送给内部主机。内部主机收到数据后，进行 TCP/IP 的封装和邮件传输协议的封装，并发给内网。这时，内网电子邮件系统就收到了外网的电子邮件系统通过网络隔离设备转发的电子邮件。

在控制台收到完成数据交换任务的信号后，即切断与内部主机的直接连接，恢复到网络断开的初始状态。如果这时内网有电子邮件要发出，内部主机先接受内部的数据后，并建立与固态存储介质之间的非 TCP/IP 协议的数据连接。一旦数据全部写入存储介质，立即中断与内部主机的连接。转而发起对外部主机的非 TCP/IP 协议的数据连接，外部主机收到数据后，立即进行 TCP/IP 的封装和应用协议的封装，并发给外网。任务处理完毕后即恢复到完全隔离状态。

每次数据交换，隔离设备经历了数据的接收、存储和转发三个过程。由于这些规则都是在内存和内核中完成的，因此速度上有保证，可以达到 100% 的总线处理能力。网络隔离的一个特征就是内网与外网永不连接。内部主机和外部主机在同一时间最多只有一个同固态存储介质建立非 TCP/IP 协议的数据连接，其数据传输机制是存储和转发。网络隔离的好处是明显的，即使外网在最坏的情况下，内网也不会有任何破坏，修复外网系统也非常容易。

11.2.2　安全隔离网闸

1. 安全隔离网闸的概念

安全隔离网闸是带有多种控制功能的固态开关读写介质连接两个独立主机系统的信息安全设备，是网络隔离技术的应用。安全隔离网闸的工作原理是模拟人工在两个隔离网络之间的信息交换。其本质在于：网闸两侧网络不能直接连接，两侧网络不能进行网络协议通信，网闸剥离网络协议并将其还原成原始数据，用特殊的内部协议封装后传输到对端网络。同时，网闸可通过附加检测模块对数据进行扫描，从而防止恶意代码和病毒，甚至可以设置特殊的数据属性结构实现通过限制。网闸不依赖于 TCP/IP 协议和操作系统，而由内嵌仲裁系统对各层协议进行全面分析，在异构介质上重组所有的数据，实现"协议落地、内容检测"。

安全隔离网闸主要由三部分组成：外网处理单元、内网处理单元、专用隔离交换单元。其内、外网处理单元各拥有一个网络接口及相应的 IP 地址，分别对应连接内网（涉密网）和外网（如互联网）；专用隔离交换单元受硬件电路控制高速切换，在任一瞬间仅连接内网处理单元或外网处理单元之一。

由于安全隔离网闸所连接的两个独立主机系统之间，不存在通信的物理连接、逻辑连接、信息传输命令、信息传输协议，不存在依据协议的信息包转发，只有数据文件的无协议"摆渡"，且对固态存储介质只有"读"和"写"两个命令。所以，安全隔离网闸阻断、隔离了具有潜在攻击可能的连接，使黑客无法入侵、无法攻击、无法破坏，实现了真正的安全。

2. 安全隔离网闸的主要功能

① 阻断网络的直接物理连接。安全隔离网闸在任何时刻都只能与非可信网络或可信网络上之一相连接，而不能同时与两个网络连接。

② 阻断网络的逻辑连接。安全隔离网闸不依赖操作系统、不支持 TCP/IP 协议。两个网络之间的信息交换必须将 TCP/IP 协议剥离，将原始数据通过 P2P 的非 TCP/IP 连接方式，通过存储介质的写入与读出完成数据转发。

③ 数据传输机制不可编程性。安全隔离网闸的数据传输机制具有不可编程的特性。

④ 安全审查。安全隔离网闸具有安全审查功能，在将原始数据"写入"安全隔离网闸前，根据需要对原始数据的安全性进行检查，清除可能的病毒代码、恶意攻击代码等。

⑤ 原始数据无危害性。安全隔离网闸转发的原始数据不具有攻击或对网络安全有害的特性。就像 TXT 文本不会有病毒，因为它不会执行命令。

⑥ 管理和控制功能。设置了完善的日志系统。

⑦ 数据的过滤。根据需要，提取用户特有数据的特征，形成特征库，作为运行过程中数据校验的基础。当用户有数据请求时，抽取数据特征和数据特征库比较，符合原始特征库的数据请求进入请求队列，不符合的返回用户，实现对数据的过滤。

⑧ 提供定制安全策略和传输策略的功能。根据需要，用户可以自行设定数据的传输策略，如传输单位（基于数据还是基于任务）、传输间隔、传输方向、传输时间、启动时间等。

⑨ 支持应用服务。支持标准的 SMTP 服务，安全、高可用性的邮件过滤策略，可为每个用户配置不同的邮件交换策略、内外网邮件镜像等；支持 Web 方式，支持多种数据库等。

3．安全隔离网闸的应用

①涉密网络与非涉密网络之间使用网闸，保护涉密网络的安全。

②在局域网与互联网之间（内网与外网之间）使用网闸。有些局域网络，特别是政府办公网络涉及政府敏感信息，有时需要与互联网在物理上断开，用隔离网闸是一个常用的办法。

③在办公网与业务网之间使用网闸。由于办公网络与业务网络的信息敏感程度不同，例如，银行的办公网络和银行业务网络就是很典型的信息敏感程度不同的两类网络。为了提高工作效率，办公网络有时需要与业务网络交换信息。为解决业务网络的安全，比较好的办法就是在办公网与业务网之间使用隔离网闸，实现两类网络的物理隔离

11.3 信息隐藏技术

11.3.1 信息隐藏技术简介

1．信息隐藏技术的概念

信息隐藏是将秘密信息隐藏到一般的非秘密的数字媒体文件（如图像、声音、文档文件）中，不让对手发觉的一种方法。其核心是利用载体信息的冗余性，将秘密信息隐藏于普通信息之中，通过普通信息的发布而将秘密信息发布出去，从而避免引起其他人注意，具有更大的隐蔽性和安全性，容易逃过拦截者的破解。

从广义上看，信息隐藏有多种含义：一是信息不可见，二是信息的存在性隐蔽，三是信息的接收方和发送方隐蔽，四是传输的信道隐蔽。从狭义上看，信息隐藏就是将某一秘密信息隐藏于另一公开的信息中，然后通过公开信息的传输来传递秘密信息。狭义上的信息隐藏技术通常指隐写术、数字水印技术（以及数字指纹技术）。

信息隐藏技术与传统的密码技术不同，密码技术主要是将机密信息进行特殊的编码，以形成难以识别的密文进行传递；信息隐藏技术则是将机密信息秘密隐藏于某一公开信息中，然后通过公开信息的传输来传递机密信息。对加密通信来说，密文被非授权截取后，可对其进行破译，从而得知机密信息；对信息隐藏而言，即使信息被截取，由于对方无法从公开信息中判断机密信息的存在，因此可更有效保护机密信息的安全性。

2．信息隐藏的特点

① 透明性（Invisibility）：也叫隐蔽性，是信息隐藏的基本要求，是指利用人类视觉系统或人类听觉系统属性，经过一系列隐藏处理，使目标数据没有明显的降质现象，而隐藏的数据却无法人为地看见或听见。

② 鲁棒性（Robustness）：指不因图像文件的某种改动而导致隐藏信息丢失的能力。"改动"包括传输过程中的信道噪声、滤波操作、重采样、有损编码压缩、D/A 或 A/D 转换等。

③ 不可检测性（Undetectability）：指隐蔽载体与原始载体具有一致的特性。如具有一致的统计噪声分布等，以便使非法拦截者无法判断是否有隐蔽信息。

④ 安全性（Security）：指隐藏算法有较强的抗攻击能力，必须能够承受一定程度的人为攻击，而使隐藏信息不会遭受破坏。隐藏的信息内容应当是安全的，应当经过某种加密后再隐藏，同时隐藏的具体位置也应是安全的，至少不会因格式变换而遭到破坏。

⑤ 自恢复性。由于经过一些操作或变换后，可能会使原图像产生较大的破坏，如果只从留下的片段数据仍能恢复隐藏信号，而且恢复过程不需要宿主信号，就是所谓的自恢复性。

⑥ 对称性。信息的隐藏和提取过程具有对称性，包括编码、加密方式，以减少存取难度。

⑦ 可纠错性：保证隐藏信息的完整性，使其在经过各种操作和变换后仍能很好地恢复，通常采取纠错编码方法。

3. 信息隐藏技术的分类

按照载体类型分类。信息隐藏技术可以分为基于文本、图像、音频、视频和动画等不同媒体的信息隐藏技术。文本信息隐藏，是通过改变文本模式或改变文本的某些基本特征来实现信息嵌入的方法，使文档产生一定的变化，但是人的视觉对这种变化是不易察觉的。基于图像的信息隐藏技术是近年来信息隐藏技术最具挑战性、最活跃的研究课题之一，以数字图像为掩护媒体，将需要保密的信息按照某种算法嵌入到数字图像中。音频信息隐藏技术是在音频信号中嵌入不可察觉的秘密信息，以实现版权保护、隐蔽通信等功能。视频或动画作为信息隐藏的载体，较图像、音频等媒体具有更大的信号空间，因而可以隐藏更大容量的信息，为保密通信、版权保护、内容认证等问题提供解决方案。

按照嵌入和提取过程是否需要密钥以及密钥的对称性，信息隐藏技术可以分为无密钥信息隐藏、对称信息隐藏（私钥信息隐藏）和非对称信息隐藏（公钥信息隐藏）。如果一个信息隐藏系统不需要预先约定密钥，称其为无密钥信息隐藏系统。无密钥隐藏算法收发双方不需要预先预定密钥，但必须约定嵌入算法和提取算法且这些算法必须保密。这样，无密钥信息隐藏系统的安全性完全依赖于隐藏和提取算法的保密性，如果算法被泄露，信息隐藏就无任何安全性可言。为了提高无密钥信息隐藏技术的安全性，可以将秘密信息光进行加密，再进行隐藏，使信息得到两层保护，一是用密码术将信息本身进行保密，二是用隐藏技术将信息传递的事实进行掩盖，这样比单独使用一种方式史安全。若嵌入和提取采用相同密钥，则称其为对称信息隐藏（私钥信息隐藏），否则称为非对称信息隐藏（公钥信隐藏）。

按照嵌入域分类，信息隐藏方法可分为时空域（包括空域、时域和时空域）、变换域和压缩域方法。空域方法是指在文本、图像、音频和视频等载体的原始空间域内，根据一定的规则，通过直接修改像素值、位置坐标或间隔大小实现信息隐藏的隐藏。变换域信息隐藏将原始载体信号进行某种变换，如快速傅里叶变换（Fast Fourier Transform，FFT）、离散余弦变换（Discrete Cosine Transform，DCT）、离散小波变换（Discrete Wavelet Transform，DWT）等，获得变换域的系数，通过修改变换域系数的方法实现秘密信息的嵌入。

按秘密信息提取时是否需要原始载体对象的参与，信息隐藏技术可分为非盲隐藏和盲隐藏两类。若提取秘密信息时不需要原始载体对象的参与，则为盲隐藏。若提取秘密信息时需要原始载体信息的参与，则为非盲隐藏。

按照可逆性进行分类，信息隐藏技术可以分为可逆信息隐藏和不可逆信息隐藏。可逆信息隐藏是指在原始载体对象中嵌入秘密信息形成伪装对象后，不但可以从伪装对象中解码出秘密信息，而且可以复原到原始载体对象。不可逆信息隐藏只能从伪装对象中解码出秘密信息，而不能复原出原始载体对象。

按鲁棒性分类，信息隐藏技术可以分为鲁棒信息隐藏、脆弱信息隐藏和半脆弱信息隐藏。鲁棒信息隐藏系统是指在保证伪装对象与原始载体对象的感知相似条件下，在各种无意和恶意攻击下，秘密信息仍然不能被修改、去除的信息隐藏系统。脆弱信息隐藏系统则相反，对各种无意和恶意的攻击，所隐藏的秘密信息都会丢失。半脆弱信息隐藏系统是对某些攻击鲁棒而对其他攻击脆弱的信息隐藏系统。

按照要保护的对象分类，信息隐藏技术主要分为隐写术和版权标记技术。隐写术保护的对象是秘密信息，其目的是在不引起任何怀疑的情况下秘密传输信息。版权标记技术保护的对象是数字产品，可以进一步分为数字水印技术和数字指纹技术，水印和指纹是嵌入在数字产品中的数字信号，可以是图像、文字、符号和数字等一切可以作为标识和标记的信息，其目的是进行版权保护、所有权证明、版权跟踪（数字指纹）和完整性保护等，因此它的主要要求是鲁棒性和不可感知性等。

11.3.2　隐写技术

1．隐写技术的概念

隐写技术（Steganography）一词来源于希腊词汇 stegnos 和 graphia，意即"隐藏"和"书写"，是一种利用信息隐藏技术实现隐蔽通信的技术。它将秘密信息嵌入到普通载体中，并且保证伪装载体与源载体之间变化很小，从而使伪装载体中的秘密信息在人类视觉以及计算机分析时不被发现。

2．信息隐藏模型

信息隐藏模型可以通过隐藏和提取两个过程来表示。隐藏过程可以首先对秘密消息 M 做预处理，这样形成消息 M'，为加强整个系统的安全性，在预处理过程中也可以使用密钥来控制，然后用一个隐藏嵌入算法和密钥 K_1 把预处理后的消息 M' 隐藏到载体 C 中，从而得到隐藏载体 S。S 在公开信道中传输，在传输过程中可能遭到无意的处理操作或恶意攻击。提取过程是隐藏过程的逆过程，使用提取算法和密钥 K_2 从隐性载体 S 中提取消息 M'，然后使用相应的解密或扩频解调等预处理方法，由 M' 恢复出真正的秘密消息 M。

3．基于文本的信息隐藏

给秘密信息编码并嵌入到文本文件中，这是一项具有挑战性的工作，因为文本文件中可供秘密信息替代的冗余数量有限。按照文本载体隐藏的特点，主要可以分为以下 3 类：

❖ 字符替换法。将形态相近的字符进行特定替换，替换行为由待隐藏的信息比特控制，从而实现信息的嵌入。

❖ 语义替换法。即将常用的同义词组成一个同义字典，对文本文档中的同义词按照字典进行替换。

❖ 文本格式法。仅适用有格式文档，如 Word、网页、PDF 等。它利用文本格式的一些特征，包括字符间隔、字体大小、字体颜色、单词间距等来实现文本的隐藏。

4．基于语音的信息隐藏

音频中的信息隐藏是根据人类听觉系统特性来进行的，听觉系统的特性包括掩蔽效应、时延效应、频率选择性和相位不敏感性等。

我们可以利用人耳的这些特征，采用不同的算法来实现音频信息隐藏。

❖ 最低有效位法：通过修改语音编码中的最低有效位来隐藏信息，隐藏容量大，但鲁棒性差，无法抵抗音频数据处理所带来的破坏。

❖ 回声隐藏法：通过改变语音回声的延迟来隐藏信息，隐藏容量小。

❖ 频谱变换法：借鉴扩频通信的原理，将通信信息作为噪声隐藏到载体数据的频谱中，具有较高的鲁棒性。

5．基于图像的信息隐藏

将秘密信息编码嵌入到数字图像中是目前使用最广泛的一种隐写。绝大多数的文本、图像或密文及其他任何形式的媒体都可以比特流的形式嵌入到数字图像中。图像中的信息隐藏是根据人类某些重要视觉特性和图像不同的表示形式来实现的。

随着数字图像广泛的使用，以数字图像为载体的隐写也在持续增长。图像载体信息隐藏的算法最经典的是空域 LSB 算法。

❖ LSB 法：将信息嵌入到随机选择的图像像素值的最不重要位（LSB）上。LSB 算法的主要优点是可以实现高容量和较好的不可见性，但是该算法的鲁棒性差，容易被第三方发现和得到，遭到破坏，对图像的各种操作如压缩、剪切等都会使算法的可靠性受到影响。

❖ 广义的 LSB 法：在 LSB 算法的基础上，为了提高算法的鲁棒性，分别对嵌入算法的像素点的选择进行调整，或对待隐藏的信息进行扩频，对算法进行不同程度的改进。

对于图像而言，除了像素信息中可以隐藏信息，其他特征，如图像亮度或调色板信息，都可以作为隐藏信息的位置进行处理，并因此衍生出不同的算法。

为改进空域算法中存在的鲁棒性差的缺点，变换域算法目前成为研究的主流方向。在变换域算法中，对原始宿主信号进行某种正交变换，然后通过改变某些变换系数来隐藏信息，其典型算法包括离散傅立叶变换域隐藏算法、离散余弦变换域隐藏算法和离散小波变换域隐藏算法。

6．隐写面临的攻击

（1）检测秘密信息

侦听网络的隐蔽通信，发现后阻止该通信过程。利用一些工具可以分析互联网流量、追踪对 Web 站点的访问以及监控从公共文档库中的下载行为。侦听能够确认通信的双方，并根据其通信的内容初步判断通信行为是否存在异常。

（2）破坏秘密信息

对包含秘密信息的数据进行有损压缩、扭曲、旋转、模糊化或加入噪声，使提取方无法从中得到正确的原始秘密信息。

（3）提取秘密信息

隐写在实现隐蔽性的同时实现了信息的保密性，这使得以获取信息内容为目的的密码分析不得不考虑提取攻击。攻击者在捕获含隐信息载体后，通过各种技术手段，提取出部分或全部隐写信息。由于隐写算法设计都比较复杂，其破解提取算法的时间和空间复杂度很高。

（4）破坏通信链路

对隐蔽通信的双方通信链路进行破坏，使隐蔽通信无法进行。由于基于隐写的隐蔽通信通常借助于公用网络（如 Internet），因此攻击的难度、成本和代价都很大。

11.3.3 数字水印技术

数字媒体的数字特征极易被复制、窜改、非法传播和蓄意攻击，其版权保护已日益引起人们的关注。因此，国际上提出了一种新型的版权保护技术——数字水印（Digital Watermark）技术。数字水印技术通过将数字、序列号、文字、图像标志等信息嵌入到媒体数据中，在嵌入过程中对载体进行尽量小的修改，使嵌入的"记号"不可见或不可察觉。当嵌入水印的媒体被非法使用或攻击后，仍然可以恢复出水印或检测出水印的存在，以此证明原创者对数字媒体的版权。

1．数字水印的概念

数字水印技术是利用数字作品中普遍存在的冗余数据和随机性，把包含版权信息的数据内容（水印）嵌入到数字作品中，通过从嵌入水印的数字作品中检测或提取水印（有关版权的信息），从而起到保护数字作品版权的一种技术。

2．数字水印的特点

嵌入的数字信号必须具备以下特性才能称为数字水印。

- ❖ 隐蔽性：在数字作品中嵌入数字水印不会引起明显的降质，并且不易被察觉。
- ❖ 安全性：在宿主数据中隐藏的数字水印应该是安全的，难以被发现、擦除、窜改或伪造，同时要有较低的虚警率。
- ❖ 鲁棒性：指在经历多种无意或有意的信号处理过程后，数字水印仍能保持完整性或仍能被准确鉴别。

3．数字水印的分类

数字水印的分类方法有多种，分类的出发点不同导致了分类的不同。

- ❖ 从载体分类：可分为图像水印、视频水印、音频水印、软件水印和文档水印。
- ❖ 从外观分类：可分为可见水印和不可见水印。
- ❖ 从加载方式分类：可分为空域水印和频域水印。
- ❖ 从检测方法分类：可分为非盲水印和盲水印。
- ❖ 从水印抗攻击特性分类：可分为脆弱性水印和鲁棒性水印。
- ❖ 从使用目的分类：版权标识水印和数字指纹水印。

4．数字水印面临的攻击

随着水印技术的出现，对水印的攻击同时出现了。水印的目的是保护多媒体数字产品不被盗用、窜改、仿冒等。而对水印的攻击就是试图通过各种方法，使得水印无效。

（1）去除攻击

去除攻击是最常用的攻击方法，主要攻击健壮性的数字水印，试图削弱载体中的水印强度，或破坏载体中的水印。通常，设计一个健壮的数字水印都要检验其能够抵抗哪些攻击，或者哪些攻击的组合。常见的健壮性攻击可以分为有损压缩和信号处理技术攻击。

（2）表达攻击。

与去除攻击不同，表达攻击并不需要去除载体中的水印，而是通过各种办法，使得水印检测器无法检测到水印的存在。

几何变换在数字水印攻击中扮演了重要的角色，而且许多数字水印算法无法抵抗某些重要的几何变换攻击。

- ❖ 打印/扫描处理：即数字图像经过数/模转换和模/数转换。经过打印和扫描处理后，得到的数字图像与原始数字图像相比，会受到偏移、旋转、缩放、剪切、加噪、亮度改变等的集体影响
- ❖ 随机几何变形：图像被局部拉伸、剪切和移动，然后对图像利用双线性或 Nyquist 插值进行重采样。

（3）解释攻击。

解释攻击既不试图擦除水印，也不试图使水印检测无效，而是使得检测出的水印存在多个解释。例如，攻击者试图在同一个嵌入了水印的图像中再次嵌入另一个水印，该水印有着与原所有者嵌入的水印相同的强度，因为图像中出现了两个水印，所以导致了所有权的争议。

（4）法律攻击。

前三种可以称为技术性的攻击，法律攻击则完全不同。攻击者希望在法庭上利用此类攻击，是在水印方案提供的技术或科学证据的范围之外而进行的。法律攻击可能包括现有的及将来的有关版权和有关数字信息所有权的法案，因为在不同的司法权中，这些法律可能有不同的解释。

11.3.4　信息隐藏技术在网络安全中的应用

1．保密通信

在 Internet 上传输一些数据时，要防止非授权用户截获并使用，这是网络安全的一个重要内容。可以使用信息隐藏技术来保护网上交流的信息，如电子商务中的敏感信息、谈判双方的秘密协议和合同、网上银行交易中的敏感数据信息、重要文件的数字签名和个人隐私等。另外，可以用信息隐藏方式隐藏存储一些不愿为别人所知的内容。

然而，信息隐藏技术也被恐怖分子、毒品交易者及其他犯罪分子等用来传输秘密信息。据美国新闻媒体报道，"9·11"事件的恐怖分子就利用了信息隐藏技术将含有密谋信息和情报的图片，利用互联网实现了恐怖活动信息的隐蔽传输。

2．身份认证

在网上交易中，交易双方的任何一方不能抵赖自己曾经做出的行为，也不能否认曾经接收到对方的信息，这是交易系统的一个重要环节。使用信息隐藏技术中的水印技术，在交易体系的任何一方发送或接收信息时，可以将各自的特征标记以水印形式加入到传递的信息中，这种水印应是不能被去除的，以达到确认其行为的目的。

3．数字作品的版权保护

数字服务如数字图书馆、数字图书出版、数字电视、数字新闻等提供的都是数字作品，数字作品具有易修改、易复制的特点，版权保护是信息隐藏技术中的水印技术所试图解决的一个重要问题。数字水印的根本目标是通过一种不引起被保护作品感知上退化、又难以被未授权用户删除的方法向数字作品中嵌入一个标记，被嵌入的水印可以是一段文字、标识、序列号等。这种水印通常是不可见或不可察觉的，与原始数据紧密结合并隐藏其中，并可以经历一些不破坏源数据使用价值或商用价值的操作而保存下来。显然，为了避免标志版权信息的数字水印被去除，这种水印应具有较强的鲁棒性和不可感知性。

当发现数字作品非法传播时，可以通过提取水印代码追查非法散播者，通常被称为数字指纹或违反者追踪。数字指纹技术主要为那些需要向多个用户提供数字产品，同时希望确保该产品不会被不诚实用户非法再分发的发行者所采用。由数字产品的版权所有者通过将不同用户的 ID 或序列号作为不同的水印嵌入作品的合法副本中，并保存售出副本中对应指纹与用户身份的数据库，一旦发现未经授权的副本，发行者可以通过检测其中的指纹来跟踪该数字产品的原始购买者，从而追踪泄密的根源。

目前，在我国电信部门开展的许多业务中，如中国移动的彩信、联通的彩 e 等，对怎样进行数字内容的版权保护还没有相关的技术支持。在彩信中嵌入水印来保护信息不失为良策，这种方法被称为基于数字水印技术的 WDRM 解决方案。

4．真伪鉴别

商务活动中各种票据的防伪也是信息隐藏技术的用武之地。在数字票据中隐藏的水印经过打印后仍然存在，可以通过再扫描数字形式，提取防伪水印，以证实票据的真实性。

目前，许多国家已经开始研究用于印刷品防伪的数字水印技术，其中美国麻省理工学院媒体实验室已经开始研究在彩色打印机、复印机输出的每幅图像中加入唯一的、不可见的数字水印，在需要时可以实时地从扫描票据中判断水印的有无，进而快速辨识票据的真伪。德国也有研究机构正在研究用于护照真伪鉴别的数字水印技术。

5．数据的完整性校验

对于数据完整性的验证是要确认数据在网上传输或存储过程中并没有被窜改。重要信息的网上传输难免受到攻击、伪造、窜改等，当数字作品被用于法庭、医学、新闻、商业、军事等场合时，常需要确定它们的内容是否被修改、伪造或特殊处理过，在军事上也可能出现敌方伪造、窜改作战命令等严重问题。这些都需要认证，确定数据的完整性。

认证的目的是检测对数据的修改，通常将原始图像分成多个独立块，每个块加入不同的水印，可通过检测每个数据块中的水印信号，确定作品的完整性。这样，当接收者接收到信息时，首先利用检测器进行水印的检测处理，当检测到发送者所嵌入的水印时，可以证明这就是发送者所发送的真实信息；当检测不到发送者嵌入的水印时，即可证明这一信息是伪信息。与其他水印不同，这类水印必须是脆弱的，因此微弱的修改都有可能破坏水印。

信息隐藏技术仍存在理论研究未成体系、技术不够成熟、实用化程度不够等问题，但潜在的价值是无法估量的，特别是在迫切需要解决的版权保护等方面，可以说，它是根本无法被代替的，相信其必将在未来的信息安全体系中发挥重要的作用。

11.4 无线局域网安全技术

无线局域网（Wireless LAN，WLAN）是利用无线电波作为传输介质而构成的信息网络。WLAN 产品不需要铺设通信电缆，可以灵活机动地应付各种网络环境的变化。WLAN 技术能为用户提供更好的移动性、灵活性和扩展性，在难以重新布线的区域提供快速而经济有效的局域网接入，无线网桥用于为远程站点和用户提供局域网接入。但是，当用户对 WLAN 的期望日益升高时，其安全问题随着应用的深入表露无遗，并成为制约 WLAN 发展的主要瓶颈。

11.4.1 无线局域网的安全缺陷

1．共享密钥认证的安全缺陷

通过窃听（被动攻击手法），能够容易蒙骗和利用目前的共享密钥认证协议。协议固定的结构（不同认证消息间的唯一差别就是随机询问）和有线对等保密协议 WEP 的缺陷是导致攻击实现的关键，因此即使在激活 WEP 后，攻击者仍然可以利用网络实现 WEP 攻击。

2. 访问控制机制的安全缺陷

（1）封闭网络访问控制机制

实际上，如果密钥在分配和使用时得到了很好的保护，那么基于共享密钥的安全机制就是强健的。但是，这并不是这个机制的问题所在。几个管理消息中都包括网络名称或 SSID，并且这些消息被接入点和用户在网络中广播，并不受到任何阻碍。真正包含 SSID 的消息由接入点的开发商来确定。然而，最终结果是攻击者可以很容易地嗅探到网络名称，获得共享密钥，从而连接到"受保护"的网络上。即使激活了 WEP，这个缺陷也存在，因为管理消息在网络里的广播是不受任何阻碍的。

（2）以太网 MAC 地址访问控制表

在理论上，使用了强健的身份形式，访问控制表就能提供一个合理的安全等级，然而并不能达到这个目的，其中有两个原因：其一是 MAC 地址容易被攻击者嗅探到，因为即使激活了 WEP，MAC 地址也必须暴露在外；其二是大多数的无线网卡可以用软件来改变 MAC 地址，因此攻击者可以窃听到有效的 MAC 地址，然后编程将有效地址写到无线网卡中，从而伪装一个有效地址，越过访问控制，连接到"受保护"的网络上。

11.4.2 针对无线局域网的攻击

1. 被动攻击——解密业务流

在初始化变量发生碰撞时，一个被动的窃听者可以拦截窃听所有的无线业务流。只要将两个具有相同初始化变量的包进行"异或相加"，攻击者就能得到两条消息明文的异或值，而由这个结果可以推断出这两条消息的具体内容。IP 业务流通常是可以预测的，并且其中包含了许多冗余码，这些冗余码用来缩小可能的消息内容的范围，对内容的推测可以进一步缩小内容范围，在某些情况下，甚至可能确定正确的消息内容。

2. 主动攻击——注入业务流

假如一个攻击者知道一条加密消息确切的明文，那么他可以利用这些来构建正确的加密包。其过程包括：构建一条新的消息，计算 CRC-32，更改初始加密消息的位数据从而变成新消息的明文，然后将这个包发送到接入点或移动终端，这个包会被当作正确的数据包而被接收。这样就将非法的业务流注入到了网络中，从而增加了网络的负荷。如果非法业务流的数量很大，会使网络负荷过重，出现严重的拥塞问题，甚至导致整个网络完全瘫痪。

3. 面向收发两端的主动攻击

在这种情况下，攻击者并不猜测消息的具体内容而只猜测包头，尤其是目的 IP 地址，它是最有必要的，这个信息通常很容易获得。有了这些信息，攻击者就能改变目的 IP 地址，用未经授权的移动终端将包发到他所控制的机器上，由于大多数无线设备都与 Internet 相连，这个包就会被接入点成功解密，然后通过网关和路由器向攻击者的机器转发未经加密的数据包，泄露了明文。如果包的 TCP 头被猜出来，甚至有可能将包的目的端口号改为 80，如果是这样，它就可以畅通无阻地越过大多数的防火墙。

4. 基于表的攻击

由于初始化向量的数值空间比较小，这样攻击者就可以建一个解密表。一旦知道了某个包的明文，攻击者能够计算出由所使用的初始化变量产生的 RC4 密钥流。该密钥流能将所有使用同一个初始化变量的包解密。很可能经过一段时间以后，通过使用上述技术，攻击者能够建立一个初始化变量与密钥流的对照表。这个表只需不大的存储空间（约 15 GB）；表一旦建立，攻击者可以通过无线链路把所有的数据包解密。

5．广播监听

如果接入点与 Hub 相连，而不是与交换机相连，那么通过 Hub 的任意网络业务流将会在整个无线网络里广播。由于以太网 Hub 向所有与之连接的装置（包括无线接入点）广播所有数据包，这样攻击者就可以监听到网络中的敏感数据。

6．拒绝服务攻击

在无线网络中也很容易发生拒绝服务（DoS）攻击，如果非法业务流覆盖了所有的频段，合法业务流就不能到达用户或接入点。这样，如果有适当的设备和工具，攻击者容易对 2.4 GHz 的频段实施泛洪（Flooding），破坏信号特性，直至无线网络完全停止工作。另外，无绳电话、婴儿监视器和其他工作在 2.4 GHz 频段上的设备都会扰乱使用这个频率的无线网络。这些拒绝服务可能来自工作区域外，也可能来自安装在其他工作区域的会使所有信号发生衰落的 802.11 设备。总之，不管是故意的还是偶然的，DoS 攻击都会使网络彻底崩溃。

11.4.3　常用无线局域网安全技术

1．服务集标识符 SSID

对多个无线接入点 AP（Access Point）设置不同的服务集标识符（Service Set Identifier，SSID），并要求无线工作站出示正确的 SSID 才能访问 AP，这样可以允许不同群组的用户接入，并对资源访问的权限进行区别限制。因此可以认为，SSID 是一个简单的口令，可提供一定的安全性，但如果配置 AP 向外广播其 SSID，那么安全程度将下降。一般情况下，用户自己配置客户端系统，所以很多人都知道该 SSID，容易共享给非法用户。

2．物理地址过滤

由于每个无线工作站的网卡都有唯一的物理地址，因此可以在 AP 中手工维护一组允许访问的 MAC 地址列表，实现物理地址过滤（MAC）。该方式要求 AP 中的 MAC 地址列表必须随时更新，目前都是手工操作；如果用户增加，则扩展能力很差，因此只适合小型规模网络；而且 MAC 地址在理论上可以伪造，这也是较低级别的授权认证。物理地址过滤属于硬件认证，而不是用户认证。

3．有线对等保密协议 WEP

有线对等保密协议（Wired Equivalent Privacy，WEP）设计的初衷是使用无线协议为网络业务流提供安全保证，使无线网络的安全达到与有线网络同样的安全等级，要达到以下两个目的：访问控制和保密。

WEP 在链路层采用 RC4 对称加密技术，用户的加密密钥必须与 AP 的密钥相同才能获准存取网络资源，从而防止非授权用户的监听以及非法用户的访问。WEP 提供 40 位（有时也称 64 位）和 128 位长度的密钥机制，但是仍然存在许多缺陷。例如，服务区内的所有用户都共享同一个密钥，一个用户丢失钥匙将使整个网络不安全。而且 40 位的钥匙目前容易被破解；钥匙是静态的，要手工维护，扩展能力差。为了提高安全性，目前建议采用 128 位加密钥匙。

4．端口访问控制技术 802.1x

端口访问控制技术 802.1x 也是无线局域网的一种增强性网络安全解决方案。当无线工作站 STA 与无线访问点 AP 关联后，是否可以使用 AP 的服务取决于 802.1x 的认证结果。如果认证通过，则 AP 为 STA 打开这个逻辑端口，否则不允许用户上网。802.1x 要求无线工作站安装 802.1x 客户端软件，无线访问点要内嵌 802.1x 认证代理，同时作为 Radius 客户端，将用户的认证信息转发给 Radius 服务器。802.1x 除提供端口访问控制能力外，还提供基于用户的认证系统及计费，特别适合于公共无线接入解决方案。

5．Wi-Fi 保护接入 WPA

制定 Wi-Fi 保护接入（Wi-Fi Protected Access，WPA）协议是为了改善或替换有漏洞的 WEP 加密方式，采用基于动态密钥的生成方法及多级密钥管理机制，方便 WLAN 的管理和维护。

WPA 是继承了 WEP 的基本原理又克服了 WEP 的缺点的一种新技术，加强了生成加密密钥的算法，即使攻击者收集到分组信息并对其进行解析，也几乎无法计算出通用密钥。其原理是，根据通用密钥，配合表示计算机 MAC 地址和分组信息顺序号的编号，分别为每个分组信息生成不同的密钥。然后与 WEP 一样，将此密钥用于 RC4 加密处理。通过这种处理，所有客户端的所有分组信息交换的数据将由各不相同的密钥加密而成。无论收集到多少这样的数据，要想破解出原始的通用密钥几乎是不可能的。WPA 追加了防止数据中途被窜改的功能和认证功能，因此 WEP 中此前备受指责的缺点得以全部解决。WPA 不仅是一种比 WEP 更强大的加密方法，还有更丰富的内涵。作为 802.11i 标准的子集，WPA 包含了认证、加密和数据完整性校验三个组成部分，是一个完整的安全性方案。

6．临时密钥完整性协议 TKIP

为进一步加强无线网络的安全性，保证不同厂商之间无线安全技术的兼容性，IEEE802.11 工作组开发了新的安全标准的 IEEE802.11i，从长远角度解决 IEEE 802.11 无线局域网的安全问题。IEEE802.11i 标准主要包含加密技术 TKIP（Temporal Key Integrity Protocol）和 AES（Advanced Encryption Standard）、认证协议 IEEE802.1x。IEEE802.11i 标准于 2004 年 6 月 24 日在美国新泽西 IEEE 标准会议上正式获得批准。

与 WPA 相比，IEEE802.11i 增加了一些新特性：① AES，更好的加密算法，但无法与原有的 IEEE 802.11 架构兼容，需要硬件升级；② CCMP and WARP，以 AES 为基础；③ IBSS，IEEE802.11i 解决 IBSS（Independent Basic Service Set），而 WPA 主要处理 ESS（Extended Service Set）；④ Pre authentication，用户在不同的 BSS（Basic Service Set）间漫游时，减少重新连接的时间延迟。

7．国家标准 WAPI

无线局域网鉴别与保密基础结构（WLAN Authentication and Privacy Infrastructure，WAPI）是针对 IEEE802.11 中 WEP 协议的安全问题，在中国无线局域网国家标准 GB15629.11 中提出的 WLAN 安全解决方案。同时，本方案已由 ISO/IEC 授权的机构 IEEE Registration Authority 审查并获得认可。WAPI 的主要特点是，采用基于公钥密码体系的证书机制，真正实现了移动终端（MT）与无线接入点（AP）间双向鉴别。用户只要安装一张证书就可在覆盖 WLAN

的不同地区漫游，方便用户使用。WAPI 是与现有计费技术兼容的服务，可实现按时、按流量、包月等计费方式。AP 设置好证书后，无须再对后台的 AAA 服务器进行设置，安装、组网便捷，易于扩展，可满足家庭、企业、运营商等多种应用模式。

11.4.4 无线局域网的常用安全措施

1. 采用无线加密协议防止未授权用户

保护无线网络安全的最基本手段是加密，通过简单设置 AP 和无线网卡等设备，就可以启用 WEP 加密。无线加密协议（WEP）是对无线网络上的流量进行加密的一种标准方法。许多无线设备商为了方便安装产品，交付设备时关闭了 WEP 功能。一旦采用这种做法，黑客就能利用无线嗅探器直接读取数据。建议经常对 WEP 密钥进行更换，有条件的情况下，启用独立的认证服务为 WEP 自动分配密钥。另一个必须注意问题是，在部署无线网络的时候，一定要将出厂时的默认 SSID 更换为自定义的 SSID。现在大部分 AP 支持屏蔽 SSID 广播，除非有特殊理由，否则应该禁用 SSID 广播，这样可以减少无线网络被发现的可能。

但是，目前 IEEE802.11 标准中的 WEP 安全解决方案在 15 分钟内就可被攻破，已被广泛证实不安全。如果采用支持 128 位的 WEP，被破解则是相当困难的，同时定期更改 WEP，保证无线局域网的安全。如果设备提供了动态 WEP 功能，最好应用动态 WEP，如 Windows XP 本身提供这种支持，用户可以选中 WEP 选项的"自动为我提供这个密钥"。同时，应该使用 IPsec、VPN、SSH 或其他 WEP 替代方法，不要仅使用 WEP 来保护数据。

2. 改变服务集标识符并且禁止 SSID 广播

SSID 是无线接入的身份标识符，用户用它建立与接入点之间的连接。这个身份标识符是由通信设备制造商设置的，并且每个厂商都用自己的默认值。例如，3COM 设备使用 101。因此，知道这些标识符的黑客很容易不经过授权就享受用户的无线服务。用户需要给自己的每个无线接入点设置一个唯一且难以推测的 SSID。如果可能，还应禁止自己的 SSID 向外广播。这样，用户的无线网络就不能通过广播方式来吸纳更多用户了。当然，这并不是说用户的网络不可用，只是它不会出现在可使用网络的名单中。

3. 静态 IP 与 MAC 地址绑定

无线路由器或 AP 在分配 IP 地址时，通常默认使用 DHCP（动态 IP 地址分配），这对无线网络来说是有安全隐患的，"不法分子"只要找到无线网络，很容易通过 DHCP 得到一个合法的 IP 地址，由此进入局域网络。因此，建议用户关闭 DHCP 服务，为局域网的每台计算机分配固定的静态 IP 地址，再把这个 IP 地址与该计算机网卡的 MAC 地址绑定，这样就能大大提升网络的安全性。"不法分子"不易得到合法的 IP 地址，即使得到了，因为还要验证绑定的 MAC 地址，相当于两重关卡。

其设置方法如下：首先，在无线路由器或 AP 设置中关闭"DHCP 服务器"；然后激活"固定 DHCP"功能，把各计算机的"名称"（即 Windows 系统属性里的"计算机描述"）、需要固定使用的 IP 地址和其网卡的 MAC 地址都如实填写好，最后单击"执行"按钮即可。

4. VPN 技术在无线网络中的应用

对于高安全性或大型无线网络，VPN 方案是一个更好的选择。因为在大型无线网络中，维护工作站和 AP 的 WEP 加密密钥、AP 的 MAC 地址列表都是非常艰巨的管理任务。

对于无线商用网络，基于 VPN 的解决方案是当今 WEP 机制和 MAC 地址过滤机制的最佳替代者，已经广泛应用于 Internet 远程用户的安全接入，VPN 在不可信的网络（Internet）上提供一条安全、专用的通道或隧道。各种隧道协议，包括点对点隧道协议和第二层隧道协议，都可以与标准的、集中的认证协议一起使用。同样，VPN 技术可以应用在无线网络的安全接入上，其中的不可信的网络就是无线网络，将 AP 定义成无 WEP 机制的开放式接入（各 AP 仍应定义成采用 SSID 机制把无线网络分割成多个无线服务子网）。但是无线接入网络 VLAN（AP 和 VPN 服务器之间的线路）在局域网已经被 VPN 服务器和内部网络隔离，VPN 服务器提供网络认证和加密。与 WEP 机制和 MAC 地址过滤接入不同，VPN 方案具有较强的扩充、升级性能，可应用于大规模无线网络。

5．无线入侵检测系统

无线入侵检测系统同传统的入侵检测系统类似，但增加了无线局域网检测和对破坏系统反应的特性。侵入窃密检测软件对阻拦双面恶魔攻击，是必须采取的一种措施。当前，入侵检测系统已用于无线局域网，监视、分析用户的活动，判断入侵事件的类型，检测非法的网络行为，对异常网络流量进行报警。无线入侵检测系统能找出入侵者，还能加强安全策略，通过使用强有力的策略，使无线局域网更安全。它还能检测到 MAC 地址欺骗，通过一种顺序分析，找出那些伪装的 WAP 无线上网用户。可以通过提供商来购买无线入侵检测系统，为了发挥无线入侵检测系统的优良性能，提供商同时提供无线入侵检测系统的解决方案。

6．采用身份验证和授权

当攻击者了解网络的 SSID、网络的 MAC 地址或 WEP 密钥等信息时，可以尝试建立与 AP 的关联。目前有三种方法，在用户建立与无线网络的关联前对他们进行身份验证。开放身份验证通常意味着用户只需向 AP 提供 SSID 或使用正确的 WEP 密钥。开放身份验证的问题在于，如果用户没有其他保护或身份验证机制，那么用户的无线网络将是完全开放的，就像其名称所表示的。共享机密身份验证机制类似“口令—响应”身份验证系统。在 STA 与 AP 共享同一个 WEP 密钥时使用这一机制。STA 向 AP 发送申请，然后 AP 发回口令。接着，STA 利用口令和加密的响应进行回复。这种方法的漏洞在于，口令是通过明文传输给 STA 的，因此如果有人能够同时截取口令和响应，他们就可能找到用于加密的密钥。可采用其他身份验证/授权机制，如使用 IEEE802.1x、VPN 或证书对无线网络用户进行身份验证和授权。使用客户端证书可以使攻击者几乎无法获得访问权限。

7．其他安全措施

除以上所述安全措施手段外，还可以采取其他技术措施，如设置附加的第三方数据加密方案，即使信号被盗听也难以理解其中的内容；加强企业内部管理，以便加强 WLAN 的安全性。

11.5 蜜罐技术

蜜罐（Honeypot）技术是近期发展起来的一种网络安全技术，通过一个由网络安全专家精心设置的特殊系统来引诱黑客，并对黑客进行跟踪和记录。其最重要的功能是特殊设置的对于系统中所有操作的监视和记录，网络安全专家通过精心的伪装使黑客在进入目标系统后，仍不知晓自己所有的行为已处于系统的监视之中。

11.5.1　蜜罐技术简介

1．蜜罐的定义

蜜罐技术是一种网络主动防御技术，通过构建模拟的系统，达到欺骗攻击者、增加攻击代价、减少对实际系统安全威胁的目的，同时可了解攻击者所使用的攻击工具和攻击方法，用于增强安全防范措施。

首先要清楚，一台蜜罐和一台没有任何防范措施的计算机的区别，虽然两者都有可能被入侵破坏，但是本质完全不同。蜜罐是网络管理员经过周密布置而设下的"黑匣子"，看似漏洞百出却尽在掌握中，它收集的入侵数据十分有价值；后者就是送给入侵者的礼物，即使被入侵也不一定查到痕迹。因此，蜜罐是一个安全资源，它的价值在于被探测、攻击和损害。

设计蜜罐的初衷是让黑客入侵，借此收集证据，同时隐藏真实的服务器地址，因此要求一台合格的蜜罐拥有如下功能：发现攻击、产生警告、强大的记录能力、欺骗、协助调查。另一个功能由管理员去完成，就是在必要时根据蜜罐收集的证据来起诉入侵者。

2．蜜罐的特点

（1）防护

蜜罐提供的安全防护功能较弱，并不会将那些试图攻击的入侵者拒之门外。事实上，蜜罐设计的初衷就是诱骗，希望入侵者进入系统，从而进行各项记录和分析工作。诱骗也是一种对攻击者进行防护的方法，因为诱骗使攻击者花费大量的时间和资源对蜜罐进行攻击，这样可以防止或减缓对真正的系统和资源进行攻击。

（2）检测

蜜罐本身没有任何主动行为，所有与蜜罐相关的连接都被认为是可疑的行为而被记录，因此蜜罐具有很强的检测功能，可以大大降低误报率和漏报率。实际上，使用蜜罐的首要目的是检测新的或未知的攻击。蜜罐的系统管理员无须担心特征数据的更新和检测引擎的修订，因为蜜罐的主要功能就是发现攻击是如何进行的。

（3）响应

蜜罐检测到入侵后也可以进行一定的响应，包括模拟响应来引诱黑客进一步的攻击，发出报警通知系统管理员，让管理员适时调整入侵检测系统和防火墙配置，以加强真实系统的保护等。蜜罐可以为安全专家们提供一个学习各种攻击的平台，可以全程观察入侵者的行为，一步步记录他们的攻击，直至整个系统被攻陷，特别是监视在系统被入侵之后攻击者的行为，如他们与其他攻击者之间进行通信或者上传后门工具包，这些信息将有更大的价值。

3．蜜罐的类型

可以从不同的角度对蜜罐进行分类。根据系统功能应用，可以分为产品型蜜罐和研究型蜜罐。产品型蜜罐指由安全厂商开发的商用蜜罐，一般用来作为诱饵把黑客的攻击尽可能长时间地捆绑在蜜罐上，从而赢得时间以保护实际的网络环境，也可用于网络犯罪取证。研究型蜜罐主要用于研究活动，如吸引攻击、搜集信息、探测新型攻击、检索新型黑客工具，以及了解黑客和黑客团体的背景、目的和活动规律等。因此，研究型蜜罐对于编写新的入侵检测系统特征库、发现系统漏洞和分析分布式拒绝服务攻击等是很有价值的。

根据交互级别或交互程度可将蜜罐分为低交互（low-interaction）蜜罐和高交互（high-interaction）蜜罐。交互程度是指攻击者与蜜罐相互作用的程度。低交互式蜜罐一般通过模拟操作系统和服务来实现蜜罐的功能，黑客只能在仿真服务指定的范围内动作，仅允许少量的交互动作。蜜罐在特定的端口上监听并记录所有进入的数据包，可用于检测非授权扫描和连接，如 Honeyd 和商业产品 KFSensor、Specter。高交互式蜜罐是一个比较复杂的解决方案，通常必须由真实的操作系统来构建，提供给黑客真实的系统和服务。高交互蜜罐一般位于受控环境中（如防火墙后），可防止攻击者使用蜜罐主机发起对外的攻击。

根据具体实现角度或实现方式的不同，可以分为物理蜜罐和虚拟蜜罐。物理蜜罐通常是一台或多台拥有独立 IP 和真实操作系统的物理机器，提供部分或完全真实的网络服务来吸引攻击。虚拟蜜罐可以是虚拟的机器、虚拟的操作系统或虚拟的服务，构造虚拟的蜜罐。高交互蜜罐一般是物理蜜罐，低交互蜜罐一般是虚拟蜜罐。

世界上不会有非常全面的事物，蜜罐也一样。根据管理员的需要，蜜罐的系统和漏洞设置要求不尽相同，蜜罐是有针对性的，而不是盲目设置的，因此产生了多种多样的蜜罐。

11.5.2 蜜罐关键技术

1. 网络欺骗技术

由于蜜罐的价值是在其被探测、攻击或者攻陷的时候才能得到体现，因此没有欺骗功能的蜜罐是没有价值的，欺骗技术也成为蜜罐技术体系中最为关键的技术和难题。为了使蜜罐对入侵者更有吸引力，就要采用各种欺骗手段。例如，在欺骗主机上模拟一些操作系统、一些网络攻击者最"喜欢"的端口和各种认为有入侵可能的漏洞。

（1）模拟服务端口

侦听非工作的服务端口是诱骗黑客攻击的常用欺骗手段。当攻击者通过端口扫描检测到系统打开了非工作的服务端口，他们很可能主动向这些端口发起连接，并试图利用已知系统或应用服务的漏洞来发送攻击代码。蜜罐系统则是通过端口响应来收集所需要的信息。

对于简单的模拟非工作服务端口，最多只能与攻击者建立连接而不能进行下一步的信息交互，所以获取的信息是相当有限的。

（2）模拟系统漏洞和应用服务

模拟系统漏洞和应用服务为攻击者提供的交互能力比模拟端口高得多。如某种蠕虫正在扫描特定的 IIS 漏洞，此时可构建一个模拟 Microsoft IIS Web 服务器的 Honeypot，并模拟该程序的一些特定功能或行为。无论何时与该 Honeypot 建立 HTTP 连接，蜜罐都会以一个 IIS Web 服务器的身份进行响应，从而为攻击者提供一个与实际的 IIS Web 服务器进行交互的机会。这种级别的交互比模拟端口收集到的信息要丰富得多。

（3）IP 地址空间欺骗

IP 地址空间欺骗充分利用主机的多宿主能力，可在一块网卡上分配多个 IP 地址，通过增加入侵者的搜索空间来增加其工作量。该技术和虚拟机技术结合可建立一个大的虚拟网段，且代价很低。

目前，一些蜜罐系统采用 ARP 地址欺骗技术，探测现有网络环境中不存在的 IP 地址，并发送 ARP 数据包伪造不存在的主机，从而达到 IP 欺骗的效果。

（4）流量仿真

入侵者侵入系统后，可能使用一些工具分析系统的网络流量。如果发现系统网络流量少，系统的真实性必然受到怀疑。流量仿真是利用各种技术产生伪造的网络流量来欺骗入侵者。现在采用的主要方法有两种：第一种方式是采用实时或重现的方式复制真正的网络流量，这使得仿真流量与真实系统流量十分相似；第二种方式是从远程伪造流量，使入侵者可以发现和利用。

（5）网络动态配置

真实网络系统的状态是动态的，一般会随时间而改变。如果欺骗是静态的，那么在入侵者的长期监视下欺骗就容易暴露。因此，需要动态地配置系统以使其状态像真实的网络系统那样随时间而改变，从而更接近真实的系统，增加蜜罐的欺骗性，如系统提供的网络服务的启动、关闭、重启、配置等均应该在蜜罐中有相应的体现和调整。

（6）组织信息欺骗

如果某个组织提供有关个人和系统信息的访问，那么欺骗必须以某种方式反映这些信息。例如，如果组织的 DNS 服务器包含了个人系统拥有者及其位置的详细信息，则需要在欺骗的 DNS 列表中具有伪造的拥有者及其位置，否则欺骗很容易被发现。

（7）蜜罐主机

蜜罐主机负责与入侵者交互，是捕获入侵者活动的主要场所。蜜罐主机可以模拟的或真实的操作系统，与一般系统的区别在于，该系统处于严密的监视和控制下，入侵者与系统的每次交互都进行日志记录。在构建蜜罐主机时使用虚拟机模拟真实系统，主要有两个优点：一是可在单机上运行多个拥有各自网络界面的客户操作系统，用于模拟一个网络环境；二是客户操作系统被入侵者破坏后宿主操作系统不会受到影响，这样可以保护宿主操作系统的安全，增强蜜罐系统的健壮性。

2. 数据捕获技术

数据捕获是为了捕获攻击者的行为，使用的技术和工具按照获取数据信息位置的不同可以分为以下两类。

（1）基于主机的数据获取

在蜜罐所在的主机上几乎可以捕获攻击者行为的所有数据信息，如连接情况、远程命令、系统日志信息和系统调用序列等，但存在风险大、容易被攻击者发现等缺点。典型工具如 Sebek，可在蜜罐上通过内核模块捕获攻击者的各种行为，然后以隐蔽的通信方式将这些数据信息发送给管理员。

（2）基于网络的数据获取

在网络上捕获蜜罐的数据信息，风险小，难以被发现。目前，基于网络的数据获取可收集防火墙日志、入侵检测系统日志和蜜罐主机系统日志等。防火墙可记录所有出入蜜罐的连接；入侵检测系统对蜜罐中的网络流量进行监控、分析和抓取；蜜罐主机除了使用操作系统自身提供的日志功能外，还可以采用内核级捕获工具，隐蔽地将收集到的数据信息传输到指定的主机进行处理。

3. 数据控制技术

蜜罐系统作为网络攻击者的攻击目标，其自身的安全尤为重要。如果蜜罐系统被攻破，那么有可能得不到任何有价值的信息，同时蜜罐系统将被入侵者利用作为攻击其他系统的跳板。数据控制技术用于控制攻击者的行为，保障蜜罐系统自身的安全，是蜜罐系统的核心功能之一。

蜜罐系统允许所有进入蜜罐的访问，但是对外出的访问进行严格的控制。当蜜罐系统发起外出的连接，说明蜜罐被入侵者攻破了，这些外出的连接很可能是入侵者利用蜜罐对其他系统发起的攻击行为。

蜜罐通常有两层数据控制：连接控制和路由控制。连接控制由防火墙来完成，通过防火墙限制蜜罐系统外出的连接，以防止蜜罐系统作为攻击源向其他系统发起攻击。路由控制由路由器来完成，主要利用路由器的访问控制功能对外出的数据包进行控制，以防止蜜罐系统作为攻击源向其他系统发起攻击。

4. 数据分析技术

蜜罐的价值只有在充分分析捕获的数据后才能得到体现，数据分析技术就是将蜜罐捕获的各种数据分析成为有意义、易于理解的信息。蜜罐网络（简称蜜网）作为一种主动安全防御系统，其最主要的特征是能够通过分析捕获到的数据来了解和学习攻击者所用的新工具和新方法。当前主流的蜜网体系中，为了使安全分析人员能够更好地分析捕获到的攻击数据，并尽量减少其工作量，通常提供了自动报警和辅助分析机制。

目前出现的一些数据分析工具，如典型的 Swatch 工具提供了自动报警功能，能够监视 IPTables 及 Snort 日志文件，在攻击者攻陷主机并向外发起连接时，匹配到配置文件中指定的相关特征后会自动向安全分析人员发出电子邮件进行报警。此外，Walleye 工具提供了辅助分析功能，提供了基于 Web 方式的蜜网数据辅助分析接口，被安装在蜜网网关上，提供了许多的网络连接视图和进程视图，并在单一的视图中结合了各种类型的被捕获数据，从而帮助安全分析人员能够快速理解蜜网中发生的一切攻击事件。

11.5.3 典型蜜罐工具

1. 虚拟蜜罐 Honeyd

Honeyd 是一种针对 UNIX 系统设计、开源、低交互的蜜罐，用于对可疑活动的检测、捕获和预警。Honeyd 能在网络层次上模拟大量虚拟蜜罐，具有对数百万个 IP 地址进行监视的能力，并且可主动担负起模拟 IP 地址的功能。当攻击者企图连接到某个并不存在的系统时，Honeyd 就会收到这次连接请求，假冒该系统的身份，对攻击者进行回复。Honeyd 在网络层次虚拟的蜜罐既可以是松散的集合，也可以组成严密的网络体系，从而构成一个虚拟的蜜罐网络。Honeyd 除了充当网络诱饵的传统角色外，在蠕虫的检测与防护、遏制垃圾邮件等方面具有广泛应用。Honeyd 主机与其虚拟系统之间的关系如图 11-1 所示。

2. 蜜罐网络 Honeynet

蜜罐网络（简称蜜网）作为蜜罐技术中的高级工具，一般是由防火墙、路由器、入侵检测系统（IDS）以及一台或多台蜜罐主机组成的网络系统，也可以使用虚拟化软件来构建虚拟蜜网。相对于单机蜜罐，蜜网实现、管理起来更加复杂，但是这种多样化的系统能够更多地揭示入侵者的攻击特性，极大地提高蜜罐系统的检测、分析、响应和恢复受侵害系统的能力。

蜜网技术最大的应用目标是提供一个高度可控的环境对互联网上的各种安全威胁（包括黑客攻击、恶意软件传播、垃圾邮件、僵尸网络和网络钓鱼等）进行深入的了解和分析，从而为安全防御提供知识和经验支持。

第一代蜜网于 1999 年开发，是部署的首批蜜网，具有两个突出的特点：能够捕获大量的信息，能够捕获未知的攻击和技术。实现了简单的数据控制，采用三层数据捕获记录攻击者的活动。

第二代蜜网出现于 2002 年，旨在解决第一代蜜网技术中存在的各种问题，在数据控制和数据捕获方面都做了改进，最大的变化是数据控制的改变。

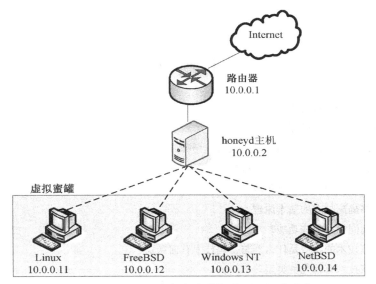

图 11-1　Honeyd 主机与其虚拟系统之间的关系

第三代蜜网出现与 2004 年，加强了辅助分析功能，协助安全研究人员更好地对所捕获的攻击数据进行深入分析并尽量减少工作量。发布了一个基于 Web 界面的非常友好的数据辅助分析工具 Walleye，这使得蜜网技术更加完整。

本章小结

本章主要介绍了网络安全扫描技术、网络隔离技术、信息隐藏技术、无线局域网安全技术和蜜罐技术的概念、基本原理及典型应用。

1. 安全扫描技术

在简要讨论安全扫描技术基本概念的基础上，主要分析了端口扫描技术和漏洞扫描技术的工作原理，以及一些常见的安全扫描器。

2. 网络隔离技术

介绍了安全隔离技术的概念及发展情况，阐述了网络隔离技术基本原理，分析了典型的网络隔离设备——安全隔离网闸的功能及应用。

3. 信息隐藏技术

介绍了信息隐藏技术的概念、分类及特点，介绍了隐写和数字水印两种典型的信息隐藏技术及其在网络安全中的应用。

4. 无线局域网安全技术

在分析无线局域网的安全缺陷和面临的主要攻击的基础上，总结了几种有效的应对措施。

5. 蜜罐技术

介绍了蜜罐的概念、特点及分类，阐述了蜜罐关键技术和常见的蜜罐工具。

习 题 11

11.1 简述网络安全扫描的步骤。

11.2 简述端口扫描技术的原理。

11.3 基于网络系统漏洞库,漏洞扫描大体包括哪几种?

11.4 漏洞扫描存在哪些问题?如何解决?

11.5 简述网络隔离技术的发展阶段。

11.6 简述网络隔离技术的基本原理。

11.7 安全隔离网闸有哪些功能?

11.8 信息隐藏技术的特点是什么?与密码技术有何区别?

11.9 信息隐藏技术有哪几种类型?

11.10 信息隐藏技术在网络安全中有哪些主要应用?

11.11 无线局域网存在哪些安全缺陷?

11.12 针对无线局域网的主要攻击方式有哪些?

11.13 无线局域网的安全措施有哪些?

11.14 什么是蜜罐?蜜罐的特点是什么?

11.15 蜜罐有哪几种类型?

11.16 蜜罐的主要技术有哪些?

第12章　网络安全管理

网络安全管理是为保证网络安全而进行的一切管理活动和过程，其目的是在使网络用户能按规定获得所需信息与服务的同时，保证网络本身的可靠性、完整性、可用性，以及使其中信息资源的保密性、完整性、可用性、可控性和抗抵赖性达到给定的要求水平。安全管理是确保网络安全必不可少的要素之一，是用于保证网络安全的设备、技术和人员能否有效发挥作用的一项决定性因素。

12.1　网络安全管理概述

管理是一种基本的社会实践活动，贯穿于人类社会实践的历史过程。网络安全管理是通过对网络通信活动相关领域的管理达到网络安全的目的，贯穿于人类信息活动的各个单元、层次和方面，是信息化整个过程的生命线。

12.1.1　网络安全管理的内涵

管理活动是一种基本的社会实践活动，是一种协调他人活动的行为。网络安全管理活动是一种协调社会信息活动的行为，是指通过对一定范围内的人员及信息活动进行协调和处理，达到个人单独活动所不能达到的网络安全效果。

网络安全管理的基本任务是有效地实现人类信息活动的社会协作，通过最佳的协作方式和最优的组织结构保证在实现网络安全的过程中得到最大的政治、经济和文化安全效益。网络安全管理最重要的内容是协调组织与组织、人与人、系统与系统之间的基本信息关系，协调和控制好这三大关系，使网络信息系统安全、优化，发挥综合效益最大。从信息过程来看，网络安全是指保障网络信息的保密性、完整性、可用性、可控性和抗抵赖性，保护网络信息系统中信息资源免遭各种类型的破坏。因此，网络安全管理是组织中用于指导控制网络安全风险、相互协调的活动。网络安全管理一般包括制订网络安全政策、风险评估、控制目标和方式选择、制订规范的操作流程、对人员进行安全意识培训等一系列工作，通过在安全策略、组织安全、资产分类与控制、系统开发与维护、业务持续性管理、法律法规合规等方面建立管理控制措施，保证组织的网络资产安全与业务连续性。

由于网络安全是一个多层面、多因素、综合和动态的过程，如果组织凭着一时的需要，想当然去制订一些控制措施和引入某些技术产品，难免存在挂一漏万、顾此失彼的问题，使得网络安全这只"木桶"出现若干"短木板"，从而无法提高安全水平。正确的做法是遵循国内外相关网络安全标准与最佳实践过程，考虑到网络安全各层面的实际需求，在风险分析的基础上引入恰当控制，建立合理的安全管理体系，从而保证组织赖以生存的网络资产的安全性、完整性和可用性。另一方面，这个安全体系应当随着组织环境的变化、业务发展和信息技术的提高而不断改进，不能一成不变。因此，实现网络安全是一个需要完整体系来保证的持续过程。

世界各国都更多地倾向于从综合层面、从广义的角度来理解网络安全，认为现代的网络安全涉及政治、经济、科技、军事、思想文化及社会稳定等各个领域，影响到个人权益、企业生存、金融风险防范、社会稳定甚至国家安全，是物理安全、网络安全、数据安全、信息内容安全、信息基础设施安全的总和。

随着网络安全概念的发展变化，网络安全管理涉及的范围日渐扩大，涵盖面广，大至国家建设与发展的重大方略的顺利实施、金融风险防范、社会稳定、国家安全、军事安全等方面的网络安全管理，小至社会的各类"细胞"（组织、企业、个人）的网络安全管理。所以，网络安全管理活动应贯穿于上述各种安全管理中，使管理和控制网络安全风险的政策、步骤、技术和机制在整个组织的信息基础设施的所有层面上均能得到有效实施。如面向数据的安全概念是信息的保密性、完整性、可用性和可控性，面向使用者的安全概念则是鉴别、授权、访问控制、抗抵赖性和可服务性以及基于内容的个人隐私、知识产权等的保护。两者的结合就是网络安全体系中的安全服务。这些安全问题又要依靠密码、数字签名、身份验证、防火墙、安全审计、灾难恢复、防病毒和防入侵等安全机制来解决。密码技术和管理是网络安全的核心，安全标准和系统评估是网络安全的基础。其中的安全控制和协调的效果如何都离不开网络安全管理。网络安全管理的范围因急速增长的事故、风险种类及事故发生的因素而日渐扩大。对网络信息系统的威胁既有可能来自有意或无意的行动，也可能来自内部或外部。网络安全事故的发生可能因为技术方面的因素、自然灾害、环境方面的因素、非法访问或病毒等。另外，业务依赖性可能潜在地导致管理控制的失效和监督不力。这都属于网络安全管理的范畴。

12.1.2　网络安全管理的原则

1. 系统化原则

系统化原则是坚持运用系统论观念和系统工程方法来研究和处理网络安全管理问题的原则。系统，是指由若干相互联系、相互作用的部分组成，在一定环境中具有特定功能的有机整体。系统具有整体性、动态性、相对的开放性、对环境的适应性及目标与方案的综合性等特性。对于网络安全管理而言，系统化原则具有两层含义。

其一，要把作为管理对象的网络如实地作为系统看待，在网络建设、研制和运行全过程中，充分运用系统工程的原理和方法，包括将安全保障有关的目标和设计要求融于系统的整体目标、整体功能与性能要求中，在以上所述的全过程中相互紧密联系地同步实现。

其二，要把实现网络安全功能的一切资源和手段构建为一个具备系统一切特性的有机整体，一个系统，一个完整而统一的网络安全保障体系。这个体系作为一个大系统，它的各组成部分仍然是一些系统，即子系统，主要包括安全法制体系、安全组织体系、安全技术保障体系、安全经费保障体系、安全人才保障体系、安全基础设施等。这些子系统同样具有作为系统的上述一系列特性。

以上两层坚持系统化原则，就是对网络、对网络安全保障体系及其各分体系，在建设和运行的全过程中，都要坚持系统的一系列特性要求：

① 坚持系统的整体性，要从整体着眼确定安全目标和任务，从整体上设计体系结构、方案和规划，在分解目标、落实任务分工的基础上，再进行整体的协调与综合，最终达到整体效益的优化。

② 坚持系统的动态性，要始终把网络安全管理看成一个动态过程，从法规制度到技术手段，都必须满足在动态中实现管理职能的要求。

③ 坚持系统的相对开放性，要合理地确定并坚持网络自身与外部环境之间严格隔离的边界，以及在一定条件下、一定意义上又必不可少的某些接口。开放是相对封闭而言的，相对的开放性实际上同义于相对的封闭性。单纯从安全的要求考虑，似乎网络绝对地封闭最安全，但要使网络在绝对封闭条件下能够充分发挥其应有的功能，实际上是不可能的。对于网络安全保障体系而言，同样存在坚持系统相对开放性的问题。为了坚持系统的相对开放性及系统的整体性和动态性，在网络及其安全保障体系的规划、设计、建设、运行和维护全过程中，各项工作都必须严格地规范化、标准化。

④ 坚持系统对环境的适应性，要使网络和网络安全保障体系在安全方面具有自适应能力和自组织能力。系统的自适应能力是指系统在外界环境或内部结构有所变化的情况下，保持正常稳定的运转，使原定的目标仍能按预定要求达成的能力。

系统化原则体现的观念与方法广泛地渗透于以上讨论的各项安全管理原则中，可以认为是安全管理各原则中具有统率作用的原则。

2. 以人为本原则

以人为本原则或称以人为中心原则，就是坚持把人作为管理的核心和动力的原则。管理主要是由人实行的管理，并且主要对人实行管理。对物资、资金、信息等资源的管理归根到底都要通过对人的管理来实现。安全管理的法规、制度靠人来制定，还需要所有与之有关的人自觉地遵守和贯彻。安全管理的技术、设施靠人来开发和建设，还需要人来正确地运用和维护。在执行安全管理法规、制度，以及运用安全管理技术、设施的过程中，难免出现一些意外情况，这更有赖于人来进行恰当的机动处置。这一切离开人的积极性和能动作用是难以奏效的。网络安全管理坚持以人为本的原则，就是注重从根本上做好人的工作，通过有效的组织工作和宣传教育工作，提高全体人员的政治觉悟、敌情观念、安全意识和安全知识素养。由此使管理者充分发挥工作的积极性、创造性和高度负责精神，不断提高业务、技术水平，使被管理者高度自觉地遵守安全管理法规制度，积极支持和协助安全管理工作。

3. 效益优化原则

效益优化原则就是把效益观念贯彻于管理全过程的原则。效益是管理的根本目的，管理就是对效益的不断追求。网络安全管理所追求的效益，首先不是经济效益，而是安全效益。在整个网络安全保障体系规划、建设和运行的全过程中，这是一个必须始终认真对待，必须通过不断努力求得尽可能良好解决的根本性任务。对于网络安全管理而言，经济效益虽然不是追求的主要目标，但我国作为发展中国家，为保障网络生存，经济上的承受能力是十分重要的制约因素。因此，在寻求最优化整体目标和方案的过程中，经济上的可承受性和合理性要求仍然是一个不容忽视的重要方面。前面在讨论网络安全管理的系统化原则时，已经论及系统整体效益优化的问题，这里专门列为一条原则再加以强调。

基于效益优化原则的要求，产生了如下更细致的原则：

① 均衡防护原则。注重各种防护措施的均衡运用，避免个别薄弱环节导致整体防护能力低下的原则。以水桶装水为喻，箍桶的木板中只要有一块短板，水就会从那里泄漏出来。网络安全防护措施中如果存在薄弱环节，则整体防护能力就将由该薄弱环节所限定，其他环节即使性能优越也无济于事，相关投资也将成为无益的耗费。

② 多种安全机制原则。不把所有信息资源置于单一的安全机制下，而是采取分散方式，并对最敏感的数据采取多种安全机制的原则。由此使各种安全机制相互补充、相互配合，提高整体的安全防护能力。

③ 独立自主原则。采用的技术和设备尽量立足国内的原则，由此可以避免因直接采用境外技术和设备而在以后受制于人，甚至存在敌方对我方进行攻击的隐患。

④ 选用成熟技术原则。由此提供可靠的安全保证，在经济上也较为可取。

4．重在预防与快速反应原则

以上三条安全管理原则，就其本质而言，也是一切管理工作的一般性基本原则。在前面的讨论中，结合网络安全管理的特点，还讨论了贯彻这些基本原则的进一步具体要求。重在预防与快速反应原则是主要着眼于网络安全管理特殊性的原则，包含两个相互联系的方面。

一是重在预防，就是在有关网络安全管理的一切工作中，把着重点放在防患于未然上。二是快速反应，就是对于一切威胁网络安全的事件和情况，能够做出快速反应，使之不能产生危害或将危害减至最小。大量事实表明，基于互联网技术的大规模计算机网络在现代社会生活的各个领域其作用日益扩大，另一方面，其受到计算机病毒、网络"黑客"、有组织的蓄意入侵、内部攻击及其他犯罪行为的威胁日益严重。一旦网络中某一环节遭到上述威胁的危害，往往迅速地大范围扩散，甚至波及全网，造成极其严重的后果。因此，对这类网络的安全管理应该强调重在预防，强调防患于未然，强调快速反应。

为贯彻这一原则，在网络规划、设计、设备采购、集成和安装过程中，应充分体现预防为主的指导思想，同步考虑安全策略和安全功能。要预先制订安全管理的应急响应预案，并进行必要的预先演练，以备一旦出现紧急情况能够立即做出恰当的反应。要预先制订并落实灾难恢复措施，在可能的灾难不致同时波及的地区设立备份中心。对于要求实时运行的系统，保证备份中心和主系统的数据一致性。一旦遇到灾难，立即启动备份系统，以保证系统平稳地连续工作。

12.1.3 网络安全管理的内容

网络安全管理涉及方方面面的内容，涉及在安全方针策略、组织安全、资产分类与控制、人员安全、物理与环境安全、通信与运营安全、访问控制、系统开发与维护、业务持续性管理、符合法律法规要求等领域建立管理控制措施，涉及实时监控信息资源的安全监管活动等。从网络安全管理实践的具体管理活动出发，网络安全管理的主要内容可以概括为：网络安全管理体制、网络安全设施管理、网络安全风险评估管理、网络安全应急响应管理、网络安全等级保护管理、信息安全测评认证管理等方面。

（1）网络安全管理体制

管理体制是指为了网络安全管理目标的顺利达成，建立合理的网络安全管理组织机构，并依据相关运行机制有效实施管理措施而进行的一系列调控活动。网络安全管理体制分为两方面的内容：一方面，通过建立合理的网络安全管理的组织机构、配备恰当的人员，实现人与人的协作和人与事的配合，以功能完备的网络安全管理运行机制，为网络安全管理工作的高效运行和顺利实现提供优质的组织保障；另一方面，建立、健全行之有效的管理法规和制度，严格监督、检查网络安全措施的落实和执行情况，对落实和执行过程中出现的矛盾和问题及时进行调控，以保证网络安全管理工作沿着正确的方向顺利发展。

（2）网络安全设施管理

设施管理是指为了网络安全管理目标的顺利达成，对有关网络安全的资金和财产的管理，包括：相关的人、财、信息、信息技术、信息系统、信息安全系统等有形资产和无形资产管理。网络安全设施管理的范围涉及在各管理层对信息资源落实责任、分类、控制等活动，在网络安全体系范围内为资产编制清单，每项资产都进行清晰的定义、合理的估价，明确资产的所有权关系，进行安全分类，并以文件方式详细记录在案并实施控制等具体管理内容。

（3）网络安全风险管理

网络安全风险管理是指在风险分析的基础上，通过风险辨识、风险评估和风险评价，以可接受的费用识别、控制、降低或消除可能影响信息系统的安全风险的过程。风险管理是识别、控制、降低或消除安全风险的活动，通过风险评估来识别风险大小，通过制订网络安全方针，采取适当的控制目标和控制方式对风险进行控制，使风险被避免、转移或降低至可被接受的水平。在风险管理方面，应考虑控制费用与风险之间的平衡。

（4）网络安全应急响应管理

应急响应管理是指为了网络安全管理目标的顺利达成，防止网络安全事件的发生或降低已发生的网络安全事件带来的损失而建立、维护、运行网络安全预警、应急响应系统的活动。应急响应管理涉及为了应对网络安全的各种突发事件的发生所采取的对信息系统的监管、监控、打击和制裁。

（5）网络安全等级保护管理

等级保护管理是指为了网络安全管理目标的顺利达成，遵循国家各部门、社会各行业和企事业单位的组织及其业务分级管理的内在规律，从保障组织及其业务分级管理需求出发，分类分级保护业务信息资源安全，保障信息系统安全连续运行。网络安全等级保护管理涉及分类规则、分级规则、安全需求等级划分以及针对各级各类网络安全保护措施的制订等管理内容。

（6）信息安全测评认证管理

测评认证管理是指为了网络安全管理目标的顺利达成，对有关网络安全产品的安全性进行测评和认证的管理活动。网络安全产品和信息系统固有的敏感性和特殊性，直接影响着国家的安全利益和经济利益。政府部门、社会用户、工商企业和执法机关对网络技术的安全、可信要求十分迫切，安全性测评和认证的管理涉及建立一批有资质的测评机构协调配合的网络安全测评认证体系、颁布安全标准及实行测评与认证制度（采取第三方测评与认证方式，国家统一监督和管理），对网络、网络安全产品的研制、生产、销售、使用和进出口实行严格有效的控制和管理。

12.2　网络安全管理体制

网络安全管理体制是指组织实施网络安全管理的组织形式和运行机制。管理体制是规范组织行为，维护正常秩序的保证。明确职责权限的网络安全管理体制，可以提高网络安全管理效益。很多网络安全专家、学者认为，网络安全管理的成败，一是领导，二是组织。现代管理科学告诉我们：必须十分重视改善管理组织机构，这不仅是提高管理效率和节约管理费用的前提，还是关系到管理成败的一个重要条件。吸收借鉴国外网络安全管理经验，系统分析我国现行网络安全管理体制现状及存在的问题，有助于确立我国网络安全管理体制的建设目标和基本原则，有助于构建国家网络安全管理体制的机构框架。

我国长期以来一直十分重视网络安全工作，并从敏感性、特殊性和战略性的高度，自始至终置于党和国家的绝对领导下，中央网信办、国家密码管理部门、公安部门、安全部门和信息化管理部门分工协作，各司其职，形成了维护国家网络安全的管理体制。与欧美等信息化强国相比，我国网络安全保障的水平和能力还处于"初级阶段"，网络安全产业仅初步具备了一定的防护、监管、控制能力，而且从网络普及率、基础设施覆盖、信息资源开发、信息技术创新等方面看，我国只是一个网络大国而不是强国。这些都制约了我国网络安全管理体制的发展，导致缺乏一个国家层面的整体战略，实际管理力度不够，政策的执行和监督力度不够，技术、管理与法制之间职能模糊，使得网络安全管理在一定程度上存在混乱现象。

我国网络安全管理工作机构的格局是：中央网络安全和信息化委员会对网络安全和信息化建设中的重大问题进行管理，负责对网络安全工作的领导和跨部门协调，中央网信办作为网络安全工作的办事机构，负责组织和制定有关网络安全的政策、法规和标准，并检查监督其执行情况。地方省（市）、地市州建立了相应的网络安全管理机构，并初步建立了网络安全应急响应体系。

12.3　网络安全设施管理

网络设施的安全管理主要包括硬件设施、机房和场地等的安全管理，是网络安全管理的重要对象。

12.3.1　硬件设施的安全管理

组成网络的硬件设施主要有计算机、网络节点设备、传输介质及转换器、输入/输出设备等。硬件设施安全管理的主要环节包括购置管理、使用管理、维修管理和仓储管理。

1．购置管理

购置管理是指网络硬件设施购置过程中的安全管理，包括如下主要环节。

（1）选型

购置任何网络硬件设施，都应遵循下列原则：① 尽量采用我国自主开发研制的信息安全技术和设备；② 绝不采购未经国家信息安全测评机构认可的信息安全产品；③ 绝不直接采用境外密码设备，如果确实有必要，必须通过国家信息安全测评机构的认可；④ 绝不使用未经国家密码管理部门批准和未通过国家信息安全质量认证的国内密码设备。对传输线路而言，局域网内部传输线路应优选屏蔽双绞线、同轴电缆或光缆，广域网传输线路必须采用专用同轴电缆或光缆。所有的传输线路都必须符合规定的可用性指标。

（2）检测

网络中的所有设备必须是经过测评认证的合格产品，新购的设备应该符合中华人民共和国国家标准《数据处理设备的安全》《电动办公机器的安全》中规定的要求，其电磁辐射强度、可靠性及兼容性也应符合安全管理等级要求。

（3）购置安装

网络中任何硬件设施都必须符合系统选型要求并获得批准后，方可购置。凡购回的设备均应在测试环境下经过连续 72 小时以上的单机运行测试，以及联机 48 小时的应用系统兼容性运行测试。在测试通过后，设备才能进入试运行阶段。试运行时间的长短根据需要确定。试运行结果获得通过的设备，才能正式投入运行。

（4）登记

对网络所有硬件设施均应建立项目齐全、管理严格的购置、移交、使用、维护、维修、报废等登记制度，并认真做好登记及检查工作。

2．使用管理

对于网络硬件设施的使用情况，应按台（套）建立详细的运行日志，并指定专人负责。设备责任人应保证设备在其出厂标称的使用环境（如温度、湿度、电压、电磁干扰、粉尘度等）下工作，并负责设备的使用登记。登记内容包括运行起止时间、累计运行时数及运行状况等。责任人还须负责进行设备的日常清洗及定期保养维护，并做好维护记录，保证设备处于最佳状态。一旦设备出现故障，责任人应立即如实填写故障报告，通知有关人员处理。在传输线路上传送敏感信息时，必须按敏感信息的密级进行加密处理。

3．维修管理

网络一切硬件设施均应有专人负责维修，并建立满足正常运行最低要求的易损件的备件库。应根据每台（套）设备的资质情况及系统的可靠性等级，制订预防性维修计划。对网络进行维修时，应采取数据保护措施，安全设备维修时应有安全管理员在场。对设备进行维修时必须记录维修对象、故障原因、排除方法、主要维修过程及维修有关情况等。对设备还应规定折旧期。设备已到规定使用期限或因严重故障不能恢复，应由专业技术人员对其进行鉴定并详细登记，提出报告和处理意见，由主管领导和上级主管部门批准后进行报废处理。

4．仓储管理

网络一切硬件设施在储存时，必须由责任人保证各台（套）设备的储存环境（如温度、湿度、电压、电磁干扰、粉尘度等）符合其出厂标称的环境条件要求。设备进出库、领用和报废应有登记。对储存的设备必须定期进行清洁、核查及通电检测。安全产品及保密设备应单独储存并有相应的保护措施。

12.3.2 机房和场地设施的安全管理

机房和场地设施是网络得以正常运行的基本环境条件，对它们进行安全管理的基本要求包括：在地点选择、内部装修、设施配置等环节，都满足防火、防水、防静电、防雷击、防鼠害、防辐射、防盗窃等方面的要求；有火灾报警及消防措施；供配电系统等保障条件满足有关技术要求。这些要求的最主要部分，以法规形式集中体现于中华人民共和国国家标准GB9361—2011《计算站场地安全要求》、GB2887《计算站场地技术要求》等中。

机房和场地设施安全管理的措施主要有人员出入控制和电磁辐射防护。

1．人员出入控制

对机房和工作场所，应根据其安全等级和涉密范围，控制人员的出入。对每个工作人员，按其所任工作的实际需要，规定其所能进入的区域。若有人员需要进入不符合上述规定的区域，必须经过有关安全管理员的批准。

对各机房和工作场所的进出口应进行严格控制，根据涉密程度和安全等级，采取必要的技术与行政措施。例如，设置门卫，设置电子技术报警与控制装置，对人员进出时间及理由进行登记等。

2. 电磁辐射防护

电磁辐射是信息泄露、危害通信系统安全的重要因素。应根据信息的重要性来考虑技术上的可行性和经济上的合理性，分别或同时采取如下防护措施。

① 设备防护。对通信网设备，根据其涉密程度和安全等级，按照国家标准 GB9254—2008《信息技术设备的无线电干扰极限值和测量方法》的规定，采取相应的电磁泄漏防护措施，使之满足国家标准的要求。

② 建筑物防护。对涉及机密以上的信息和安全等级 A、B 类的机房建筑物，装设电磁屏蔽装置（屏蔽网或屏蔽板），以防止电磁波的干扰和泄漏。

③ 区域性防护。对涉及机密以上信息的通信网，根据辐射强度划定防护区域，将应予保护的设备置于该区域建筑物的最内层，并禁止无关人员进入该区域。

④ 磁场防护。对通信系统中易受磁场影响的各种设施、器材加以相应的防护，主要是为了防止由于磁场影响造成介质上的信息变化，可以采取如下措施：一是对机房和介质库内所有设备及物体表面的磁场强度加以限定，允许值限定在 800 A/m 以下的范围内。对机房和介质库内的所有设备均进行定期检查，防止磁场强度超标。二是对进入 A、B 类机房的人员、仪器、设备、工具，都用磁场检测器检查。三是对磁带、磁盘使用存放柜存放，并对其进行物理保护。载有机密以上内容的磁带、磁盘保存在防磁屏蔽容器内。

12.4 网络安全风险管理

网络安全风险管理是信息安全保障工作的一项基础性工作。目前，国内外实施网络安全防护越来越基于风险管理，风险管理已成为信息安全保障工作的一个主流模式。

1. 风险和网络安全风险

"风险"一词被广泛应用于许多领域，如投资风险、医疗风险、决策风险、安全风险等，其含义也会因应用领域不同而有所差异。一般意义上，风险指"可能发生的危险"。管理经济学中对风险的定义主要是根据概率和概率分布的概念来进行的，是指一种特定的决策带来的结果和预期的结果之间变动性的大小。系统工程学中，风险"用于度量在技术性能、成本进度方面达到某种目的的不确定性"。指挥决策学中，风险被理解为在决策条件不确定的决策过程中，所面临的无法保证决策实施后一定能达到所期望效果的危险。

对上述概念进行比较分析可以发现，无论是一般意义上的风险还是特殊应用领域的风险，其概念至少包含风险的两个基本属性——不确定性和危害性，即风险何时何地发生难以把握，风险一旦发生会带来不利影响和危害。风险的不确定性是指风险造成的危害能否发生以及将造成危害的程度的无规则性和偶然性。风险是客观存在的，而且不以人的意志为转移。但是，风险会否发生，在何时何地发生，以及所造成的损失和危害的程度和范围等，则是不确定的，不可能被事先准确地加以预测和推断。风险的危害性是指风险可能导致各种损失和破坏的发生，所以使得人们对风险和风险管理问题格外重视。

由此，可将网络安全风险归结为：破坏网络安全或者对网络安全带来危害的不确定性。可将网络安全风险定义为：由于人为或自然的威胁利用信息系统及其管理体系中存在的薄弱点，致使网络安全事件发生的可能性及其对组织活动和所属资产造成影响的结合。

2．网络安全风险的相关要素

为了更加准确、全面深刻地理解网络安全风险的概念，有必要进一步深入分析上述概念中"威胁""薄弱点""资产"等风险相关要素的含义及其相互间的关系。

❖ 资产（Asset）：指对组织具有价值，与计算机网络相关的各类资源，通常包括信息化建设过程中积累起来的计算机网络硬件、软件、程序、信息和依靠计算机网络执行任务的能力以及赢得的声誉等，是安全措施保护的对象。

❖ 资产价值（Asset Value）：资产的重要程度或敏感程度。资产价值是资产的属性，也是进行资产识别的主要内容。

❖ 威胁（Threat）：能对组织的信息资产造成损失和侵害的潜在因素，包括人为的威胁、自然的威胁等。

❖ 薄弱点（Vulnerability）：指在组织的信息资产中能被威胁利用的脆弱性，常表现为资产自身及其保护措施上的不足或隐患。薄弱点即常说的漏洞，会被威胁利用，造成对资产的侵害。

❖ 安全控制（Security Control）：对付威胁，减少薄弱点，保护资产，降低安全风险，为预防和限制网络安全事件发生而采取的策略。

这些要素之间不是相互独立的，它们之间存在复杂的关系，图12-1显示了风险及各要素之间的相互关系：资产拥有价值，信息化程度越高，计算机网络所能完成的任务越重要，资产所拥有的价值就越大；资产价值越高，组织面临的风险越大。

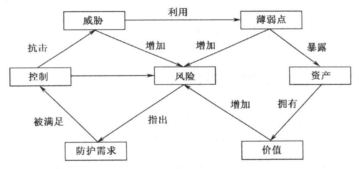

图 12-1　风险及其各要素之间的关系

风险是威胁利用薄弱点发起的，威胁和薄弱点的增大都会使风险增加。薄弱点使资产暴露，威胁利用薄弱点，危害资产，形成风险。组织对风险的意识会提出防护需求。防护需求被安全控制措施所满足，安全控制措施对抗威胁、降低风险。

此外，资产、威胁、薄弱点和安全控制等要素之间，不是简单的一一对应，而是多对多的复杂映射关系。每项资产可能面临多个威胁，每个威胁可能利用多个薄弱点，每个薄弱点也可能被多个威胁所利用，而针对某个特定风险，组织也可以选择不同的安全控制方式。

3．网络安全风险管理过程

网络安全风险管理，是指通过对风险的识别、分析和评估，进而采取有效的风险控制策略，将危及网络安全的风险降低到组织可以接受的水平的过程。该过程包括三部分：风险识别、风险评估和风险控制。

风险识别是开展网络安全风险管理的第一步，是一项复杂而系统的工作，其目的是全面识别和分析组织的各类资产，对组织网络安全带来危害的各种威胁，以及组织信息系统和管理方面存在的薄弱点。风险评估是在了解风险的各种来源、风险的漏洞所在、已有的安全措施以及各类资产价值的基础上，评价风险发生的可能性以及对组织资产带来的影响，从而确定组织面临的风险的大小，为处理风险提供建议。风险控制是依据风险评估的结果，优先采取策略处理那些发生可能性比较大又会对关键资产带来严重损失的风险，包括控制措施的制订、选择和实施。

网络安全风险的管理是一个动态的、不断往复循环的过程。从不断出现的系统漏洞和日新月异的网络攻击手段来看，不可能存在一劳永逸的风险管理策略，当以往的管理策略难以保证目前的安全状况时，就需要重新开始一个新的风险管理过程，着手对新的风险进行识别、评估和控制，其管理过程如图 12-2 所示。

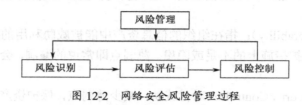

图 12-2 网络安全风险管理过程

网络安全风险管理的目的是通过风险控制降低风险，对风险的控制是风险管理的核心。从管理目的来看，可以把风险管理理解为风险控制，但从对风险的整个管理过程来看，风险控制无法全面涵盖风险管理的各环节。因为没有风险的识别和评估做前提，进行风险控制时就辨别不清哪些因素会对网络安全带来威胁，造成威胁的因素可能对网络安全带来多大的危害。因此，在网络安全风险管理的过程中，除重视风险控制策略的制订和选择外，对风险的识别、分析和评估也是必不可少的重要环节。

12.5 网络安全应急响应管理

网络安全事件具有突发性强、预测难、防范难等特点，因此网络安全管理必须强调应急响应，一旦出现网络安全事件，必须采取及时有效措施，控制危机的发展，把损失和影响减小到最低程度。网络安全应急响应是网络安全技术人员和管理人员为应对各种网络安全事件的发生所做的准备以及在事件发生后所采取的措施，其目的是在最短时间内恢复信息系统的保密性、完整性和可用性，减少网络安全事件给组织带来的影响和后果。

从宏观方面来讲，网络安全应急响应主要包括事前防范和事后处置两方面。事前防范是在事件发生之前事前先做好各项准备工作，如风险评估、策略制订、应急响应预案的制订、安全教育、安全预警、安全预告（或公告）以及容灾备份、入侵检测、病毒检测、后门检测等各种防范措施。事后处置是在安全事件发生后采取的措施，目的是把事件造成的损失降到最小，如系统、数据的恢复，病毒的清除，安全危害区域的隔离、系统漏洞、后门的修复，事件的调查、取证与追踪等。

12.5.1 网络安全应急响应管理的基本流程

早在 1989 年，国外就提出了网络安全应急响应六阶段方法学，即被广为接受的 PDCERF 方法学，将应急响应分成准备、检测，抑制、根除、恢复、总结六个阶段的工作，如图 12-3 所示。

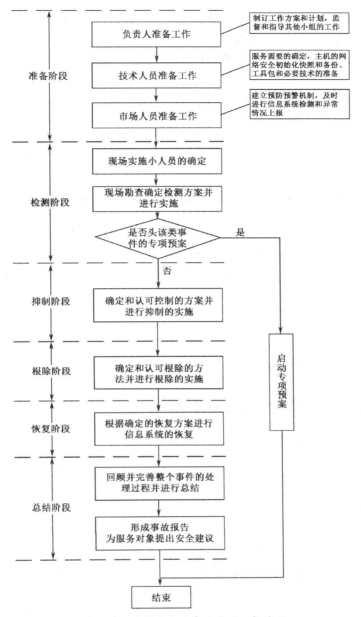

图 12-3　网络安全应急响应的一般流程

1．准备阶段

要做应急响应，首先要针对组织的业务状况进行分析后制订一组合理的防御控制措施，并建立一组高效的事件处理程序；其次需要确定一个应急响应小组（包括应急响应领导小组、应急响应实施小组和应急响应日常运行小组等），并确定小组的职责，保证能够及时获取到应急响应所需要的资源和人员；再次是组织应急响应知识和技能的培训，提高相关人员的业务素质和技术能力，必要时还可组织应急响应的演练，使相关人员熟悉应急响应操作流程，完善应急处置预案。

2．检测阶段

发生安全事件意味着信息系统的安全属性已经遭到破坏，从现象上表现为网站被攻击、网站挂马、关键业务停顿、网络缓慢、服务器宕机、数据丢失……通过对现象的分析就可以确定网络是遭到了攻击还是内部人的恶作剧，同时根据不同的现象可以确定事件的责任人和安全事件影响，从而确定安全事件的类别和级别以及应当启动的相应的应急方案。

3. 抑制阶段

抑制是指在安全事件发生的第一时间内，通过封锁可疑用户账号、过滤有害信息流、断开可疑网络服务、关闭已遭到破坏的网段或系统等方法，切断入侵途径，限制攻击事件影响的范围，避免攻击进一步蔓延和恶化。抑制的目的是限制安全事件造成影响的范围和程度。

4. 根除阶段

根除是指安全事件被抑制隔离后，对其进一步定位分析，找出事件根源并将其彻底清除。

5. 恢复阶段

恢复是指对遭到破坏的信息系统进行备份恢复，使其系统、应用和数据库等彻底还原到原来正常的工作状态并持续监测信息系统是否已经正常，在适当的时候将隔离的信息系统和网络解除封锁措施。

6. 总结阶段

总结是指回顾事件处理过程，总结经验教训，根据应急响应过程中的措施进行补充和改进，并对恢复后的系统进行跟踪记录。

12.5.2 网络安全应急响应的基本方法

在网络安全应急响应 PDCERF 方法中，准备、检测属于事前阶段，总结属于事后阶段，而抑制、根除、恢复属于事件处置阶段的工作。因此，网络安全应急处置的基本方法主要有抑制隔离、根除加固、容灾恢复。

1. 抑制隔离

抑制隔离，是指在安全事件发生的第一时间内，通过封锁可疑用户账号、过滤有害信息流、断开可疑网络服务、关闭已遭到破坏的网段或系统等方法，切断入侵途径，限制攻击事件影响的范围，避免攻击进一步蔓延和恶化。抑制隔离的目的是限制安全事件造成影响的范围和程度。

抑制隔离从网络抑制隔离、主机抑制隔离和应用抑制隔离 3 方面展开，发生安全事件时，根据安全事件的性质，综合运用抑制隔离措施，确保及时、有效。

（1）网络抑制隔离

网络抑制隔离主要是从网络采取措施，防止安全事件的进一步扩大，常用手段包括：切断连接、边界过滤、网关过滤、网络延迟。

① 切断连接：关闭安全事件发生区域内网络的运行的设备，及时切断连接，避免安全事件扩散。

② 边界过滤：动态配置路由器等网络边界设备的过滤规则，过滤包含攻击行为、恶意代码或有害信息的数据流。

③ 网关过滤：动态配置网关设备的过滤规则，阻断包含攻击行为、恶意代码或有害信息的数据流进入网关设备保护的区域。

④ 网络延迟：采用延迟技术，限制恶意代码单位时间内的网络连接，有效降低恶意代码在网内的传播速度。

（2）主机抑制隔离

常用手段包括：切断主机网络连接、封锁可疑账号、提高主机安全级别。

① 切断主机网络连接：避免主机遭受安全事件影响，或防止安全事件从主机向外传播，必要时可关闭主机。

② 封锁可疑账号：禁用或删除主机中被攻破的系统账号和入侵者生成的系统账号，避免入侵者登录主机系统，继续实施攻击。

③ 提高主机安全级别：对主机实施更严格的身份认证和访问控制机制，提高主机防火墙的安全级别，严格过滤可疑的访问请求，如限制主机远程用户登录、远程管理，关闭不需要的服务端口等。

（3）应用抑制隔离

① 关闭应用系统：关闭受保护的应用服务，避免某应用系统受到威胁。要注意的是，所关闭服务不会对业务造成大的影响，如果关闭的服务属于关键服务，服务的关闭将对组织的业务造成严重影响，不可采取这种方式。

② 限制访问范围：当发生信息安全事件时，有可能整个网络变得不可信，为了保护关键服务，同时对重要服务对象的服务又不受影响，这时可采用限制访问范围，使服务系统只对重要用户开放，提高可信域。如只允许内网用户访问，限制外网用户的访问。

③ 提高用户级别：有些信息安全事件有可能是低级别用户通过越权访问，获得较高权限所致，这时可通过提高应用系统访问用户的级别，临时封锁低级别用户账户。

2．根除加固

根除加固，是指安全事件被抑制隔离后，对其进一步定位分析，找出事件根源并将其彻底清除。根除加固从主机根除加固和网络根除加固两方面展开。不同性质的安全事件应综合采取不同的措施。

（1）主机根除加固

主机的范围包括服务器、终端，手段包括：清除恶意代码、清除后门、升级系统及修复系统。

① 清除恶意代码：清除感染主机的恶意代码，包括病毒、蠕虫、恶意脚本等，以及恶意代码在感染和执行过程中产生的数据。

② 清除后门：清除入侵者安装的后门，避免攻击者再次利用该后门登录受害主机（设置下的用户账户，埋下的木马程序等）。

③ 系统堵漏：指安装补丁和升级程序，包括硬件补丁、操作系统补丁、应用系统补丁、防病毒系统升级等，及时修补存在的安全漏洞。所安装补丁及升级程序必须由权威部门（如安防中心）进行严格的审查和测试，并统一分发。

④ 修复系统：对由于安全事件而造成的主机文件、数据、配置等信息的破坏，如被非法篡改的系统注册表、配置文件等进行修复；对主机原有的访问控制、日志、审计等系统进行修复并重新启用。

（2）网络根除加固

① 评估排查：对发生安全事件的区域内所有主机进行评估排查，检测是否仍然存在被同一安全事件影响的情况。

② 网络安全升级：对网络的安全设备、安全工具进行升级，使其具备对类似安全事件的报警、过滤及自动清除功能，如对防火墙增加新的过滤规则，对入侵检测系统增加新的检测规则，以及升级网络防病毒系统等。

3．灾难恢复

灾难恢复是指在网络经历了重大安全事件及灾难性破坏后，将其从各种故障甚至瘫痪状态迅速恢复至正常运行状态，并继续提供各种业务和信息服务的一系列行动。目前，灾难恢复的主流模式是以基于存储系统的数据复制技术为核心搭建的，即在容灾备份系统的两端部署同构的存储系统，这些存储系统会通过 SAN（Storage Area Network）网络整合所有的企业数据，并通过 SAN 连接生产和容灾备份系统。存储系统可通过自身的微码控制相应的数据从生产系统一端传输到容灾备份一端。基于存储的容灾备份技术不依赖于主机，对业务的影响小，数据的同步性高，实现相对简单，因此应用领域非常广泛，在电信、金融、政府部门及制造业等都有广泛的客户在使用。

随着数据量的不断增加，客户的容灾备份技术成本不断提高，并且基于同构品牌的存储系统才能进行的数据复制技术限制了客户的存储采购的灵活性。因此，随着存储虚拟化技术的不断发展，容灾备份技术逐渐从同构存储之间进行数据复制转向不依赖于存储平台的数据复制，支持不同的存储系统之间进行数据复制，容灾备份技术的核心系统将从存储系统转向以数据链路为核心的系统，即以 SAN 为核心的容灾备份系统。SAN 不仅提供整个数据中心的整合能力，更成为整个企业的容灾备份链路出口和数据的复制引擎。

12.5.3　网络安全应急响应技术体系

1．入侵检测技术

入侵检测是一种主动保护自己免受敌方攻击的网络安全技术，目的是提供实时的入侵检测及采取相应的防护手段，如记录证据用于跟踪和恢复、断开网络连接等。入侵检测能对网络进行监测，从而提供对内部攻击、外部攻击和误操作的实时保护，根据检测原理可分为特征检测和异常检测两类。

特征检测又称为误用检测，这一检测假设入侵者活动可用一种模式来表示，系统的目标是检测主体活动是否符合这些模式，特征检测对已知的攻击或入侵的方式作出确定性的描述，形成相应的入侵事件模式，当收集到的信息或被审计的事件与已知的入侵事件模式相匹配时即报警。

异常检测的假设是入侵者活动异常于正常主体的活动。根据这一假设，首先从审计记录中抽取出一些入侵检测的指标并进行统计，给系统对象（如用户、文件、目录和设备等）创建一个统计描述，统计用户正常使用时的一些测量属性（如访问次数、操作失败次数和延时等），建立主体正常活动的"活动简档"，将当前主体的活动状况与"活动简档"相比较，当违反其统计规律时，认为该活动可能是"入侵"行为。

入侵检测作为一种主动防御技术，能够帮助系统对付网络攻击，扩展系统管理人员的安全管理能力，提高信息安全基础结构的完整性。但在实际使用中，入侵检测系统还存在许多缺陷，如：产生的报警信息过大，系统安全管理人员分析处理的工作量大；误报率高、对新的入侵行为难以预测等。但作为网络安全的一种重要技术，入侵检测越来越走向成熟，作用越来越重要，是网络安全应急响应的管理的一个重要手段。

2．系统攻击分析理论与方法

为了有效检测攻击行为，必须对攻击技术进行深入研究。更重要的是，对于国家范围的电子对抗和信息战来说，这项任务更是刻不容缓。这方面的工作主要集中在研究突防和控制的理论和方法，特别是研究以大规模分布式为特征的信息对抗技术和方法。在具体的技术细节方面，有关系统攻击的方法和理论大多可以公开查阅，如缓冲区溢出、格式化字符串等在国内外都有广泛深入的讨论。不同的是，国内对于各种攻击方法缺少系统全面的原理性研究，有关研究成果都停留在经验的层次上，难以形成有效的信息对抗能力。军方、科学院、相关部委的科研机构及个别公司在这方面有一定技术积累，但很难满足国家级别的信息对抗要求。因此，需要研究如何将各种技术大规模地运用，将网络攻防技术从单点式提升到集群式所面临的问题等。

3．追踪和取证的技术和手段

网络安全取证对责任追查、事件分析、信息反击等尤为重要，同时完善、可信的取证能力本身也是对攻击者的一种威慑。网络安全取证涉及对信息数据的保护、识别、记录及解释。在计算机网络环境下，信息取证变得更复杂，涉及身份鉴别、行为登记、"现场"保护等关键技术，同时有大量数据的采集、存储、分析。信息取证分析是信息安全的重点课题。

4．突发事件的处理技术

当接到安全突发事件的报告后，根据事先制订的应急响应预案及时采取措施，并根据维护的相关历史数据及管理经验，对突发事件进行分析，制订具体应对方案，尽可能地将系统所受到的影响降到最低，最大限度地恢复系统的功能等。该方面研究的热点有网络灾难抑制和隔离技术、计算机网络免疫技术、网络恢复技术、可生存性分析技术等。

5．陷阱及诱骗技术

蜜罐（Honey Pot）系统是近年发展起来的一种网络安全新技术，如 Recourse 公司的 Man-Trap 系统可将该系统部署在防火墙外的 DMZ，伪装成一台存储有秘密信息的文件服务器，诱骗窃取者或攻击者。不过，设置"蜜罐"是有风险的，因为大部分安全遭到危及的系统被攻击者用来攻击其他系统，这就是下游责任（downstream liability）。数据收集是设置蜜罐的另一项技术挑战。蜜罐监控者只要记录进出系统的每个数据包，就能够对攻击者的所作所为一清二楚。蜜罐本身的日志文件也是很好的数据来源，但日志文件容易被删除，所以通常的办法是让蜜罐向在同一网络上但防御机制较完善的远程日志服务器发送日志备份。

12.6　网络安全等级保护管理

网络安全等级保护是指对国家秘密信息、法人和其他组织及公民的专有信息以及公开信息和存储、传输、处理这些信息的信息系统分等级实行安全保护，对信息系统中使用的信息安全产品实行按等级管理，对信息系统中发生的信息安全事件分等级响应、处置。其中，信息系统是指由计算机及其相关和配套的设备、设施构成的，按照一定的应用目标和规则对信息进行存储、传输、处理的系统或者网络；信息是指在信息系统中存储、传输、处理的数字化信息。具体来说，网络安全等级保护就是综合考虑信息系统应用业务和数据的重要性、涉密程度和面临的信息安全风险等因素，对潜在威胁、薄弱环节、防护措施等进行分析评估，采取不同防护标准，配备不同防护设施，进行有针对性的安全防护。因此，国家颁布了《信息系统安全保护等级定级指南》《信息系统安全等级保护基本要求》《信息系统安全等级保护测评要求》和《信息系统安全等级保护测评过程指南》等四个标准。

12.6.1　等级保护分级

根据信息和信息系统在国家安全、经济建设、社会生活中的重要程度；遭到破坏后对国家安全、社会秩序、公共利益以及公民、法人和其他组织的合法权益的危害程度；针对信息的保密性、完整性和可用性要求及信息系统必须达到的基本的安全保护水平等因素，信息和信息系统的安全保护等级共分五级：

第一级为自主保护级，适用于一般的信息和信息系统，其受到破坏后，会对公民、法人和其他组织的权益有一定影响，但不危害国家安全、社会秩序、经济建设和公共利益。

第二级为指导保护级，适用于一定程度上涉及国家安全、社会秩序、经济建设和公共利益的一般信息和信息系统，其受到破坏后，会对国家安全、社会秩序、经济建设和公共利益造成一定损害。

第三级为监督保护级，适用于涉及国家安全、社会秩序、经济建设和公共利益的信息和信息系统，其受到破坏后，会对国家安全、社会秩序、经济建设和公共利益造成较大损害。

第四级为强制保护级，适用于涉及国家安全、社会秩序、经济建设和公共利益的重要信息和信息系统，其受到破坏后，会对国家安全、社会秩序、经济建设和公共利益造成严重损害。

第五级为专控保护级，适用于涉及国家安全、社会秩序、经济建设和公共利益的重要信息和信息系统的核心子系统，其受到破坏后，会对国家安全、社会秩序、经济建设和公共利益造成特别严重损害。

12.6.2　等级保护能力

将"信息系统的安全保护能力"分级，是基于系统的保护对象不同，其重要程度也不相同，重要程度决定了系统具有的能力也有所不同。一般来说，信息系统越重要，应具有的保护能力就越高。因为系统越重要，其伴随的遭到破坏的可能性越大，遭到破坏后的后果越严重，所以需要提高相应的安全保护能力。

信息系统的安全保护能力包括对抗能力和恢复能力。不同级别的信息系统应具备相应等级的安全保护能力，即应该具备不同的对抗能力和恢复能力，以对抗不同的威胁和能够在不同的时间内恢复系统原有的状态。

对抗能力是能够应对威胁的能力，不同等级的系统应对抗的威胁主要从威胁源（自然、环境、系统、人为）、动机（不可抗外力、无意、有意）、范围（局部、全局）、能力（工具、技术、资源等）四要素来考虑。

- ❖ 威胁源：指任何能够导致非预期的不利事件发生的因素，通常分为自然（如自然灾害）、环境（如电力故障）、IT 系统（如系统故障）和人员（如心怀不满的员工）四类。
- ❖ 动机：与威胁源和目标有着密切的联系，不同的威胁源对应不同的目标有着不同的动机，通常可分为不可抗外力（如自然灾害）、无意的（如员工的疏忽大意）和故意的（如情报机构的信息收集活动）。
- ❖ 范围：指威胁潜在的危害范畴，分为局部和整体两种情况。如病毒威胁，有些计算机病毒的传染性较弱，危害范围是有限的。但蠕虫类病毒则相反，它们可以在网络中以惊人的速度迅速扩散，并导致整个网络瘫痪。

❖ 能力：主要针对威胁源为人的情况，是衡量攻击成功可能性的主要因素。能力主要体现在威胁源占有的计算资源的多少、工具的先进程度、人力资源（包括经验）等方面。

恢复能力是能够在一定时间内恢复系统原有状态的能力。恢复能力主要从恢复时间和恢复程度上来衡量其不同级别。恢复时间越短、恢复程度越接近系统正常运行状态，表明恢复能力越高。但在某些情况下，信息系统无法阻挡威胁对自身的破坏时，如果系统具有很好的恢复能力，那么即使遭到破坏，也能在很短的时间内恢复系统原有的状态。

军事信息系统在运行过程中，可能面对以下安全威胁：网络战行动，蓄意的攻击和窃密，一般的病毒、木马和攻击，自然灾害，火力打击。

不同安全保护等级的系统应对安全威胁的能力如表 12-1 所示。

表 12-1　保护等级应对安全威胁能力表

安全威胁	信息系统安全保护等级				
	第一级	第二级	第三级	第四级	第五级
网络战行动	○	○	○	◎	●
蓄意攻击和窃密	○	◎	●	●	●
一般的病毒、木马和攻击	●	●	●	●	●
自然灾害	○	○	◎	●	●
火力打击	○	○	◎	◎	●

注：●应对能力强，◎应对能力中，○应对能力弱。

12.6.3　等级保护基本要求

针对各等级系统应当对抗的安全威胁和应具有的恢复能力，《信息系统安全等级保护基本要求》规定了各等级的基本安全要求。其中，基本安全要求包括了基本技术要求和基本管理要求，基本技术要求主要用于对抗威胁和实现技术能力，基本管理要求主要为安全技术实现提供组织、人员、程序等方面的保障。

1．框架结构

根据信息系统安全的整体结构来看，信息系统安全可从物理、网络、主机系统、应用系统和数据五个层面对系统进行保护，因此，基本技术要求也相应分为五个层面的安全要求。

① 物理层面安全要求：主要从外界环境、基础设施、运行硬件、介质等方面为信息系统的安全运行提供基本的后台支持和保证。

② 网络层面安全要求：为信息系统能够在安全的网络环境中运行提供支持，确保网络系统安全运行，提供有效的网络服务。

③ 主机层面安全要求：在物理、网络层面安全的情况下，提供安全的操作系统和安全的数据库管理系统，以实现操作系统和数据库管理系统的安全运行。

④ 应用层面安全要求：在物理、网络、系统等层面安全的支持下，实现用户安全需求所确定的安全目标。

⑤ 数据及备份恢复层面安全要求：全面关注信息系统中存储、传输、处理等过程的数据的安全性。

管理类安全要求主要是围绕信息系统整个生命周期全过程而提出的。信息系统的生命周期主要分为五个阶段：初始阶段、采购/开发阶段、实施阶段、运行维护阶段和废弃阶段。管理类安全要求正是针对这五个阶段的不同安全活动提出的，分为：安全管理制度、安全管理机构、人员安全管理、系统建设管理和系统运维管理五方面。

《基本要求》在整体框架结构上以三种分类为支撑点，自上而下分别为：类、控制点和项。类表示《基本要求》在整体上的分类，分为十大类；技术部分分为物理安全、网络安全、主机安全、应用安全和数据安全及备份恢复五大类；管理部分分为安全管理制度、安全管理机构、人员安全管理、系统建设管理和系统运维管理五大类。控制点表示每个大类下的关键控制点，如物理安全大类中的"物理访问控制"作为一个控制点。项则是控制点下的具体要求项，如"机房出入应安排专人负责，控制、鉴别和记录进入的人员。"具体框架结构如图 12-4 所示。

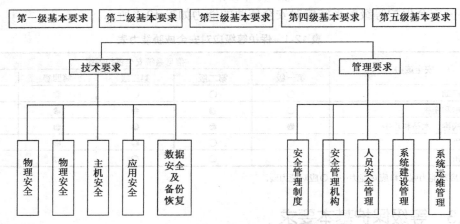

图 12-4 《基本要求》的框架结构

2．描述模型

不同级别信息系统应具备的安全保护能力不同，就是对抗能力和恢复能力不同；安全保护能力不同意味着能够应对的威胁不同，较高级别的系统应该能够应对更多的威胁；应对威胁将通过技术措施和管理措施来实现，应对同一个威胁可以有不同强度和数量的措施，较高级别的系统应考虑更周密的应对措施。《基本要求》的描述模型如图 12-5 所示。

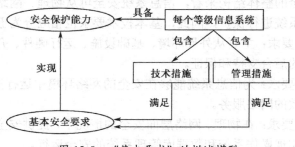

图 12-5 《基本要求》的描述模型

12.7 信息安全测评认证管理

信息安全测评认证是信息安全保障的基础性工作之一。由于信息技术固有的敏感性和特殊性，信息产品能否安全，专用的信息安全产品以及由这些产品构成的网络系统是否可靠，都成为国家、企业、社会各方面需要科学证实的问题。为此各国政府纷纷采取颁布标准，以测评和认证等方式，对信息安全产品的研制、生产、销售、使用和进出口实行严格管理，即通过科学、公正、高度专业化、具有专门技术手段和能力的权威机构对信息安全产品或信息服务的安全性进行测试、评估和认证，这就是信息安全测评认证管理。

测评认证是现代质量认证制度的重要内容，其实质是由一个中立的权威机构，通过科学、规范、公正的测试和评估向消费者、购买者即需方，证实生产者或供方所提供的产品和服务，符合公开、客观和先进的标准。测评认证的对象是产品或过程或服务，其依据是国家标准、行业标准或认证机构确认的技术规范，其方法是对产品进行抽样测试检验和对供方的质量保障能力即质量体系进行检查评审，以及事后定期监督。测评认证的性质是由具有检验技术能力和政府授权认证资格的权威机构，按照严格程序进行的科学、公正的评价活动。

测评认证制度在国际上已有近百年的历史，目前全球已有 80 多个国家/地区建立了测评认证制度。我国从 20 世纪 80 年代初开始推行质量认证制度，从 80 年代初的"标准化法"到90 年代的"产品质量认证管理条例"和"质量法"，已形成较为完备的法律、法规框架和与之配套的管理规范。如 ISO9000 系列认证、方圆标志认证已为人所共知。面对越来越多的向社会提供专门的信息安全服务，包括安全技术开发、产品经营和系统集成的公司、企业，如何让消费者、管理者乃至国家确信它们是"安全的"，这就需要一个高度专业化、具有专门技术手段和能力的权威机构，通过科学、公正和有效手段对它们作安全性测评认证。于是，信息安全认证成为信息时代国家测评认证工作的新领域。

由于信息安全直接涉及国家利益、安全和主权，各国政府对信息产品、信息系统安全性的测评认证要比其他产品更严格。首先，在市场准入上，发达国家为严格进出口控制，通过颁布有关法律、法规和技术标准，推行安全认证制度，以控制国外进口产品和国内出口产品的安全性能。其次，对国内使用的产品，实行强制性认证，凡未通过强制性认证的安全产品一律不得出厂、销售和使用。第三，对信息技术和信息安全技术中的核心技术，由政府直接控制，如密码技术和密码产品，多数发达国家都严加控制，即使政府允许出口的密码产品，其关键技术仍然控制在政府手中。第四，在国家信息安全各主管部门的支持和指导下，由标准化和质量技术监督主管部门授权，并且依托专业的职能机构提供技术支持，形成政府的行政管理与技术支持相结合、相依赖的管理体制。

12.7.1 我国信息安全测评认证标准

为适应我国信息化的迅猛发展，1997 年国务院拨出专款设立标准攻关项目，应急制订了分组过滤防火墙标准、防火墙系统安全技术要求、应用网关防火墙标准、网关安全技术要求、网络代理服务器和信息系统平台安全标准、鉴别机制标准、数字签名机制标准、安全电子交易标准、抗抵赖机制、网络安全服务标准、信息系统安全评价准则及测试规范、安全电子数据交换标准、安全电子商务标准、密钥管理框架、路由器安全技术要求、信息技术-n 位块密码算法的操作方式、信息技术－开放系统互连－上层安全模型、信息技术－开放系统互连－网络层安全协议、使用加密校验函数的机制等标准，它们成为我国信息安全测评认证的基础。

我国对信息安全测评认证管理工作也十分重视。1997 年 12 月，公安部颁布的《计算机信息系统安全专用产品检测和销售许可证管理办法》规定，安全专用产品在进入市场前必须申领《计算机信息系统安全专用产品销售许可证》。1998 年 7 月，公安部计算机信息系统产品质量监督检验中心成立，并通过国家技术监督局的质量认证和公安部审查认可，成为国家法定的检测机构，承担国内计算机信息系统安全产品和同类进口产品的质量检验工作。

1998 年 10 月，经国家质量技术监督局授权，中国国家信息测评认证中心（CNISTEC）在原"中国互联网络安全产品测评认证中心"的基础上宣告成立。国家信息安全测评认证中心依据《中华人民共和国产品质量法》《中华人民共和国产品质量认证管理条例》和国家有关信息安全管理的政策、法律、法规，代表国家对信息安全产品、信息技术和信息系统安全性以及信息安全服务实施测评认证。1999 年 2 月，国家质量技术监督局批准了中国国家信息安全测评认证管理委员会的组成及章程，批准了信息产品安全测评认证管理办法，首批认证目录和国家信息安全认证标志。尔后，随着 CC 的广泛应用和互认协定签署国的不断增加，CC 在国际社会中成为主流的安全性评估准则。我国于 2001 年将其等同采用为国家标准，即 GT/T 18336《信息技术 安全技术 信息技术安全性评估准则》。

随着我国信息安全测评认证制度的建立与推进，以及我国信息安全有关主管部门管理力度的加大，我国信息安全标准化工作将迎来更大的发展机遇。2002 年开始，信息系统安全性评价准则及测试规范、商用密码产品安全技术要求、信息安全服务评估准则、信息安全工程质量管理要求等标准逐一出台。在国家质量技术监督局的领导和支持下，国家信息安全标准体系的框架已初步形成，将在该框架内以政府主管部门推动，产业界参与的模式，按急用先上的原则逐步推出我国信息安全技术发展和管理应用急需的相关标准。

2003 年，完成评估标准 4 项，分别为《操作系统安全保护等级评估准则》《数据库管理系统安全保护等级评估准则》《路由器安全保护等级评估准则》《包过滤防火墙安全保护等级评估准则》。

2004 年，完成评估标准 17 项，分别为《信息系统安全保障评估框架》《网上银行系统安全保障要求》《网上证券系统安全保障要求》《智能卡操作系统（COS）测评标准》《防火墙技术要求与测评准则》《计算机信息系统安全等级保护 操作系统技术要求》《计算机信息系统安全等级保护—端设备隔离部件技术要求》《端设备隔离部件安全保护等级评估准则》《计算机信息系统安全等级保护—工程管理要求》《计算机信息系统安全等级保护—网络技术要求》《计算机信息系统安全等级保护—数据库管理系统技术要求》《计算机信息系统安全等级保护管理要求》《计算机信息系统安全等级保护通用技术要求》《入侵检测系统安全保护等级评估准则》《网络脆弱性扫描产品安全保护等级评估准则》《计算机信息系统安全等级保护 网络脆弱性扫描产品技术要求》《信息安全产品保护轮廓和安全目标产生规则》。

同年，完成评估标准 15 项，分别为《电子商务系统安全保障评估准则》《电子政务系统安全保障评估准则》《通用操作系统安全技术要求》《通用评估方法》《网络隔离设备安全技术要求》《网络交换机和路由器安全技术要求》《智能卡集成电路平台安全技术要求》《信息系统安全等级保护技术要求－应用系统》《信息系统安全等级保护技术要求－交换机》《信息系统安全等级保护技术要求－路由器》《信息系统安全等级保护技术要求－服务器》《信息系统安全等级保护技术要求-物理安全》《信息系统安全等级保护实施指南、建设指南》《信息系统安全等级保护总体框架-基本模型》《信息系统安全等级保护总体框架－体系结构》总计 36 项，基本覆盖了信息安全产品的主要项目。

12.7.2 信息安全测评认证主要技术

信息安全测评认证的主要技术有渗透测试、代码分析和日志分析，通过这些技术的运用，能够发现信息安全设备和产品的缺陷、漏洞。

1．渗透测试

渗透测试是指安全工程师尽可能完整地模拟黑客使用的漏洞发现技术和攻击手段，对目标网络、系统、主机和应用的安全性进行深入探测，发现系统最脆弱环节的过程。渗透测试可以协助管理者发现网络所面临的问题、可能造成的影响，以便采取必要的防范措施。

（1）渗透测试的分类

① 黑盒测试。渗透测试是指测试人员在对目标系统一无所知的状态下进行的测试工作，目标系统对测试人员来说就像一个"黑盒子"。除了知道目标的基本范围外，所有信息都依赖测试人员自行发掘。目标系统上往往会开启监控机制对渗透过程进行记录，以供测试结束后分析。也就是说，虽然黑盒测试的范围比较自由和宽泛，但是仍需要遵循一定的规则和限制。黑盒测试能够很好地模拟真实攻击者的行为方式，让用户了解自己系统面对外来攻击时的真实安全情况。

② 白盒测试。与黑盒测试不同，在白盒测试开始之前，测试人员就已获得了目标系统的初始信息，如网络地址段、使用的网络协议、拓扑结构图、应用列表等。相对来说，白盒测试更多地被应用于审核内部信息管理机制，测试人员可以利用掌握的资料进行内部探查，甚至与企业的员工进行交互。对于发现管理机制漏洞及检验社会工程学攻击的可能性来说，白盒测试更加具有针对性。

③ 隐秘测试。事实上，隐秘测试类似一种增强的黑盒测试，对于被测试机构来说，该测试处于保密状态，可以将其想象为特定管理部门雇佣了外部团队来进行内部调查。除了不开启特定措施对测试过程进行监控和记录外，测试工作的进行也不对内部人员进行通知，甚至不向信息安全管理部门进行说明。这种测试完全模拟真实的攻击，可以综合考查该部门信息安全管理工作的运转情况，对检验信息安全管理工作人员在安全事件响应和处理方面的成效很有帮助。

（2）渗透测试的范围

① 内网测试。内网测试往往相当于基于主机的渗透测试，通过对一个或多个主机进行渗透，发现某个集成信息系统的安全隐患。内网测试的另一项作用就是避免防火墙系统对测试的干扰，评估攻击者在越过了边界防火墙限制之后可能实施的攻击行为。

② 外网测试。黑盒测试和隐秘测试往往都是外网测试，测试人员通过外网连接线路对目标系统进行渗透，从而模拟外来攻击者的行为。对于边界防火墙、路由设备、开放服务器等设施的风险评估往往必须通过外网测试才能达成。

③ 网间测试。在被测部门的不同网络间执行渗透测试，可以评估子网被突破后会对其他子网造成的影响有多大。另外为了对交换机、路由器的安全性进行测试评估，通常也可以使用网间测试来完成。

（3）渗透测试的过程

渗透测试可以分为预攻击、攻击和后攻击三个阶段。预攻击阶段的主要目的是收集信息，为进行进一步攻击提供决策支持，获得域名、IP 分布、拓扑结构、操作系统、端口、服务等信息。攻击阶段的目的是进行攻击，获得系统的一定权限（如远程权限），进而进行实质性操作。后攻击阶段的目的是消除痕迹，长期维持一定的权限，进行删除日志、修补明显的漏洞、植入后门木马、进一步渗透扩展等操作，进入潜伏状态。

① 预攻击阶段涉及的技术

一是网络信息获取技术。该技术主要使用 Ping、Tracert 等手段对主机存活情况、DNS 域名、网络链路等信息进行收集。通过信息收集，可以对目标系统的网络情况、拓扑情况、应用情况有大致了解，为渗透测试的下一阶段提供资料。信息获取中最重要的就是端口扫描，通过对目标地址的 TCP/UDP 端口扫描，确定其开放服务的数量和类型，这是所有渗透测试的基础。通过端口扫描，可以基本确定一个系统的基本信息，结合安全工程师的经验可以确定其可能存在及被利用的安全弱点，为进行深层次的渗透提供依据。

二是漏洞扫描技术。该技术主要使用 XScan、Nessus 等商用或免费的扫描工具进行漏洞扫描，可获得操作系统的端口和相应的服务漏洞信息，还可采用 WebScan 或通过手工方式来对 SQL 注入和 XSS 等漏洞进行检测，以此来获得 Web 系统和数据库系统等的漏洞信息。

② 攻击阶段涉及的技术

一是基于通用设备、数据库、操作系统和应用的攻击技术。远程溢出是当前出现的频率最高、威胁最严重，又是最容易实现的一种渗透方法，不需具备高深的网络知识，入侵者就可以在很短的时间内利用现成的工具实现远程溢出攻击。对于在防火墙内的系统存在同样的风险，只要对跨接防火墙内外的一台主机攻击成功，那么通过这台主机对防火墙内的主机进行攻击就易如反掌。采用各种公开及未公布的缓冲区溢出程序代码，可采用诸如 Metasploit Framework 之类的溢出利用程序集合进行攻击。

二是基于 Web 应用的攻击技术。基于 Web、数据库或特定 B/S 结构的网络应用程序存在的弱点进行攻击，常见的如 SQL 注入攻击、上传漏洞攻击和跨站脚本攻击等。根据最新的技术统计，脚本安全漏洞是当前 Web 系统存在的比较严重的安全漏洞之一。利用脚本相关漏洞，轻则可以获取系统其他目录的访问权限，重则可以获得系统的控制权限。在 Web 脚本及应用测试中，可能需要检测的部分包括：检测应用系统架构、防止用户绕过系统直接修改数据库；检测身份认证模块，防止非法用户绕过身份认证；检测数据库接口模块，防止用户获取系统权限；检测文件接口模块，防止用户获取系统文件等。

三是口令猜解技术。口令是信息安全领域的永恒课题，在渗透测试项目中，通过弱口令获取权限的案例比比皆是。口令易被攻击者猜解是一种出现概率很高的风险，几乎不需要任何攻击工具，利用一个简单的暴力攻击程序和一个比较完善的密码字典，就可以在短时间内猜测出系统的弱口令。

③ 后攻击阶段涉及的技术

一是口令嗅探与键盘记录。嗅探、键盘记录、木马等软件通常需要自行开发或修改，否则容易被防病毒软件所查杀。

二是本地溢出。本地溢出是指攻击者在具有普通用户的账号后，通过一段特殊的指令代码获得管理员权限的方法。使用本地溢出的前提是获得一个普通用户的密码，也就是说，导致本地溢出的一个关键条件是设置不当的密码策略。如在经过前期的口令猜测阶段获取普通账号登录系统后，对系统实施本地溢出攻击，就能获取不进行主动安全防御的系统的控制管理权限。

三是其他技术。如 DoS、客户端攻击、无线攻击、社会工程学攻击、中间人攻击技术等，有些可能对用户的网络造成较大影响（如服务中断），有的则与安全管理密切相关，有的需要到现场才能进行作业，因此通常情况下较少为渗透测试者所采用。

2. 代码分析

代码分析是指通过分析代码来监视这些代码是否满足安全性、可靠性、性能以及可维护性方面的指标。正确地实施代码分析能帮助开发者查找出结构性错误并预防整体性错误，从而开发出可靠的代码。代码分析方法有静态代码分析和动态代码分析两种。

（1）静态代码分析

目前，在软件开发过程中存在着较为严重的安全问题，包括：设计阶段没有明确用户对安全性方面的需求；设计上没有考虑安全性；程序设计中存在安全漏洞；代码中存在缓冲区溢出；开发人员为了测试方便在程序中开后门；开发人员在程序中植入恶意代码；开发人员利用别人的代码或公共源码，但没有经过安全性测试；开发人员使用的库函数存在安全漏洞；开发的网络环境不安全等等。

软件自身存在的问题主要包括访问控制、随机数、缓冲区溢出、输入验证、竞争条件及口令等，具体如下。

一是访问控制，可能造成用户数据被非法访问、删除或窜改。

二是随机数。C 语言的 rand() 函数使用的时间精度是 55 ms，造成很多需要生成连续数的代码出现问题，可能造成密钥泄漏、签名被伪造等严重问题，极大降低了安全系统的可信性。

三是缓冲区溢出。当超长的数据写入一段固定长度的内存区域时，有可能发生缓冲区溢出。攻击者通过向程序未处理的内存段写入恶意代码的方式，强行控制被攻击程序的跳转地址，使其执行被恶意注入的代码，完成入侵行为。如 C 语言中的 gets() 函数，如果其输出缓冲变量的长度有限且未进行超长判断，而 gets() 函数获取的数据大于该变量的长度，则发生缓冲区溢出。缓冲区溢出会损坏文档、源代码等用户数据，也会造成配置文件等程序数据被窜改或丢失。

四是输入验证。由于未考虑到用户输入信息的合法性（如在输入时间的界面故意输入其他字符或格式不对的数字），容易造成程序出错，如果程序未对输入的有效性进行判断，则可能造成程序异常甚至权限提升、用户数据被损坏或泄漏等。

五是竞争条件。当程序支持多线程或多进程时，不同的进程和线程之间如果同时访问同一共享资源（如文件、内存等），可能造成资源竞争混乱。竞争条件问题会破坏数据的完整性及可行性，并可能造成权限提升。

六是口令。口令问题一直被视为严重的安全问题，一般来说，口令太简单及使用便于记忆的字典词汇是造成该问题的根本原因。

目前，静态的安全性分析方法可分为：模型检验、携带代码验证、词法扫描、简单语义分析、基于信息流的安全性分析等，具体如下。

一是模型检验。模型检验的基础是有限状态自动机，它列举出一个系统能够处于的所有可能状态，检查每个状态是否违反由用户制订的规则和条件，并根据分析结果报告导致不合法状态的步骤。模型检验能够发现程序中存在复杂语义上的错误，从而准确发现程序中潜在的安全性漏洞，但现存的模型检验工具普遍分析源程序的形式化表示（数学描述），而不是以源程序作为输入，通常通过程序分析（数据流分析、控制流分析、程序切片）工具来自动完成源程序的模型生成。

二是携带验证代码。携带验证代码的基本思想比较类似于密码，即先为代码定义一组安全策略，且代码提供者在编制程序时必须遵守这些安全策略，并在程序源代码中加入验证的代码，以证明源程序的代码遵守了这些安全策略，最后由代码使用者确认这些代码的安全性。

三是词法扫描，基于词法分析的安全性扫描。通过静态扫描源代码找出潜在的安全漏洞，一旦发现该漏洞就给出警告信息。它的基本方法是将一个或多个源代码文件作为输入，并将每个文件分解为词法记号流，比较记号流中的标识符和预先定义的安全性漏洞字典。如一旦发现 C 语言源程序中存在 strcpy()、strcat() 等字符串操作函数，即认为存在缓冲区溢出这种安全性漏洞，因为这些函数可能引起缓冲区溢出，此时的安全性漏洞字典包含 strcpy()、strcat() 函数等。

四是简单语义分析。简单语义分析以语法分析和语义规则为基础，同时加入简单的控制流分析和数据流分析。这种方法具有较高的分析效率和可扩展性，并且可以通过向程序中加入面向对象程序切片中的数据流分析注释信息的方式，发现软件中广泛存在的安全性漏洞，如程序中出现几率最多的内存访问漏洞。它的另一个优点是可适用于对大规模程序的分析。

五是信息流分析。长期以来，计算机系统中的信息安全一直备受关注，主流方法是基于类型推理的信息流验证和检测。信息流验证和检测方法通过建立安全信息流验证的格模型，提出一种验证机制来确保程序中信息流的安全性。该方法为信息指定一个集合的"安全类"，并用"流关系"定义安全类之间允许的信息流，将程序中每个存储对象绑定到特定的安全类。当一个操作（或一系列操作）使用某些对象 x 的值，获得其他对象 y 的值，则引起从 x 到 y 的信息流。当且仅当给定的流策略中 x 的安全类可以流向 y 的安全类，则从 x 到 y 的信息流才被允许。

（2）动态代码分析

动态代码分析的主要功能是分析被测程序逻辑中每个语句的执行次数。动态代码分析工具一般采用"插桩"的方式，向代码生成的可执行文件中插入一些监测代码，用来统计程序运行时的数据。与静态分析工具最大的不同就是，动态分析工具要求被测系统实际运行。动态分析工具通常有如下几种：

一是覆盖监视工具。在程序逻辑的适当位置安插一些"探测器"，以便对程序进行监视，产生带统计数字的报告，可以测试出没有执行的语句，以增加相应的测试数据。

二是驱动工具。采用自底向上渐增方式测试时，需要编写大量虚构的驱动模块。驱动工具可以减小驱动模块的代码编写，提供一种测试语言来编写测试过程，表明要测试的模块、使用的测试用例、预期的输出等。这样不再需要人工编写任何驱动程序，系统能自动把输入数据传送给被测模块，并负责将实际输出结果与预期的结果相比较。

三是测试数据产生工具。这是帮助自动选择测试用例的工具，利用一个存放程序各种"素材"的共用信息库，使测试人员能用命令方便地定义测试用例，并在适当的时候自动运行这些测试用例。当被测程序修改后，系统能自动修改测试用例，以保持这些测试用例的可行性。

3. 日志分析

日志数据是收集安全产品相关信息的宝库，各种安全产品的日志数据能够帮助管理者提前发现和规避灾难，并找到安全事件的根本原因。在分析日志数据前，需要设置恰当的日志选项，收集数据。当安全事件发生时，查看日志数据通常能够确定事件发生的时间。但是在很多情况下，鉴于需要查看的数据量太大，而且未经过技术培训的管理人员通常不了解这些数据的内在涵义，从而导致日志数据没有发挥应有的安全管理作用。一旦日志数据已经被捕捉和存储，富有经验的安全管理员通常只需要一个有效的工作流程来检查和分析这些数据。对于日志的分析，应遵循以下三条基本原则。

一是有规律地检查日志数据。应该建立一个工作流程，确定多长时间检查和分析一次收集到的日志数据。定期分析由整个网络中的各种应用程序和设备收集到的海量日志数据，采取这种措施有助于找出和诊断故障，还可以发现正在进行的攻击。

二是以开放的眼光查看日志。在分析日志数据时，常见的错误是具体找出已知的事件或者日志项。然而，日志数据中多数有价值的内容，通常隐藏于表面上正常的日志项目中。通过以开放的眼光检查这些日志项目，用户也许会找到可疑的活动迹象。如果用户仅仅查看错误信息，这种可疑的活动迹象可能会漏掉。如果把日志审查的重点放在查找已知的恶意活动方面，任何新出现的威胁或者对客户的攻击都会由于失察而漏掉。

三是通过一个透镜查看数据。整个网络中的设备和应用程序将具备收集日志数据的能力，但遗憾的是没有一种通用的格式或者方法来记录和显示事件的信息。为了进行准确的比对，可以对数据进行某种形式的转化，也就是对日志数据实施"正常化"。一旦数据压缩为通用的组件，就容易把这个网络作为一个整体进行分析，而不是作为一个单独的日志项目进行分析，这样可以更好地根据轻重缓急对发现的问题进行处理或者做出响应。

本章小结

网络安全管理是为保证计算机网络安全而进行的一切管理活动和过程，其目的是在使网络一切用户能按规定获得所需信息与服务的同时，保证网络本身的可靠性、完整性、可用性，以及其中信息资源的保密性、完整性、可用性、可控性和真实性达到给定的要求水平。本章在介绍网络安全管理的内涵、原则、内容的基础上，重点阐述了以下内容。

1．网络安全管理概述

介绍了网络安全管理的内涵、原则和内容。

2．网络安全管理体制

简要介绍了我国网络安全管理体制的现状和网络安全管理工作机构的格局。

3．网络安全设施管理

网络安全设施管理主要包括计算机、网络节点设备、传输介质及转换器、输入/输出设备等硬件设施的安全管理，以及机房和场地等的安全管理。

4．网络安全风险管理

介绍了风险评估的概念和风险管理的重要意义，分析了网络安全风险的主要因素，总结归纳了网络安全风险管理的主要过程。

5．网络安全应急响应管理

介绍了应急响应管理的基本流程、基本方法和涉及的主要技术。

6．信息安全等级保护管理

介绍了等级保护分级的方法、等级保护能力的分类以及等级保护基本要求。

7．信息安全测评认证管理

介绍了信息安全测评认证的基本概念和主要内容、我国信息安全测评认证的主要标准以及测评认证采用的主要技术手段。

习 题 12

12.1　什么是网络安全管理？网络安全管理的主要内容包括哪些？

参 考 文 献

[1] 黄月江. 信息安全与保密. 北京：国防工业出版社，1999.

[2] 刘荫铭等. 计算机安全技术. 北京：清华大学出版社，2000.

[3] 国家保密局. 信息战与信息安全战略. 北京：金城出版社，1996.

[4] 总参通信部. 网络信息安全与对抗. 北京：解放军出版社，1999.

[5] 聂元铭等. 网络信息安全技术. 北京：科学出版社，2001.

[6] 谢希仁等. 计算机网络. 北京：电子工业出版社，1994.

[7] 余建斌. 黑客的攻击手段及用户对策. 北京：人民邮电出版社，1998.

[8] [美]Peter Norton, Mike Stockman. 网络安全指南. 潇湘工作室译. 北京：人民邮电出版社，2000.

[9] 谭伟贤，杨力平等. 计算机网络安全教程. 北京：国防工业出版社，2001.

[10] 李海泉，李健. 计算机网络安全与加密技术. 北京：科学出版社，2001.

[11] [美]Bruce Schneier. 应用密码学——协议、算法与 C 源程序. 吴世忠，祝世雄，张文政等译. 北京：机械工业出版社，2000.

[12] 王育民，刘建伟. 通信网的安全——理论与技术. 西安：西安电子科技大学出版社，1999.

[13] 及燕丽，赵积梁. 信息作战技术教程. 北京：军事科学出版社，2001.

[14] 徐超汉. 计算机网络安全与数据完整性技术. 北京：电子工业出版社，1999.

[15] 陈立新. 计算机病毒防治百事通. 北京：清华大学出版社，2000.

[16] Stephen Northcutt. 网络入侵检测分析员手册. 余青霓，王晓程，周钢等译. 北京：人民邮电出版社，2000.

[17] [美]John Vacca. Intranet 的安全性. 史宗海等译. 北京：电子工业出版社，2000.

[18] 陈增运，王树林，唐德卿. 无形利剑——电子战. 石家庄：河北科学技术出版社，2001.

[19] 方勇，刘嘉勇. 信息系统安全导论. 北京：电子工业出版社，2003.

[20] 王应泉，肖治庭. 计算机网络对抗技术. 北京：军事科学出版社，2001.

[21] 崔宝江，周亚建，杨义先，钮心忻. 信息安全实验指导. 北京：国防工业出版社，2005.

[22] 周绍荣. 军事通信网生存. 北京：解放军出版社，2005.

[23] 张焕国，刘玉珍. 密码学引论. 武汉：武汉大学出版社，2004.

[24] 阙喜戎，孙锐，龚向阳，王纯. 信息安全原理及应用. 北京：清华大学出版社，2003.

[25] 闫宏生. 计算机网络安全与防护. 北京：军事科学出版社，2002.

[26] 王丽娜，张焕国. 信息隐藏技术与应用. 武汉：武汉大学出版社，2003.

[27] 谢庭胜. 浅析无线局域网安全技术. 电脑学习，2010(1).

[28] 无线局域网安全技术白皮书 V2.00.

[29] 中国互联网信息中心. 第 41 次中国互联网网络发展状况统计报告. 2018.

[30] 中国互联网信息中心. 国家网络空间安全战略. 2016.

[31] 中华人民共和国网络安全法. 2016.